高等院校智能工程系列教材

自然语言处理导论

INTRODUCTION TO
NATURAL LANGUAGE PROCESSING

沈颖　丁宁　郦炀宁　李映辉　编著

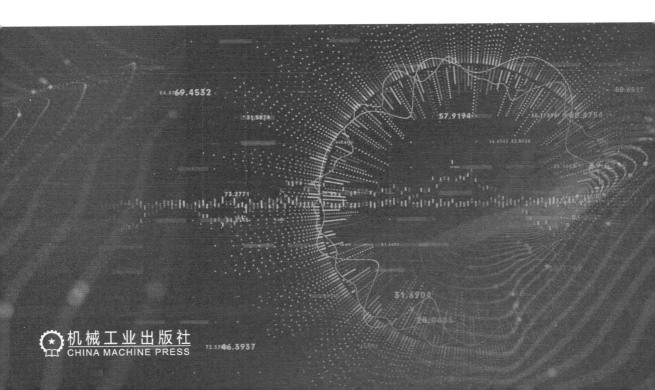

机械工业出版社
CHINA MACHINE PRESS

本书主要介绍自然语言处理理论与技术，旨在让更多人了解和学习自然语言处理技术，让人工智能更好地为我们服务。

全书共 16 章，包括自然语言理解基础和具体任务探索两部分，主要讲述了自然语言处理文本表示、分析、挖掘、推理等方面的相关概念、方法、技术和最新研究进展；详细介绍了文本分类、情感计算、知识抽取等基础方法；全面讲述了自动文摘、问答系统、机器翻译、社会计算、内容生成和跨模态计算等具体任务；最后讨论了深度学习前沿问题。

本书致力于帮助高等院校计算机相关专业学生牢固掌握自然语言处理的基本理论与技术，掌握如何分析文本信息、解决问题、完成相关研究的方法，以及了解自然语言处理的典型应用场景。

图书在版编目（CIP）数据

自然语言处理导论/沈颖等编著 . —北京：机械工业出版社，2023.10（2024.4 重印）
ISBN 978-7-111-73625-7

Ⅰ . ①自…　Ⅱ . ①沈…　Ⅲ . ①自然语言处理　Ⅳ . ①TP391

中国国家版本馆 CIP 数据核字（2023）第 146588 号

机械工业出版社（北京市百万庄大街 22 号　邮政编码 100037）
策划编辑：刘星宁　　　　　　责任编辑：刘星宁　闫洪庆
责任校对：龚思文　张　薇　　封面设计：鞠　杨
责任印制：李　昂
北京捷迅佳彩印刷有限公司印刷
2024 年 4 月第 1 版第 2 次印刷
184mm×260mm · 26 印张 · 641 千字
标准书号：ISBN 978-7-111-73625-7
定价：79.00 元

电话服务　　　　　　　　　　网络服务
客服电话：010-88361066　　机 工 官 网：www.cmpbook.com
　　　　　010-88379833　　机 工 官 博：weibo.com/cmp1952
　　　　　010-68326294　　金 书 网：www.golden-book.com
封底无防伪标均为盗版　机工教育服务网：www.cmpedu.com

前 言 /
PREFACE

自然语言处理（Natural Language Processing，NLP）是一门融计算机科学、语言学、数学、认知学、逻辑学于一体的研究学科。自然语言处理涉及自然语言，关注计算机和人类语言之间的交互，在计算机的支持下对语言信息进行定量化的研究，包括自然语言理解（Natural Language Understanding，NLU）和自然语言生成（Natural Language Generation，NLG）两部分研究内容，旨在使计算机能够分析、处理和理解人类语言，提供可供人与计算机之间能共同使用的语言描写。

利用计算机处理自然语言，根据其不同时期或不同侧重点，可分为不同阶段，即自然语言理解、人类语言技术（Human Language Technology，HLT）、计算语言学（computational linguistics）、计量语言学（quantitative linguistics）、数理语言学（mathematical linguistics）等。近年来，以机器学习、深度学习、知识图谱为代表的人工智能技术逐渐变得普及。大数据时代的机器学习，需面向复杂多样的数据进行深层次分析。深度学习的实现在于建立模拟人脑进行分析学习的神经网络。得益于数据的增多、计算能力的增强、学习算法的成熟以及应用场景的丰富，深度学习在学术界和工业界取得了广泛的成功，受到了越来越多的关注，并掀起新一轮的人工智能热潮。

机器学习、深度学习和自然语言处理的交叉在实际任务中取得了长足进步，被用来解决一些通用人工智能问题，如文本分类、自动文摘、问答系统、机器翻译、社会计算、推荐系统、内容生成和跨模态计算等。以机器翻译任务为例，它从基于规则方法、基于统计方法、基于实例方法到基于深度学习方法的快速发展，带着鲜明的时代背景烙印，也吻合技术发展脉络。如今，机器学习、深度学习方法持续地引领着自然语言处理的进步与发展。以ChatGPT为代表的语言模型更是展现出了强大的通用能力，亦离不开自然语言处理技术的发展积累。

本书适用范围包括高年级本科生、硕士博士研究生以及任何对自然语言处理最新技术感兴趣的人。本书共16章。第1章是绪论，概要介绍自然语言处理的基本概念、发展历程和研究内容，使读者能够全面了解相关知识。第2~7章分别讲述了语言模型、神经网络和神经语言模型、词和语义向量、预训练语言模型、序列标注和语义分析，介绍了自然语言处理文本表示、分析、挖掘、推理等方面的相关概念、方法、技术和最新研究进展。第8~10章介绍了文本分类、情感计算、知识抽取等基础方法。第11~15章介绍了自动文摘、统计机器翻译和神经机器翻译、问答系统与多轮对话、社会计算、内容生成和跨模态计算，这些都是目前自然语言处理的难点和热点问题。第 16 章讨论了深度学习前沿问题。

2020 年中山大学智能工程学院开设了"自然语言处理"课程。讲好基于机器学习和深度学习的自然语言处理课程并不是一件容易的事,课程涉及的知识点繁多且杂乱,与实践结合也十分紧密。作为任课教师,我尝试梳理了自然语言处理的知识体系,拟定了教学大纲、教案、习题详解、试卷等。过程中得到了学校与学院的高度重视,进行了相关教研探索,同时也获得教育部华为产教融合协同育人项目的数据和资源支持。在机械工业出版社的热情邀请和大力支持下,我着手撰写这本面向在校学生和相关从业人员的关于自然语言处理的图书。但我依然低估了写作的难度:一方面是深度学习、自然语言处理的发展十分迅速,我的认知也在不断变化,导致需不断增改已成稿的内容;另一方面是平时的科研教学任务十分繁重,只能在碎片化的时间中匍匐前行。

本书能够完成,无疑得到了很多人的支持和帮助。感谢中山大学各位领导专家的支持和帮助。感谢我的搭档丁宁博士,他基于对自然语言处理任务的独到见解和实践经验,提出了富有建设性的意见。感谢编写第 10 章的清华大学博士郦炀宁和李映辉,以及协助他们完成该章的胡婧、曹志雄、张豪。感谢各位同事、同学和好友,在本书撰写过程中提供了很多最新研究资料和热情的帮助。此外,本书在写作过程中参考了互联网上大量的优秀资料,如维基百科、知乎、Quora 等网站。

由于深度学习、自然语言处理技术日新月异,而我们所知有限,难免有挂一漏万之憾。书中难免有不当和错误之处,还望读者海涵和指正,不胜感激。如有重要进展或成果没有涉及,绝非作者故意为之,敬请大家批评指正。无论是指出错误还是改进建议,请直接发邮件至 sheny76@mail.sysu.edu.cn,我们会在本书修订时改正所有发现的错误。

沈颖

目 录 /
CONTENTS

第1章 绪论

自然语言处理（Natural Language Processing，NLP）是人工智能领域和计算机科学领域的一个重要方向。它涵盖了计算语言学、计算科学、认知科学和人工智能等领域。从科学的角度看，自然语言处理旨在模拟人类语言理解和产生的认知机制。从工程的角度看，自然语言处理以促进计算机与人类语言的交互为目的，重点关注如何开发与语言相关的新颖的应用程序。

自然语言处理作为一种专门为传达含义或语义而构建的系统，其本质是一种象征性或离散性系统。自然语言处理中的典型应用场景包括语音识别、口语理解、对话系统、词汇分析、语法分析、机器翻译、知识图谱、信息检索、问答、情感分析、社会计算、自然语言生成和自然语言摘要。

尽管基于深度学习的自然语言处理取得了惊人的成功，其发展仍然面临巨大的挑战。语言是智慧的载体，即使是如今最强大的大规模语言模型，也仍然面临着幻觉现象、多跳推理能力弱、数学能力不足等亟待解决的问题。

本书为自然语言处理入门书籍，将从计算语言学的角度出发并结合实例介绍各个任务及相关的方法。从这些基本任务的介绍中，读者可以一窥自然语言处理学科的发展历程以及范式转变，从而对整个学科有一个更加宽泛和深刻的认知。

1.1 基本概念

1.1.1 语言学与语音学

1. 语言学

作为人与人之间信息传递与交流的载体，使用语言是人类进化中演化出的重要的技能，是人类文明的重要标志，是人类社会中不可或缺的工具。通过语言我们可以把抽象的想法具体化，把复杂的过程条理化。语言可以比作一座搭建在人类与人类、人类与世界之间的认知桥梁。与其说语言的诞生加速了人类的发展，不如认为各种语言的使用让人类各行业、各领域的高度发展变得更加规范。

作为社会生活的最重要的工具，由语音、词汇和语法构成的语言研究涉及方方面面，语言学（linguistics）因其研究的方向不同而产生了许多分支，包括历时语言学（diachronic linguistics）[或称历史语言学（historical linguistics）]、共时语言学（synchronic linguistics）、一般语言学（general linguistics）、理论语言学（theoretical linguistics）、描述语言学（descriptive linguistics）、对比语言学（contrastive linguistics）、类型语言学（typological linguistics）、结构语言学（structural linguistics）等。

2. 历时语言学与共时语言学

历时语言学（diachronic linguistics）也被称为演化语言学或历史语言学，它以长时间、宽广度、阶段性的视角来看待和研究一门语言的演化过程。

在语言的不断发展中，曾经被经常使用的词汇和流行语如今鲜为人知，替换成了更具时代风格的词语。以网络流行词为例，"996""内卷"等刻画了一定的社会、时代、人物心理特征。这种旧词摒弃和新词创建的过程及其背后的原因是历时语言学考察的主要任务。

在社会发展阶段变化时，同种词汇也会因需而被赋予与之前不一样的表达意思，其语义得到了扩大、延伸并得到了社会和网络上的默认，词义的这种变化体现了明显的历时性。网络上典型的例子是"菜"。原本"菜"指的是可以吃的草本植物，或者这类植物做成的菜肴。而如今，"菜"在网络用语中，是菜鸟的意思，指游戏水平差，如同新手一般。关于它的由来网络上也众说纷纭，有人说，英文 trainee（见习生）在闽南语中，读出来就很像"菜鸟"。也有人说，一些人在描述笨鸟的时候，把"笨"和"菜"看混了，所以才慢慢有这个叫法。无论怎么说，"菜"这个词的语义变化得到了社会和网络的认可。与此同时，同词的语义也会因为人们无意识地定向使用而缩窄、转移其原本的适用范围和对象。比方说一些有着明显的感情色彩的词语，在不同时代下也有着不同的含义。如"偶像"以前是供迷信人敬奉的木或泥做的人偶，是盲目崇拜的对象。而现代"偶像"一词以褒义的形式存在，人们称某某明星是自己的"偶像"，某某科学家是自己的"偶像"等。

旧词摒弃，新词创建，语义的扩充、缩窄、转移，词汇感情色彩的变化，这些都随着时间的推移而不停改变以适应时代的需求，而语言的历时性也由此充分地体现出来。

共时语言学（synchronic linguistics）是与历时语言学对立的一个分支。共时语言学强调当前状态，由于当前状态相对静止，共时语言学又被称为静态语言学。以提出这两种语言学区分观点的作者索绪尔的巧妙比喻来看，语言学本身是一个"树干"，共时和历时可看作是对树干的横纵不同方向的切割图纹。共时是静态的研究，历时是演变的研究。共时语言学的主要任务是找出同种语言中或不同语言间的语法、语音的共同与差异。以英语和汉语为例，语法的结构大框架都大同小异，有"主谓宾定状补"的成分，区别之一是英语多了许多的时态，如过去进行时、现在完成时、过去完成时等，虽然在汉语中我们很少提及这些时态，但是也都可以在汉语中找出英语对应的时态影子，这是共时语言学同一性的一种体现。另外，同义词、多义词、语境词等都是共时语言学考察的对象。

共时语言学与历时语言学共同为语言学的发展做出了重要的贡献，在研究文本时我们应该搞清楚是用"共时"还是"历时"的观点来看待，从不同的截面，看到不同的纹理。

3. 语音学

语音学（phonetics）顾名思义是研究语言发音的一门学科。语音学的研究范畴包括三类：发音语音学（articulatory phonetics）、声学语音学（acoustic phonetics）、听觉语音学（auditory phonetics）。在寻求最大化人机交互的前提下，语音学的研究主要在各种语言的基础上来对语音进行研究。研究学者默认语音学包含在语言学的范畴之内。而作为语言学的独特分支，语音学的研究和其他的文字研究又有本质的不同。狭义的语音学研究主要研究人类说话交流中用的各国语言和方言。为了标准化语音记录符号，在 1886 年，国际语音协会（International Phonetic Association）制定了一套《国际音标》。这套音标的出版解决了许多发音难以标注的问题，被世界各地的语言学家采用。出版的音标和一些附加符号大体上满足了世界各语言中语音的描写要求，为语音可书写化做出了巨大贡献。汉语中的拼音和英语中的音标都是该种语音成熟的表现。中国地大物博，民族众多，在中国社会科学院编写的《中国的语言》中，统计指出中国共有 129 种语言，除汉语外的语音识别系统的完善仍有许多进步的空间。

1.1.2 自然语言

尽管现代自然语言处理往往被认为是人工智能和计算机科学的分支学科，但它的研究仍聚焦于自然语言本身。相关的研究会涉及形态学、语法学、语义学和语用学、逻辑学等几个层次的自然语言知识。

1. 形态学

形态学（morphology）又称"词汇形态学"或"词法"，是语言学的一个重要分支，主要研究词的内部结构，包括屈折变化和构词法两个部分。由于词具有语音特征、句法特征和语义特征，形态学处于音位学、句法学和语义学的结合部位，所以形态学是语言学家重点关注的一门学科。

2. 语法学、语义学和语用学

语法学（syntax）主要研究句子结构成分之间的相互关系和组成句子序列的规则。语义学（semantics）是一门研究意义，尤其是语言意义的学科。语义学的研究对象是语言的各级单位（词素、词、词组、句子、句子群、整段整篇的话语和文章，乃至整部著作）的意义，以及语义与语音、语法、修辞、文字、语境、哲学思想、社会环境、个人修养的关系等。

在现代语言学中，语用学（pragmatics）指的是从使用者的角度研究语言，重点探索使用者所做的选择、在社会互动中所受的制约、所用语言对信息传递活动中其他参与者的影响等。

在实际问题的研究中，语义学和语用学的问题往往是相互交织在一起的。语法结构的研究离不开对词汇形态的分析，句子语义的分析也离不开对词汇语义、语法结构和语用的分析，它们之间往往互为前提。

3. 逻辑学

逻辑学是一个哲学分支学科，旨在对思维规律进行研究。逻辑和逻辑学的发展，经过了具象逻辑—抽象逻辑—对称逻辑（具象逻辑与抽象逻辑相统一）三大阶段。所有思维都有内容和形式两个方面。思维内容是指思维所反映的对象及其属性；思维形式是指用以反映对象及其属性的不同方式，即表达思维内容的不同方式。从逻辑学角度看，抽象思维的三种基本形式是概念、命题和推理。

1.1.3 自然语言处理

自然语言是指随着人类文明的不断发展而相应衍生出来的语言，人们用以交流沟通和搭建社会关系。自然语言有完备的语法、句型结构和丰富的词汇，是可以满足日常生活工作所有对话要求的成熟语言。中文、英文、法文、日文等都是自然语言。人们为了独特艺术目的而单独创造的语言不能被称作自然语言，比如《指环王》中精灵们说的昆雅语和辛达林语。与自然语言相对应的就是"人造"语言，一般指计算机语言，如 C、Python 等逻辑语言。

由于计算机难以理解人类的自然语言，人们只能通过人造的逻辑语言与计算机进行对话和下达指令。如何将自然语言通过处理和转化使得程序拥有像人类一样理解自然语言的能力是自然语言处理的主要任务。

自然语言处理是在众多领域不断地结合中诞生和发展的，是一个跨学科领域，可分为自然语言理解和自然语言生成。自然语言处理需要符合语言学的文本作为处理对象，需要使用计算科学和认知科学作为处理工具，处理好的自然语言可应用到人工智能领域来达到处理目的。

在生活中人们也时刻得益于自然语言处理的发展，像手机中的虚拟助手，如苹果的 Siri、华为的 Yoyo、小米的小爱同学。当询问虚拟助手"最近的停车场在哪里？"时，自然语言处理系统会根据语音先将其转换成文本，再通过文本识别出请求语气，然后再提取"最近""停车场"，这样虚拟助手就能明白用户是在找最近的停车场。通过搜索附近的地图信息，虚拟助手可以找到目标停车场并提供最短路程导航，甚至可以提供该停车场收费信息和车主们的评价。

自然语言处理在搜索引擎、智能推荐系统、机器翻译、聊天机器人、知识图谱中都有很重要的应用，并依赖数据、算法、人机交互等环节的相互配合。就目前的技术而言，语义分析和语境的识别还有待完善。

1.2　自然语言处理的发展历程

自然语言处理是一个包含计算机科学、语言学、心理学等多个学科的交叉学科，旨在让计算机能够处理以及运用自然语言。近年来随着深度学习技术和网络技术的飞速发展、数据库知识库的不断增大以及相关算法研究的进步，人工智能领域的研究有了巨大进步。自然语言处理的许多成果已经落地并应用于社会的方方面面，比如互联网评论分析、语音识别、文本生成等。

本节首先从自然语言处理的发展历史出发，探究在这个过程中不同的新技术对自然语言处理的推动作用，分析进步的原因。然后总结其研究现状，存在的局限性以及面临的挑战。最后对自然语言处理的发展前景进行展望。

1.2.1　自然语言处理的发展历史

根据发展程度以及研究热度的不同，自然语言处理的发展历史大致可以分为四个时期：20 世纪 50 年代以前的萌芽期，50 年代到 70 年代的发展期，70 年代到 90 年代的低谷期，90 年代中期至今的繁荣期。

1. 萌芽期

1936 年，英国数学家图灵（A. M. Turing）发明了"图灵机"，搭建了联系数理逻辑与现实世界的桥梁，为后来的自然语言处理系统的构建奠定了理论基础。20 世纪 50 年代，被认为是现代计算机科学基础的自动机理论在图灵算法的计算模型的基础上面世了。这一理论为后续自然语言处理系统的产生奠定了基础。在 1954 年的乔治城实验中，通过机器自动翻译的方式，将 60 多句俄文翻译成英文，这是最早的自然语言处理系统之一。被广泛认为是人工智能学科起源的 1956 年达特茅斯会议上，如何教会机器使用人类语言也被提出作为人工智能的核心问题之一。

在这一时期，根据对自然语言处理所采用的方法以及数学工具的不同，可以划分出两个派别，即依据规则的符号派和依据概率的随机派。符号派坚持要对自然语言进行完整的处理，从而得到十分精确以及完整的结果。概率派则希望通过概率统计的方法如经典的贝叶斯方法对自然语言进行处理，这样更高效，也便于推广到不同的细分领域。

两派学者都进行了大量的研究，在许多领域尤其是语音识别处理和机器翻译两大领域取得了一定的成功，并在部分细分领域研发了能够落地的系统。这些学者的研究搭建了自然语言处理的理论和技术的基础建筑，为后面的高速发展期奠定了坚实的基础。

2. 发展期

20 世纪 60 年代，法国格勒诺布尔理科医科大学启动了一个机器翻译的项目，该项目的负责人、法国数学家沃古瓦教授提出将自动语言翻译的过程归纳为以下几个步骤：原语词法分析、原语句法分析、原语翻译语词汇转换、原语翻译结构转换、译语句法生成、译语词法生成。基于以上步骤构建的翻译系统已经接近实用水平。除了机器翻译之外，概率统计的方法也在机器语音识别领域的研究中取得了一定的成功。与此同时，隐性马尔可夫模型和噪声信道与解码模型的提出，极大地丰富了自然语言处理的基础理论，也得到了广泛的应用。除了概率统计的方法以外，逻辑推理方法的应用也取得了一定成绩，比如法国的阿兰·科尔默劳尔建立的 Prolog 语言及其系统，在机器翻译的任务中取得了良好的效果。

3. 低谷期

自然语言处理的发展也并非一帆风顺。在 20 世纪 70~80 年代，当时计算机语料库规模有限，加上不少理论和技术的局限性，尽管美国、苏联、欧洲等投入了许多的人力物力财力，这期间缺少实质性的创新与突破，许多系统也未能取得令人满意的发展结果，自然语言处理发展一度陷入低谷。

4. 繁荣期

1993 年日本神户召开了第四届机器翻译高层会议。在这个会议上，英国学者哈钦斯指出，机器翻译领域的研究进入了一个新时代。这个时代的标志是机器翻译领域引入了语料库，再用基于规则的技术进行处理。机器翻译研究上的变革，也推动自然语言处理进入了繁荣期。

在此期间，统计语言模型被应用于自然语言处理的研究中。2003 年，Bengio 第一次将神经网络用于处理自然语言问题。发展至今，基于预训练模型的自然语言处理日趋成熟，被广泛应用于各个任务中。

这一时期的自然语言处理研究主要有三个特点：首先是自然语言处理的各个领域都开始大批量地使用概率统计的方法；其次是计算机的处理速度和数据容量的大幅度提高，使得计算机能够获得以及处理更多数据，同时越来越多的数据库也提高了信息的真实可用性；最后是信息传输技术也即网络技术的不断发展，从 3G、4G 再到 5G，信息传输的成本不断降低，速度不断加快，提高了信息的处理能力。这三大因素成为自然语言处理繁荣发展的内在核心动力。

1.2.2　自然语言处理的研究现状

基于神经网络的深度学习方法为自然语言处理注入新的血液，神经网络把自然语言处理问题拓展到了连续的值域，使得问题求解所使用的数学工具与以前完全不同，有了更多丰富的选择，极大地促进了自然语言处理研究的发展。但由于自然语言处理涉及许多领域并拥有许多分支，各个领域和分支的发展时间和速度也不一样，不好一一进行分析，故从以下几个方面对自然语言处理领域总体的研究现状进行介绍。

1. 基础搭建

自然语言处理的一大难点在于想要让机器处理自然语言甚至理解，不仅需要逻辑，还要知识储备，也就是需要有庞大的数据库的支撑才能对文本做进一步的处理，这时语料库就发挥了巨大的作用。现阶段研究学者已经开发完成了一批具有一定规模的语料库，可以在实际应用中帮助发挥巨大作用，比如北京大学语料库和综合型语言知识库。与此同时，有关汉字、汉语拼音和普通话的一系列标准和规范已经形成，中文文本信息处理的国内外研究环境以及合作交流环境已经建立，这对于中文自然语言处理是良好的支撑。

2. 研究活力

得益于人工智能神经网络的不断发展，自然语言处理领域也不断出现新的研究方向，如近几年十分火热的预训练模型，它的出现具有划时代的意义。BERT、GPT 等模型的提出也掀起了迁移学习的热潮，不断涌现出基于预训练模型的深度学习模型。目前预训练技术已经成为研究热点，并被广泛应用到解决下游各种自然语言处理的任务中，这足以反映自然语言处理的活力。

随着深度学习时代的来临，自然语言处理有了许多突破性的发展，诸如情感分析、智能问答、机器翻译等领域都在飞速发展。除了将自然语言处理应用到对话机器人上，自然语言处理与各行业的结合更能体现其价值，银行、电器、医药、教育等领域对自然语言处理的需求非常大，自然语言处理的重要性和发展的迫切性可见一斑。

3. 研究局限

现阶段，自然语言处理领域的研究仍存在许多局限性，比如常用的深度学习算法，对数据量、数据质量以及计算机的运算速度都有很高的要求。尤其在当今的预训练模型时代，模型往往都在极大规模的文本上进行自监督训练，然后在下游具体的任务上进行适配。在这个场景下，如何在不同领域提高学习效率，如何进行领域和任务之间的迁移，以及如何在这个过程中保证安全性将成为下一步研究重心。

1.2.3　自然语言处理的发展前景

过去十年，基于深层神经网络的深度学习方法为自然语言处理注入新鲜的血液，提供了全新的工具以及方法，极大地促进了自然语言处理研究的发展。2018 年出现的预训练语言模型，包括基于 RNN（循环神经网络）的 ELMo 和基于 Transformer 的 BERT、GPT，更是为自然语言处理研究领域带来了惊艳的成果。预训练语言模型的良好表现充分证明了基于海量的无标注文本，计算机也能学习到大量潜在的知识，从而节省了为每一项任务都标注数据而浪费的人力物力以及时间，这是具有颠覆性的。而在应用方面，Google 的 Duplex 技术让人耳目一新，国内几家公司提供的会议同传翻译技术也令人印象深刻。机器语音同传虽然与人类同声传译相比还有很大差距，但已经朝着实用落地的方向迈了一大步。目前更是出现了更前沿的大模型，如 GPT-4 和 ChatGPT 等。

随着自然语言处理不断地发展成熟，它在越来越多的领域得到了广泛的应用。比如在金融领域，自然语言处理可以为证券投资提供各种数据以及解析，如热点挖掘、舆情分析等，还可以对金融风险进行分析、辨别欺诈。在医疗健康领域，自然语言处理技术可以帮助减轻医生的压力，辅助医生进行病历录入、检索和分析医学资料、对患者进行诊断等。在商业领域，自然语言处理可以帮助分析商家快速地从消费者对于商品的反馈中寻找关键点，进而帮助产品的改进以及销量的提升，商家与消费者互利互惠。

未来，自然语言处理技术会极大地改变人们的生活，并且随着语言的规律被不断挖掘，相信距离实现真正的"人工智能"不再遥远，语言将作为人机协同最重要的桥梁被广泛地应用于各类场景。为了实现这一个宏伟的目标，需要各个国家的相互支持、企业的创新、有关科研人员的不懈努力。如果自然语言处理技术能够不断发展，它终将更好地为人类社会服务。

1.3　自然语言处理的基本方法

1.3.1　理性主义方法

理性主义（rationalist）方法认为，人的很大一部分语言知识是与生俱来的，由遗传决定。持这种观点的代表人物是美国语言学家乔姆斯基（Noam Chomsky），他的内在语言官能（innate language faculty）理论被广泛接受。乔姆斯基认为，很难知道小孩在接收到极为有限的信息量的情况下，在如此小的年龄如何获取如此之多的复杂语言理解能力。因此，理性主义的方法试图通过假定人的语言能力是与生俱来的、固有的一种本能来回避习得和理解困难的问题。

在具体的自然语言问题研究中，理性主义方法主张建立符号处理系统，由人工来整理和编写初始的语言知识表示体系（通常为规则），构造相应的推理程序。系统根据规则和程序，将自然语言理解为符号结构，该结构的意义可以从结构中的符号的意义推导出来。按照这种思路，在自然语言处理系统中，一般首先由词法分析器按照人编写的词法规则对输入句子的单词进行词法分析。然后，语法分析器根据人设计的语法规则对输入句子进行语法结构分析。最后再根据一套变换规则将语法结构映射到语义符号，如逻辑表达式、语义网络、中间语言等。

1.3.2　经验主义方法

经验主义（empiricist）方法认为人脑并不是从一开始就具备具体的处理原则和对具体语言成分的处理方法，而是假定孩子的大脑一开始具有处理联想（association）、模式识别（pattern recognition）和通用化（generalization）处理能力。这些能力能够使孩子充分利用感官输入来掌握具体的自然语言结构。在系统实现方法上，经验主义方法主张通过建立特定的数学模型来学习复杂的、广泛的语言结构，然后利用统计学、模式识别和机器学习等方法来训练模型的参数，以扩大语言使用的规模。因此，经验主义的自然语言处理方法是建立在统计方法基础之上的，故而，又被称为统计自然语言处理（statistical natural language processing）方法。

在统计自然语言处理方法中，一般需要收集一些文本作为统计模型建立的基础，这些文本被称为语料（corpus）。经过筛选、加工和标注等处理的大批量语料所构成的数据库叫作语料库（corpus base）。由于统计方法通常以大规模语料库为基础，因此，又称为基于语料（corpus-based）的自然语言处理方法。

实际上，理性主义和经验主义试图刻画的是两种不同的东西。生成语言学理论试图刻画的是人类思维（I-language，内在语言）的模式或方法。对于这种方法而言，某种语言的真实文本数据（E-language，外在语言）只提供间接的证据，这种证据可以由以这种语言为母语的人来提供。而经验主义方法则直接关心如何刻画这些真实的语言本身（E-language）。理性主义的提出者美国语言学家乔姆斯基把语言的能力（linguistic competence）和语言的表现（linguistic performance）区分开来。他认为，语言的能力反映的是语言结构知识，这种知识是说话人头脑中固有的，而语言的表现则受到外界环境诸多因素的影响，如记忆的限制、对环境噪声的抗干扰能力等。

1.3.3 对比分析

在自然语言处理发展的过程中，始终充满了基于规则的理性主义方法和基于统计的经验主义方法之间的矛盾，这种矛盾时起时伏，此起彼伏，见表1.1。自然语言处理也就在这样的矛盾中逐渐成熟起来。

自然语言处理既有深层次的现象，也有浅层次的现象；既有远距离的依存关系，也有近距离的依存关系；自然语言处理中既要使用演绎法，也要使用归纳法。因此，自然语言处理的研究应把理性主义和经验主义结合起来。把基于规则的方法和基于统计的方法结合起来。过于强调一种方法，反对另一种方法，都是片面的，都不利于自然语言处理的发展。

表 1.1　经验主义与理性主义

基于统计的经验主义	基于规则的理性主义
继承哲学中的经验主义	继承哲学中的理性主义
使用概率或随机的方法来研究语言，建立语言的概率模型	符号主义方法，以"物理符号系统假设"为基本依据，主张人类的智能行为可以使用物理符号系统来模拟
处理浅层次的语言现象和近距离的依存关系	处理深层次的语言现象和远距离的依存关系
归纳法	演绎法
隐马尔可夫模型、最大熵模型、n元语法、概率上下文无关语法、噪声信道理论、贝叶斯方法、最小编辑距离算法、Viterbi算法、A＊搜索算法、双向搜索算法、加权自动机、支持向量机等	有限状态转移网络、有限状态转录机、递归转移网络、扩充转移网络、短语语法结构、自底向上剖析、自顶向下剖析、左角分析法、Earley算法、CYK算法、富田胜算法、复杂特征分析法、合一算法、依存算法、一阶谓词演算、语义网络、框架网络等

1.4　自然语言处理的研究内容

1.4.1　文本分类

传统的文本分类任务旨在按照一定的分类体系或标准对文本集进行自动分类标记。在文本分类研究中，知识工程方法中专家的主观因素较多，并且存在着明确的评价标准，在实际场景中表现良好。而统计学习方法因其坚实的理论基础而成为主流方法，该算法将样本数据转化为向量表示后，计算机开始其"学习"过程。常用的文本分类算法可分为传统机器学习方法和深度学习方法。传统机器学习方法包括决策树、Rocchio、朴素贝叶斯、支持向量机、线性最小二乘拟合、k 近邻算法、遗传算法、最大熵等。深度学习方法则包括 FastText、TextCNN 等。

1.4.2　信息抽取

信息抽取，即从自然语言文本中抽取出有效的事件或事实信息，可有助于将海量内容自动分类、提取和重构。所需抽取的信息通常包括实体（entity）、关系（relation）和事件（event）。据此，信息抽取主要包括三个子任务，即实体抽取与链指（命名实体识别）、实体间的关系抽取，以及事件抽取。如从新闻中抽取时间、地点、关键人物，或从技术文档中抽取产品名称、开发时间、性能指标等。

常见的监督类学习算法有马尔可夫模型、贝叶斯网络、条件随机场等；非监督类的算法有基于语法归纳、词频统计、树形结构比较等数据挖掘类算法。另外还有一些模型通过建模将提取问题转化为分类问题。分类问题是机器学习算法的经典问题，被广泛使用的分类算法有支持向量机（SVM）、神经网络、树形模型等。

不同算法各有优点。如基于概率图模型和数据挖掘类的算法，适合于网页的模式比较明显、格式化比较强的情况。而基于分类算法的模型能更好地利用网页的视觉方面的特征，有助于提高算法的泛化能力。

1.4.3　文本摘要

文本摘要指通过各种技术，抽取、总结或精炼文本或文本集合中的要点信息，用以概括和展示原始文本（集合）的主要内容。作为文本生成任务的主要方向之一，从本质上而言，是一种信息压缩技术。

文本摘要的目的是让用户从海量的互联网数据中找到有效信息。实现这一点有两种不同的方式：一是以百度为代表的搜索引擎方案，可以理解为用户主动行为，可以发现，当进行关键词搜索时，除了标题，高亮展示的便是约为 top100 的字符；另外一种方案便是信息流，该方案可以理解为用户被动行为，是在移动互联网上的一种推荐系统。

抽取式文本摘要有显著的优点，但也有生成内容不连贯、字数难以控制、目标句主旨不明确等问题，其摘要好坏也部分取决于原文质量。面向以上问题，研究人员提出了生成式文本摘要方法，如 LSTM（长短期记忆网络）模型、编码器-解码器模型等。在研究过程中，注意力机制思想的运用是自然语言处理技术上的一次大的飞跃。近年来，也有众多研究使用 Self-

Attention 和 Transformer 来提升性能，并在预训练和微调的探索下，探索 BERT 与 PreSumm。

文本摘要的主要评价指标为 Rouge-n 和 BLEU。Rouge-n 由预测摘要与真实摘要 n-gram 信息的交集与并集的商可得（$n = 1, 2, 3\cdots$）。此外，在文本摘要领域，其性能还需人工做进一步评估。

1.4.4 智能问答

1. 任务型问答

任务型问答是指在特定场景下，机器人在多轮对话的过程中逐渐捕获必要的信息，从而为用户生成回答。据此可知，实现任务型问答的关键在于，如何对信息的捕获设计一个流程，使其逐渐获取所需信息。任务型问答一般包含三个核心模块，即自然语言理解模块、对话管理模块，以及自然语言生成模块。

2. 检索式问答

检索式问答无需自然语言生成答案。给定回答集、问句及其上下文，检索式问答模型将对问题和答案对进行训练。模型训练完毕后，当输入一个问句，模型会对回答集中的答案进行相似度计算并给予不同的可能性得分，最终得分最高的答案被视为最佳答案并输出。

3. 基于知识图谱问答

基于知识图谱问答（Knowledge-based Question Answering，KBQA）的技术路线是，首先将问题转化为机器能理解的语义表示，然后使用该语义表示作为结构化查询语句以查询知识图谱，最终将查询到的实体结合作为答案返回。

其中语义表示的方法有：

1）一阶谓语逻辑：一阶谓词逻辑只允许限量词（正则表示）应用在对象，高阶谓词逻辑允许将限量词用在谓词和函数。

2）lambda-算子：陈述句的语义可以采用一阶谓词逻辑表示，问句的语义则常采用lambda-算子形式。

3）lambda-DCS：一阶谓语逻辑和 lambda-算子未考虑知识图谱特性，lambda-DCS 考虑知识图谱特性却忽略了全部未知变量。

语义分析的方法有：

（1）基于文法的语义分析方法

该方法从带有语义表示的标注数据中抽取符合特定文法的语义分析规则集合，每条规则至少包含自然语言和语义表示两部分。然后，采用基于动态规划的解析算法（CYK、Shift-Reduce）产生句子对应语义表示候选集。最终，基于标注数据训练排序模型，对不同语义表示候选进行打分，返回得分最高语义表示候选作为结果。

（2）基于神经网络的语义分析方法

采用类似机器翻译的序列到序列（sequence to sequence，seq2seq）生成模型，实现从自然语言到语义表示的转化。

（3）基于答案排序的方法

给定输入问题和知识图谱，通过对知识图谱中实体进行打分和排序，选择得分最高的实体或实体集合作为答案输出。该方法包括以下步骤：

1）问题实体识别：对问题中提到的实体进行识别。

2）答案候选检索：根据识别出的问题实体，从知识图谱中查找与之满足特定约束条件的知识库实体集合，作为候选答案。

3）答案候选表示：每个答案无法直接与问题比较，基于答案候选所在知识图谱上下文生成对应向量表示，问题和答案相关度计算转为问题向量和候选向量计算。

4）答案候选排序：使用排序模型对不同答案候选打分排序，返回得分最高的答案候选集作为输出结果。常用的答案候选排序有以下三种方法：

① 基于特征的答案排序：答案实体识别后，根据问题实体在知识图谱中的位置，抽取与之不超过两个谓词连接的实体作为答案候选集合，然后使用一个特征向量表示每个候选答案（疑问词特征、问题实体特征、问题类型、问题动词、上下文、谓词特征）。

② 基于问题生成的答案排序：问题实体识别和答案候选检索后，采用文本生成技术为每一个答案生成一个自然语言问题，作为该答案候选对应的表示，计算输入问题和每个答案候选对应生成问题的相似度，对答案打分排序。

③ 基于子图匹配的答案排序：每个答案候选从知识库中抽取一个子图，通过计算输入问题和每个答案候选对应子图之间的相似度，对答案候选集合进行打分和排序。

4. 表格问答

表格问答主要分为表格检索和答案生成两个步骤，对于表格检索：

1）当表格全集的数目相对有限时，可以将每个表格的结构打散并将内容顺序连接构成一个"文档"，然后基于现有文本检索技术找到与输入问题最相关的表格子集。

2）当表格全集很大时，需要借助现有搜索引擎找到与问题最相关的结构网页集合，抽取该结构网页集合中包含的全部表格作为表格子集。

答案生成有多种常用方法，如：

1）基于答案排序的方法，可通过对不同表格单元进行打分和排序，选择得分最高的表格单元集合作为答案。

2）基于语义分析方法，可基于表格内容生成问题对应的语义表示，然后以该语义表示作为结构化查询语句，通过查询表格以得到问题对应的答案。

3）基于神经网络方法，可训练端到端的神经网络模型，直接生成问题对应的答案。

5. 文本问答

文本问答通常有问题处理模块、文本检索模块和答案生成模块三大模块。问题处理模块对输入的自然语言问题进行分词、命名实体识别、词性标注依存树分析等，并输出问题类型、问题关键词、答案类型等语义标签。其中问题类型包括事实类、是非类、定义类、列表类、比较类、意见类、指导类等。问题关键词涉及问题实体和对答案的限制条件。答案类型则包括人物、时间、地点等类别标签。文本检索模块旨在从海量文本集合中检索出与输入问题最相关的文本候选。答案生成模块的意义在于从检索回来的候选文本中抽取或生成答案。给定问题和候选文本，该模块需从文本候选中找到对应的答案。答案可以是候选文本中的句子，也可以是候选文本中的单词或短语，还可以是基于候选文本推理出的内容。

第 2 章 语言模型

2.1 语言模型概述

何为语言模型？从机器学习的角度来看，语言模型可对自然语句进行建模，对语言序列中的每个词预测一个概率分布，通过这种概率建模可以判断这个词序列是否为正常语句[1]。比方说，对于语句 A "我爱自然语言处理和语句"和语句 B "我自然语言处理爱"，鉴于语句 A 更可能是一个正常语句，语言模型将对其赋予更高的概率。即使是如今最强大的模型，如 ChatGPT 和 GPT-4，也是采用的这种朴素的语言模型思想来进行建模的。

给定任意一个词序列 $w_1, w_2, \cdots, w_n$，语言模型能够计算这个词序列的概率 $P(w_1, w_2, \cdots, w_n)$。一种常见的方法是，根据数据集中句子出现的次数进行计算。假设语料库中的句子个数为 N，定义 $c(w_1, w_2, \cdots, w_n)$ 为训练语料库中词序列 $w_1, w_2, \cdots, w_n$ 出现的次数，那么词序列概率的计算公式为

$$P(w_1, w_2, \cdots, w_n) = \frac{c(w_1, w_2, \cdots, w_n)}{N} \tag{2.1}$$

然而，这种语言模型的计算方式只能对语料库中出现过的句子进行概率计算，却不能泛化到语料库中未出现的语句。因此，另一种计算方式是将词序列中每个词出现的概率进行叠加。根据概率学中的链式法则，词序列对概率计算公式进行化简，即

$$P(w_1, w_2, \cdots, w_n) = P(w_1) \prod_{i=2}^{n} P(w_i \mid w_1, \cdots, w_{i-1}) \tag{2.2}$$

根据 $P(w_i \mid w_1, \cdots, w_{i-1})$，可计算出 $P(w_1, w_2, \cdots, w_n)$。该概率可理解为给定一个词序列，根据该词序列对下一个会出现的词进行概率预测。

2.2 n-gram 统计语言模型

2.2.1 何为 n-gram 模型

n-gram，即 n 元组表示法，是一种基于统计的语言模型算法。其基本思想是将一个长文档的内容按照大小为 n 的窗口进行截取，形成长度为 n 的词序列。每一个词序列可被称为一个 gram。不同的 gram 代表特征向量中不同的维度，所有的 gram 组成整个长文档的特征空

间。换句话说，n-gram 是通过将文本拆分成长度为 n 的词序列来建立概率模型，通过计算每个 gram 出现的频率，来预测下一个词或句子的概率。n-gram 模型广泛应用于文本分类、机器翻译、语音识别、信息检索等自然语言处理领域。

n-gram 统计语言模型常常用于评估词序列是否合理。比方说，给定一个句子"这是一个句子"，那么依据一元（unigram）统计语言模型，则 gram 为"这、是、一、个、句、子"，特征维度为 6。如果依据二元（bigram）统计语言模型，gram 为"这是、是一、一个、个句、句子"，其特征维度为 5。不同的 gram 组成特征向量中的不同特征维度。

2.2.2 n-gram 语言模型评估词序列

相比于式（2.2），n-gram 提供了更加简单的建模语言的方法。对于任意长度的一个语句，可引入马尔可夫假设（Markov assumption）[2]，即假设当前词出现的概率只依赖于前 $n-1$ 个词，可得到 $P(w_i \mid w_1, \cdots, w_{i-1}) \approx P(w_i \mid w_{i-n-1}, \cdots, w_{i-1})$。根据上述表达式，n-gram 语言模型可定义为

$$unigram: P(w_i \mid w_1, \cdots, w_{i-1}) \approx \prod_{i=1}^{n} P(w_i) \qquad (2.3)$$
$$bigram: P(w_i \mid w_1, \cdots, w_{i-1}) \approx \prod_{i=1}^{n} P(w_i \mid w_{i-1})$$
$$trigram: P(w_i \mid w_1, \cdots, w_{i-1}) \approx \prod_{i=1}^{n} P(w_i \mid w_{i-2}, w_{i-1})$$
$$\cdots\cdots$$

当 $n>1$ 时，为使句首词的条件概率有意义，需要给原始的词序列上加入一个或多个起始符，通过起始符来对句首词出现的概率进行表征。以 trigram 语言模型为例，它使用的是二阶马尔可夫假设，即 $P(w_i \mid w_1, \cdots, w_{i-1}) \approx \prod_{i=1}^{n} P(w_i \mid w_{i-2}, w_{i-1})$。对于 $P(w_i \mid w_{i-2}, w_{i-1})$，与上述通过语言模型的计算方式类似，可通过计算词块出现的次数来求得概率：

$$P(w_i \mid w_{i-2}, w_{i-1}) = \frac{c(w_{i-2}, w_{i-1}, w_i)}{c(w_{i-2}, w_{i-1})} \qquad (2.4)$$

式中，$c(w_{i-2}, w_{i-1}, w_i)$ 和 $c(w_{i-2}, w_{i-1})$ 分别表示词块 (w_{i-2}, w_{i-1}, w_i) 和 (w_{i-2}, w_{i-1}) 在训练集中出现的次数。引入马尔可夫假设计算后验概率 P，可以提高语言模型的泛化能力，再根据训练数据集对词块出现次数进行计算，最终可求得后验概率。

2.2.3 n-gram 统计语言模型的应用

在使用各种搜索引擎如 Google 或百度时，在输入某个关键词后，搜索引擎会根据关键词进行猜想或者提示，出现图 2.1 所示的多个备选查询目标。这些备选查询目标就是根据所输入的关键词进行下文预测的结果。

图 2.1 的排序结果可通过 n-gram 语言模型得到。假设通过二元语言模型对"自然语言"这一词块进行下一个词的预测，通过该结果可推测出语言模型的概率计算结果为 P（分析 | 自然语言）>P（生成 | 自然语言）>⋯>P（是什么 | 自然语言），从而按概率大小的顺序返回搜索结果的提示。类似地，输入法中的自动联想功能也是应用了语言模型的原理。

2.2.4 n-gram 模型中 n 对性能的影响

当 n 更大时，整个词块中的词数越多，对下一个词的出现约束性越强，有更强的语义表达能力。但会使 n-gram 总数大幅增加，特征维度变大，从而变得更加复杂和计算密集，语

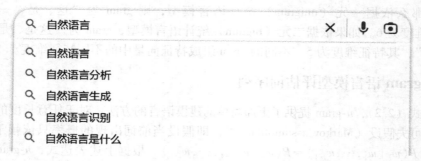

图 2.1　Google 上对于关键词"自然语言"的搜索结果

义表示更加稀疏。

当 n 更小时，每个 gram 在训练语料库中出现的次数会增多，语言模型可以获得更可靠的统计结果。但由于每个 gram 中的词数减少，约束信息更少。表 2.1 展示 n 的大小对 n-gram 个数的影响。

表 2.1　词表中词的个数为 20000 词下，不同 n 对应的 n-gram 个数

n	所有可能的 n-gram 个数统计
2（bigram）	400000000
3（trigram）	8000000000
4（4-gram）	1.6×10^{17}

此处以语料"我爱自然语言处理"为例。它的词汇表中只包含三个词，即"我""爱""自然语言处理"。如果采用 bigram 语言模型，那么 gram 的个数为 $3^2 = 9$ 个；如果采用 trigram 语言模型，那么 gram 的个数为 $3^3 = 27$ 个。可以看到，随着 n 的增大，gram 的个数呈指数上升。

上文提到，n-gram 模型中的每一个不同的 $\mathrm{gram}(w_i \mid w_{i-n-1}, \cdots, w_{i-1})$ 都代表模型中的一个参数，可视为特征向量的不同维度。由于 gram 个数随着指数的增加而快速增加，大量的参数在训练集中从未出现过，也就是说，$c(w_i \mid w_{i-n-1}, \cdots, w_{i-1}) = 0$。这导致在预测时，很多句子的概率被预测为 0。目前，已有大量的研究工作对该情况进行探索，其中最简单的方法是将所有词组的出现次数加 1 以做平滑处理。

2.2.5　n-gram 模型小结

n-gram 缺乏长期依赖，只能建模到前 $n-1$ 个词。随着 n 的增大，词的量急剧增大，参数空间（特征向量维度）呈指数爆炸，容易出现数据稀疏的问题。并且由于只对训练语料进行词块频次上的统计，尽管可以使得学习过程简单高效，但泛化能力较差，依然没有能够处理字词之间的关系问题。

但总体而言，n-gram 能够对语义进行很好的表示，这是因为 n-gram 统计语言模型采用极大似然估计法，有数学理论作为支撑，且参数易训练，与此同时，根据窗口的大小，gram 包含前 $n-1$ 个词的全部信息，增加了前后文信息，考虑了文本字词之间的顺序问题，能够对语义进行很好的表示。进一步地，n-gram 模型的可解释性强，直观易理解。所以，n-gram 被广泛使用。下一章将介绍使用深度神经网络来建模的语言模型，它可以捕捉到更长的上下文信息以及更深层次的语义，是现代自然语言处理广泛使用的建模语言模型。

思 考 题

1. n 的选择是如何影响 n-gram 语言模型的性能的，选择合适的值需要考虑哪些因素？

2. n-gram 语言模型如何处理上下文和歧义等问题，可以使用哪些策略来提高它们在这些领域的性能？

3. n-gram 语言模型如何处理词汇外（OOV）单词，有哪些技术可用于解决此问题？

4. 请了解一下常见的平滑（smoothing）技术，并解释拉普拉斯平滑和 Kneser-Ney 平滑等不同的平滑技术如何在 n-gram 语言模型中发挥作用，这些方法之间的权衡是什么？

5. 不同类型的 n 元语法，例如一元语法、二元语法和三元语法，在有效性和计算复杂性方面有何不同？

6. n-gram 语言模型如何用于机器翻译或语音识别等任务，这些应用中会出现哪些挑战？

7. 语言模型与自然语言处理研究的其他领域（例如句法解析和语义角色标记）之间有什么关系，这些任务如何从语言模型的发展中受益？

8. 无监督、监督和半监督学习等不同的训练策略如何影响语言模型在不同自然语言处理任务上的表现，每种方法涉及哪些权衡？

参 考 文 献

［1］ Mikolov T. Statistical language models based on neural networks［D］. Brno：Brno University of Technology，2012.

［2］ Peng F，Schuurmans D. Combining naive Bayes and n-gram language models for text classification［C］//European Conference on Information Retrieval. Berlin：Springer，2003：335-350.

第 3 章 神经网络和神经语言模型

3.1 人工神经网络和神经语言模型

传统的机器学习需要手动地去进行特征工程（Feature Engineering），即通过人工经验和知识去提取、整合、总结、处理数据的特征，然后输入到模型中进行学习和预测。这种方式在面对高维度、非线性数据时，容易出现维度灾难、过拟合等问题，同时也需要大量的时间和精力去设计和调试特征。与之相对的，深度神经网络则可以采用端到端的形式去对数据进行学习和泛化，自动地捕捉数据中的关键特征，进而实现更高水平的识别、分类、预测等任务。深度神经网络在计算机视觉、自然语言处理、语音处理等领域的应用场景下均展现出了突破性的效果，在现代人工智能领域占有重要地位。本章将介绍神经网络的发展历程，经典神经网络的计算原理以及基于神经网络的语言建模方法。

3.1.1 人工神经网络

生物神经网络由一组化学连接或功能相关的神经元组成。单个神经元可以连接到许多其他神经元，并且网络中的神经元和连接的总数可能是无限的。连接，又称为突触，通常是从轴突到树突形成的。突触除了接收电信号外，还要接收来自神经递质扩散的其他形式的信号。

人工神经网络（Artificial Neural Network，ANN），简称神经网络，是一种模仿生物神经网络的结构和功能的计算模型。神经网络由大量的人工神经元联结进行计算。每个节点包含一种特定的输出函数，称为激活函数。每两个节点间的连接都代表一个对于通过该连接信号的加权值，也被称为权重，这相当于人工神经网络的记忆。网络的输出则根据网络的连接方式、权重和激励函数的不同而不同。而网络自身通常都是对自然界某种算法或者函数的逼近，也可能是对一种逻辑策略的表达。

人工神经网络的基本单元是神经元模型。神经元模型是一个包含输入、输出与计算功能的模型。输入可以类比为神经元的树突，而输出可以类比为神经元的轴突，计算则可以类比为细胞核。典型的神经元模型的两层神经元之间通过有向箭头连接，每一个连接上都赋有权重。神经网络的训练就是让权重的值调整到最佳，以使得整个网络的预测效果最好。在其他绘图模型里，有向箭头可能表示的是值的不变传递。而在神经元模型里，每个有向箭头表示的是值的加权传递。如图 3.1 所示，a 表示输入，w 表示权重，z 表示加权后的输出。

图 3.1 表示连接的有向箭头可以理解为，在初端，传递的信号大小是 a，端中间有加权参数 w，因此在连接的末端，信号的大小变成 $a \times w$。输出 z 是在输入与权重的线性加权求和后叠加了一个函数 g 的值。在人工神经元模型里，函数 g 是 sgn 函数，也就是符号函数，当输入大于 0 时，输出 1，否则输出 0。将 sum 函数与 sgn 函数合并到一个圆圈里，代表神经元的内部计算。神经元可以看作一个计算与存储单元，计算是指神经元对其输入进行计算，存储是神经元会暂存计算结果，并传递到下一层。

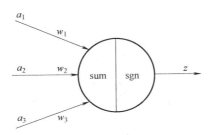

图 3.1　神经元模型

1958 年，计算科学家 Rosenblatt[1] 提出了由两层神经元组成的神经网络，并给它起名为感知器（Perceptron）。感知器是当时首个可以自主学习的人工神经网络。感知器中有两层，分别是输入层和输出层。输入层里的"输入单元"只负责传输数据，不做计算。输出层里的"输出单元"则需要对前面一层的输入进行计算。图 3.2 所示为带有两个输出单元的两层神经网络。

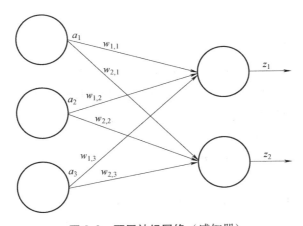

图 3.2　两层神经网络（感知器）

其中输出单元 z_1 和 z_2 的计算公式如下：

$$z_1 = g(a_1 w_{1,1} + a_2 w_{1,2} + a_3 w_{1,3})$$
$$z_2 = g(a_1 w_{2,1} + a_2 w_{2,2} + a_3 w_{2,3})$$

(3.1)

感知器与神经元模型不同，感知器中的权重是通过训练得到的。因此，感知器类似一个逻辑回归模型，可以做线性分类任务。

Minsky 和 Papert[2] 在 1969 年出版的书籍中用详细的数学推导证明了感知器的优势和不足之处，尤其是感知器无法解决异或简单分类任务。虽然两层神经网络无法解决异或问题，但当增加一个计算层后，三层神经网络不仅可以解决异或问题，还具有非常好的非线性分类效果。然而，多层神经网络的参数更新仍然没有高效的解法。1986 年，Rumelhart 和 Hinton 等[3]提出了反向传播（Back Propagation，BP）算法，解决了多层神经网络所需要的复杂计算量问题，从而带动了业界使用多层神经网络研究的热潮。目前，多层神经网络被广泛应用，它也被称为多层感知器（Multilayer Perceptron，MLP），三层神经网络结构如图 3.3 所示。

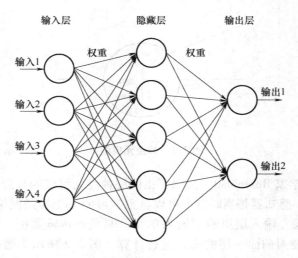

图 3.3　三层神经网络（多层感知器）

3.1.2　神经语言模型

正如第 2 章所介绍的，语言模型是自然语言处理领域的基础问题，在词性标注、句法分析、机器翻译、信息检索等任务中起到了重要作用。语言模型可用来计算一段文本出现的概率，以及衡量该文本的流畅度和合理性。给定 n 个词语构成的句子 $w_1 w_2 \cdots w_n$，其出现的可能性可以根据链式法则来进行计算：

$$p(w_1 w_2 \cdots w_m) = p(w_1)p(w_2|w_1) \cdots p(w_i|w_1, \cdots, w_{i-1}) \cdots p(w_m|w_1, \cdots, w_{m-1}) \tag{3.2}$$

在传统语言模型的建模过程中，往往基于相对频率的最大似然估计（Maximum Likelihood Estimation，MLE）方法估计条件概率 $z_1 = g(a_1 w_{1,1} + a_2 w_{1,2} + a_3 w_{1,3})$：

$$p(w_i|w_1, \cdots, w_{i-1}) = \frac{\text{cont}(w_1, \cdots, w_i)}{\text{cont}(w_1, \cdots, w_{i-1})} \tag{3.3}$$

由于 i 越大，词组 w_1，$\cdots$，w_i 出现的可能性越小，最大似然估计越不准确。因此，典型的解决方法是采用 $n-1$ 阶的马尔可夫链对语言模型进行建模，即 n 元语法（n-gram）的语言模型。假设当前词的出现概率仅与前 $n-1$ 个词有关：

$$p(w_i|w_1, \cdots, w_{i-1}) \approx p(w_i|w_{i-n+1}, \cdots, w_{i-1}) \tag{3.4}$$

若 $n=1$，表示一元语言模型（unigram），假设词语之间是相互独立的；$n=2$ 表示二元语言模型（bigram），当前词的出现概率与前一个词有关。$n=3$、$n=4$ 和 $n=5$ 是使用最广泛的几种 n 元语言模型。这种近似估计方法使得词序列的语言模型概率计算成为可能。然而，

n-gram 对词的表示是 one-hot 的离散表示，存在如下问题：参数空间随着 n 的增大成指数增长，当词典数量较大时存在维度灾难问题；无法理解词与词之间的内在联系，无法建模出多个相似词的关系。

Bengio 等[4] 提出了一种基于前馈神经网络（Feed-Forward Neural Network，FNN）的概率语言模型（见图 3.4）。他们在该模型中提出了一种词的分布式表示方法来缓解词典的维数灾难问题。具体来说包括三个步骤：首先，为词汇表中的每个词分配一个分布式的词特征向量，接着为词序列中出现的词以词特征向量形式表示联合概率函数，最后同时学习词特征向量和联合概率函数的参数。词向量对深度学习在自然语言处理中的应用起了很大的作用，也是获取词的语义特征的有效方法。

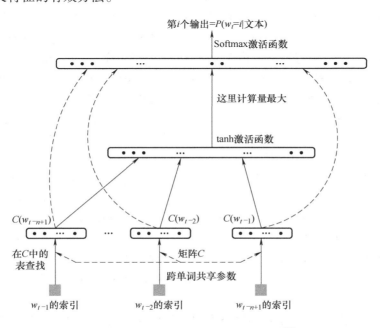

图 3.4　基于神经网络的概率语言模型[4]

该网络的输入是 $w_{t-n+1},\cdots,w_{t-1}$ 这前 $n-1$ 个词，输出是模型预测的下一个单词 w_t。

计算过程为

第一步，将输入的 $n-1$ 个单词索引转换为词向量 $C(i)$，然后将这 $n-1$ 个向量进行拼接运算操作，形成一个 $(n-1)\times m$ 大小的输入矩阵，用 C 表示。

第二步，将词向量矩阵 C 送入隐藏层进行计算，所用的是 tanh 双曲正切函数，隐藏层的输出为

$$\text{hidden}_{\text{out}}=\tanh(d+X\times H) \tag{3.5}$$

第三步，将 $\text{hidden}_{\text{out}}$ 送入输出层，输出层的每个节点 y_i 表示预测下一个单词 i 的概率，输出 y 的计算公式为

$$y=\text{hidden}_{\text{out}}\times U+X\times W+b \tag{3.6}$$

$C(i)$ 是单词 w 对应的词向量，其中 i 为词 w 在整个词汇表中的索引；$n-1$ 是输入的单词个数；m 是词向量的维度，一般大于 50。在隐藏层部分，H 是隐藏层的权重；d 是隐藏层

的偏置项；h 是隐藏层的神经元个数。在输出层部分，U 是输出层的权重；b 是输出层的偏置项；W 是输入层到输出层的权重；$|V|$ 是输出层的节点个数，也是词汇表的大小，即语料库中去重后的单词个数。

3.2　卷积神经网络

3.2.1　卷积神经网络结构

在深度学习中，卷积神经网络（Convolutional Neural Network，CNN）是一类在机器学习中十分流行的神经网络模型，它的特点是以人工构造的神经元来响应周围一部分被覆盖的单元。卷积神经网络也被称为移位不变或空间不变人工神经网络。基于卷积核或滤波器的共享权重架构，网络中的卷积核或过滤器沿着输入特征滑动，得到称为特征图的等价变换作为输出。

卷积神经网络由生物学家 Hubel 和 Wiessel 在早期关于猫视觉皮层的研究发展而来，视觉皮层的细胞存在一个复杂的构造，这些细胞对视觉输入空间的子区域非常敏感，称之为感受野。卷积神经网络由纽约大学的 Yann LeCun[5] 于 1995 年提出，其本质是一个多层感知器，其所采用的局部连接和权重共享的方式，一方面减少了权重的数量，使得网络易于优化，另一方面降低了模型的复杂度，也就是减小了过拟合的风险。这些优点增强了卷积神经网络的特征自主提取能力和效率，使得图像可以直接作为网络的输入，网络能够自行抽取图像的特征，包括颜色、纹理、形状及图像的拓扑结构，避免了传统识别算法中复杂的特征提取和数据重建过程。在处理这类二维张量的问题上，特别是识别位移、缩放及其他形式扭曲不变性的应用上，卷积神经网络具有良好的鲁棒性和运算效率。卷积神经网络在结构上具有局部连接、权重共享和空间下采样等特点，且具有较少的网络参数，因此被广泛应用于机器视觉和图像处理领域。同时，也有不少工作将卷积神经网络应用在语音和自然语言处理领域。

与由大量神经元组成的传统神经网络类似，卷积神经网络也包含许多具有学习能力、有可学习权重和参数的神经元。每个神经元在接收输入参数并做点积运算后将会输出每个分类经过运算后得到的分数，通过这些分数来进行信息处理。然而，与常规神经网络不同的是，由于输入的是可编码的图片，卷积神经网络的每一层具有 3 个维度排列的神经元，即宽度、高度、深度（这里的深度指的是图像特征张量的第三维，而不是整个神经网络的总层数）。在卷积神经网络中，输入图像被当作是一个 3D 容器，体积的尺寸为 $n \times n \times 3$（分别为宽度、高度、深度）。卷积神经网络的每一层都将输入的 3D 张量转换为被神经元激活的输出 3D 张量。每一层中的神经元只会与前一层的一部分神经元连接，而不是按照全连接的方式。在卷积神经网络的末尾，由于卷积层的下采样，最终输出层的前两个维度缩短而深度延长。图 3.5 是这个过程的一个可视化，在此示例中，红色输入层代表输入图像，因此其宽度和高度为图像的尺寸，深度为 3（红绿蓝三色通道）。

卷积神经网络通常可以简单地认为是由多层的感知器不断发展得来的，其结构除了一个输入层和一个输出层以外，还包括多个处理数据的隐藏层。一个典型的卷积神经网络的隐藏层通常包括用来初步提取输入图片特征的卷积层、进一步提取图片主要特征的池化层、包含非线性因素的激活函数和处理完所有信息后将各部分特征汇总的全连接层。

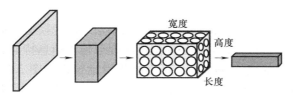

图 3.5 卷积神经网络

（1）卷积层

在卷积层中最基本的便是卷积运算。卷积运算是卷积神经网络中最基本的组成成分，其目的是通过提取输入信息的不同特征来处理信息。卷积运算是指输入两个原始矩阵通过一系列运算输出一个新矩阵的过程，可以概括成翻转、平移和加权求和三个步骤。加权求和，简单来说就是让卷积核模板从要进行卷积运算的图像矩阵左上角开始，让卷积核模板和图像矩阵的像元灰度值相乘再相加，并用相乘相加后的结果代替之前图像矩阵的像元灰度值，这个过程如图 3.6 所示。

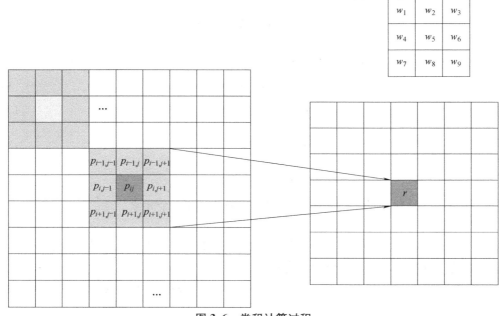

图 3.6 卷积计算过程

在图 3.6 中 r 的表达式为

$$r=p_{i-1,j-1}w_1+p_{i-1,j}w_2+p_{i-1,j+1}w_3+p_{i,j-1}w_4+p_{i,j}w_5+p_{i,j+1}w_6+p_{i+1,j-1}w_7+p_{i+1,j}w_8+p_{i+1,j+1}w_9 \tag{3.7}$$

然后卷积核向右移动一列，从上到下、从左到右依次做该运算，将得到的矩阵输出即可得到一幅新图像。卷积核的大小会影响卷积运算的结果和卷积神经网络的准确度，因此需慎重选择卷积核的大小。

假设输出矩阵大小为 n，输入矩阵大小为 w，卷积核大小为 k，步长为 s，零填充（padding）的大小为 p，矩阵大小的计算公式如下。所得 n 的数值如果为小数，则向下取整。

$$n=(w-k+2p)/s+1 \tag{3.8}$$

（2）池化层

除卷积层外，卷积神经网络还常用池化层来缩小输入图像模型并提高计算速率，不仅能降低信息冗杂，防止模型过拟合，同时还能提高所提取输入信息特征的鲁棒性。与卷积层一样，池化层也有一个滑动的核（kernel），可称之为滑动窗口。图 3.7 是一个最大值池化实例，输入矩阵大小为 4×4，滑动窗口的大小为 2×2，步幅为 2，每滑动到一个区域，取最大值作为输出，输出的每个元素是对应颜色区域的最大值。最大值池化可以很好地学习到图像的边缘信息和纹理特征。

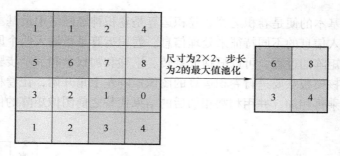

图 3.7 最大值池化实例

常用的最大值池化、最小值池化、平均值池化、TopK 池化的表达式分别为

$$\mathrm{pool}_{\max}(R_k) = \max_{i \in R_k} a_i \tag{3.9}$$

$$\mathrm{pool}_{\min}(R_k) = \min_{i \in R_k} a_i \tag{3.10}$$

$$\mathrm{pool}_{\mathrm{ave}}(R_k) = \frac{1}{|R_k|} \sum_{i \in R_k}^{|R_k|} a_i \tag{3.11}$$

$$\mathrm{pool}_k(R_k) = \mathrm{top}_{i \in R_k} a_i \tag{3.12}$$

式中，R_k 是输入到池化层的 k 阶矩阵；a_i 是输入矩阵的第 i 个元素。

（3）激活函数

在卷积神经网络中，主要可采用卷积的方式来处理图像。这个操作是线性的，但对于输入的样本来说，通常不是线性可分的。为解决线性不可分问题，需引入激活函数来处理。卷积神经网络中常用的激活函数为 sigmoid、tanh 和 relu，假设输入量为 x，它们的表达式分别为

$$\mathrm{sigmoid}(x) = \frac{1}{1+\mathrm{e}^{-x}} \tag{3.13}$$

$$\tanh(x) = \frac{1-\mathrm{e}^{-2x}}{1+\mathrm{e}^{-2x}} \tag{3.14}$$

$$\mathrm{relu}(x) = \begin{cases} x, & x>0 \\ 0, & x \leqslant 0 \end{cases} \tag{3.15}$$

（4）全连接层

如果说卷积层、池化层和激活函数等操作是将原始数据映射到隐藏层特征空间，那么全连接层则起到将学到的分布式特征表示映射到样本标记空间的作用。全连接层将前面提取到

的特征综合起来，根据特征的组合进行分类，以达到降低特征位置带来的影响的目的。通常在卷积神经网络的最后会将末端得到的长方体展平成一个长向量，然后送入全连接层利用softmax 函数配合输出层进行分类，最终在输出层输出分类结果，预测结果及其相应的概率。

卷积神经网络其实就是在传统神经网络上添加了卷积操作，以便更好地处理图像、视频等二维数据。它与其他神经网络一样，规避了传统机器学习算法中极其复杂的数据处理过程，在处理可视化图像中有极大的优势，能自动提取图像的很多特征。与传统算法相比，在对图像的处理方面准确性和检测速度均有大幅度提高，鲁棒性更强，运算效率更高，非常值得学习和选用其作为深度学习的基本模块。正因为卷积神经网络的优越性能和应用广泛性，深度学习领域的研究者们不断地对其进行改进和优化，提出了许多变体模型，例如残差网络（ResNet）、卷积神经网络架构搜索（NAS）、注意力机制（attention）等，以进一步提高卷积神经网络的性能和效率。

3.2.2 卷积神经网络的文本处理

Kim 等[6]最先将卷积神经网络用于文本分类任务上，如图 3.8 所示。Ye Zhang 等也设计了针对文本分类的卷积神经网络模型，如图 3.9 所示。要实现基于卷积神经网络的文本分类，首先需要对句子进行分词，然后基于词表将每一个词转换成词编号，形成一个序列，再展开成词向量以生成一个词向量矩阵，以完成对文本的预处理过程。对于这样的操作，可以使用 PyTorch 的 numpy 模块进行转换，以便进一步对其基于张量（tensor）类型进行神经网络的训练和分析。

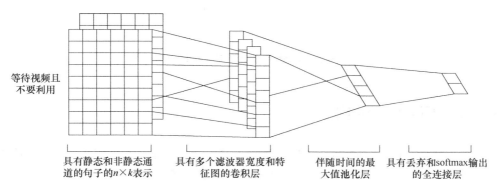

图 3.8　用于多个句子分类任务的卷积神经网络模型[6]

卷积神经网络的基本结构是"输入层—卷积层—激活层—池化层—输出层"多层结构。在自然语言处理任务中，需要进行一些调整。在词向量矩阵进入卷积层时，可以分为多个规模中等的数据批次（batch）进行同步训练，将每一段字符串作为一个训练数据以训练总体的特征，这点类似于在图像处理上，通过某种滤波器在图像中卷积，得到局部最大值等效应来减小训练规模。然后，经过激活函数修正后进入池化层进行池化，即类似于缩句操作，来获得最关键的信息。得到最终的矩阵后，将它们统一压平卷积，得到一系列的列矩阵，通过合并（merge）操作再次合成词编号信息矩阵，回归到多层的全连接层里训练。通过反复的前向传播和反向传播，最终形成并获得多类别的特征学习经验，实现了对自然语言的卷积神经网络。

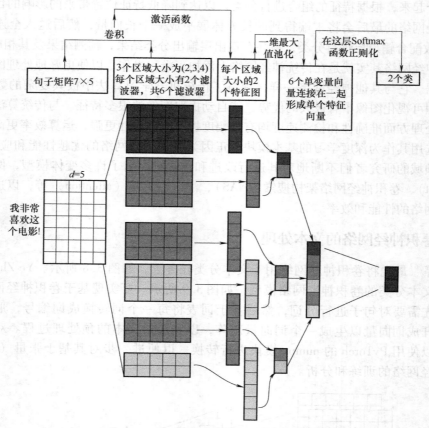

图 3.9　用于文本分类的卷积神经网络架构图解[7]

3.3　循环神经网络

循环神经网络（Recurrent Neural Network，RNN）是一类具有短期记忆能力的神经网络。在循环神经网络中，神经元之间存在循环连接，这种循环连接使得神经元可以接收自身上一时刻的输出作为当前时刻的输入，从而具有短期记忆能力。与前馈神经网络相比，循环神经网络可以接收更长的序列数据作为输入，并在序列数据的基础上进行建模和预测。循环神经网络已经被广泛应用在语音识别、语言模型以及自然语言生成等任务中。循环神经网络的参数学习可以通过随时间反向传播（Backpropagation Through Time，BPTT）算法来学习。与传统的反向传播算法类似，BPTT 通过计算输出误差对网络参数的导数来更新网络参数。但是由于循环神经网络存在循环连接，因此在反向传播过程中需要考虑时间维度上的依赖关系，即需要按照时间的逆序将误差信息逐步地往前传递，直到第一个时间步。但这种做法会导致误差信息在时间维度上进行累积，从而导致梯度消失或者梯度爆炸等问题。研究者们往往会采用一些循环神经网络的变体，如 LSTM，来解决这类问题。

传统的前馈神经网络由输入层、隐藏层、输出层组成，设定了相关的判断依据后，就能通过在输入层输入某数 x，在输出层得到相应的结果 y。从输入层到隐含层再到输出层，层与层之间是全连接的，每层之间的节点是无连接的。在这种处理问题的模式中，在输入层所输入的数据两两之间是没有联系的，而在很多情况下，数据与数据之间会有一定的相关性，并且会对最终输出的结果产生影响。例如，要预测句子的下一个单词是什么，一般需要用到前面的单词，因为一个句子中前后单词并不是独立存在的。因此，循环神经网络的提出就是为了用来处理序列数据，即一个序列当前的输出与之前时间步的输出也有关，如图 3.10 所示。

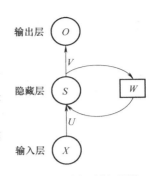

图 3.10　循环神经网络

压缩和展开的循环神经网络如图 3.11 所示。

t 时刻隐藏层的值 h_t 不仅取决于当前这次的输入 x_t，还取决

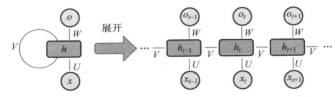

图 3.11　压缩（左）和展开（右）的循环神经网络[8]

于上一次隐藏层的值 h_{t-1}，它的权重矩阵为 V，计算公式为

$$h_t = f(Ux_t + Vh_{t-1}) \tag{3.16}$$

式中，激活函数 f 通常是非线性的，比如双曲正切 tanh 函数和 relu 函数。o_t 是在 t 时刻的输出。如想预测句子中的下一个单词，它将是词汇表上的一个概率向量：

$$o_t = \text{softmax}(Wh_t) \tag{3.17}$$

与传统神经网络相比，循环神经网络的神经元还包含一个反馈输入。在图 3.11 中，循环神经网络按照时间变化展开可以看到单个神经元类似一系列权重共享前馈神经元的依次连接，连接后与传统神经元一样，输入和输出会随着时间的变化而发生变化，但不同的是循环神经网络上一时刻神经元的"历史信息"会通过权重与下一时刻的神经元相连接。这样循环神经网络在 t 时刻的输入就能够完成与输出的映射，且参考了 t 时刻之前所有输入数据对网络的影响，形成了反馈网络结构。

3.4　递归神经网络

递归神经网络（Recursive Neural Network，RNN）是时间递归神经网络和结构递归神经网络的总称。时间递归神经网络就是 3.3 节所介绍的循环神经网络，是具有特定结构——线性链接结构的递归神经网络。而结构递归神经网络利用与之相似但是更为复杂的网络结构——递归构造深度神经网络，如树形结构、图结构等非线性结构。具体来说，递归神经网络可以对任何层次结构进行操作，将子表示组合成父表示，而循环神经网络是它的一个特例，对时间的线性进程进行操作，把前一时间步长和隐藏表示组合成当前时间步长的表示。两者训练的算法不完全相同，但属于同一算法的变体。

3.4.1 递归神经网络的前向计算

递归神经网络的输入是多个子节点，而其所产生的输出则是由子节点经过多级运算后得到的根节点。在最简单的递归神经网络结构中，使用整个网络中共享的权重矩阵和诸如 tanh 之类的非线性激活函数将子节点组合成父节点。如果 c_1 和 c_2 是节点的 n 维向量表示，则它们的父节点也将是 n 维向量。图 3.12 为递归神经网络的一组父子节点示意图。

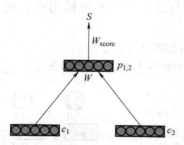

图 3.12   递归神经网络父子节点结构图[9]

若以 tanh 作为激活函数，以 b 为偏置项，权重矩阵记为 W，计算公式为

$$p_{1,2} = \tanh\left(W \begin{bmatrix} c_1 \\ c_2 \end{bmatrix} + b \right) \tag{3.18}$$

然后，将产生的父节点与其余子节点再次作为输入，重复上述过程，直至达到所得到的树的根节点。其中 W 是用于学习的 $n \times 2n$ 大小的权重矩阵。递归神经网络的前向计算与全连接神经网络的计算没什么区别，只是在输入的过程中需要根据输入的树结构依次输入每个子节点。该递归结构已被成功用于解析自然场景、文本句子的句法分析以及文本摘要生成的建模。

3.4.2 递归神经网络的训练方法

递归神经网络的训练算法与循环神经网络类似，两者不同之处在于，前者需要将误差从结构树的根节点反向传播到各个子节点，而后者将误差从当前时刻反向传播到初始时刻。图 3.13 是递归神经网络中层与层之间的误差传递示意图。

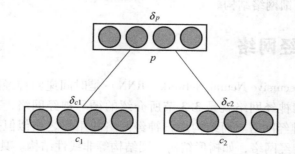

图 3.13   递归神经网络中层与层之间的误差传递示意图

误差从父节点传递到子节点时，$\delta_p \overset{\text{def}}{=\!=} \dfrac{\vartheta E}{\vartheta \text{net}_p}$。考虑父节点的加权输入，有

$$\text{net}_p = W \begin{bmatrix} c_1 \\ c_2 \end{bmatrix} + b \tag{3.19}$$

展开式（3.19），可得

$$\begin{bmatrix} \text{net}_{p_1} \\ \text{net}_{p_2} \\ \cdots \\ \text{net}_{p_n} \end{bmatrix} = \begin{bmatrix} w_{p_1 c_{11}} & w_{p_1 c_{12}} & \cdots & w_{p_1 c_{1n}} & w_{p_1 21} & w_{p_1 22} & \cdots & w_{p_1 c_{2n}} \\ w_{p_2 c_{11}} & w_{p_2 c_{12}} & \cdots & w_{p_2 c_{1n}} & w_{p_2 21} & w_{p_2 22} & \cdots & w_{p_2 c_{2n}} \\ \cdots & \cdots & \cdots & \cdots & \cdots & \cdots & & \cdots \\ w_{p_n c_{11}} & w_{p_n c_{12}} & \cdots & w_{p_n c_{1n}} & w_{p_n 21} & w_{p_n 22} & \cdots & w_{p_n c_{2n}} \end{bmatrix} \begin{bmatrix} c_{11} \\ c_{12} \\ \cdots \\ c_{1n} \\ c_{21} \\ c_{22} \\ \cdots \\ c_{2n} \end{bmatrix} + \begin{bmatrix} b_1 \\ b_2 \\ \cdots \\ b_n \end{bmatrix} \tag{3.20}$$

对于子节点，w 会影响父节点所有的分量，因此推导时需要运用全导数公式。经过推导演算后，可以得到层与层之间误差传递的公式：

$$\delta_c = W^{\text{T}} \delta_p \circ f'(\text{net}_c) \tag{3.21}$$

图 3.14 是递归神经网络误差逐层传递的示意图。它所示的是误差逐层传递的总过程，可以利用式（3.21），得到

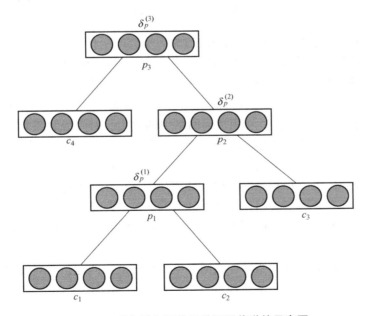

图 3.14　递归神经网络误差逐层传递的示意图

$$\delta^{(2)} = W^{\text{T}} \delta_p^{(3)} \circ f'(\text{net}^{(2)}) \tag{3.22}$$

$$\delta_p^{(2)} = \left[\delta^{(2)} \right]_p \tag{3.23}$$

$$\delta^{(1)} = W^{\text{T}} \delta_p^{(2)} \circ f'(\text{net}^{(1)}) \tag{3.24}$$

$$\delta_p^{(1)} = \left[\delta^{(1)} \right]_p \tag{3.25}$$

根据加权输入的计算公式 $\text{net}_p = W_c + b$（左边表示第 l 层的父节点的加权输入，c 表示

同一层的子节点），可以求得误差函数在第 l 层对权重的梯度为

$$\frac{\vartheta E}{\vartheta w_{ji}^{(l)}} = \frac{\vartheta E}{\vartheta \, \mathbf{net}_{pj}^{(l)}} \frac{\vartheta \, \mathbf{net}_{pj}^{(l)}}{\vartheta w_{ji}^{(l)}} = \delta_{pj}^{(l)} \, c_i^{(l)} \tag{3.26}$$

进一步推理可知，在总过程中与循环神经网络一致，递归神经网络的权重梯度是各层权重梯度之和，并且偏置项 b 也符合这一结论。

使用梯度下降法计算训练的误差的反向传播，可得

$$W \leftarrow W + \eta \, \frac{\partial E}{\partial W} \tag{3.27}$$

$$b \leftarrow b + \eta \, \frac{\partial E}{\partial b}$$

对于参数优化的计算方法，可使用拟牛顿法和随机梯度下降法。

与循环神经网络相似，递归神经网络也需要大量的训练。然而，梯度消失的问题依然存在。为了解决这个问题，研究人员提出了一些改进算法，例如使用门控机制的 Tree-LSTM、Child-Sum Tree-LSTM 等，也在将语句划分成树时，加入人工操作，以提升便捷性和智能性。近年来，研究人员更是提出了一些自动化的方法，如使用自然语言处理技术从文本中自动生成语法树等。

思 考 题

1. 改变卷积神经网络中使用的卷积滤波器的大小会产生什么影响？

2. 激活函数在卷积神经网络中的作用是什么？它们如何影响训练过程？

3. 卷积神经网络中的步长和填充有什么区别，它们如何影响卷积层的输出大小？

4. 不同类型的池化操作（例如最大值池化、平均值池化）如何影响卷积神经网络的输出？从自然语言处理的角度来说，卷积神经网络中的池化层如何帮助从文本数据中捕获重要信息，以及在为不同的自然语言处理任务选择合适的池化策略时有哪些挑战？

5. 如何在卷积神经网络中应用 dropout 正则化，它对模型性能有何影响？

6. 请思考，预训练的卷积神经网络模型如何用于新应用中的迁移学习？

7. 请思考，循环神经网络、门控循环单元和 LSTM 在大规模数据的建模上会面临什么挑战？例如，循环神经网络和 LSTM 如何处理文本数据中的顺序依赖性，以及在长文本序列上训练这些模型有哪些挑战？

8. 如何使用梯度裁剪来防止循环神经网络中的梯度消失问题，它对模型性能有何影响？

9. 在自然语言处理任务中为循环神经网络使用浅层和深层架构之间有哪些权衡，以及如何在实践中平衡这些权衡？

参 考 文 献

[1] Rosenblatt F. The perceptron: a probabilistic model for information storage and organization in the brain [J]. Psychological review, 1958, 65 (6): 386-408.

[2] Minsky M, Papert S. Perceptrons: an introduction to computational geometry [M]. Cambridge: MIT Press, 1969.

[3] Rumelhart D E, Hinton G E, Williams R J. Learning representations by back-propagating errors [J]. Nature, 1986, 323 (6088): 533-536.

［4］ Bengio Y，Ducharme R，Vincent P，et al. A neural probabilistic language model ［J］. Journal of Machine Learning Research，2003，3：1137-1155.

［5］ LeCun Y，Bengio Y. Convolutional networks for images，speech，and time series ［G］. The handbook of brain theory and neural networks，1998：255-258.

［6］ Yoon K. Convolutional neural networks for sentence classification ［C］. EMNLP，2014：1746-1751.

［7］ Zhang Y，Wallace B. A sensitivity analysis of（and practitioners′ guide to）convolutional neural networks for sentence classification ［J］. arXiv preprint arXiv：1510. 03820，2015.

［8］ Wikipedia. Recurrent neural network ［EB/OL］.（2022-11-6）［2022-11-20］. https：//en. wikipedia. org/w/index. php？ title＝Recurrent_neural_network&oldid＝1120400103.

［9］ Wikipedia. Recursive neural network.［EB/OL］.（2022-7-19）［2022-11-20］. https：//en. wikipedia. org/w/index. php？ title＝Recursive_neural_network&oldid＝1099157052.

第 4 章 词和语义向量

　　向量的使用常见于自然语言处理和图像处理中。其中，语音处理常以音频频谱序列向量所构成的矩阵作为模型的输入；图像处理常以图像的像素构成的矩阵数据作为模型的输入。语音和图像最基本的是信号数据。因此，可通过距离度量，判断语音信号是否相似。也可通过观察图片本身，判断两幅图片是否相似。而对于高度抽象且离散的语言，往往难以直接刻画词语之间的联系，比方说"麦克风"和"话筒"这样的同义词，从字面上难以看出这两者意思相同，容易出现"语义鸿沟"现象。因此，有效表征语言，将其转化为在计算机中可计算的形式非常具有现实意义。

　　语义表示是当前诸多自然语言处理任务的基础之一。语义表示旨在将字、词、句、段落、文章的语义表示为合适的向量空间中的数值向量，并以此为基础提高各项任务中模型的性能。随着机器学习的发展，语义表示已成为自然语言处理的一大核心。它的一大难点在于，对文本的理解难以从文本或字符串的底层特征直接获得。比方说底层特征是字，但组合到一起会是一首表达思乡情绪的诗歌。底层特征与语义表示之间的偏差会对模型的预测产生诸多干扰，因此需要从底层特征中抽取出蕴含高层语义的特征。目前常用的方法可分为离散分布表示和分布式表示两大类。

4.1　离散分布表示

4.1.1　独热表示法

　　传统的基于规则或基于统计的自然语义处理方法将单词看作一个原子符号，被称为独热表示法（one-hot representation）。独热表示法把每个词表示为一个长向量。这个向量的维度是词表大小，向量中只有一个维度的值是 1，其余维度为 0。以"The dog barked at the mailman"这一句子为例，忽略大小写和标点符号，可构建一个大小为 5 的词汇表（"the"，"dog"，"barked"，"at"，"mailman"），并对该词汇表的单词以 0~4 进行编号，则"dog"可被表示为一个 5 维向量$[0,1,0,0,0]$。

　　独热码有着以下优点：一是可快速计算，表示之间可以采用矩阵操作来快速计算得到结果；二是具有很好的可解释性，有利于人工归纳与总结特征，并通过特征组合进行高效的特征工程；三是通过多种特征组合得到的表示向量通常是稀疏的二值向量，当用于线性模型时计算效率非常高。然而它的缺点也是显而易见的。若一个文本有 10 万个词，那么将建立一个 10 万维的词表，每个词向量的大小便是 10 万维。这种表示方式在词数大的文本中运用时，在存储上会造成大量浪费，容易造成维数灾难。同时在独热码表示方式中，不同词之间总是正交的，因此无法衡量不同词之间的相似度，词与词之间的关系难以被展示。通过独热码表示方式形成的文本矩阵也只能反映每个词是否出现，但无法突出词之间的重要性区别。

4.1.2　词袋表示法

词袋表示法又称计数向量表示法，是在独热表示法的基础上，对词表中的每一个词在该文本出现的频次进行记录，以表示当前词在该文本的重要程度。文本的向量可以直接由单词的向量求和得到。例如，Bob likes to play basketball，Jim likes too. 根据词典 Dict = {1. Bob,2. like,3. to,4. play,5. basketball,6. also,7. Jim,8. too}，以上句子利用词袋表示法可表示为[1,2,1,1,1,0,1,1]。

向量中的数字表示该词出现了多少次。这种表示方法的优点是作为一种基于统计的文本表示方法，它继承了独热表示法计算方便的优点，可以在大规模数据上进行快速处理。而词袋表示法的缺点是忽略了文本字词之间的顺序，容易造成信息的丢失或混淆。

4.2　分布式表示

分布式表示将一个词表示成一个定长的连续的稠密向量。该低维稠密向量表示的词之间存在"距离"概念，词向量能够包含更多信息。

一般而言，好的文本语义表示应有以下特点：①具有很强的表示能力，在同一个空间可表示多样化且复杂的语义；②使后续的学习任务变得简单，用一个简单的模型即可完成任务，而无需涉及复杂的人工特征工程或者构建复杂分类器；③在不同的数据上具有普适性。分布式表示方法中的词嵌入（word embedding）将词转化成一种分布式表示，又称为词向量。词向量语义模型简单易懂，将词转化为稠密向量，相似的词对应的词向量也相近。它在同一个语义空间下，能够对整个词汇表中的词进行很好的语义表示。

4.2.1　Word2vec

实现词嵌入主要有两种方法，即矩阵分解法（matrix factorization method）和基于浅窗口的方法（shallow window-based method）。矩阵分解法可理解为根据统计的方法，在庞大的训练语料中进行全局性的统计，并且对高频词进行加权限制。基于浅窗口的方法则是给定一个窗口，根据窗口内的上下文进行语义表示，其代表方法是 Word2vec。Word2vec 是一种从大量文本语料中以无监督方式学习语义知识的模型，使用了词嵌入的原理与方法，被广泛用于自然语言处理的任务。这种方法可以快速进行训练，对于大规模和小规模的语料均适用。

4.2.1.1　Skip-Gram 和 CBOW

如图 4.1 所示，Word2vec 有 Skip-Gram 和 CBOW 两种模型。Skip-Gram 模型是给定中心词，对上下文进行预测，Skip-Gram 模型可以捕捉到每个单词周围的语境信息，对于训练数据中稀有的单词或词组效果更好。而 CBOW 模型则是给定上下文的词，对中心词进行预测，可以更好地处理高频词汇。由此可知，Word2vec 词向量的表示是基于上下文信息进行建模的，因此同义词会学习到比较相似的词向量。如 excellent、outstanding 与 superb 为同义词，那么它们的词向量在向量空间中较为接近。与此同时，Word2vec 也有利于单词词干化，同一单词的单复数、不同时态的向量投影是几乎重叠的。

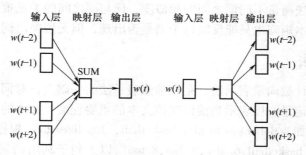

图 4.1　Skip-Gram 和 CBOW 示意图[1]

如图 4.2 所示，Skip-Gram 模型包括输入层（input layer）、隐藏层（hidden layer）和输出层（output layer）。其输入是独热表示向量，通过隐藏层进行词嵌入，将词向量进行低维压缩，然后通过输出层将向量进行解码。分类或预测模型的建模并非最终目的，该任务的关键在于，在模型训练的过程中，通过模型学习到的参数（即隐藏层的权重矩阵）来获得词向量。

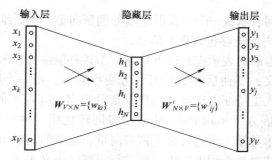

图 4.2　Word2vec Skip-Gram 模型图[2]

假设从训练文档中抽取出 10000 个不重复的单词构成词表，并对这 10000 个单词进行独热编码，则每个单词可表征为一个 10000 维的向量，向量的其中一维为 1，其他维为 0。假设单词 ants 在词汇表中的第 3 位出现，那么 ants 的向量是一个第三维取值为 1、其他维度皆为 0 的 10000 维的向量，可表示为 ants = $[0,0,1,0,\cdots,0]$。

如果以 300 个特征来表示一个单词，那么隐藏层的权重矩阵应有着 10000 行、300 列。图 4.2 左侧每一列表示一个 10000 维的词向量和隐藏层单个神经元连接的权重向量，每一行则表示不同单词的词向量。为了有效地进行计算，模型中的隐藏层权重矩阵便成了一个"查找表"（lookup table）。进行矩阵计算时，模型查找输入向量中取值为 1 的维度下对应的权重。隐藏层的输出是每个输入单词的嵌入词向量。

通过上述介绍可以发现，Word2vec 模型是一个参数量巨大的神经网络，10000 行、300 列的输入-隐藏层权重矩阵和隐藏层-输出层的权重矩阵都会有 10000×300 = 300 万个权重。在参数如此多的神经网络上进行梯度下降，训练速度是非常慢的。因此，在模型的训练阶段，Word2vec 会采取一些策略来提高训练速度：①将常见的词块或者词组，作为一个整体进行处理与表示；②对高频词进行抽样，以减小训练样本数量；③对优化目标采用负采样策略，在对每个训练样本进行训练时，只对模型中少部分的参数进行更新，从而降低模型计算负担。

4.2.1.2　高频词采样

Word2vec 模型设置窗口，以窗口内的中心词作为训练样本进行训练。但对于诸如"the""a"等无法为上下文提供重要语义信息的高频通用词汇，需做特殊处理。考虑到此类通用的高频词，其出现概率远大于需要对其词向量进行学习建模的采样频率，Word2vec 采用抽样的方法。抽样方法认为，对于在原始训练文本中的每一个单词，都存在被删除的概率，而这个被删除的概率与词频相关。某一单词被删除的概率计算如下：

$$P(w_i) = 1 - \left(\sqrt{\frac{z(w_i)}{0.001}} + 1 \right) \cdot \frac{0.001}{z(w_i)} \tag{4.1}$$

式中，$z(w_i)$ 表示词频。词频越高，该词被删除的概率就越大。

4.2.1.3　负采样

训练一个神经网络意味着需要输入训练样本并不断调整神经网络中的权重，从而不断提高性能。权重的调整往往需要通过数以亿计的样本的训练，一方面消耗计算资源，另一方面在实际训练中效率较为低下。负采样被认为是可提高训练速度且改善所得词向量质量的一种方法，可有效解决上述问题。不同于每个训练样本都需更新所有的权重，负采样每次仅需更新一个训练样本的一小部分权重，就能大幅度降低梯度下降过程中的计算量，提高模型整体的训练效率。

当用训练样本（input word:"input"，output word:"output"）来训练神经网络时，可通过独热表示法对"input"和"output"进行编码。假设词表大小为 10000，在输出层，我们期望对应"output"单词的神经元节点输出为 1，其余 9999 个神经元节点输出为 0。在此，这 9999 个神经元节点所对应的单词可被称为负单词。使用负采样时，将随机选择一小部分的负单词（如对小规模数据集，选择 5~20 个；对大规模数据集，选择 2~5 个）来更新对应的权重。与此同时，也会对正单词进行权重更新（如"output"）。

对于 4.2.2.1 节所举例的隐藏层-输出层的 300×10000 权重矩阵，如采用负采样方法，则仅需更新正单词——"output"和所选若干个负单词节点对应的权重，共计输出若干个神经元，即每次只更新若干个权重。相比起 300×10000 个权重，计算效率可大幅提升。

那么应如何选择负单词呢？在一元模型中，一个单词被选作负采样的概率与它出现的频次有关，出现频次越高的单词越容易被选作负单词。该概率的计算公式如下：

$$P(w_i) = \frac{f(w_i)^{\frac{3}{4}}}{\sum_{j=0}^{n} f(w_j)^{\frac{3}{4}}} \tag{4.2}$$

式中，$f(w_i)$ 表示单词的词频。式中的 3/4 是根据经验所选的。一个单词的负采样概率越大，那么它在词汇表中出现的次数就越多，被选中的概率则越大。

4.2.2　矩阵分解

矩阵分解法常被用于文本的话题分析，以发现文本与单词之间基于话题的语义关系。潜在语义分析（Latent Semantic Analysis，LSA）是矩阵分解技术中的一个典型方法，由 Deerwester 于 1990 年提出，最初应用于文本信息检索，因此也被称为潜在语义索引（Latent Semantic Indexing，LSI），在推荐系统、图像处理、生物信息等领域被广泛应用。

文本信息处理中，传统的方法用单词向量来表征文本的语义内容，用单词向量空间的度量来表示文本之间的语义相似度。潜在语义分析则试图从大量的文本数据中发现潜在的话题，用话题向量来表征文本的语义内容，通过话题向量空间的度量从而更准确地表示文本之间的语义相似度。潜在语义分析的步骤总结如下：

1）基于窗口的划分，对窗口内的单词间共同出现的频次进行统计。假设有 m 篇文档，共有 n 个词，构建共现矩阵（$m×n$）。但该共现矩阵高维稀疏，特征空间随着文本中词汇的增加不断增大。

2）该共现矩阵通过奇异值分解可分解为三个矩阵，即 $U(m×r)$、对角矩阵（$r×r$）和 $V(r×n)$。在共现矩阵上进行降维，如图 4.3 所示。从转换的角度来看，奇异值分解在高维由词频向量权重构成的有限空间和低维的奇异值向量空间之间建立了一种映射关系。

3）经过分解后，每个文档由代表潜在语义信息的 r 维向量表示（r 远小于文档中的词个数 n）。V 矩阵代表词在潜空间上的分布皆是通过共现矩阵分解得到的。提取前 r 个最大的奇异值及对应的奇异向量构成一个新矩阵，从而近似表示原文本库的项-文本矩阵。新矩阵有效降低了项和文本之间语义关系的模糊度，因此有利于信息检索。

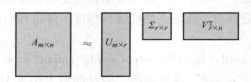

图 4.3　奇异值分解示意图[3]

潜在语义分析方法可较好地对语义信息进行表示。但值得注意的是，奇异值分解的计算代价较大。对于一个 $m×n$ 的矩阵，其计算复杂度是 $O(n^3)$。与此同时，奇异值分解难以合并新的词汇或文档，且没有考虑到词语间的出现顺序（即语法信息），难以实现文本含义的深入挖掘。

4.2.3　GloVe

实现词嵌入的两种方法，即矩阵分解法和基于浅窗口的方法都各有优点。GloVe（global vector for word representation）结合了两者的优点，是一种基于全局词频统计（count-based & overall statistic）的词表征方法，体现在使用滑动窗口遍历语料库，同时在滑动窗口内更新共现矩阵，这区别于潜在语义分析在全局构建共现矩阵，同时又采纳了窗口机制的优点，能够对局部上下文信息加以利用。

GloVe 模型首先定义词与词之间的共现次数矩阵为 X，其中 X_{ij} 表示单词 j 是单词 i 的上下文的次数。$X_i=\sum_k X_{ik}$ 表示单词 i 的上下文的所有单词的总个数。$P_{ij}=P(j|i)=X_{ij}/X_i P_{ij}$ 表示单词 j 出现在单词 i 的上下文的比率。假定有两个中心词 $i=$ ice（冰块）和 $j=$ steam（蒸汽），以及共现词 $k=$ solid（固体），由于共现词"固体"与"冰块"的关联要比与"蒸汽"强，因此比率 P_{ik}/P_{jk} 会较大。若 $k=$ gas（气体），那么比率 P_{ik}/P_{jk} 会较小。如果 $k=$ water（液

体）或 academic（学术），那么与两者都有关，或都无关。比率会接近 1。

词向量的学习与词共现概率的比率 P_{ik}/P_{jk} 相关。比率的计算如下：

$$F(w_i, w_j, \widetilde{w}_k) = \frac{P_{ik}}{P_{jk}} \tag{4.3}$$

式中，$w \in R^d$ 是中心词词向量；$\widetilde{w}_k$ 是上下文词向量。函数 F 对词向量空间中呈现比率 P_{ik}/P_{jk} 的信息进行编码。考虑到向量空间本质上是线性结构，因此可使用向量差分并利用两个中心词的差异，得到

$$F(w_i - w_j, \widetilde{w}_k) = \frac{P_{ik}}{P_{jk}} \tag{4.4}$$

式中，函数 F 的第一项是向量，第二项是标量。虽然 F 可被视为由神经网络等参数化的复杂函数，但这会混淆所试图捕获的线性结构。为避免该问题，可先取参数的点积以防止函数 F 以不适当的方式混合向量维度：

$$F((w_i - w_j^\top), \widetilde{w}_k) = \frac{P_{ik}}{P_{jk}} \tag{4.5}$$

对于词-词共现矩阵，词和上下文词之间的位置可相互交换，即 $w \leftrightarrow \widetilde{w}$ 和 $X \leftrightarrow X^\top$。首先，需使函数 F 满足同态性，即

$$F((w_i - w_j^\top), \widetilde{w}_k) = \frac{F(w_i^\top, \widetilde{w}_k)}{F(w_j^\top, \widetilde{w}_k)} \tag{4.6}$$

对比上述公式，可得 $F(w_i^\top, \widetilde{w}_k) = P_{ik} = X_{ik}/X_i$。并利用指数函数做进一步处理：

$$w_i^\top \widetilde{w}_k = \log(P_{ik}) = \log(X_{ik}) - \log(X_i) \tag{4.7}$$

由于改变 i 和 k 的位置，会改变公式整体的对称性，为保持对称性，为 $\widetilde{w}_k$ 添加偏置 $\widetilde{b}_k$：

$$w_i^\top \widetilde{w}_k + b_i + \widetilde{b}_k = \log(X_{ik}) \tag{4.8}$$

式（4.7）是对式（4.2）的极大简化。但当参数为零时，对数会发散。这个问题的一个解决方案是在对数中加入一个加法位移，即 $\log(X_{ik}) \to \log(1 + X_{ik})$，从而保持稀疏性和避免发散。分解共现矩阵对数往往为所有同现事件赋予相同权重。那么对于单词 i 和单词 k 之间那些不常见或偶尔出现的组合，若其被拟合则容易带来噪声，这显然会有损模型的鲁棒性。为此，GloVe 提出了一种新的加权最小二乘回归模型来为出现次数较少的组合分配较小的权重。首先，构造式（4.7）作为最小二乘问题。随后，将加权函数 $f(X_{ij})$ 引入目标函数/损失函数中，其中 V 是语料库中词汇的总个数。模型最终的目标函数为

$$J = \sum_{i,j=1}^{V} f(X_{ij})(w_i^\top \widetilde{w}_k + b_i + \widetilde{b}_k - \log(X_{ik}))^2 \tag{4.9}$$

$f(X_{ij})$ 为权重系数，应有以下特点：

1）$f(0) = 0$。如 f 被视为连续函数，它应该随着 $x \to 0$ 快速消失，以至于 $\lim\limits_{x \to 0} f(x) \log^2 x$ 是有限的。

2）$f(x)$ 应该是非递减的，如此一来，低频的共现词组不会被分配过高的权重。

3）对于较大的 x 值，$f(x)$ 应相对较小，如此高频的共现词组不会被分配过高的权重。

据此，可将权重函数设置如下：

$$f(\boldsymbol{x}) = \begin{cases} \left(\dfrac{\boldsymbol{x}}{\boldsymbol{x}_{\max}}\right)^{\alpha} & x < x_{\max} \\ 1 & 否则 \end{cases} \tag{4.10}$$

如图 4.4 所示，权重函数性能在很大程度上取决于截止值。$x_{\max}$ 的选择依赖于具体的数据集。确定了权重函数 $f(X_{ij})$，就可最终确定式（4.9）中所示的模型目标函数。

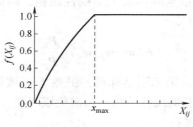

图 4.4 权重函数图[3]

4.3 文本特征选择法

4.3.1 基于文档频率的特征提取法

文本分类包括文本表示、特征选择、分类方法等关键技术，而特征选择与提取是其中的一个重要环节，对分类结果的正确性有着决定性影响。文本特征提取顾名思义，即将目标文本区别于其他文本的代表其特征的部分提取出来，常用特征词来代表文本的特征。然而，文本文档常采用向量空间模型，每个向量大小是词表的大小，向量维数特别大。与此同时，并非所有的特征词都对文本分类起作用，有些特征词甚至会对文本分类造成不利的影响。因此对这些"不必要"的特征词进行筛选是必要的，不仅能避免某些非必要特征词对文本分类造成的不利影响，更能由此减小每个字词向量维数的大小，提高分类的效率与效果。常见的特征提取方法有文档频率（DF）、互信息（MI）、信息增益（IG）、开方拟合检验（CHI）等方法，下面介绍基于文档频率的特征提取方法。

某一词组出现在文档中的频率称为文档频率（DF）。计算形式为

$$DF(t_k) = \frac{出现词组\ t_k\ 的文本数}{数据集文本总数} \tag{4.11}$$

基于文档频率的特征选择一般过程如下：

1）设定文档频率的上界阈值 ∂u 和下界阈值 ∂l。

2）统计训练数据集中词组的文档频率。

3）$\forall DF(t_k) < \partial l$：由于词组 t_k 在训练集中出现的频率过低，不具有代表性，因此从特征空间中去掉词组 t_k。

4）$\forall DF(t_k) < \partial u$：由于词组 t_k 在训练集中出现的频率过高，不具有区分度，因此从特征空间中去掉词组 t_k。

最终选取的作为特征的词组必须满足条件 $\partial l \leqslant DF(t_k) \leqslant \partial u$。

由上述分析可见，基于文档频率的特征选择方法，一方面可以降低特征向量的复杂度，另一方面还可能提高分类的准确率，还可以删除一部分噪声数据。虽然文档频率方法简便、易实现，但通过大量实验发现，某些词组虽然出现的频率低，但是却包含重要信息。对于这类词组不应该使用文档频率特征选择方法将其直接从特征向量中排除。

以下为基于文档频率特征提取法中计算文档频率的代码：

```
1. HashMap<String,Double> DFMap  new HashMap<String,Double>();
2. //在挑选训练集的基础上,计算文档频率(DF)
3. public void getDF(String path) throws IOException (
4.     for (int i=0;i< fileList.size();i++) {
5.         HashSet<string> idSet=readid(fileList.get(i));
6.         for (String id:idSet){
7.             Item item=hbase.getItem(id);
8.             if(item==null) {
9.                 LOG.info("is null.id"+id);
10.                 continue;
11.             }
12.             List<Feature> keywords=item.getkeywords();
13.             For (Feature feature:keywords){
14.                 if((DFMap.containsKey(feature.getName().trim()))){
15.                     DFMap.put(feature.getName().trim(),
16.                     DFMap.get(feature.getName().trim())+1);
17.                 }
18.                 else{
19.                     DFMap.put(feature.getName().trim(),1.0);
20.                 }
21.             }
22.         }
23.     }
24.     FileWriter fw.new Filewriter(path,true);
25.     for(Entry<String,Double> entry:DFMap.entrySet()) {
26.         fw.write(entry.getKey()+"\t"+entry.getValue()+"\n");
27.     }
28.     fw.flush();
29.     fw.close();
30. }
```

4.3.2 χ^2 统计量

4.3.2.1 负采样 χ^2 统计方法的原理

χ^2 统计是用来衡量某个词条 t 和文档类别 c 之间的相关程度的方法。假设词条 t 和文档

类别 c 之间符合一阶自由度 x^2 分布，那么某一词条对于某一类的 x^2 统计值越高，这个词条与该类之间的相关程度就越大，词条本身带有的类别信息也就越多。

以下开始推导词条 t 对文档类别 c 的 x^2 统计值。令 N 表示训练集中文档的总数目，c 表示某一特定的文档类别，t 表示特定的词条，A 表示属于 c 类且包含 t 的文档总数，B 表示不属于 c 类但包含 t 的文档总数，C 表示属于 c 类但不包含 t 的文档总数，D 表示不属于 c 类且不包含 t 的文档总数。那么可以得到表 4.1。

表 4.1 文档分类

	属于 c 类	不属于 c 类	总数
包含 t	A	B	$A+B$
不包含 t	C	D	$C+D$
总数	$A+C$	$B+D$	N（$=A+B+C+D$）

根据 x^2 统计方法的定义，可以得知，如果要使词条与某一类别的相关程度越大，那么被划分到 A 和 D 的文档总数需尽可能多，相应地被划分到 B 和 C 的文档总数应尽可能少。可以根据 x^2 统计的计算公式得出以下公式：

$$x^2(t,c) = \frac{N(AD-BC)^2}{(A+C)(B+D)(A+B)(C+D)} \tag{4.12}$$

当特征 t 与类别 c 的相关性越高时，$AD-BC$ 的值就越大。相应地，$x^2(t,c)$ 的值就越大，代表特征 t 包含与某一特定的类别 c 之间的独立性就越小，正确分类的概率就越大，相关的信息也越多。若 $x^2(t,c)=0$，则表示特征 t 不包含任何与特定类别 c 有关的信息。

如果存在特征 t 对应多个类别 c 的问题，可以通过计算 t 对每一个类别 c 的 x^2 值，然后再将整个训练集中 x^2 值最大的那一个特征 t 作为整个训练集的 x^2 值。也可以设定一个阈值，删除那些 x^2 值低于阈值的词条，剩下的那些词条即可作为文档所表示的特征词。

4.3.2.2 x^2 统计方法有待优化的问题

从 x^2 的计算公式可以发现，x^2 统计方法只考虑了特征在所有文档中出现的频率，而没有考虑特征在某一文档中的频率。如果出现某一个特征 t 只在一类文档的少量文档中大量出现，在该类的其他文档中很少或基本不出现，那么 A 的值就会很小，而 $C+D$ 的值则会变得很大，导致 x^2 计算公式所得到的 x^2 统计值很小，就有可能因为达不到阈值而被筛选掉。但是这种只在少量文档中频繁出现的特征词很有可能会对分类效果做出巨大的贡献，比如某些表示概念的词。相应地，如果出现某一特征值在指定的类别中出现频率低但是却普遍存在于其他类的情况，那么这样的特征词对分类效果的贡献很低，应该被筛选掉，但是因为它对其他类别贡献大，也就是导致计算公式中 $BC>AD$，计算出来的 x^2 值很高。这是 x^2 统计方法在文本特征提取中的有待优化的地方：它对低文档频率的特征项判断不可靠，提高了在指定类中出现频率较低却又普遍存在其他类中的特征项在该指定类中的权重。

4.3.2.3 x^2 统计方法的改进思路

特征选择算法的优劣会对文本分类的效果产生直接的影响。从以上分析得出的 x^2 统计方法存在的问题入手，可从几个方向对 x^2 统计方法做出一些改进。

1. 频度

要想更准确地分类文本，首先应该提高相关性高的特征词的权重，所以，x^2 统计方法降低了低频词的权重这一问题，对分类结果的影响更为明显。针对这一问题，目前的常用方法是引入频度这一指标，主要思路是在某一类文本中出现次数越多的特征项越能代表这一类的文本，因此可以把特征项在具体文档中出现的频度作为参数加入 χ^2 统计的计算公式中。

假设训练集中类别为 C_i 的文档有 $d_{i1}, d_{i2}, \cdots, d_{ik}, \cdots, d_{ij}$，特征值 t 在文档 $d_{ik}(1 \leqslant k \leqslant j)$ 中出现的频度为 tf_{ik}，则特征值 t 在这一类文档 C_i 中的频度 α 可以表示为

$$\alpha = \sum_{k=1}^{j} tf_{ik} \tag{4.13}$$

2. 集中度

集中度能反映出有哪些特征词是集中出现在一类特定文本，而不是均匀分布在所有文本中。那些集中出现在特定类别中的特征词会对该类文本具有较高的分类参考价值，因此可以将集中度作为另一个参数加入公式中。设某一文档类别 C_j 中包含特征项 t 的文档个数为 df_j，则特征项 t 在类别 C_j 中出现的集中度 β 可表示为

$$\beta = \frac{(df_j - tf_j)^2}{tf_j}, \quad \text{其中 } tf_j = \frac{\sum_{j=1}^{n} df_j}{n} \text{（n 为文档总数）} \tag{4.14}$$

3. 分散度

分散度能反映出特征词在不同文档中的分布情况。一般而言，特征词在文档中的分散度越大，表明特征词在某一类文档中出现的频数越多，该特征词在这类中的分布就越均匀。设某一文档类别 C_j 中包含特征项 t 的文档个数为 df_j，则其分散度表示为

$$\gamma = df_j \tag{4.15}$$

由以上三点可以知道，对于某一个特征项，如果它的频度越高，集中度越强，分散度越大，则对文本分类正确性的贡献越大，可分辨度也越强。因此，常用的改进 χ^2 统计计算的方法是在 χ^2 统计的基础上加上频度、集中度和分散度这些变量，对 χ^2 统计计算进行修正，得到以下公式：

$$\chi^2(t,c) = \frac{(AD-BC)^2}{(A+B)(C+D)(A+C)(B+D)} \times \frac{\alpha+\beta+\gamma}{3} \tag{4.16}$$

4.3.3　信息增益法

4.3.3.1　负采样信息熵和条件熵

信息增益指的是一个特征能够为分类系统带来的信息量。一个特征带来的信息越多，说明该特征越重要，相应地，信息增益也就越大。为了更好地理解信息增益，首先要理解的两个概念分别是信息熵和条件熵。

1. 信息熵

熵最开始是一个用于表示微观粒子混乱程度的物理量。条件熵为了解决对信息的量化度量问题，香农在 1948 年[4] 提出了"信息熵"的概念。信息熵是信息论的基本概念，描述信息源可能时间发生的不确定性。信息的大小与具体事件发生的概率有关，一件事情发生的概率越小，这个事情包含的信息量就越大；反之，这个事情包含的信息量就越小。信息熵的公式为

$$H(x) = -\sum_{i=1}^{n} p(x_i) \log p(x_i) \tag{4.17}$$

举个例子，如明天将有一颗小行星撞击地球，这就是一个信息量很大的事件，因为这类事件发生的概率很小；相反，明天太阳从东边升起，就是一件信息量很小的事，因为这样的事可以说是必然发生的。即**信息熵的值应该与信息的概率成反比，且为正值**。概率越小，信息熵越大，反之如此。

另外，根据概率论相关知识可知，两个互不相关的事情同时发生的概率应为这两个事件的概率乘积，即 $p(x,y)=p(x)p(y)$。且这两个事情的信息总量，应为这两个事件的信息量之和，即 $h(x,y)=h(x)+h(y)$。根据这两个性质，可以得知信息量应与概率的对数存在关联，即 $h(x)=-\log p(x)$，其中负号是为了保证信息量值为正〔因为 $p(x)$ 恒小于或等于1〕。

2. 条件熵

条件熵，顾名思义，即为在特定条件下发生的信息熵。条件熵的定义为 X 给定条件下，Y 的条件概率分布的熵对 X 的数学期望。假设有随机变量 (X,Y)，它的联合概率分布为

$$p(X=x_i,Y=y_j)=p_{ij}=p(x_i)p(y_j),i=1,2,\cdots,n;j=1,2,\cdots,m \tag{4.18}$$

因此随机变量 (X,Y) 的联合熵 $H(X,Y)$ 根据上面的信息熵公式可以得出

$$H(X,Y)=-\sum_{x\in X,y\in Y}p(x,y)\log p(x,y) \tag{4.19}$$

条件熵 $H(Y|X)$ 表示在已知随机变量 X 的条件下随机变量 Y 的不确定性。条件熵的公式为

$$\begin{aligned}H(Y|X)&=\sum_{x\in X}p(x)H(Y|X=x)\\&=-\sum_{x\in X}p(x)\sum_{y\in Y}p(y|x)\log p(y|x)\\&=-\sum_{x\in X}\sum_{y\in Y}p(x,y)\log p(y|x)=-\sum_{x\in X,y\in Y}p(x,y)\log p(y|x)\end{aligned} \tag{4.20}$$

另外，条件熵 $H(Y|X)$ 也可以由联合熵 $H(X,Y)$ 减去单独的信息熵 $H(X)$ 推出，即 $H(Y|X)=H(X,Y)-H(X)$，以下是证明过程：

$$H(X,Y)=-\sum_{x\in X,y\in Y}p(x,y)\log p(x,y) \tag{4.21}$$

条件概率 $p(y|x)$ 表示在 x 事件发生的前提下，y 事件发生的概率，$p(x,y)$ 表示两个事件同时发生的概率。且两者存在一个关系：$p(x,y)=p(y|x)p(x)$，因此，可以对联合熵进行拆解：

$$\begin{aligned}H(X,Y)&=-\sum_{x\in X,y\in Y}p(x,y)\log(p(y|x)p(x))\\&=-\sum_{x\in X,y\in Y}p(x,y)\log p(y|x)-\sum_{x\in X,y\in Y}p(x,y)\log p(x)\end{aligned} \tag{4.22}$$

观察这个公式可以发现，等号右边第一个式子即是条件熵的表达式，那么后面的式子就应该是对应信息熵 $H(X)$，因此可以证明：

$$-\sum_{x\in X,y\in Y}p(x,y)\log p(x)=-\sum_{x\in X}\log p(x)\sum_{y\in Y}p(x,y) \tag{4.23}$$

而等号右边的第二个求和 $\sum_{y\in Y}p(x,y)$ 正好是事件 x 发生的概率（其中 $x\in X$）。因此，可得出

$$H(X,Y)=H(Y|X)-\sum_{x\in X}\log p(x)\sum_{y\in Y}p(x,y)$$

$$= H(Y \mid X) - \sum_{x \in X} (\log p(x)) p(x)$$

$$= H(Y \mid X) - \sum_{x \in X} p(x) \log p(x)$$

$$= H(Y \mid X) + H(X) \tag{4.24}$$

所以，$H(Y \mid X) = H(X, Y) - H(X)$ 得证。

4.3.3.2　对信息增益的理解

考虑到**信息增益 = 信息熵 - 条件熵**，即 $\mathrm{IG}(X) = H(Y) - H(Y \mid X)$，信息增益代表了在一个条件下的信息复杂度，即不确定性减少的程度。

如果选择了一个特征后，信息增益最大，即信息不确定性减少的程度最大，那么就可以选择这个特征作分类任务或预测任务。

比方说利用信息增益对文本进行情感分类，其计算公式为

$$\mathrm{IG}(T) = - \sum_{i=1}^{n} P(C_i) \log_2 P(C_i) + P(t) \sum_{i=1}^{n} P(C_i \mid t) \log_2 P(C_i \mid t) +$$

$$P(\bar{t}) \sum_{i=1}^{n} P(C_i \mid \bar{t}) \log_2 P(C_i \mid \bar{t}) \tag{4.25}$$

式中，$P(C_i)$ 为类别 C_i 出现的概率；$P(C_i \mid t)$ 为当出现特征 t 时，类别 C_i 出现的概率；$P(t)$ 为特征 t 出现的概率；$P(\bar{t})$ 为没有出现特征 t 的概率；$P(C_i \mid \bar{t})$ 为没有出现特征 t 但是属于类别 C_i 的概率。

式（4.26）中，等号右边的第一项即为 $H(C)$，表示文档类别的信息熵，后两项可以合并为

$$H(C \mid T) = - \sum_{t \in T} p(t) \sum_{c \in C} p(c \mid t) \log p(c \mid t) \tag{4.26}$$

式中，T 有两种可能：特征 t 出现或者不出现，对应 t 和 $\bar{t}$。因此，式（4.25）可以简写为以下形式：

$$\mathrm{IG}(T) = H(C) - H(C \mid T) \tag{4.27}$$

传统的信息增益方法在计算过程中只考虑了特征出现与不出现两种情况和特征对全体样本的贡献，并没有考虑到单个局部样本，所以该方法在全局效果上较好，而在某些局部样本空间的表现不佳。这是因为有的特征对这个类别很有区分度，但对另一个类别无足轻重。所以常用的改进思路有：①引入词频，以解决特征词在部分文本中出现次数多但在其他文本中基本不出现的情况；②引入词语表现程度，比方说在情感分析中特征词体现的情感深浅。这样在局部样本的处理上信息增益法也获得了较好的效果。

4.3.4　互信息法

如前所述，熵的定义为 $H(X) = - \sum_{x} p(x) \log p(x)$。根据熵的定义，可知熵表示的是某个事件的平均信息量（期望）。加负号则使得熵始终为正，并且保证其单调性与表征获得的信息量的函数 $h(x)$ 一致。

通过基础的概率论知识，可知道两个事件是否独立，但两者关系的独立程度却无从得知。因此需要引入互信息的概念来表征两个变量的关联程度。这也可理解为，一个变量的熵（也称自信息）由于另一个变量的引入，而减少的程度。根据这样的理解，可知 x 与 y 互

信息 $I(x;y)$ 可表示为 $I(x;y)=H(x)-H(x\mid y)=H(y)-H(y\mid x)$。$H(x\mid y)$ 指已知 y 的情况下，变量 x 保留的信息量，即知道的情况越多，所获得的信息越少。所以 x 原本的信息量减去 x 剩下的信息量，就可以代表 x 与 y 的关联程度。越关联，剩下的信息量越少，$I(x;y)$ 的值就越大。

4.3.4.1 公式推导

$I(x;y)$ 的定义是 $I(x;y)=\sum_{x,y}p(x,y)\log\dfrac{p(x,y)}{p(x)p(y)}$，可以用数学证明这两个定义是等价的。

$$H(X)=-\sum_{x\in X}p(x)\log p(x) \tag{4.28}$$

$$H(X\mid Y)=-\sum_{x\in X}\sum_{y\in Y}p(x,y)\log p(x\mid y) \tag{4.29}$$

$$\begin{aligned}
\therefore I(X;Y)&=H(X)-H(X\mid Y)\\
&=-\sum_{x\in X}p(x)\log p(x)+\sum_{x\in X}\sum_{y\in Y}p(x,y)\log p(x\mid y)\\
&=\sum_{x\in X}\sum_{y\in Y}p(x,y)(\log p(x\mid y)-\log p(x))\\
&=\sum_{x\in X}\sum_{y\in Y}p(x,y)\left(\log\frac{p(x\mid y)}{p(x)}\right)\\
&=\sum_{x,y}p(x,y)\log\frac{p(x,y)}{p(x)p(y)} \tag{4.30}
\end{aligned}$$

由此可以得出 $I(X;Y)$、$H(X)$、$H(Y)$、$H(X\mid Y)$、$H(Y\mid X)$、$H(X,Y)$ 的关系，如图 4.5 所示。

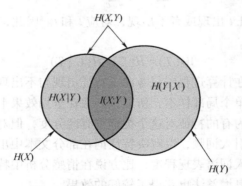

图 4.5 互信息、条件熵与联合熵

4.3.4.2 互信息法的具体用法

1. 主题段落的划分

一篇文章中往往有许多段落，而每个段落或多或少反映了其所在的主题。传统的做法是从每个单词或者每个句子入手，把相关度高的归为一个主题。这样不仅复杂，而且运行效率低。

鉴于段落与主题有关，可以先把文章按段落划分出来，再找其中的关键词，从而构成一个向量 $V=(w_1,m_1;w_2,m_2;\cdots;w_n,m_n)$。其中 w_n 代表第 n 个段落的关键词，m_n 代表对应关键词的词频。由于互信息越大，相关程度越高，因此可行的思路是设法把段落的互信息计算出来，把互信息大的归为一个主题。而段落的互信息也可等价于段落与段落之间的关键词的互信息，因此只需把向量中的每个 w 和 m 的组合的互信息算出来，把互信息高的归为一个主题。例如，由表 4.2 可知，D3 与 D2、D1 的互信息为 2.60、2.59。D3 与其他段落的互信息都不高，因此可将 D3 与 D1、D2 归为一个主题。

表 4.2　段落之间互信息矩阵表

段落编号	D1	D2	D3	D4	D5	D6	D7	D8	D9
D1		2.61	2.59	2.55	2.54	2.51	2.49	2.39	2.31
D2			2.60	2.54	2.48	2.49	2.49	2.32	2.30
D3				2.49	2.49	2.47	2.47	2.26	2.28
D4					2.50	2.47	2.46	2.17	2.21
D5						2.46	2.42	2.04	2.08
D6							2.45	1.97	1.94
D7								1.94	1.73
D8									1.53
D9									

2. 主题句提取

传统的主题句提取方法通过统计计算出文本中句子的权重，并选出权重较高的几句作为主题句。但该方法相当于把文本按句子拆开，失去了句子的关联性，这样会影响提取的主题句的正确度。所以需要在统计算法中考虑句子的互信息，可保证主题句的关联度，能提高主题句的正确度。优化后的权重计算方法应该包含：句子的位置信息（因为每个段落开头的句子重要性大于段中的句子）；句子中起重要作用的单词的信息（如拥有总结性含义的单词重要性要大于其他单词）；主题词信息等。

3. 摘要生成

传统的摘要生成方法将全文中的权重较高的几个句子按照某种方式合起来，当作摘要输出。这一做法不仅效率低，而且忽略了句子之间的关联，准确率也不高。利用互信息，该方法可改进为：结合主题划分，在每个主题中计算句子的权重，将每个主题中权重较高的句子提取出来，按照一定比例组成摘要。

4. 分析单词的情感倾向

分析单词的情感倾向算法，其核心思想是，先确定一组带有正情感倾向的褒义词和一组贬义词作为基准，然后分别计算文本中的某个单词与褒义词组以及贬义词组的互信息，最后将与褒义词组的互信息减去与贬义词组的互信息。如果结果大于 0，说明该单词与褒义词的关联程度比与贬义词的关联程度更大，因此是带有正面倾向的，即褒义词；如果等于 0，说明是个中性词；如果小于 0，说明是个贬义词。

4.3.4.3　互信息法的优缺点

互信息法是个比较经典的方法，简单易懂，在文本分类的问题中性能优越。但值得注意的是，在文本分类中，互信息法只可判断出某个单词是否属于某一类，而忽略了该单词的词频对分类的影响。例如某个单词，单独看是个无意义的词，容易把它归为无用词。但如果该单词的词频高的话，很有可能这个单词很重要，或者说这个单词在该文本中是个主题词。如此一来，该方法的分类结果就会有失偏颇。目前常见的解决方法是，在计算出来的互信息结果中加上 TF-IDF（词频-逆文档频率）的因子，如此可把特征频率与特征分布考虑进去，从而获得词频信息。

4.4 特征权重计算方法

4.4.1 布尔权重

式（4.31）表示的是如果一个特征项在文本中有出现，即频数 tf_{ij} 大于 0，则把这个特征项的权重设为 1，否则设为 0。

$$w_{ij} = \begin{cases} 1, & tf_{ij}>0 \\ 0, & 否则 \end{cases} \tag{4.31}$$

w_{ij} 指某个特征项 t_i 在文本中的权重；tf_{ij} 指这个特征项在某个文本中出现的频数，其中 i 表示第 i 个特征项，j 代表第 j 个文本。

无论频数的大小，统一把权重设为 1 的计算方法把所有的有频度的特征项都平均化了，无法体现每个特征项在文本中的重要程度。这样的函数比较粗糙，权重只有 0、1 值，不够精确，所以逐渐被后面更加精确的函数所取代。

4.4.2 绝对词频

绝对词频完全将单词的频数当作该单词的权重。然而这也容易与现实不符，比方说某些单词虽然频数很大，例如一般文章中的"你""我"等词，但它们在文中的重要性并不大。而在有些文章中某些词虽然频数并不大，如某些专业词汇，但它们的权重却应当很大。绝对词频相较于布尔函数的优点在于，它把每个单词区分开了，不同的单词有着不同的重要性。

4.4.3 TF-IDF

TF-IDF（term frequency-inverse document frequency）是一种用于信息检索与数据挖掘的常用加权技术，常用于挖掘文章中的关键词。在 TF-IDF 中，TF 代表词频（term frequency），IDF 代表逆文档频率（inverse document frequency）。TF-IDF 的分数代表了词语在当前文档和整个语料库中的相对重要性。其核心思想是，单词的重要性随着它在文件中出现的次数成正比增加，但同时会随着它在语料库中出现的频率成反比下降。简单而言，如果某个单词在一篇文章中出现的频率较高，并且该词在其他文章中较少出现，则认为该词具有很好的类别区分能力。

1. TF

TF 表示关键词在整个文档中出现的频率，判断的是该字词是否是当前文档的重要词语。通常进行归一化操作以规避其偏向于长文本。计算公式如下：

$$TF = \frac{某个词在文档中出现的次数}{文档中总词数} \tag{4.32}$$

2. IDF

IDF 用来衡量文本中的一个字词在所有文档集合中的常见程度。计算公式如下：

$$IDF = \log\left(\frac{语料库中的文档总数}{包含该词的文档数目+1}\right) \tag{4.33}$$

通过式（4.33）可以看出，某个特征向量在某个训练集中出现在文档的数量越低，则其权重就越高。这说明越是稀有的特征量，其含有的信息就越新越多，其权重就越大。

由于可良好反映出文档各自的特征，这个公式被用于关键信息检索。其中，倒排检索的原理就是先把某句话的关键词提取出来，找出它的频度和所在的位置，存入倒排文件中。

在表 4.3 中，关键词"guangzhou"在文章 1 中出现了 2 次，"出现位置"指示该词出现在文章 1 中的第 3 个和第 6 个位置。通过这样对某个文献网站中所有的文献，建立一个类似于书的目录的表。当想要查找某个文献时，就可以通过输入关键字来找到相应的文章。而如果输入的关键字只有某些文章含有，相当于倒排文档的频度越高，则检索的效率越高，准确度也越高。这就是倒排文档的频度与特征量在文档中出现的次数成反比的原因。

表 4.3　倒排检索

关键词	文章号［出现频率］	出现位置
guangzhou	1［2］	3，6
he	2［1］	1
i	1［1］	4
live	1［2］	2，5
	2［1］	2
shanghai	2［1］	3
tom	1［1］	1

但是 IDF 也有些与现实不符的情况。比方说，由于 IDF 的权重与该词出现在文档中的数量成反比的关系，这会导致某些只在一个文档中出现的词所占的权重非常高。如果该词没有在这类文件中出现，那么分母会变成 0。还有一个问题是，如果一个词在某一类文章中经常使用，按照 IDF 的公式可知分母等于该词在这一类文章中占的文章数量加上在其他类的文章中占的文章数量，当该词在这类文章中的占比很大时，则分母会变大，其权重会变小。但是我们知道在某类文章的占比越大，更能体现该词的分类能力，权重应该更大才对。

3. TF-IDF

$$TF\text{-}IDF = TF \cdot IDF \tag{4.34}$$

通过观察，可发现式（4.34）是 TF 和 IDF 两个公式的结合。这样的结合就会避免 IDF 的第二个缺点，因为如果一个词在某一类文章中所用的次数很高，TF 就会变大，并且该词在其他类文章中所占的数量小，整个 TF-IDF 值都会变大，说明该词的权重大。一个词在某类文章中用得很多，在其他类文章中用得少，则该词更具有分类性，说明该词的权重更大。因此，TF-IDF 相较于 IDF 和 TF 更能过滤掉常见又无用的词，保留重要的词语。而为了解决 IDF 的第一个缺点，通常会在 IDF 的分母上加 1，因为当某个单词在某类文档的频数为 0 时，则分母会变成 1，就不会报错。

TF-IDF 的作用很广泛。假如有一篇报道美国大选的文章需要提取关键词，按照 TF 统计出来的词是"的""是"等"停用词"，然而这些词毫无意义，需要过滤掉。过滤后出现的是"美国""选举""特朗普"等词。此时可用 IDF 的方法，把词按常见与否进行排序。这时"选举"和"特朗普"会排在"美国"前面。所以最后用 TF-IDF 计算所得的"选举""特朗普"等不常见的词，却在该篇文章用得较多且权重较大。而对于常见，并且这篇文章用得也多的词如"美国"给予较小权重。而对于最常见的词，则给予最小的权重。如此一来，可以把关键词提取出来。

TF-IDF 算法是简单快速，结果比较符合实际情况，常被工业用于文本数据清洗。但 TF-IDF 以"词频"衡量一个词的重要性，不够全面，难以良好度量某个词在上下文的重要性。而且，这种算法无法体现词的位置信息，出现位置靠前的词与出现位置靠后的词，都被视为重要性相同。

思 考 题

1. 用于创建词嵌入的最常用算法有哪些，它们在计算要求和准确性方面有何不同？
2. 解释一下"分布语义"的概念以及它与词嵌入的关系。
3. 像 Word2vec 和 GloVe 这样的预训练词嵌入与在特定数据集上训练的嵌入有何不同？
4. 对具有复杂形态的语言（如阿拉伯语或芬兰语）使用词嵌入会遇到哪些挑战？
5. 思考如何准确地评估词嵌入模型的性能，通常使用哪些指标？
6. 解释子采样和负采样等技术如何用于词嵌入的训练，以及它们如何帮助提高模型的准确性和效率。
7. 像 ELMo 和 BERT 这样的上下文化（contextualized）词嵌入与传统词嵌入有何不同，它们在自然语言处理任务方面有什么优势？

参 考 文 献

[1] Lilleberg J，Zhu Y，Zhang Y. Support vector machines and word2vec for text classification with semantic features [C]. IEEE International Conference on Cognitive Informatics & Cognitive Computing，2015.

[2] Mikolov T，Chen K，Corrado G，et al. Efficient estimation of word representations in vector space [J/OL]. arXiv. org（2013-09-07）[2022-12-09]. https://arxiv. org/abs/1301. 3781.

[3] Dasgupta S. Latent semantic analysis and its uses in natural language processing [J/OL]. Analytics Vidhya（2021-09-16）[2022-12-09]. https://www. analyticsvidhya. com/blog/2021/09/latent-semantic-analysis-and-its-uses-in-natural-language-processing/.

[4] Pennington J，Socher R，Manning C. Glove：global vectors for word representation [C]. Conference on Empirical Methods in Natural Language Processing（EMNLP），2014.

第 5 章 预训练语言模型

近年来，预训练模型在深度学习领域取得了相当喜人的成果。自 GPT、BERT 等模型在自然语言生成和理解任务中取得了突破性的进展之后，越来越多的衍生预训练模型被提出，各类下游任务的性能也不断地被刷新。2020 年，OpenAI 提出了 GPT-3，首次将预训练模型的参数规模扩展到了 1750 亿，并且在文本摘要、自动写作、机器问答等领域取得了极其优秀的效果。发展至今，预训练模型成为了现代自然语言处理的重要组成部分。

5.1 Transformer

Vaswani 等在 2017 年提出的 Transformer[1]是一种强大的神经网络模型，在各种自然语言处理任务中表现出良好的性能。与基于 RNN 或基于 CNN 的模型相比，Transformer 结构主要基于注意力机制，既无需递归也无需卷积。多头自注意力（multi-head self-attention）机制结构简单，不仅在对齐方面表现出色，还可以并行运算。与 RNN 相比，Transformer 只需要更少的时间来训练，同时它更关注全局依赖性。然而，如果没有递归和卷积，模型不能利用序列的顺序。为了合并位置信息，Vaswani 等增加了由正弦和余弦函数计算的位置编码。位置嵌入和单词嵌入的总和作为输入被馈送到转换器。在实践中，模型通常用多头自注意力机制、残差连接、层归一化和前馈网络堆叠多个模块。自注意力机制可被看作是在一个线性投影空间中建立不同向量之间的相互关系。为了提取更多的交互信息，使用多头自注意力机制、残差连接和层归一化则更有利于深度学习网络模型的训练。前馈神经网络则是综合得到所有信息。图 5.1 为 Transformer 的基本架构。

Transformer 中使用的注意力被称为"缩放点积注意力"（scaled dot-product attention），也被叫作自注意力（self-attention），其结构如图 5.2 所示。

对于输入的一个句子的嵌入（embedding）X，先利用三个权重矩阵将其映射成三个新的子空间表示 Query(Q)、Key(K)、Value(V)：

$$Q = XW^Q, \ K = XW^K, \ V = XW^V \tag{5.1}$$

然后利用 Q 和 K 做点积并缩放为原来的 $1/\sqrt{d_k}$ 倍，d_k 指的是 Q、K 的长度。计算两者间的相关性得分，同时避免乘积得到的结果过大：

$$\text{Score} = \frac{QK^{\text{T}}}{\sqrt{d_k}} \tag{5.2}$$

再经过 Softmax 层对相关性得分进行归一化，得到相应的注意力权重。最后利用注意力

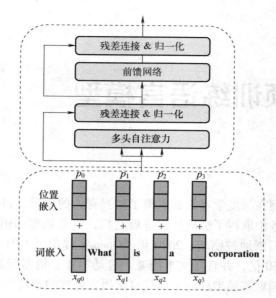

图 5.1 Transformer 结构图[2]

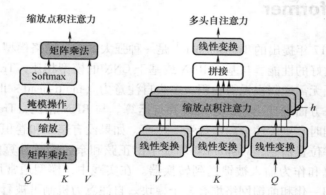

图 5.2 Transformer 注意力机制的缩放点积注意力（左图）
和包含多个并行注意力层的多头自注意力（右图）[1]

权重对 V 中元素加权求和得到自注意力的输出：

$$\text{Attention}(Q, K, V) = \text{Softmax}(\text{score})V = \text{Softmax}\left(\frac{QK^{\text{T}}}{\sqrt{d_k}}\right)V \tag{5.3}$$

而多头自注意力就是将 Q、K、V 分别映射到多个低维子空间，并行计算各个部分的自注意力再进行拼接。拼接后的结果经过一个线性层就可以得到多头自注意力的最终输出。通过这种方式可以让每个自注意力机制去优化每个词汇的不同特征部分，从而均衡同一种自注意力机制可能产生的偏差。

5.2 ELMo

ELMo[3]是第一个考虑上下文化（contextualized）的预训练模型，能够学习到单词在不同上下文环境下的不同含义和语义关系，因此在下游自然语言处理任务中能够提供更加准确的特征表示。早期的预训练模型（如 Skip-Gram[4] 和 Glove[5]）的目标是学习好的词嵌入，其预训练结果主要通过下游任务体现。利用这些模型得到的词向量虽然可以捕捉单词的语义含义，但它们是上下文无关的，不能捕获文本的高级概念，也不能解决一词多义问题。一个经典的例子是，bank 这个词既可以表示"银行"，也可以表示"河岸"，而显然两者的上下文会有明显的不同，在语义空间中的映射也应当是不同的。

在这种情况下，ELMo 应运而生，并在多个典型任务上表现惊艳。ELMo 是 AllenAI 于 2018 年提出的一个预训练模型，它通过深层双向 LSTM 模型结合上下文语境生成词的迁入，是第一个利用上下文构建文本表示的预训练模型。它分为两个阶段：第一个阶段在大规模语料库上先通过词嵌入进行预训练；第二个阶段是在做下游任务时，从预训练网络中提取对应的网络各层的词嵌入作为新特征补充到下游任务中，它也是一种典型的基于特征融合的预训练模型，它将预训练的语言模型与下游任务的模型进行融合，从而提供更加准确的特征表示。ELMo 实现预训练的原理如图 5.3 所示。

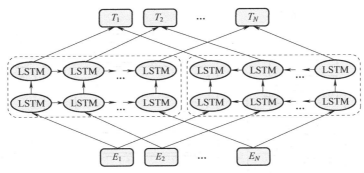

图 5.3　ELMo 实现预训练的原理[6]

具体而言，给定一个包含 N 个词的句子序列 $(t_1, t_2, \cdots, t_N)$，前向语言模型可以根据历史序列 $(t_1, t_2, \cdots, t_{k-1})$ 计算当前词 t_k 的概率分布并进行建模，从而可以从头到尾计算整个句子的概率分布：

$$p(t_1, t_2, \cdots, t_N) = \prod_{k=1}^{N} p(t_k \mid t_1, t_2, \cdots, t_{k-1}) \tag{5.4}$$

类似地，反向语言模型则是根据未来序列 $(t_{k+1}, \cdots, t_N)$ 预测当前词 t_k 的概率分布，从尾到头计算整个句子的概率分布：

$$p(t_1, t_2, \cdots, t_N) = \prod_{k=1}^{N} p(t_k \mid t_{k+1}, t_{k+2}, \cdots, t_N) \tag{5.5}$$

ELMo 使用 LSTM 作为语言模型，并将前向 LSTM 和反向 LSTM 结合起来使用。这与单向的语言模型相比，更容易捕捉上下文的相关信息。其次，在上下层的 LSTM 之间有残差连接，加强了梯度的传播。另外，双向语言模型的训练目标是最大化前向和反向的联合对数似然概率。其中 t 表示词，θ 表示网络参数：

$$\sum_{k=1}^{N} \left(\log p(t_k \mid t_1, \cdots, t_{k-1}; \theta_x, \overrightarrow{\theta}_{\text{LSTM}}, \theta_s) + \log p(t_k \mid t_1, \cdots, t_{k-1}; \theta_x, \overleftarrow{\theta}_{\text{LSTM}}, \theta_s) \right) \tag{5.6}$$

ELMo 预训练模型验证了深层双向语言模型的有效性。同时，使用 ELMo 增强的模型能够更有效地使用更小的训练集。然而，ELMo 也有着一定的局限性。首先，它使用的特征提取器是 LSTM，而 LSTM 的特征提取能力远弱于 Transformer。其次，它采用的模型拼接方式是双向融合，这在后面被证明比 BERT[6]的一体化的融合特征方式效果更弱。

5.3 GPT

ELMo 的成功使业界意识到了基于大规模语料库预训练的语言模型的强大，与此同时，Transformer 的提出被发现其在处理长期依赖性、机器翻译任务等方面比 LSTM 有更好的表现，如图 5.4 所示。

在此背景下，OpenAI 的 GPT[7]预训练模型被提出。GPT 模型是在 2017 年 Google 提出的 Transformer 体系基础上构建的带有注意力机制的机器处理语言模型。GPT 模型的主要结构是将 Transformer 解码器进行修改，直接连接下游模型。这个修改过的 Transformer 模型实际上就起到了模型连接中的预训练部分作用。

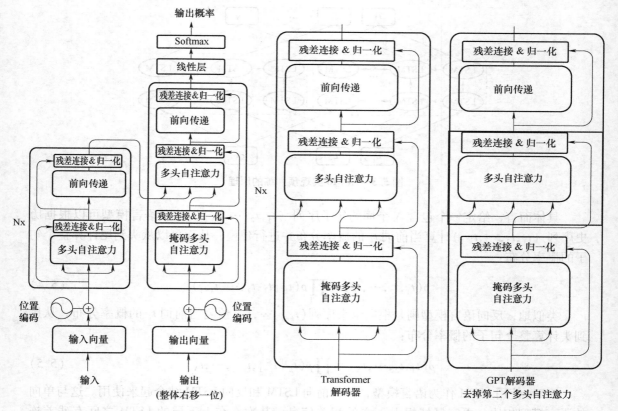

图 5.4　Transformer 模型结构及其解码器与 GPT 解码器[1]

相对于 ELMo 中使用的 LSTM 模型，Transformer 拥有显著强于各类 RNN 和 CNN 模型的特征提取能力。它不仅在并行计算上强于 RNN，也在远距离读取特征的能力上强于 CNN。GPT 模型架构类似于 Transformer 的解码器部分，其不同之处在于 GPT 去掉了 Transformer 解码器中间部分结构，在最后一层直接连接 Softmax 层作为输出层。

与 ELMo 一样，GPT 模型也采用了两个阶段。第一阶段利用无监督的预训练语言模型进行预训练，优化给定文本序列 $(t_1, t_2, \cdots, t_N)$ 概率分布的最大似然估计，学习神经网络的初始参数 θ：

$$L^{PT} = -\sum_i \log p(t_i \mid t_{i-k}, \cdots, t_{i-1}; \theta) \tag{5.7}$$

式中，k 表示语言模型的窗口大小，即基于 k 个历史词 $(t_{i-k}, \cdots, t_{i-1})$ 而不是句子序列中所有历史词来预测当前的词 t_k。

第二阶段通过有监督的微调模式解决下游任务。这是一种半监督的方法，结合了非监督的预训练模型和监督的微调模型，从而学习一种通用的表示方法。具体来说，首先将文本序列输入预训练的 GPT 中，获取最后一层的最后一个词对应的隐藏层输出 $\boldsymbol{h}$。紧接着，将该隐藏层输出通过一层全连接层变换，预测最终的标签 y：

$$p(y \mid t_1, \cdots, t_n) = \mathrm{Softmax}(\boldsymbol{hW}) \tag{5.8}$$

式中，$\boldsymbol{W}$ 代表全连接层权重。最终，通过优化以下损失函数微调下游任务：

$$L^{FT} = -\sum_{(x,y)} \log p(y \mid t_1, \cdots, t_n) \tag{5.9}$$

相比 ELMo，GPT 在真正意义上实现了预训练-微调的框架，不再需要取出模型中的嵌入，而是直接把预训练好的模型在下游任务上微调，对于不同任务采用不同的输入或输出层改造，让下游任务更贴近上游预训练模型。值得一提的是，在后续的 prompt 等优化中，又将下游任务向上游任务贴近了一步，即将下游任务的输入和输出逻辑也进行变化去适应上游任务。让下游任务向上游任务对齐，是一个自然语言处理的发展方向。

GPT 的出现打破了自然语言处理各个任务之间的壁垒，使得搭建一个面向特定任务的自然语言处理模型不再需要了解非常多的任务背景，只需要根据任务的输入输出形式应用这些预训练语言模型，就能够达到一个不错的效果。然而，GPT 本质上仍然是一种单向的语言模型，在模型规模较小时，对语义信息的建模能力有限。

经过 GPT 之后，OpenAI 推出了 GPT-2[8] 和 GPT-3[9]，旨在通过更大的模型容量和更多的训练语料进一步提高预训练效果。GPT-2 相比 GPT 增加了语料和模型尺寸，但其基本结构与 GPT 类似。GPT-2 的核心思想是，任何有监督的自然语言处理任务都可以看作是语言模型的一个子集，只要预训练语言模型的容量足够大，理论上就能解决任何自然语言处理任务。因此，GPT-2 致力于提高模型容量和数据多样性，使语言模型能够解决任何任务。

随后，GPT-3 进一步增大了模型尺寸，其模型参数量是 GPT-2 的 100 倍。GPT-3 的核心思想是，在不进行微调的情况下，通过对下游任务进行文本转换，直接使用语言模型预测结果。这种做法被称为"零样本学习"，即在没有接收到任务特定的训练数据的情况下，通过使用先前学到的知识来完成任务。GPT-3 在多个下游任务上展现了卓越的性能，表明其具有广泛的通用性和可迁移性。

5.4　BERT

BERT[6] 是一种典型的预训练-微调结构模型，与 GPT 模型相似，BERT 同样通过堆叠 Transformer 子结构来构建基础模型。BERT 模型结构与 GPT、ELMo 对比如图 5.5 所示。

与前面的 ELMo、GPT 等模型相比，BERT 的第一个创新是使用了遮挡语言模型

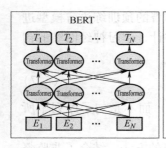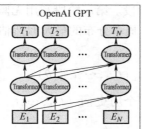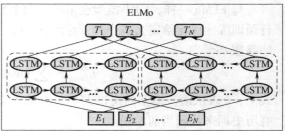

图 5.5　BERT、GPT、ELMo 模型对比[6]

（MLM）来达到深层双向联合训练的目的。这与 GPT 使用单向的生成式语言模型和 ELMo 使用独立的双向语言模型都不同。MLM 预训练类似于一种完形填空的任务，相对传统的从左到右预测下一个词，改为了随机对 15% 的词进行遮挡（MASK），并在输出层获得该位置的概率分布，进而通过极大化似然概率来调整模型参数。具体来说，假设一个句子 $(t_1, t_2, \cdots, t_N)$ 中被 MASK 的单词位置是 i，那么损失函数为

$$L = -\log p(t_i \mid t_1, \cdots, t_{i-1}, t_{i+1}, \cdots, t_N; \theta) \tag{5.10}$$

MASK 策略会使模型收敛的速度变慢，但非常有效地提升了模型的训练效果。同时对于微调阶段可能出现的缺少 MASK 的问题，被挡住的词并非总是被 MASK 替换，而是 80% 的时候用 MASK 替换，10% 的时候用随机词替换，10% 的时候保留原字符。

BERT 的第二个预训练目标是后续句子预测（NSP），这是一种用来捕捉句子间关系的二分类任务，这个任务可以从任何单词语料库中轻松生成。在自然语言处理领域中，很多重要的下游任务，包括问答系统和自然语言推理等都是建立在理解两个文本句子之间关系的基础上，直接对语言建模难以捕捉这些关系，而 NSP 恰好解决了这个问题。具体来说，就是在构造任务的数据集时，有 50% 的概率选择正样本，即某个句子和其下一句的组合，50% 的概率选择任意一个句子构成负样本。但后续有研究证明，真正使得 BERT 等预训练模型发挥效用的主要还是 MLM 任务，NSP 任务对性能的影响不大。

对于不同任务，BERT 使用不同的方法，如图 5.6 所示，不同任务需要使用不同的模型并对参数进行微调。

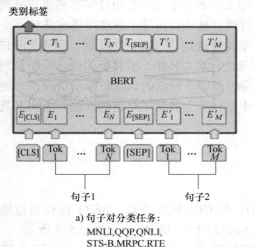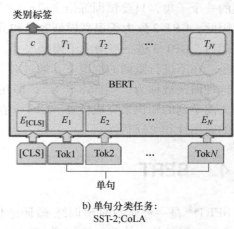

图 5.6　BERT 微调阶段不同任务的模型[6]

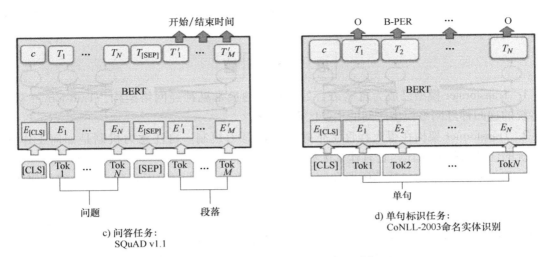

c) 问答任务：
　　SQuAD v1.1

d) 单句标识任务：
　　CoNLL-2003命名实体识别

图 5.6　BERT 微调阶段不同任务的模型[6]（续）

　　BERT 本身是近年来自然语言处理技术的一个集大成之作，从中可以看到许多技术的闪光点汇聚于一身。同时，BERT 的出现也极大地推动了自然语言处理领域的发展。

5.5　后 BERT 时代

　　BERT 的出现开启了预训练模型的新时代，此后涌现出了大量的相关模型和变体。这些新式的预训练语言模型从模型结构上主要分为双向 Auto-encoding 模型（以 BERT 为代表）、单向 Auto-regressive 模型（以 GPT-2，3 为代表）、Encoder-Decoder 模型（以 BART 和 T5 为代表）。

　　基于 BERT 的改进模型有 ERNIE[12]、SpanBERT[13]、RoBERTa[14]、ALBERT[15] 等。ERNIE 引入了知识 MASK 策略，包括实体级 MASK 和短语级 MASK，用以取代 BERT 中的随机 MASK。SpanBERT 对 ERNIE 进行泛化，在无需外部知识的情况下随机 MASK 跨度。RoBERTa 对 BERT 模型进行了一些更改，包括：①使用更大的批次和更多的数据对模型进行更长的训练；②取消 NSP 任务；③在更长的序列上训练；④在预训练过程中动态更改 MASK 位置。ALBERT 提出了两个参数优化策略以减少内存消耗并加速训练。此外，ALBERT 还对 BERT 的 NSP 任务进行了改进。

　　XLNet[10] 的提出是为了解决 BERT 中存在的两个问题。首先，BERT 认为 MASK 的单词之间是独立的。其次，BERT 使用了实际不存在的 MASK 符号，这会导致训练和微调出现差异。XLNet 提出了一个自回归的方法，并引入了双向自注意力机制和 Transformer-XL 实现模型。

　　MASS[11] 把 BERT 推广到生成任务，并设计统一了 BERT 和传统单向语言模型框架 BERT+LM，使用 BERT 作为编码器，使用标准单向语言模型作为解码器。UniLM[16] 进一步将双向语言模型、单向语言模型、Seq2Seq 语言模型结合进行预训练。BART[17] 使用标准的基于 Transformer 的序列到序列结构，通过对含有噪声的输入文本去噪重构进行预训练，是一种典型的去噪自编码器。与 BERT 模型独立地预测掩码位置的词相比，BART 模型是通过自回归的方式顺序地生成。T5[18]与 BART 类似,它将连续的多个 MASK 合并成了一个,并且解码器只需要预测要填空的部分。

思　考　题

1. Transformer 模型已成为自然语言处理任务的最常见神经网络架构。Transformer 模型和传统的递归神经网络模型之间的主要区别是什么?

2. Transformer 架构在很大程度上依赖于自注意力机制。自注意力机制是如何工作的,与传统的注意力机制相比,它有什么优势?

3. Transformer 架构包括编码器和解码器组件。每个组件的作用是什么,它们如何协同工作以生成序列输出?

4. BERT 和 GPT 等预训练语言模型已经在广泛的自然语言处理任务上取得了最先进的性能。这些模型与传统的基于规则或基于统计的自然语言处理系统有何不同?

5. 预训练语言模型涉及以无监督方式在大型文本语料库上对其进行训练。这个预训练过程如何使模型能够学习语言的语义和句法表示,以及它如何提高模型在下游任务上的性能?

6. 预训练语言模型同时也在更小的、特定于任务的数据集上去"微调"。这个过程如何针对特定任务微调模型的语言理解能力,又如何影响模型的泛化能力?

7. 预训练语言模型的主要挑战之一是模型的大小,这会使它们的计算成本高昂且难以部署。研究人员和从业者如何应对这一挑战,以及在减小模型尺寸时需要做出哪些权衡?

8. 假设一个预训练语言模型已经拟合了互联网上几乎所有的数据,它的应用将面临哪些机遇和挑战?

参 考 文 献

[1] Vaswani A, Shazeer N, Parmar N, et al. Attention is all you need [C]. The 31st International Conference on Neural Information Processing Systems, 2017: 6000-6010.

[2] Liu S, Zhang X, Zhang S, et al. Neural machine reading comprehension: methods and trends [J]. Applied Sciences, 2019, 9 (18): 3698.

[3] Peters M E, Neumann M, Iyyer M, et al. Deep contextualized word representations [J]. arXiv preprint arXiv: 180205365, 2018.

[4] Le Q, Mikolov T. Distributed representations of sentences and documents [C]//International conference on machine learning. PMLR, 2017: 1188-1196.

[5] Pennington J, Socher R, Manning C D. Glove: Global vectors for word representation [C]// Proceedings of the 2014 conference on empirical methods in natural language processing (EMNLP), 2014: 1532-1543.

[6] Devlin J, Chang M W, Lee K, et al. Bert: Pre-training of deep bidirectional transformers for language understanding [J]. arXiv preprint arXiv: 1810. 04805, 2018.

[7] Radford A, Narasimhan K, Salimans T, et al. Improving language understanding by generative pre-training [J]. Computation and Language, 2018.

[8] Radford A, Wu J, Child R, et al. Language models are unsupervised multitask learners [J]. OpenAI blog, 2019, 1 (8): 9.

[9] Brown T, Mann B, Ryder N, et al. Language models are few-shot learners [J]. Advances in neural infor-

mation processing systems，2020，33：1877-1901.

［10］　Yang Z，Dai Z，Yang Y，et al. Xlnet：Generalized autoregressive pretraining for language understanding ［C］. The 33rd International Conference on Neural Information Processing Systems，2019：5753-5763.

［11］　Song K，Tan X，Qin T，et al. Mass：Masked sequence to sequence pre-training for language generation ［J］. arXiv preprint arXiv：1905. 02450，2019.

［12］　Sun Y，Wang S，Li Y，et al. Ernie：Enhanced representation through knowledge integration ［J］. arXiv preprint arXiv：1904. 09223，2019.

［13］　Joshi M，Chen D，Liu Y，et al. Spanbert：Improving pre-training by representing and predicting spans ［J］. Transactions of the Association for Computational Linguistics，2020，8：64-77.

［14］　Liu Y，Ott M，Goyal N，et al. Roberta：A robustly optimized bert pretraining approach ［J］. arXiv preprint arXiv：1907. 11692，2019.

［15］　Lan Z，Chen M，Goodman S，et al. Albert：A lite bert for self-supervised learning of language representations ［J］. arXiv preprint arXiv：1909. 11942，2019.

［16］　Dong L，Yang N，Wang W，et al. Unified language model pre-training for natural language understanding and generation ［C］. The 33rd International Conference on Neural Information Processing Systems，2019：13063-13075.

［17］　Lewis M，Liu Y，Goyal N，et al. Bart：Denoising sequence-to-sequence pre-training for natural language generation，translation，and comprehension ［J］. arXiv preprint arXiv：1910. 13461，2019.

［18］　Raffel C，Shazeer N，Roberts A，et al. Exploring the limits of transfer learning with a unified text-to-text transformer ［J］. Journal of Machine Learning Research，2020，21（140）：1-67.

第6章 序列标注

序列标注是自然语言处理中的基础任务，应用十分广泛，如分词、词性标注（POS tagging）、命名实体识别（Named Entity Recognition，NER）、关键词抽取、语义角色标注（semantic role labeling）、槽位抽取（slot filling）等本质上都属于序列标注的范畴。

6.1 马尔可夫模型

马尔可夫链描述的是一个离散时间的随机过程，其中在某一时刻发生的事件仅与前一时刻的状态相关，而与更早的状态无关。这种性质被称为"马尔可夫性质"，该过程被称为"马尔可夫链"。又可以直观理解为，上一个时刻的事件已经把更久远的历史因素融合到事件中，因此计算该时刻与上一时刻的概率关系时，相当于已经考虑到与更久远的事件的联系。这种某一时刻的事件只与上一时刻的事件有关的假设，是对预测未来事件的机制一个合理的简化。当使用条件概率对生词标注进行分析时，常用的方法是对某一个生词出现不同词性的概率做一个分析，取最大概率的词性作为生词最终的预测词性。这种做法可以统计语料库词语串，以及词性串的频率以代替概率，从而将生词标注化归为基于分析短长度上下文的统计模型。

用数学语言描述马尔可夫链可表示为：设序列 $\{x_n, n = 1, 2, \cdots\}$ 为一个随机事件序列，状态空间 E 为有限集合，对于任意的正整数 m、n，若 i_k，$j \in E(k \in N^*)$，有

$$P(x_{n+m} = j \mid x_n = i, x_{n-1} = i_{n-1}, \cdots, x_1 = i_1) = P(x_{n+m} = j \mid x_n = i) \tag{6.1}$$

对于一阶马尔可夫过程，由于状态空间可列，因此事件的状态变化相当于从状态空间挑选两个状态，并从其中一个状态转移到另一个状态的过程。为了更直观地计算式（6.1）这个条件概率公式，需要引入概率转移矩阵 $P_{n \times n}$，其中 n 为状态个数。转移矩阵可以由表 6.1 描述。

表 6.1　一阶马尔可夫过程概率转移矩阵

现在的词性 ＼ 未来的词性	1	2	3	……	n
1	$p_{1 \to 1}$	$p_{2 \to 1}$	$p_{3 \to 1}$		$p_{n \to 1}$
2	$p_{1 \to 2}$	$p_{2 \to 2}$	$p_{3 \to 2}$		$p_{n \to 2}$
3	$p_{1 \to 3}$	$p_{2 \to 3}$	$p_{3 \to 3}$		$p_{n \to 3}$
……					
n	$p_{1 \to n}$	$p_{2 \to n}$	$p_{3 \to n}$		$p_{n \to n}$

表 6.1 中的概率都可通过观察大数据的动态走向，计算出转移的频率。由大数定理又可知，样本的个数足够大时，频率无限趋近于概率，因此可以总结出概率转移矩阵并预测下一个事件的状态。

假设在第 i 个时刻下，事件 x_i 的状态为 $k(k \in E)$ 的概率构成行向量 $p_i = [p_{i1}, p_{i2}, \cdots, p_{in}]$，则在第 $i+1$ 个时刻下，事件 x_{i+1} 的状态为 $k(k \in E)$ 的概率为

$$p_{i+1} = p_i \cdot P_{n \times n} \tag{6.2}$$

以上是对一阶马尔可夫过程的分析。实际上，要分析更高阶的马尔可夫过程，可以连乘概率转移矩阵，预测出若干步以后的事件状态的概率。

1. 目标函数的建立

首先需明确生词处理问题的数学描述，即分词后确定了一个 n 词词汇序列 $W = w_1 w_2 w_3 \cdots w_n$，对应的词性序列为 $T = t_1 t_2 t_3 \cdots t_n$，需预测出一个词性序列[1]

$$\hat{T} = \underset{T}{\text{argmax}} P(T \mid W) \tag{6.3}$$

即在已知词汇序列 W 的条件下，计算出某词性序列 T 的概率。函数 argmax 指使词性概率最大的词性序列的取法。直观理解为标记词序列 T 和预测词序列 $\hat{T}$ 要尽可能的相同或相似。

根据条件概率公式 $P(TW) = P(T \mid W) P(W) = P(W \mid T) P(T)$，式（6.3）可改写为

$$\hat{T} = \underset{T}{\text{argmax}} \frac{P(W \mid T) P(T)}{P(W)} \tag{6.4}$$

注意，对于同一个待分析的词序列 W，概率 $P(W)$ 相同，可以忽略。故式（6.4）可以简化为

$$\hat{T} = \underset{T}{\text{argmax}} P(W \mid T) P(T) \tag{6.5}$$

因为 $T = t_1 t_2 t_3 \cdots t_n$，所以由 n 个事件的乘法原理可得

$$
\begin{aligned}
P(T) &= P(t_1 t_2 t_3 \cdots t_n) \\
&= P(t_n \mid t_1 t_2 t_3 \cdots t_{n-1}) P(t_{n-1} \mid t_1 t_2 t_3 \cdots t_{n-2}) \cdots P(t_2 \mid t_1) P(t_1)
\end{aligned}
$$

写为乘积形式，即

$$P(T) = P(t_1) \prod_{i=2}^{n} P(t_i \mid t_1 t_2 \cdots t_{i-1}) \tag{6.6}$$

为了简化问题，引入马尔可夫过程，视某一个词的词性只与上一个词有关，式（6.6）可简化为

$$P(T) = P(t_1) \prod_{i=2}^{n} P(t_i \mid t_{i-1}) \tag{6.7}$$

式（6.4）中的 $P(W \mid T)$ 等价于已知每个单独词语的词性，求发射词汇的过程。$P(W \mid T)$ 即为

$$P(W \mid T) = P(w_1 w_2 w_3 \cdots w_n \mid t_1 t_2 t_3 \cdots t_n) = \prod_{i=1}^{n} P(w_i \mid t_i) \tag{6.8}$$

将式（6.7）和式（6.8）代入式（6.5），得

$$\hat{T} = \underset{T}{\text{argmax}} P(t_1) P(w_1 \mid t_1) \prod_{i=2}^{n} P(t_i \mid t_{i-1}) P(w_i \mid t_i) \tag{6.9}$$

假定第 j 个词语为生词，并设为 x_j。为简单起见，假设只存在 1 个生词，则式（6.9）可以改写为

$$\hat{T} = \underset{T}{\arg\max} P(t_1) P(w_1 \mid t_1) \cdot P(t_j \mid t_{j-1}) P(x_j \mid t_j) \prod_{i=2, i \neq j}^{n} P(t_i \mid t_{i-1}) P(w_i \mid t_i) \quad (6.10)$$

式（6.10）即为存在生词时词性标注问题的目标函数。

2. 目标函数的计算

注意，式（6.10）的概率 $P(x_j \mid t_j)$ 难以直观计算，而且不需要计算词性为 t_j 时词语为 x_j 的概率，因此使用条件概率，对条件和待求量进行替换。由

$$P(x_j \mid t_j) = \frac{P(x_j t_j)}{P(t_j)}, P(t_j \mid x_j) = \frac{P(t_j x_j)}{P(x_j)} \quad (6.11)$$

可以推导出

$$P(x_j \mid t_j) = \frac{P(x_j)}{P(t_j)} P(t_j \mid x_j) \quad (6.12)$$

式中，$P(t_j \mid x_j)$ 可以通过式（6.2）计算。基于马尔可夫过程的假设，生词 x_j 只与上一个词语 w_{j-1} 有关。x_j 词性为 t_j 取决于上一个词语 w_{j-1} 的词性。w_{j-1} 本身存在一个词性概率的行向量 $[t_1, t_2, \cdots, t_M]$（M 为词性的种数），用条件概率表示为 $P(t_k \mid w_{j-1})$（$k = 1, 2, 3, \cdots, M$），根据矩阵相乘的法则，$P(t_j \mid x_j)$ 可以视为行向量 $[t_1, t_2, \cdots, t_M]$ 和概率转移矩阵某一列（该列对应的转移后状态是 t_j）的点乘：

$$P(t_j \mid x_j) = \sum_{k=1}^{M} P(t_k \mid w_{j-1}) P(t_j \mid t_k) \quad (6.13)$$

用矩阵表示即为

$$P(t_j \mid x_j) = [t_1, t_2, \cdots, t_M] \times \begin{bmatrix} p_{11} & p_{21} & \cdots & p_{n1} \\ p_{12} & p_{22} & \cdots & p_{n2} \\ \cdots & \cdots & \cdots & \cdots \\ p_{1n} & p_{2n} & \cdots & p_{nn} \end{bmatrix}^{\mathrm{T}} \boxed{\text{第 } j \text{ 行，对应于转移后词性为 } t_j}$$

将式（6.13）代入式（6.12）得到

$$P(x_j \mid t_j) = \frac{P(x_j)}{P(t_j)} \times \sum_{k=1}^{M} P(t_k \mid w_{j-1}) P(t_j \mid t_k) \quad (6.14)$$

假定语料库足够大，样本数量足够多，可以基于大数定理将概率替换为频率。观察式（6.14）可知，部分概率可以用直接统计语料库词频计算得到的频率代替：

$$P(x_j) \Rightarrow C(x_j)$$
$$P(t_j) \Rightarrow C(t_j) \quad (6.15)$$

$$P(t_k \mid w_{j-1}) = \frac{P(t_k w_{j-1})}{P(w_{j-1})} \Rightarrow \frac{C(t_k w_{j-1})}{C(w_{j-1})}$$

$$P(t_j \mid t_k) = \frac{P(t_j t_k)}{P(t_k)} \Rightarrow \frac{C(t_j t_k)}{C(t_k)}$$

因此式（6.14）可以改写为

$$P(x_j \mid t_j) = \frac{C(x_j)}{C(t_j)} \times \sum_{k=1}^{M} \frac{C(t_k w_{j-1})}{C(w_{j-1})} \times \frac{C(t_j t_k)}{C(t_k)} \quad (6.16)$$

式中，C 表示语料库出现某词语的词频。因此目标函数可改写为

$$\hat{T} = \underset{T}{\arg\max} C(t_1)C(w_1\mid t_1) \cdot C(t_j\mid t_{j-1})\left[\frac{C(x_j)}{C(t_j)}\times\sum_{k=1}^{M}\frac{C(t_kw_{j-1})}{C(w_{j-1})}\times\frac{C(t_jt_k)}{C(t_k)}\right]\cdot\prod_{i=2,i\neq j}^{n}C(t_i\mid t_{i-1})C(w_i\mid t_i)$$

(6.17)

式中，$C(w_i\mid t_i)$ 为第 i 个单词的词性为 t_i 在训练语料库的频次；$C(t_j)$ 为词性 t_j 在训练语料库的频次；$C(t_jt_k)$ 为词性串 t_jt_k 在训练语料库的频次。因此，只要寻找到一个序列，使得该目标函数最大，就可以解决含生词的词性标注问题。

6.2 条件随机场、维特比算法

6.2.1 条件随机场的原理解析

条件随机场模型于 2001 年由 Lafferty 等提出[1]，它结合了最大熵和隐马尔可夫模型的特点，是一种无向图模型。给定图模型 $G=(V,E)$，其中 V 为节点，E 为节点之间的边，也代表节点间的概率依赖关系，概率统计图有图 6.1 所示的体系架构。

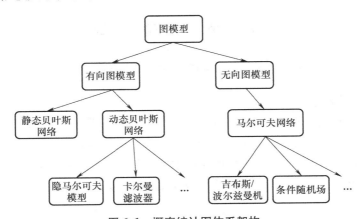

图 6.1　概率统计图体系架构

由图可知，贝叶斯网络属于有向图模型分支，适合为数据之间存在单向联系的文本建模。而马尔可夫网络属于无向图，适合为相互存在依赖关系的数据组建模。贝叶斯网络和马尔可夫网络的核心差异在于对联合概率 $P=(Y)$ 的求法的不同。

条件随机场作为无向图模型的一种，其概率计算公式为

$$P(Y) = \frac{1}{Z(x)}\prod_c\psi_c(Y_c)$$

(6.18)

条件随机场中所有变量皆满足马尔可夫性，即当前状态只与上一状态有关，与再之前的状态没有关系。在图模型中，表现为不相邻的变量之间条件独立。

判别马尔可夫性的对应公式为马尔可夫随机场的成对、局部、全局马尔可夫性，即网络图中没有边相邻的两个节点、任意节点和与该节点相连的所有节点集合、对所有节点集合划分成任意三个区域都相互条件独立。

由此，可进一步得到条件随机场的数学定义：设有随机变量 X 和 Y，$P(Y\mid X)$ 表示给

定 X 对应的 Y 的条件概率分布。若随机变量 Y 构成一个由无向图 $G=(V,E)$ 表示的马尔可夫随机场，即 $P(Y_v|X,Y_w,w\neq v)=P(Y_v|X,Y_w,w\sim v)$ ，对任意节点 v 成立，那么称条件概率分布 $P(Y|X)$ 为条件随机场。$w\sim v$ 表示与 v 相连的节点，$\neq v$ 表示除 v 外的所有节点。

在实际的应用中，线性链条件随机场有着更广泛的应用，其中最常见的情况是随机场中的 X 与 Y 有着相同或类似的结构，它们两者分别对应的网络图形式如图 6.2 和图 6.3 所示。

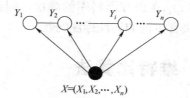

$$X=(X_1,X_2,\cdots,X_n)$$

图 6.2　线性链条件随机场

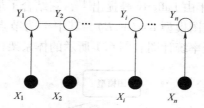

图 6.3　X 和 Y 有相同的图结构的线性链条件随机场

对应的数学公式表达为

$$P(Y_i|X,Y_1,\cdots,Y_{i-1},Y_{i+1},\cdots,Y_n)=P(Y_i|X,Y_{i-1},Y_{i+1})$$
$$i=1,2,\cdots,n\text{（在 }i=1\text{ 和 }n\text{ 时只考虑单边）} \tag{6.19}$$

对该公式进行处理，结合条件随机场模型中的马尔可夫性，把公式转变为相邻节点的函数以方便进一步分析，可得到条件随机场的参数化表达公式：

$$P(y|x)=\frac{1}{Z(x)}\exp\Big(\sum_{i,k}\lambda_k t_k(y_{i-1},y_i,x,i)\Big)+\sum_{i,l}\mu_l s_l(y_i,x,i)\Big) \tag{6.20}$$

进行简化可得概率分布的公式：

$$P(y|x)=\frac{1}{Z(x)}\exp\sum_{k=1}^{K}w_k f_k(y,x) \tag{6.21}$$

$$Z(x)=\sum_y\exp\sum_{k=1}^{K}w_k f_k(y,x) \tag{6.22}$$

进而推导出条件随机场对应的建模公式：

$$\begin{aligned}P(I|O)&=\frac{1}{Z(O)}\prod_i\psi_i(I_i|O)\\&=\frac{1}{Z(O)}\prod_i e^{\sum_k\lambda_k t_k(O,I_{i-1},I_i,i)}\\&=\frac{1}{Z(O)}e^{\sum_i\sum_k\lambda_k t_k(O,I_{i-1},I_i,i)}\end{aligned} \tag{6.23}$$

有建模公式后，即可对模型的参数进行训练。利用语料库得到适合的参数后，模型可进行实验与使用。

6.2.2　条件随机场的特性

条件随机场之所以被广泛使用，主要是因为它有着其他方法无法比拟的优点。作为一种概率图模型，条件随机场模型具有表达远距离依赖性和交叠性特征的特点，有利于解决标注偏置等问题。进一步地，模型的特征可进行全局归一化，从而获得全局的最优解。

机器学习最常见的四种方法，即隐马尔可夫模型（HMM）、最大熵（ME）模型、支持向量机（SVM）模型和条件随机场（CRF）模型，它们之间彼此相互联系如图 6.4 所示。

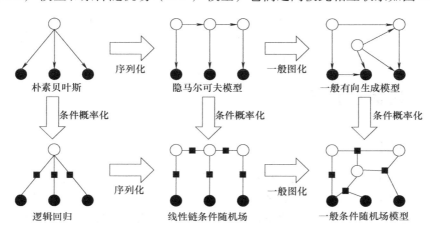

图 6.4　隐马尔可夫模型、最大熵模型、支持向量机模型和条件随机场模型

从各自特点来看：

1）最大熵模型结构完备，数学形式简单优美，但在实际使用中复杂度太高，训练成本巨大。

2）支持向量机模型对于识别的结果有较高的正确率，利用维特比算法求解命名实体类别序列时有较高的效率，但迭代和识别时速度较慢。

3）隐马尔可夫模型和条件随机场模型有一定相似之处，它们都属于无向图下的马尔可夫网络类型，但两者有着不同的侧重。隐马尔可夫模型由于训练和识别时速度较快，更适用于需要实时处理或者文本量巨大的工作，例如短文本命名实体识别等。

4）对于条件随机场模型，由于马尔可夫性，条件随机场模型可在标记数据时同时考虑到相邻的上下文数据，该特性使得条件随机场被广泛利用于词性标注。

综上所述，条件随机场（CRF）模型脱胎于无向图模型，结合了最大熵模型和隐马尔可夫模型的特点，有效解决了隐马尔可夫模型输出独立性假设的问题。在实际的应用中，X 与 Y 有相关关系的线性链条件随机场有着更广泛的应用。在基于机器学习的命名实体识别中，条件随机场模型占据着不可或缺的位置。

维特比（Viterbi）算法是一个特殊但应用较广的动态规划算法，它是针对篱笆网络（lattice）的有向图的最短路径问题而提出的。大多使用隐马尔可夫模型描述的问题都可用维特比算法来解码，包括数字通信、语音识别、机器翻译、拼音转汉字、分词等。

维特比（Viterbi）算法的具体步骤为：首先利用隐马尔可夫模型的状态为 BEMS 来标记

中文词汇含义（B：开始位置；E：结束位置；M：中间位置；S：单字词）。然后，通过大量预料分析得到隐马尔可夫模型的状态转移概率、状态到单字词的条件概率、词语状态起始概率。随之，通过维特比算法，以及预先训练好的概率表，计算得到对于当前待分词句子概率最大的 BEMS 序列。最后，将 BE 状态之间的，单独 S 状态的，标记为词，由此得到分词结果。例如，我／来到／中山大学／深圳／校区，可得 S／BE／BMME／BE／BE。

总的来说，汉语分词规范问题是一个偏向于语言学定义解释的问题，其包含大量主观性的特点，导致套用某种规则来指导机器分词时，规则的冗余度和实际操作的精确性难以取舍，加之互联网时代信息的复杂性，不可避免地，规则本身就会出现自我矛盾等情况。

就目前来说，汉语分词的广泛应用还是基于统计学方法，使用词频统计，以及大量汉语语料整合的词典来完成，如同本章中分析的结巴分词产品。而未来或许可以期待基于知识理解的，试图让机器具有人类的理解能力的崭新分词方法的出现。

6.3　序列标注任务

6.3.1　自动分词

汉语是表意文字，并不像英语一样在词汇之间有空格进行分隔，因此分词对于汉语的理解尤为重要。只有进行正确的分词，才能对汉语文本进行进一步的处理与分析。

在汉语分词过程中，面对的最大的两个问题是切分歧义消除与未登录词识别。切分歧义指的是在分词过程中出现的同一串字符可以有多种不同的切分方式，如何选择最合适的分词方式是一个挑战。未登录词指的是在分词词典中没有收录的新词汇，如何识别这些未知词汇也是一个难点。众多研究人员为了解决这两个问题进行了一系列的研究工作。

6.3.2　汉语自动分词中的基本问题

分词规范，是为信息处理用词给出标准化限定，系统地规定语言结构是否为一个分词单位。标准化限定中的因素有：出现频率，使用稳定性，以及信息处理具体技术需求等。

1. 单字词与词素之间的划界

词素是构成词的要素，是语言中最小单位的音义结合体，是比词低一级的单位。但词与词素并不是一一对应的。这在单字词与词素的划界时，会导致许多特殊情况，如：

1）同单字词表示多词素：如"副"字代表至少三个词素，即"副1"：表示"第二的、次级的"的意思；"副2"：表示"相配、相称"的意思；"副3"：表示某种事物的计量单位。

2）同词素由不同单字词表示：如"来吧"的"吧"也可以写成"罢"。

3）单字词在一些上下文语境中表示词素，同时在其他中不表示词素：如"沙""巧""马"等字在"泥沙""恰巧""马路"里，它们有意义，都分别是词素；可是在"沙发""巧克力""马达"里，它们都不表示意义，都不是词素，只是作为一个音节的代表。

2. 词与短语（词组）的划界

短语是由句法、语义和语用三个层面上能够搭配的语言单位组合起来的没有句调的语言单位，又叫词组。它是大于词而又不成句的语法单位。简单的短语可以充当复杂短语的句法成分，短语加上句调可以成为句子。

汉语语言学在词与短语的区分中，提供了几种标准规范。

1）从构成上区别：主要通过所给词中是否存在非自由语素以及轻声语素来判别。如买卖（mai）为词，表示生意；买卖（mài）为短语，表示买和卖。

2）从语音上区别：通过词内部语素之间无停顿的特性判别。如"艰苦""卓越""问题"之间不能停顿，所以为词而非短语。

3）从意义上区别：通过词的意义具有整体性，即不是其语素意义的简单相加来区分。如"白菜"专指一种蔬菜，为词语；"白布"为"白"与"布"的意义相加，为短语。

4）从能否扩展情况上区别：词具有凝固性，所以在结构上不可插入其他成分，短语具有临时性，内部结构松散，可以插入其他成分。如"老虎"插入结构助词"的"后意思改变，为词；"老人"插入"的"后意思不变，为短语。

可以看出，在给词与词语划界中，语言学的标准规范中必将包含大量的人工操作。与英语等拉丁语系语言天生的空格分词不同，汉语的分词情况众多且繁杂，导致对汉语认识上的差异，必然会产生众多的分词结果。

6.3.3 歧义切分问题

交集型切分歧义：如果满足 AJ、JB 同时为词，汉字串 AJB 称为交集型切分歧义，此时汉字串 J 称为交集串。例如，"结合成"，可分为"结｜合成"与"结合｜成"。

组合型切分歧义：如果汉字串 AB 满足 A、B、AB 同时为词，则汉字串 AB 称为组合型切分歧义。例如，"起身"，可分为"他站起｜身来了"与"他｜起身｜去学校"。

据统计，交集型切分歧义字段占到了总歧义字段的 86%。所以解决交集型切分歧义字段是分词要解决的重点与难点。

6.3.3.1 发现交集型切分歧义方法

1. 双向扫描法

双向扫描法指的是对同一字段分别采用正向最大匹配和逆向最大匹配方法进行切分。如两种方法所得结果不同，则认为存在歧义。

例如，"学生会组织爱心志愿活动"，正向最大匹配结果为

"学生会/组织/爱心/志愿/活动"

逆向最大匹配结果为

"学生/会/组织/爱心/志愿/活动"

则在"学生会组织"处会产生交集型切分歧义。

2. 逐词扫描法

逐词扫描法的具体步骤如下所示：

1）从待分字串的起点取出不超过词典中最长词长的字串作为匹配字段。

2）在词典中查找该匹配字段。

3）如果未找到该匹配字段，则去除匹配字段的最后一个汉字，将得到的新字串作为新的匹配字段，并转到步骤 2。

4）如果找到该匹配字段，则切分出一个词 A，同时与之前最近的切分词 B 做比较。

5）如果 A 字长小于 B 字长，说明两者存在交集型切分歧义，则做出交集型切分歧义字

段的标记，并转到步骤7。

6）如果两者无歧义关系，则做出词组的标记，并转到步骤7。

7）后移一个字作为下一次分词的起点，再转到步骤1。

6.3.3.2 消除交集型切分歧义方法

1. 互信息

对有序字串 x 和 y，它们的互信息定义为

$$I(x,y) = \log_2 \frac{P(x,y)}{P(x)P(y)} \tag{6.24}$$

1）若 $I(x,y)>0$，则 $P(x,y)>P(x)P(y)$，即 x、y 是正相关的，并且随着 $I(x,y)$ 值的增大，相关程度也随之增大。如果 $I(x,y)$ 大于一个给定的阈值，则可认为是一个词。

2）若 $I(x,y) \approx 0$，则 $P(x,y) \approx P(x)P(y)$，此时 x、y 之间的结合关系不明确。

3）若 $I(x,y)<0$，则 $P(x,y)<P(x)P(y)$，此时 x、y 之间基本没有结合关系，并且 $I(x,y)$ 值越小，结合程度越弱，越不可能构成一个词。

互信息表示了两个字之间的结合能力，这种结合能力完全取决于有序字串 x 和 y 在词典中的联合概率和各自概率，忽略了上下文，具有一定的局限性。

2. 双字耦合度

双字耦合度是计算两个连续出现的汉字属于同一个词的概率。对于字串中连续两个汉字 x 和 y，它们之间的双字耦合度可被定义为

$$\text{Couple}(x,y) = \frac{N(\cdots xy \cdots)}{N(\cdots xy \cdots) + N(\cdots x \mid y \cdots)} \tag{6.25}$$

设 x、y 是两个连续出现的汉字，那么在语料库中，连续出现在一个词中的次数和连续出现的总次数，这两个统计量的比值就是 x、y 的双字耦合度。统计量 $N(\cdots xy \cdots)$ 表示字符串 x、y 构成词组时出现的频率。统计量 $N(\cdots x \mid y \cdots)$ 表示 x 作为上一个词的词尾且 y 作为相邻下一个词词头出现的频率，即紧跟出现，但不属于同一个词。

3. t-测试与 t-测试差

对有序字串 x、y、z，汉字 y 相对于 x 及 z 的 t-测试可被定义为

$$t_{x,z}(y) = \frac{p(z \mid y) - p(y \mid x)}{\sqrt{\sigma^2(p(z \mid y)) + \sigma^2(p(y \mid x))}} \tag{6.26}$$

代入统计量估计公式：

$$p(y \mid x) = \frac{P(x,y)}{p(x)} = \frac{r(x,y)}{r(x)}$$

$$p(z \mid y) = \frac{p(y,z)}{p(y)} = \frac{r(y,z)}{r(y)}$$

$$\sigma^2(p(y \mid x)) = \frac{r(x,y)}{r^2(x)} \tag{6.27}$$

$$\sigma^2(p(y \mid z)) = \frac{r(y,z)}{r^2(z)}$$

从而得到 t-测试估计公式：

$$t_{x,z}(y) = \frac{\dfrac{r(y,z)}{r(y)} - \dfrac{r(x,y)}{r(x)}}{\sqrt{\dfrac{r(y,z)}{r^2(y)} + \dfrac{r(x,y)}{r^2(x)}}} \tag{6.28}$$

根据已知词典中的词频，代入 t-测试估计公式，可得

1）$t_{x,z}(y) > 0$ 时，字 y 有与后继字 z 相连的趋势。值越大，相连趋势越强。

2）$t_{x,z}(y) = 0$ 时，无任何趋势。

3）$t_{x,z}(y) < 0$ 时，字 y 有与前驱字 x 相连的趋势。值越小，相连趋势越强。

给定有序字串 w、x、y、z，汉字 x、y 之间的 t-测试差可表示为

$$\Delta t(x:y) = t_{w,y}(x) - t_{x,z}(y)$$

由 t-测试的定义可以推出：

1）$\Delta t(x:y) > 0$ 时，x、y 倾向相连，此时作为词 xy 处理。

2）$\Delta t(x:y) < 0$ 时，w、x 和 y、z 各自倾向于相连，此时作为 $wx \mid yz$ 两个词处理。

相较于互信息和双字耦合度，t-测试差实现了给定字符 x 和 y 对上下文情况 w 和 z 的影响关系的考量。但由于汉语本身的复杂性，在单独使用时也可能出现问题，所以一般采用双字耦合度与 t-测试差结合的方法来互补不足。

6.3.4 未登录词问题

汉语自动分词中的未登录词识别对自动分词正确率影响最大，在 Bakeoff 2003 数据上的评估结果表明[2]，未登录词造成的分词精度失落至少比分词歧义大 5 倍以上。

未登录词又称为新词（unknown word）、集外词（Out of Vocabulary，OOV），即训练集以外的词。它包含很多内容：

1）层出不穷的网络新词，如"tql""996"。

2）专有名词，包含人名、地名、组织机构名等命名实体（named entity）表示，以及时间和数字表达。

3）专业名词和研究领域名称，如"最大熵""鲁棒性"。

4）其他专用名词，如新出现的影视、书籍等。

一些切分词错误及其例子见表 6.2。

表 6.2　切分词错误及其例子[3]

错误类型			错误数	比例（%）			例子
集外词	命名实体	人名	31	25.83	55	98.33	约翰·斯坦贝克
		地名	11	9.17			米苏拉塔
		组织机构名	10	8.33			泰党
		时间和数字表示	14	11.67			37 万兆
	专业术语		4	3.33			脱氧核糖核酸
	普通生词		48	40.00			致病原
切分歧义			2	1.67			歌名为
合计			120	100			

下面为一些自动分词中容易造成干扰的例子:

1）林徽因此时爱上了建筑学。

这里的"因此"容易与应划分的命名实体混淆。

2）佛山市举办 2020 年下半年重大项目集中开工投产活动,三水分会场在日丰新材有限公司管道智能机械设备及新型管道制造项目现场举行。

"三水""新材"等词的组合不易找出规律。

通过这些例子,未登录词的识别困难问题可见一斑。而尝试解决未登录词问题的方法主要有三种:

1. 基于统计的文本识别方法

基于统计的文本识别方法是目前的主流方法。该方法的特点是不使用词典,而是通过大量训练集来学习。其主要思想是,把每个词看作由字组成的单元,如果相连的字在不同文本中出现的次数越多,则这段相连的字是一个词的概率就越大。

该方法的主要统计模型有:n 元语法(n-gram)模型[4]、隐马尔可夫模型（HMM）[5]、最大熵（Maximum Entropy,ME）模型[6]、条件随机场（Conditional Random Field,CRF）模型[1]等。

2. 基于词典的文本识别方法

基于词典的文本识别方法,顾名思义,需首先建立词典,然后通过词典匹配的方式对句子进行划分。该方法也称为机械的文本识别方法,主要有正向最大匹配（Maximum Matching,MM）法、逆向最大匹配（Reverse Maximum Matching,RMM）法以及双向最大匹配（Bi-Direction Maximum Matching,BDMM）法。

3. 将以上两者相结合的方法

将以上两者相结合的方法既利用了词典匹配分词速度快、效率高的优点,又利用了无词典分词结合上下文识别生词、自动消除歧义的优点。

6.4　汉语分词方法

6.4.1　基于词频度统计的分词方法

对语料中的字组频度进行统计,相邻的字同时出现的次数越多,越有可能构成一个词语。本章选取其中开源的代表产品——结巴分词来进行汉语分词的技术阐述。结巴分词是基于词频度统计的分词方法。结巴分词采用动态规划查找最大概率路径,找出基于词频的最大切分组合。对于未登录词,则采用基于汉字成词能力的隐马尔可夫模型,使用了维特比算法[7]。

结巴分词的具体实现步骤如下:

1. 遍历词典

结巴分词自带了一个叫作 dict. txt 的词典,里面有 2 万多条词,包含词条出现的次数和词性,如图 6.5 所示。

AT&T 3 nz
B超 3 n
c# 3 nz
C# 3 nz
c++ 3 nz
C++ 3 nz
T恤 4 n
A座 3 n
A股 3 n
A型 3 n
A轮 3 n
AA制 3 n
AB型 3 n
B座 3 n
B股 3 n
B型 3 n

图 6.5　结巴分词词典示例

2. 根据 dict. txt 生成 Trie 树

Trie 树又称字典树、单词查找树、前缀树等，是一种树形结构，也是一种哈希树的变种。Trie 树可被用于统计、排序和保存大量的字符串（但不仅限于字符串），因此常被搜索引擎系统用于文本词频统计。Trie 树特性包括：根节点不包含字符，除根节点外每一个节点都只包含一个字符；从根节点到某一节点，路径上经过的字符连接起来，为该节点对应的字符串；每个节点的所有子节点包含的字符都不相同。

3. 对于待分词句子，根据 Trie 树生成有向无环图

在代码中有向无环图被存储为 dict 类型。对于 n 字的句子，通过产生 $n-1$ 个键，将句子中的字和含义表示为分词起始点。字典存储的变量为 list 类型，含义表示为受 Trie 树限制的分词结束的可能位置。

以"我来到中山大学深圳校区"的有向无环图为例，如图 6.6 和图 6.7 所示。

图 6.6　结巴分词有向无环图表示

图 6.7　结巴分词有向无环图含义分析

4. 采用了动态规划查找最大概率路径，找出基于词频的最大切分组合

动态规划（dynamic programming） 是运筹学的一个分支，是求解决策过程最优化的过程。20 世纪 50 年代初，美国数学家贝尔曼（R. Bellman）等在研究多阶段决策过程的优化问题时，提出了著名的最优化原理，从而创立了动态规划。动态规划的应用极其广泛，包括工程技术、经济、工业生产、军事以及自动化控制等领域，并在背包问题、生产经营问题、资金管理问题、资源分配问题、最短路径问题和复杂系统可靠性问题等中取得了显著的效果。其具体实现步骤为

1）dict. txt 中包含了词出现的次数，可用于求出词频。

2）将步骤 1）中生成的有向无环图，从末端子节点开始逆推，也就是从句子末端开始

进行划分。

3）对于当前划分节点，遍历其在有向无环图中的键值，也就是以当前字开始的所有在 dict.txt 中出现的词语组合，并取对数形式用词语组合词频减去总词频来简化运算（不在 dict.txt 中的概率分子定为 1），表示组合出现的概率。

4）对当前组合，取对数概率最大的组合作为路径，添加至分词结果中。

5）循环步骤 3）和 4），动态规划求解分词结果。

以"我来到中山大学深圳校区"的有向无环图为例，如图 6.8 所示。

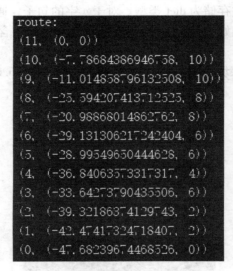

图 6.8 结巴分词动态规划

最终，可通过对数概率取最大的方式得到切分结果，如图 6.9 所示。

我/来到/中山大学/深圳/校区

图 6.9 结巴分词切分结果

5. 对于未登录词，采用基于汉字成词能力的隐马尔可夫模型，使用维特比算法

隐马尔可夫模型是统计模型，它用来描述一个含有隐含未知参数的马尔可夫过程。其难点是从可观察的参数中确定该过程的隐含参数，然后利用这些参数来做进一步的分析。隐马尔可夫模型及维特比算法将在 6.5.2 节中详细介绍。

6.4.2 N-最短路径方法

正如上文所说，汉语自动分词存在分词规范、歧义切分和未登录词识别等问题，因此有研究学者将分词过程划分为以下两个阶段：

1）采用切分算法对句子词语进行粗分。

2）进行歧义排除和未登录词识别。

第一步中粗分结果的准确性与包容性（即必须涵盖正确结果）将会直接影响第二步的效果，并最终影响整个分词系统的正确率和召回率。于是，有研究学者提出了 N-最短路径方法这一可同时兼顾高召回率和高准确率的词语粗分模型。

N-最短路径方法是一种基于词典的分词方法。基于字典、词库匹配的分词方法将待分的字符串与一个充分大的机器词典中的词条进行匹配。匹配方法可分为正向匹配和逆向匹配、最大长度匹配和最小长度匹配、单纯分词和分词与标注过程相结合的一体化方法。而在实际应用中，则常将机械分词作为初分手段，利用语言信息提高切分准确率。优先识别具有明显特征的词，以这些词为断点，将原字符串分为较小字符串再进行机械匹配，以减少匹配错误率，或将分词与词类标注结合。

为更好地理解 N-最短路径方法，需先理解 Dijkstra 算法。Dijkstra 算法是一种基于贪心算法思想的单源最短路径算法。所谓单源最短路径，就是指定某个源点到其余各个顶点的最短路径。该算法用于计算这个节点经过其他所有节点的最短路径。简单地说，它寻找每个点相邻的路径最短的下一个点，再在下一个点再次寻找，直到终点结束。

N-最短路径方法对 Dijkstra 算法进行了简单扩展。改进之处在于：每个节点处记录 N 个最短路径值，并记录相应路径上当前节点的前驱。如同一长度对应多条路径，则必须同时记录这些路径上当前节点的前驱，最后通过回溯即可求出 NSP。

因此，N-最短路径方法的基本思想可被归纳为：根据词典，找出字串中所有可能的词，根据切分出来的词构造有向无环图。每个词对应图中的一条有向边，作为相应边长的权重。然后针对该切分图，在起点到终点的所有路径中，找出一个粗分结果集，其中元素为长度按严格升序排列（任何两个不同位置上的值一定不等）的依次为第 1、第 2、…、第 i、…、第 $N(N \geqslant 1)$ 的各路径。如果有两条或两条以上的路径长度相等，则它们的长度并列第 i，都要列入粗分结果集，并且不影响其他路径的排列序号，最后的粗分结果集合大小 $\geqslant N$。

此方法又分为非统计粗分模型和统计粗分模型。非统计粗分模型的特点为，假定切分有向无环图 G 中所有词的权重都是相等，即每个词对应的边长均设为 1。

以下是对非统计粗分模型（见图 6.10）的详细解释。

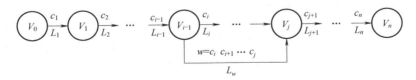

图 6.10 非统计粗分模型

假设待分字串为 $S = c_1 c_2 \cdots c_n$，其中，$c_i(i=1,2,\cdots,n)$ 为单个的汉字，n 为字串的长度，$n \geqslant 1$。建立一个节点数为 $n+1$ 的有向无环图 G，各节点编号依次为 $V_1, V_2, \cdots, V_n$。再通过以下两步建立 G 所有可能的词边：

1）相邻节点 V_{k-1}、$V_k(1 \leqslant k \leqslant n)$ 之间建立有向边 V_{k-1}—V_k，此边的长度值为 L_k，边对应的词默认为 $c_k(k=1,2,\cdots,n)$。

2）如果 $w=c_i c_{i+1} \cdots c_j(0<i<j \leqslant n)$ 是词表中的词，则节点 V_{i-1}、V_j 之间建立有向边 V_{i-1}—V_j，此边的长度值为 L_w，边对应的词为 w。这样，待分字串 S 中包含的所有词与切分有向无环图 G 中的边一一对应。

接下来以句子"他说的确实在理"为例，详解 N-最短路径方法的求解过程。

图 6.11 为此句子的切分有向无环图，则可根据图构造每个节点的信息记录表。

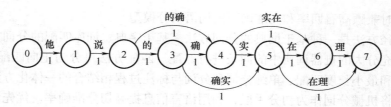

图 6.11　*N*-最短路径方法求解过程（1）

如图 6.12 所示，Table（2），Table（3），…，Table（7）分别为节点 2、3、…、7 对应的信息记录表。每个节点的信息记录表里的编号为不同长度路径的编号，按从小到大的顺序进行排列，编号最大不超过 *N*。

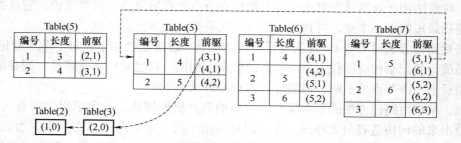

图 6.12　*N*-最短路径方法求解过程（2）

如 Table（5）表示从节点 0 出发到达节点 5 有两条长度为 4 的路径（分别为 0-1-2-4-5 和 0-1-2-3-5）和一条长度为 5 的路径（0-1-2-3-4-5）。前驱(*i*,*j*)表示沿着当前路径到达当前节点的最后一条边的出发节点为 *i*，即当前节点的前一个节点为 *i*；*j* 表示该 *i* 节点的信息记录表中对应的编号为 *j* 的路径。

如节点 7 对应的信息记录表 Table（7）中编号为 1 的路径前驱(5,1)表示前一条边为节点 5 的信息表中第 1 条路径。类似地，Table（5）中的前驱(3,1)表示前驱为节点 3 的信息记录表中的第 1 条路径。如果 *j*=0，表示没有其他候选的路径。如 Table（3）中的(2,0)表示前驱边的出发点为节点 2，没有其他候选路径。信息记录表为系统回溯找出所有可选路径提供了依据。

如图 6.12 所示的虚线，从 Table（7）到 Table（5）再到 Table（3），是回溯出的最短路径，对应的粗分结果为"他/说/的/确实/在理/"，从语义上是一次成功的粗分。

然而，这种简单地将每个词对应的边长均设为 1 的 *N*-最短路径方法仍存在一定的问题。在非统计模型构建粗切分有向无环图的过程中，如果给每个词对应边的长度都赋值为 1，随着字串长度 *n* 和最短路径数 *N* 的增大，长度相同的路径数将急剧增加，同时粗切分结果数量也上升。大量的切分结果不利于后期处理以及整个分词系统性能的提高。因此，已有的研究提出了基于统计信息的粗分模型。

假定一个词串 *W* 经过信道传送，由于噪声干扰，丢失了原本的切分，输出端便成了汉字串 *C*。*N*-最短路径方法词语粗分模型可以相应地改进为，求 *N* 个候选切分 *W*，使概率 $P(W|C)$ 为前 *N* 个最大值。$P(W|C)$ 计算为 $P(W|C) = \dfrac{P(W)P(C|W)}{P(C)}$。其中，$P(C)$ 是汉字串的概率，它是一个常数。而从词串变化到汉字串只有唯一的一种方式，概率 $P(C|W) = 1$。因此这两个量可以不用考虑，粗分的目标就是转换为使 $P(W)$ 最大的 *N* 种切分

结果。为了简化计算，采用一元统计模型。假设词串 $W = w_1 w_2 \cdots w_m$ 是汉字串 $S = c_1 c_2 \cdots c_n$ 的一种切分结果。w_i 是一个词，$P(w_i)$ 表示词 w_i 出现的概率，可以在大规模语料训练的基础上通过最大似然估计方法求得。因此，切分 W 的概率为 $P(W) = \prod_{i=1}^{m} P(w_i)$。

为了处理方便，需做适当的数据平滑处理，令 $P^*(W) = -\ln P(W) = \sum_{i=1}^{m} [-\ln P(w_i)]$。这样，$-\ln P(w_i)$ 可被视为词 w_i 在切分有向无环图中对应的边长。据此，求 $P(W)$ 的最大值问题就转化为求 $P^*(W)$ 的最小值问题。

针对修改了边长后的切分有向无环图 G^*，可直接使用非统计粗分模型的求解算法，即可获得问题的最终解。

N-最短路径方法有其固有的优缺点。最短路径方法采取的规则路径最短，即使切分出来的词数最少。这符合汉语自身的语言规律，可以取得较好的效果。但该方法难以正确切分不完全符合规则的句子。对于一个句子，如果合适的最短路径有多条，却只保留其中一个结果，这对其他同样符合要求的路径是不公平的。

6.4.3 基于词的 n 元语法模型的分词方法

基于词的 n 元语法模型是一个典型的生成式模型，早期很多统计分词方法均以它为基本模型，然后配合其他未登录词识别模块进行扩展。

基于词的 n 元语法模型的基本操作思路是

1）首先根据从训练语料中抽取出来的词典或外部词典对句子进行简单匹配，找出所有可能的词典词。

2）然后，将词典词和所有单个字作为节点，构造 n 元切分词图，图中的节点表示可能的词候选，边表示路径，边上的 n 元概率表示代价。

3）最后利用相关搜索算法（如维特比算法）从图中找到代价最小的路径作为最后的分词结果。

基于词的 n 元语法模型可转化为图论问题：从切分词图中寻找一条从开始节点到结束节点的路径，使得路径中每条边权重之积最大。以"为人民工作"为例，假定给出的词典包含"为人""人民""民工""工作"，则相应的二元语法切分词图如图 6.13 所示。

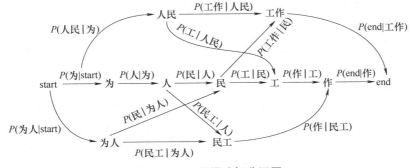

图 6.13 二元语法切分词图

一般将文本看成输入的汉字序列，记为随机变量 S。W 是 S 上所有可能切分出来的词序列，分词过程应该是求解使条件概率 $P(W|S)$ 最大的切分出来的词序列 W^*。

$$P(w_i \mid w_1 \cdots w_{i-1})$$

这个公式所表示的含义为，产生第 i 个词的概率是由前边已经产生的从 w_1 到 w_{i-1} 的这个词概率来决定的，即首先需利用先前词来去预测下一个将要出现的词，然后根据大量的文本观测，从而得知这个词会否成为先前词后方所紧跟着的词。

以"你""吃饭了么"为例。假设文本中有 1000 句话，"你吃饭了么"出现了 20 次。这样可得到相应的出现词"吃饭了么"的概率 $P($吃饭了么$) = 20/1000 = 1/50$。

而所谓 n 元，是说任意一个词只与其前面 n 个词有关，如果每个词出现的概率都是独立的，就是一元语法模型。在自然语言处理的应用中，很少应用高阶数的 n 元模型，一般是二元或者三元模型，因为 n 从 1 到 2，再从 2 到 3 时，模型的效果会显著上升，而当模型从 3 到 4 时，上升效果就不太明显了，且资源耗费的增加非常快。n 元模型的大小（空间复杂度）几乎是 n 的指数函数，即 $O(\mid V \mid^n)$。这里 $\mid V \mid$ 是一种语言词典的词汇量，一般在几万到几十万之间。

通常这一方法是基于马尔可夫概率模型来处理的，因此在时间上无后效性，即分词只与前面的字有关，而与后面的字无关。因此实际情况下还要使用改善的算法如条件随机场算法使得分词方法能做到前后关联。

一般的模型训练步骤可以表述为

1）在词表的基础上用正向最大匹配法来切分语料，专有名词的处理则用专门模块标注，实体名词则通过相应的规则和有限状态自动机标注，利用这些可以初步产生词类别标记好的语料。

2）用带词类别标记的初始语料，采用最大似然估计方法估计统计语言模型的概率参数。

3）采用得到的语言模型对训练语料重新进行切分和标注，得到新的语料。重复此过程，直到系统性能不再明显提高为止即可。

如果有歧义字段又将如何解决呢？对于交集型歧义字段，基于词的 n 元语法模型的分词方法首先通过最大匹配方法（如正向最大匹配和反向最大匹配）检测出这些字段。然后，用一个特定的类〈GAP〉取代全体交集型歧义字段（OAS），依次来训练语言模型。类〈GAP〉的生成模型的参数通过消歧规则或机器学习方法来估计。对于组合型歧义字段（CAS），该方法通过对训练语料的统计，选出最高频且其切分分布比较均衡的 70 条 CAS，用机器学习方法为每一条 CAS 训练一个二值分类器，再用这些分类器在训练语料中消解这些 CAS 的歧义。

除此之外，分词还需要用"理解"的思想对候选集进行优化。简单来说，就是要结合上下文和词义进行最佳切分，以使之符合语义。这就需要根据语境动态调整歧义字段切分，可以引入二元语法模型的词性标注来达到这一效果。该方法的实质是，为汉语序列的词串赋予加权系数，使之反映词串与上下文语境的关系和实际应用中出现的概率结合。上述所提到的基于动态规划的维特比算法可实现这一效果。维特比算法能根据模型参数有效地计算出一个根据给定词序列最可能产生的词性标记序列。这样生成的参数越高，表示该切分结果越符合汉语语法规则，歧义字段的切分方式也越契合上下文语境。基于统计而非词典的分析使得效果更好，准确率和召回率也更高。

n 元模型也有其缺陷：①无法建模更远的关系，语料的不足使得无法训练更高阶的语言模型；②无法建模出词之间的相似度；③训练语料里面有些 n 元组没有出现过，其对应的条件概率就是 0，导致计算一整句话的概率为 0。如今人工智能中常使用的神经网络语言模型可被视为一种部分缓解 n 元模型缺陷的方案。

6.4.4　由字构词的汉语分词方法

字构词的汉语分词方法不同于以往的汉语分词方法。在不完全依赖事先编制好的词表进行切分决策的情况下，对未在词表的未登录词的召回率很高。

6.4.4.1　由字构词的汉语分词的原理和方法

由字构词的汉语分词方法将分词过程看作字的分类问题，每一个字在构词时都占据着一个确定的构词位置。这些字不仅包括汉字，也包括标点符号、外文字母、数字等各种符号，每个符号都是独立的基本单元。

通常在使用基于字的判别式模型时，需在当前字的上下文中开一个 w 个字的窗口，比如取 $w = 5$，则关注前后各两个字的上下文。然后，在这个窗口中抽取分词的相关特征。在抽取完相关特征之后，则可利用常用的判别式模型来进行参数训练，并最终利用解码算法找到最优切分效果。

该方法对未登录词也可以同样适用，只需预先设定好合适的特征模板，便能找到最好的分词效果。该方法无需依赖事先编制的词表，召回率也较传统方法有所提升。

例如对句子"我妈妈喜欢跳舞"进行切分，使用不同的特征模板会有不同的分词结果，全单字特征模板切分便得到"我/妈/妈/喜/欢/跳/舞"，组合式如"前后组合"划分又得到"我妈/妈妈/妈喜/喜欢/欢跳/跳舞"。很显然这类特征模板并不能在第一步就准确切分出所有词。有一些划分出来的词在语法上或者语义上也并不相符，那么如何解决这一问题呢？目前主要有两种方法：

1. 由字构词的汉语分词方法

每个字在构造时都占据着一个确定的构词位置，简称词位。一般字在词中的位置有四种可能，词首字（B）、词尾字（E）、词中字（M）和单字词（S）。B、E、M、S 统称为词位标记。B 和 M 总是会成对出现，这一特点也能帮助简化切分的判定规则。

分词结果可以简单地转化为字标注形式。以"小说的终极目的是为了讲好一个故事，这个故事由我们作者自己去构思，但是讲故事的方法是多种多样的，这就涉及到各种不同的写作手法。"为例，可得如下的字标注形式：

"小 B 说 E 的 S 终 B 极 E 目 B 的 E 是 S 为 B 了 E 讲 S 好 S 一 B 个 E 故 B 事 E，S 这 B 个 E 故 B 事 E 由 S 我 B 们 E 作 B 者 E 自 B 己 E 去 S 构 B 思 E，但 B 是 E 讲 S 故 B 事 E 的 S 方 B 法 E 是 S 多 B 种 M 多 M 样 E 的 S，S 这 S 就 S 涉 B 及 E 到 S 各 B 种 E 不 B 同 E 的 S 写 B 作 E 手 B 法 E。S"

我们可以轻易地获得分词结果：

"小说/的/终极/目的/是/为了/讲/好/一个/故事/，/这个/故事/由/我们/作者/自己/去/构思/，/但是/讲/故事/的/方法/是/多种多样/的/，/这/就/涉/到/各种/不同/的/写作/手法/。/"

该模型可由下式表述：

$$P(t_1^n \mid c_1^n) = \prod_{k=1}^{n} P(t_k \mid t_1^{k-1}, c_1^n) \approx \prod_{k=1}^{n} P(t_k \mid t_{k-1}, c_{k-2}^{k+2}) \tag{6.29}$$

式中，t_k 表示第 k 个字的词位，有 B、M、E、S 四种可能。

已有研究通常利用表 6.3 的特征模板来提取当前字的上下文分词相关特征（假设当前字为"为人民工作"中的"民"字）。

表 6.3　上下文分词相关特征

$c_k(k=-2,-1,0,1,2)$	为，人，民，工，作
$c_k c_{k+1}(k=-2,-1,0,1)$	为人，人民，民工，工作
$c_{-1}c_1$	人，工

提取特征后，利用常见的判别式模型，如感知机、最大熵等，即可进行参数训练，获得分词正确率高的模型。

2. 对字的划分方法

对字的划分方法规定的字有主词位和自由字之分。主词位是需要进行构词切分的字，自由字则不需要，可以简单地将自由字看作是单字词。

一般在字标注过程中，所有的字会根据预定义的特征进行词位特性的学习，获得一个概率模型。然后在待分字串上，根据字与字之间的结合紧密程度，得到一个词位的分类结果。最后根据词位定义，直接获得最终的分词结果。这样便可以把按原先预设的特征模板切分的结果进行进一步处理，使其符合逻辑规范，而不会产生无意义的划分。

该处理方法的另一个优点是，它能够平衡地看待词表词和未登录词的识别问题。文本中的词表词和未登录词都是用统一的字标注过程来实现的，分词过程成为字重组的简单过程。在学习架构上，可以不必专门强调词表词信息，也无需专门设计特定的未登录词识别模块，这就使得分词系统的设计大大简化。

6.4.4.2　由字构词的汉语分词的性能

影响由字构词的汉语分词方法性能的重要因素是对判别式模型的选用。常见的有支持向量机（SVM）、最大熵（EM）和条件随机场（CRF）等，采用不同的模型进行参数训练也许会有不同的效果，需要的设计条件也不尽相同。

比方说，对支持向量机和最大熵需设计独立的状态转移特征来表达词位的转化，而对一阶线性链条件随机场来说，这一转移过程将自动集成到系统中，无需专门指定。这样，对于基于条件随机场建模的分词系统而言，需要考虑的仅仅是字特征，所以条件随机场在设计上便较为简便。

以条件随机场为例，条件随机场是利用条件概率来描述判别规则并进行训练的模型。它使用一组包含权重和特征函数的组函数来对应不同的判别规则，对不同判别规则也有权重之分。在规定好特征模板后，便生成特征函数，以此进行参数训练。在训练过程中也会调整判别规则权重，以达到更好的训练结果。

近年来深度学习模型的广泛应用也使得条件随机场得到了更好的优化。如图 6.14 和图 6.15 所示，结合深度神经网络的条件随机场模型可无需考虑特征模板配置的问题，仅需利用一些先验的语法规则信息进行切分和标注。当然，基于深度学习的模型势必要通过大量的语料训练才可达到较好的性能，但相较于传统的训练模型，深度神经网络无疑代表了未来的学习方式，也更接近于人类的灵活划分方法。

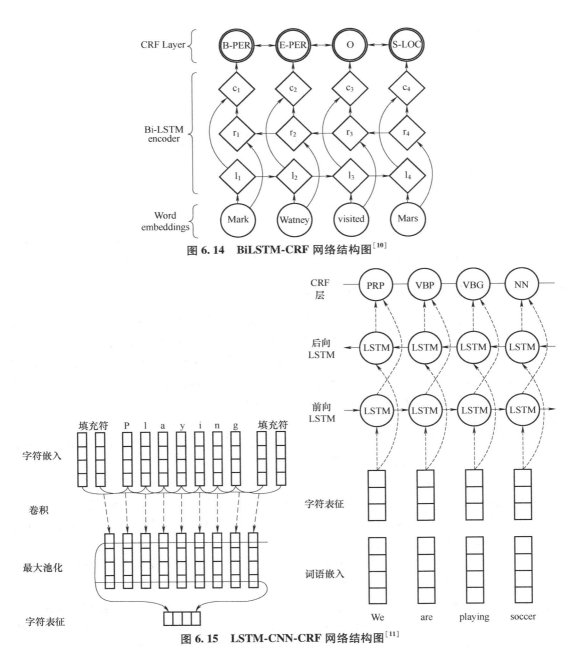

图 6.14　**BiLSTM-CRF** 网络结构图[10]

图 6.15　**LSTM-CNN-CRF** 网络结构图[11]

目前已有的汉语分词器大多采用了基于统计的深度学习算法，而与之紧密结合的序列标注思想则是由字构词的汉语分词方法的思想的延伸，例如著名的 Stanford 和 Hanlp 分词器都是基于条件随机场算法开发的。在有足够多的语料进行训练的情况下，准确率能达到接近98%的水平。

另一个在中文分词器领域大名鼎鼎的结巴分词器同样也是基于由字构词方法的隐马尔可夫模型维特比算法分词器，在词性标注和关键词提取的性能上的表现也十分出色（见图 6.16），类似的还有 LTP 和 THULAC 等基于由字构词的汉语分词方法的分词器，可见由字构词方法在实际的分词器实现上有着广泛的应用。

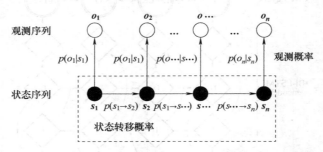

图 6.16　隐马尔可夫模型中文分词的图结构

由字构词的汉语分词方法虽然思想较为简单，但其性能和效果都十分出色，在系统设计和模型训练上也能得到极大的简化，因此这一方法在分词方法中占据着十分重要的位置。

6.4.5　基于词感知机的汉语分词方法

本章所介绍的基于词感知机的汉语分词方法，属于基于统计模型的分词方法中的一种，它通过采用平均感知机算法来寻找最符合语料库中邻近词之间特征的最优切分方式。

基于词感知机的汉语分词方法可分为两个步骤：一是获得输入句子的候选切分，以供计分并排序出最优切分候选（即解码算法）；二是平均感知机算法训练合适的参数向量，以对切分候选（转化为特征向量以方便计算）进行合理的打分。

6.4.5.1　解码算法

基于词感知机的汉语分词方法解码算法的基本思路为：将输入句子视为串行输入的汉字序列，每读入一个汉字，则更新切分候选列表。

而更新方式可分为两种：一种是将新读入的汉字视为候选切分中最后一词的末尾，另一种是将新读入的汉字视为候选切分中新词的开头。每一次更新，切分候选数量加倍，为保证速度，该方法引入平均感知机算法，在每一次更新时对候选（须先转化为特征向量）进行打分排序，只保留 N 个较优的切分候选。

以"假设不一定成立"这一句子为例，取 $N=4$。实际实现时，该方法创建两个空列表，即源列表 src 和目标列表 tgt。这两个列表的元素为切分候选，存储为划分后的词列表。如切分候选"假设/一"，则保存为列表［"假设"，"一"］。每一次更新时，旧切分候选生成两个新切分候选（附加于最后一词的末尾或另外算作新词），并将这些中间结果保存至 tgt 中。直至更新结束后，tgt 将所有新的切分候选复制至 src 中，tgt 清空，以保存下一次新切分候选结果。

解码算法的伪代码如下所示：

```
1. % 初始化
2. src=[[]]              %源列表
3. tgt=[[]]              %目标列表
4. x=input()            %输入句子
5. N=4                  %每一次更新候选后保留的较优候选数
6. % 主要过程
```

```
7.  for index=1:length(x)
8.  for j=1:length(src)                    %遍历旧候选
9.       newChar=x[index]                  %一次读入一个字
10.      new1=joinString(src[j][end],newChar)
11.      new2=insert(src[j],newChar)
12.      tgt=insert(tgt,new1)
13.      tgt=insert(tgt,new2)
14. end
15. tgt=averagePerceptron(tgt,N)
              %平均感知机算法部分(下文阐述)打分排序,并保留 N 个较优候选
16. end
```

6.4.5.2　平均感知机算法

每一次更新切分候选列表时，切分候选列表的数量理论上加倍，若不加以限制，则分词效率较低。为解决这一问题，每一次更新切分候选时，需引入训练好的平均感知机对其进行打分排序，只保留 N 个较优的切分候选。

为方便对切分候选打分，须将切分候选转化为特征向量。研究可以先借助特征模板提取出切分中词与词之间的特征，从而更方便地将特征映射为特征向量。

假定有一候选切分为"假设/不/一"，现读入一字为"定"，则可得新候选切分"假设/不/一定"及"假设/不/一/定"，表 6.4 所示是通过一些可使用的特征模板所提取出的特征。

表 6.4　特征模板选取特征

c_0 的情况	包含特征	模板	示例
附加于词后	词	w_{-1}	不
		$w_{-1}w_{-2}$	假设, 不
	字	$\text{end}(w_{-1})c_0$	不, 定
	词与字	$\text{start}(w_{-1})\text{end}(w_{-1})$	不, 不
		$w_{-1}c_0$	不, 定
		$\text{end}(w_{-2})w_{-1}$	设, 不
		$\text{start}(w_{-1})c_0$	不, 定
		$\text{end}(w_{-2})\text{end}(w_{-1})$	设, 不
	词及其长度	$w_{-2}\text{len}(w_{-1})$	假设, 1
		$\text{len}(w_{-2})w_{-1}$	2, 不
	字与相应词长度	$w_{-1}, \text{if len}(w_{-1})=1$	不
		$\text{start}(w_{-1})\text{len}(w_{-1})$	不, 1
		$\text{end}(w_{-1})\text{len}(w_{-1})$	不, 1
单独成词	字	$c_{-1}c_0$	定

注：w 表示词，c 表示字，当前词与字的下标均为 0；$\text{len}(w)$ 表示取词的长度，$\text{start}(w)$ 表示取词的首字，$\text{end}(w)$ 表示取词的最后一个字；"附加于词后"示例对应切分"假设/不/一定"，"单独成词"示例对应切分"假设/不/一/定"。

切分候选转化为特征向量后需计算分值。假设 $x \in X$ 是输入句子，$y \in Y$ 是切分结果，其中 X 是语料集合，Y 是根据 x 所获得的所有可能的句子切分集合。研究可利用 $\phi(x,y)$ 表示给定输入句子 x 及切分候选 y 后所得特征向量，α 表示参数向量。定义分值函数 $\mathrm{score}(x,y)$ 为特征向量与参数向量之间的点积，即

$$\mathrm{score}(x,y) = \phi(x,y) \cdot \alpha \qquad (6.30)$$

显然对于最优切分结果 $\hat{y}$，满足：

$$\mathrm{score}(x,\hat{y}) = \max_{y \in Y}\{\phi(x,y) \cdot \alpha\} \qquad (6.31)$$

$$\hat{y} = \mathrm{argmax}_{y \in Y}\{\phi(x,y) \cdot \alpha\} \qquad (6.32)$$

只要训练出合适的参数向量 α，之后给定特征向量，分值函数 $\mathrm{score}(x,y)$ 即可计算出相应切分候选的分值，多次打分排序后，可获得正确的最优切分结果。

平均感知机算法的作用便是训练参数向量 α。它是一种迭代式算法，在训练集上多次迭代，每次针对特定的样本，执行对某一变量（参数）的预测，将结果与正确答案进行比较、计算误差，并根据误差更新模型参数，使预测结果与正确答案之间的误差最小。

具体到本方法，它的思路是初始化 α 为 0 向量，输入训练样本 (x_i, y_i)，其中 x_i 为给定句子，y_i 为给定句子的最优切分结果。用当前的参数向量寻找分值高的切分序列（记为 z_i）并与 y_i 进行比对，若不相符，则更新参数。更新参数的方式是加上特征向量 $\phi(x_i, y_i)$ 与 $\phi(x_i, z_i)$ 之间的差值，之后更换训练样本。为避免参数 α 不稳定，将每一次更新后的 α 加和求平均作为最终的参数向量。

平均感知机训练算法如下：

```
1. 输入:训练样本(x[i],y[i])
2. 初始化:α=0,v=0
3. 算法过程:
4. for t=1..T do                              //T轮迭代
5.     for i=1..N do                          //N个训练样本
6.         find z[i]=argmax(Φ(x[i],z[i])·α)   //用当前参数解码
7.         if z[i]≠y[i]
8.         then α=α+Φ(x[i],y[i])-Φ(x[i],z)    //不符即更新参数向量
9.             v=v+α                           //平均化
10.            α=v/(N·T)
11. 输出:α
```

基于词感知机的汉语分词方法采用了平均感知机算法训练参数，把握了最优切分方式中邻接词之间的特征，使汉语分词的正确率较高。基于词感知机的汉语分词方法的主要特点如下：

1）特征模板可自定义。不同领域的文本，词与词之间的特征，例如数字、标点符号等特征存在差异。通过针对不同领域的文本调整特征模板，该方法的分词效率和正确率可得到提高。

2）直接利用了词的相关特征进行分词。词是最小的基本语言单位。与由字构词的分词方法不同，基于词感知机的汉语分词方法直接使用了基于词特征的判别式模型而非基于字特

征的判别式模型，提高了汉语分词的效率，同时保证了较高的正确率。

3）平衡地看待词表词和未登录词，统一抽象为特征向量进行评分排序。这使得无需确定特殊特征模板也可进行可靠的分词。

4）方法简洁高效。本方法只包含两部分算法：解码算法和平均感知机算法。围绕这两部分可方便地扩展本方法（例如使用神经网络替代平均感知机算法），改进本方法的效率与正确率。

6.4.6 基于字的生成式模型和区分式模型相结合的汉语分词方法

在汉语分词中，有基于词的 n 元语法模型（生成式模型）和基于字的序列标注方法（区分式模型）两种主流方法。这两种方法存在着集外词处理效率与词典词处理性能之间的矛盾：前者对于集外词的处理事倍功半，但总体上对于词典词有很高的处理效率；后者善于处理集外词，但对词典词的处理性能比不上前者。

为了兼顾集外词与词典词的处理性能，已有的研究工作将基于词的生成式模型转换为基于字的生成式模型，并与基于字的区分式模型相结合，从而在这两个模型的基础上使得分词效果得到较大的提升。

6.4.6.1 基于字的生成式模型

考虑将词 w^m 替换为字-标记对形式 $[c,t]^n$，可得

$$P(w_1^m \mid c_1^n) \equiv P([c,t]_1^n \mid c_1^n) = \frac{P(c_1^n \mid [c,t]_1^n) \times P([c,t]_1^n)}{P(c_1^n)} \quad (6.33)$$

通过公式 $P(w^m) = \prod_{i=1}^m P(w_i \mid w_1^{i-1}) \approx \prod_{i=1}^m P(w_i \mid w_{i-2}^{i-1})$，可将式（6.33）简化为

$$P([c,t]_1^n) \approx \prod_{i=1}^n P([c,t]_i \mid [c,t]_{i-2}^{i-1}) \quad (6.34)$$

将式（6.34）代入式 $W_{\text{best}} = \mathrm{argmax}_W P(w^m) P(c^n \mid w^m)$ 即为基于字的生成式模型表达公式。

此时该生成式模型的基本处理单位是字，但由于同时考虑词内部字之间的依赖关系，对词典词的处理性能得以提升。但从公式 $P([c,t]_1^n)$ 可看出，该模型只考虑了上文信息而不考虑下文信息，会因此导致出现分词误差。

6.4.6.2 基于字的生成式模型和区分式模型相结合

为了统合生成式模型和区分式模型的优缺点，需对这两者进行结合。

已有的研究定义一分值函数为 $\mathrm{Score}(t_k)$。对于给定的切分候选（转换为标记形式）可得到相应的分值，分值高者为最优的切分结果。该方法是生成式模型与区分式模型的线性插值结合：

$$\mathrm{Score}(t_k) = \alpha \times \log(P([c,t]_k \mid [c,t]_{k-2}^{k-1})) + (1-\alpha) \times \log(P(t_k \mid t_{k-1}, c_{k-2}^{k+2})) \quad (6.35)$$

式中，α 为加权因子，$0 < \alpha < 1$。该模型结合了生成式模型和区分式模型的优点，可以根据给定词典对词典词处理的同时，也可对集外词处理，且对于两者的综合处理性能好，优于单独的基于字的生成式模型和区分式模型。

6.4.7 其他分词方法

目前，基于知识理解的分词方法受到研究人员的关注。该方法基于句法和语法分析，结

合语义分析，通过对上下文内容所提供信息的分析以实现分词。

基于知识理解的分词方法通常包括三个部分：分词子系统、句法语义子系统、总控部分。在总控部分的协调下，分词子系统可以获得有关词、句子等的句法和语义信息来对分词歧义进行判断。这类方法试图让机器具有人类的理解能力，需要使用大量的语言知识和信息。由于汉语语言知识的笼统、复杂性，难以将各种语言信息组织成机器可直接读取的形式。因此目前基于知识的分词系统还处在探索阶段。

6.5 词性标注

6.5.1 词性标注概述

词性标注是指在文本中根据单词的含义、词性和上下文的内容对其进行标注的文本数据处理技术，即根据上下文的信息给文本中的词确定一个最为合适的词性标记。

在研究的早期，研究学者根据文本单词的规则人工标注词性。但随着技术水平的提高和所需要处理的数据的增多，研究学者采用机器学习和深度学习进行高速率、高效率的词性标注。比如，在汉语词性标注中，可以先用代码表示词性，如 n 表示名词、v 表示动词、a 表示形容词、u 表示助词等，再对文本中每个词进行词性标注。如给定句子"我买了新鲜的苹果"，标注结果为"我/n/买/v/了/u/新鲜/a/的/u/苹果/n"。

词性标注在许多方面都起到了非常重要的作用。如在病例分析中，可以通过对大量病例进行词性标注，让计算机以此为训练集进行学习。当医院要对许多病人情况进行分类总结时，计算机可以快速地分类出病人的身体状况、患病种类、服药种类等，便于提高医院工作人员的效率，有利于医生通过借鉴其他病例情况对患者的病情进行进一步分析。在文本识别中，可以通过对大量文本进行词性标注，让计算机进行学习并忽略掉某些大量存在但没有重要意义的词汇，从而在下次给定文本进行识别时计算机可以不对忽略掉的词汇进行识别，有利于提高识别效率。在智能搜索中，词性标注能够过滤掉无用的广告网站，显示出与搜索内容相关且有用的信息，使搜索结果更精准。

目前，词性标注虽然已经应用于多个领域，但是仍然存在着困难和不足：

1）当训练集中不存在某一词性时，计算机在应用时无法对该词性给出相应的反馈。

2）词性兼类导致词性标注错误，比如，当训练集中存在"我计划去北京玩"，计算机学习到"计划"是名词，然而，当测试数据存在"我写了一份计划"时，此时的"计划"是名词，但计算机根据训练内容判断出"计划"是动词，导致出错。

3）词性划分标准不一致造成的困难。

不同的语言有不同的词性标注方法，本章着重介绍汉语词性标注。汉语不像英语那样有着明显的形态变化特征。在英语中，在名词或动词后加"ed"表示形容词，在形容词后加"ly"表示副词等。而汉语与英语有所不同。汉语词性标注时无法直接根据词的形态来区分词性。同时，汉语的词性兼类特征很明显，而且这类词使用程度高，并且有的词语在文本中可以根据研究者的主观认知理解为不同词性，这些困难无疑都给确定词类划分标准带来了极大不便。

因此，寻找解决这些问题的方法至关重要。首先，需通过对大量文本进行词性标注，寻找出词语特别是常用词的不同词性以及这些词性通常在什么类型的上下文中出现，了解不同人对词语词性的了解，通过概率统计、搭配规则等方法确定最合适的词性标记。然后，测试具体文本补充训练集中所没有的词性标记，进一步完善词性标注集，设计出一套比较合理规范的词类划分标准。

汉语词性标注的方法很多，比如，

1）基于统计模型的词性标注方法，如隐马尔可夫模型、最大熵模型等，通过了解大量文本的词汇词性和出现概率，对概率进行统计优化，获取概率参数，确定无监督学习的正确结果。

2）基于规则的词性标注方法，通过机器学习，运用初始状态标注器标识未标注的文本，由此产生已标注的文本，并将其与正确的标注文本进行比较，纠正错误的标注，使标注结果更接近于正确的标注文本。基于转换规则的错误驱动的机器学习方法如图 6.17 所示。

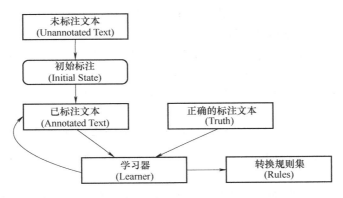

图 6.17 基于转换规则的错误驱动的机器学习方法

3）基于搭配模式的汉语词性标注规则的获取方法，设文本中有词汇串 S＝ABC，A、B、C 各为单个词汇，A 称为 B 的左搭配，C 称为 B 的右搭配，在进行词性标注时应根据词的左搭配和右搭配来确定词性，而不能仅仅根据左搭配就确定。例如，"小明在运动；小明在操场；小明在操场运动"这三个例子中词"在"的左搭配都是"小明"，但右搭配不同造成"在"的词性不同，第一例中"在"是副词，第二例中"在"是动词，第三例中"在"是介词，因此，应根据词汇的具体环境确定词性。

4）还有统计方法与规则方法相结合的词性标注方法、生词处理方法等。这些方法都有不同的优缺点，选择什么样的词性标注方法以及要怎么完善方法是汉语词性标注排除歧义的关键点。

近年来，词性标注已经成为文本数据挖掘不可分割的一部分，完善词性标注的方法并统一标准，有助于分析各个相关领域。在信息处理领域，词性标注能对信息进行过滤，去除不重要的但出现频率高的词汇，如助词"的"在许多文本中都会大幅度出现，词性标注便能根据上下文对具体的"的"进行读取或省略，从而提高信息处理的运行速率。在涉黄涉政检测中，汉语词性标注能够对敏感词汇进行检测，过滤掉不良信息，维持社会良好风气。在情感分析中，也可提取出用户的具体情感表现，通过词性标注了解用户的情感状态等，对舆情的把握有着一定的推动作用。

6.5.2 基于规则的词性标注方法

词性是文本数据集的重要特征。词性标注即给文本中的每个词根据上下文判断其语法属性，并根据词性进行标注。最早的词性标注方法是基于规则而实现的。早期的规则由人来编写，但一来当数据集变大后效率太低，二则容易出错，因此后来出现了许多基于机器学习的规则自动提取方法。

1. 基于规则的词汇标注系统

布朗大学于 20 世纪 70 年代建立 TAGGIT 词性标注系统，此种基于规则的办法是通过某个词语的前后词语的词义来展开判别的。研究学者首先建立一个针对词性歧义的标注规则库。在具体标注时，若某个词只有一种词性则无需消歧。若某个词具有多种词性，则对规则库进行遍历，对符合相同结构的歧义进行排除。据统计，TAGGIT 词性标注系统中有词类标记 81 种，上下文约束约 3300 条，自动标注正确率为 77%。

2. 基于机器学习的规则自动提取方法

随着文本数据量的增大，使用人工的方法需要的人力资源过大，由此产生了基于机器学习的自动标注方法。其步骤为，首先人工标注一些文本并用作训练集。然后，使用机器学习的模型，预测出文本标注，将其与正确标注进行比较并计算损失函数。不断迭代重复这个过程，并最终得到一个规则集。

基于机器学习的规则自动提取方法中，最为重要的步骤是基于转换的错误驱动学习词性标注。转换规则包含改写规则和激活环境，比方说对于一个转换规则 **trans1**：

改写规则：将一个词的词性由动词 v 改为名词 n

激活环境：需要改写的词的左边相邻的词为量词 q，左边第二个词为数词 m

例子：在转换规则 **trans1** 的驱使下，句子 1 通过转换规则转换为句子 2，"演讲"由动词变为了名词。

$$\text{句子 1：我/r 听/v 了/u 一/m 个/q 演讲/v}$$
$$\text{句子 2：我/r 听/v 了/u 一/m 个/q 演讲/n}$$

转换代码：

$$\text{If} w_{-1} = q \text{ and } w_{-2} = m$$
$$\text{Then v to n}$$

如需根据转换的模板学习出其他像上式那样的规则，则规则的模板可设计为

$$\text{If} w_{-1} = x \text{ and } w_{-2} = y \cdots$$
$$\text{Then } x \text{ to } y$$

在执行的过程中，首先根据未标注的语料，用未经过训练的标注器进行标注，并将标注结果与标签进行比较，得到错误的次数。然后将标注错误的词性，遍历候选规则对其进行修改，这其中会获得一个错误最少的语料，将其作为一个新的语料库放进学习器中进行训练。这样重复操作，直到错误次数收敛，即无法降低错误次数，迭代结束。

训练过程如图 6.18 所示，可以看到错误次数收敛到 1231，此时停止迭代。

3. 一种基于规则优先级的改进

在基于规则的基础上，可以根据规则的先验的使用概率，对每条规则设定其优先级。在

某一种场景下，可能这个词同时符合两条规则。例如，某词既符合 $W_{j-1}W_j$，又满足 W_jW_{j+1}，此时可通过优先级来选择使用哪条规则。

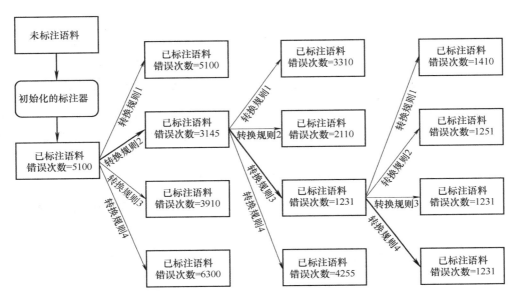

图 6.18　规则自动提取方法训练过程

优先级的设置原则为

1）基于每种规则使用频率的先验信息，对高频的规则赋予更高的权重。

2）避免低频规则一直不被采用。

该算法的流程如下：

1）先对文本进行分词。

2）遍历文本的每一个词（除第一个和最后一个），从词表中查找可能的词性。若只有一种词性，则直接对其进行标注，若有多种词性，则进入下一个步骤。

3）对这个词的先驱词和后继词的词性进行判定，对各种可能的规则进行优先级比较，选择优先级最高的。若优先级相等，则取后继的规则。

4）对于第一个和最后一个词，若词性唯一则直接进行标注，若不唯一则利用规则对其前驱词或后继词进行规则判定。

这种方法对规则判定法进行了条件补充，使其在某些词性冲突的场景下也能使用，基于先验信息的方法也能提高匹配的准确率。

4. 基于 Apriori 算法的规则获取方法

Apriori[16]是一种经典的关联规则挖掘算法，包含频繁项集和关联规则。

频繁项集指的是经常出现在一起的东西，例如 {收音机，耳机，磁带} 就是一个频繁项集。已有的研究引入支持度和置信度来定量描述频繁项集和关联规则。支持度表示一个项集出现在所有数据集中的次数占所有数据记录的比例。如表 6.5，{橙汁，葡萄酒} 的支持度为 1/5。

表 6.5 频繁项集示例

交易号码	商品
0	豆奶，莴苣
1	莴苣，尿布，葡萄酒，甜菜
2	豆奶，尿布，葡萄酒，橙汁
3	莴苣，豆奶，尿布，葡萄酒
4	莴苣，豆奶，尿布，橙汁

而置信度是单向的。比如 {豆奶}→{尿布}，其置信度定义为支持度 {豆奶，尿布}/支持度 {豆奶}。定性理解为 {豆奶} 出现的次数中 {豆奶，尿布} 出现的次数，其取值范围在 0~1 之间。

词性标注中 Apriori 算法的具体实现（见图 6.19）如下：

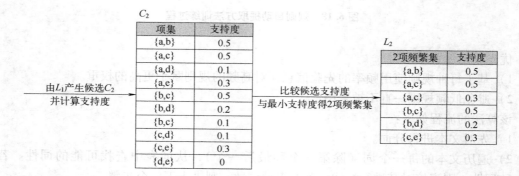

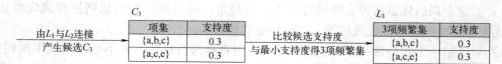

图 6.19 Apriori 算法实现过程

1）选定最小支持度：人为按照实际意义规定的阈值，表明项集在统计意义上的最低重要性。

2）选定最小置信度：人为按照实际意义规定的阈值，表明关联规则最低可靠性。

① 给定一个语料库，设置项集 {"前驱词"，"前驱词词性"，"当前词"，"当前词词性"，"后继词"，"后继词词性"}，获取其频繁项集和关联规则。

② 设定支持度的阈值（最小支持度），对该项集进行遍历，去除小于该阈值的项集，得到频繁项集 L_1。

③ 将 L_1 进行连接与剪枝，产生候选集 C_2，然后遍历 C_2，去掉小于支持度阈值的项集得到 L_2，然后循环往复，最终得到 L_3、L_4、L_5、L_6。

④ 对 L_6 中的每一个非空子集计算置信度，若都大于设定的阈值（最小置信度），则存在关联，否则不存在关联。

以上是对规则的选取算法。使用的规则过多，会导致基于转换的错误驱动学习词性标注运行时间过长，而 Apriori 可很好地解决这个问题。

基于规则的词性标注是词性标注的中坚力量，计算机可据此自动批量处理大量的句子并标注词性，这也为使用统计与深度学习方法提供了良好铺垫。与此同时，统计方法结合规则方法可进一步提高准确率。

规则方法有着一定的不足之处，如无法解决未登录词的问题。若某一词不在词典中，则难以获得其可能的词性。进一步地，由于规则是由人工参照语法进行编写的，具有一定的主观性，难以保证规则的一致性。

6.5.3　基于统计模型的词性标注方法

词性标注是自然语言处理中很重要的一部分，是进行文本聚类、文本挖掘、文本分析的前提，在机器翻译、信息检索和信息提取等领域具有重大作用。基于统计模型的词性标注方法可以根据对概率的分析找出词性的最大似然估计，提高了词性标注的准确性、可靠性和有效性，促进了更深层次的句法分析、语义分析、文本翻译等的有效进行。因此，改进统计模型、数据平滑方法至关重要。目前，基于统计模型的词性标注方法虽然已经取得了较大进展，但这些方法仍然存在不足之处，比如训练语料是有限的，怎样在有限的情况下减小参数的数量、估计出不存在训练集中的测试数据的词性还有待思考，需要在已有方法的基础上设计出更符合实际情况的方法。

6.5.3.1　隐马尔可夫模型

目前，词性标注方法的发展已较为成熟，类型也多种多样。本章将着重介绍基于统计模型的词性标注方法中较为完善的隐马尔可夫模型（HMM）。

基于隐马尔可夫模型的词性标注是指运用隐马尔可夫过程和维特比算法，通过训练模型以实现尽可能准确的词性标注方法。隐马尔可夫模型包括以下几个基本概念：

1）马尔可夫过程：指当前时刻的状态仅受前有限个时刻的状态影响，不受有限个时刻之前的状态影响。

2）随机过程：指依赖于参数（通常是时间）的一组随机变量的全体。

3）隐马尔可夫模型：隐马尔可夫模型无法直接观测到状态，需通过观测序列推测出状态。隐马尔可夫模型的基本要素如下：

① 状态序列：马尔可夫链。

② 观测序列：随机过程。

③ 初始概率：状态的初始化概率。

④ 转移概率矩阵：前一时刻的状态转移到当前时刻的状态的概率分布。

⑤ 发射概率矩阵：状态影响观测序列的概率分布。

4）基于隐马尔可夫模型的词性标注方法：一般情况下，词性标注采用隐马尔可夫模型要解决的问题是，在给定一组已知的词串 O 作为观测序列和模型 $\lambda = (A, B, \Pi)$ 后，如何选择一个对应的状态序列 S 即一组词性，使得 S 能够最为合理地解释 O。

① 维特比算法。在隐马尔可夫模型中，维特比算法的具体描述如下：

a）设状态序列 $S=\{s_0,s_1,\cdots,s_N\}$，观测序列 $O=\{o_0,o_1,\cdots,o_M\}$，转移概率矩阵 $A=\{a_{ij}\mid i,j=0,1,\cdots,N\}$，发射概率矩阵 $B=\{b_{ij}\mid i=0,1,\cdots,N;j=0,1,\cdots,M\}$，$\varPi=\{\mathrm{init}(i)\mid i=0,1,\cdots,N\}$。各参数和变量的含义见表6.6。

b）构造两个矩阵：$\max\_p=\{m_{ij}\mid i\}$ 表示隐状态 s_i 当前的观测值 o_j，则 $\max\_p$ 每一列表示当前观测值确定时不同隐状态的最大概率；$\mathrm{path}=\{p_{ij}\mid m_{ij}\}$ 表示当前隐状态 s_i 确定时，最大概率路径上包含的词性，则 path 每一行表示给定隐状态时所对应的最优路径。

c）遍历观测序列，计算不同隐状态的最大概率，确定 $\max\_p$，计算公式为

$$m_{i0}=\varPi(i)\cdot b_{i0}$$
$$m_{ij}=\max(m_{k(j-1)}\cdot a_{ki}\cdot b_{ij}),j\neq0$$

(6.36)

d）记录当前不同隐状态的最大概率路径，存储到 path 中。

e）当观测序列遍历完成后，比较 $\max\_p$ 最后一列的元素大小，确定最大的概率所对应的隐状态，在当前 path 中取出并返回此隐状态所对应的路径，即为词串 O 所对应的最合理的词性序列。

表 6.6　算法中各参数和变量的含义

变量和参数	含义	实际应用
S	状态序列	一组词性
O	观测序列	词串
A	状态的转移概率矩阵	在确定某个词的词性后，下一个词选择某个词性的概率
B	在给定状态的条件下，观测值的概率分布	每个词性所代表的词的概率
$\varPi$	初始时状态的概率分布	初始时确定某个词性的概率

② 从 Brwon 语料库中取出数据，用 Python 语言实现维特比算法如下：

```
if __name__ == '__main__':
    hidden_state = ['AT', 'BEZ', 'IN', 'NN', 'VB', 'PERIOD']  # 隐状态
    observation = ['The', 'bear', 'is', 'on', 'the', 'move', '.']  # 观测序列

    # 初始状态
    start_probability = [0.2, 0.1, 0.1, 0.2, 0.3, 0.1]
    # 转移概率
    transaction_probability = np.array([[1 / 48659, 1 / 48659, 1 / 48659, 48636 / 48659, 1 / 48659, 19 / 48659],
        [1937 / 2590, 1 / 2590, 426 / 2590, 187 / 2590, 1 / 2590, 38 / 2590],
        [43322 / 62148, 1 / 62148, 1325 / 62148, 17314 / 62148, 1 / 62148, 185 / 62148],
        [1067 / 81036, 3720 / 81036, 42470 / 81036, 11773 / 81036, 614 / 81036, 21392 / 81036],
        [6082 / 14009, 42 / 14009, 4758 / 14009, 1476 / 14009, 129 / 14009, 1522 / 14009],
        [8016 / 15031, 75 / 15031, 4656 / 15031, 1329 / 15031, 954 / 15031, 1 / 15031]])
    # 发射概率
    emission_probability = np.array(
        [[69016 / 69023, 1 / 69023, 1 / 69023, 1 / 69023, 69016 / 69023, 1 / 69023, 1 / 69023],
        [1 / 10072, 1 / 10072, 10065 / 10072, 1 / 10072, 1 / 10072, 1 / 10072, 1 / 10072],
        [1 / 5491, 1 / 5491, 1 / 5491, 5484 / 5491, 1 / 5491, 1 / 5491, 1 / 5491],
        [1 / 543, 10 / 543, 1 / 543, 1 / 543, 1 / 543, 36 / 543, 1 / 543],
        [1 / 187, 43 / 187, 1 / 187, 1 / 187, 1 / 187, 133 / 187, 1 / 187],
        [1 / 15031, 1 / 15031, 1 / 15031, 1 / 15031, 1 / 15031, 1 / 15031, 48809 / 15031]])
    result = viterbi(len(observation), len(hidden_state),
                    start_probability, transaction_probability, emission_probability)

    tag_line = ''
    for k in range(len(result)):
        tag_line += observation[k] + "/" + hidden_state[int(result[k])] + ' '
    print(tag_line)
>>>
================ RESTART: C:/Users/SunSm/Desktop/HMM词性标注.py ================
The/AT bear/NN is/BEZ on/IN the/AT move/NN ./PERIOD
                    max_prob   each_prob
                    pre_state_index = i
```

```
            # 记录最大概率及路径
            max_p[hid_index][obs_index] = max_prob
            for m in range(obs_index):
                # "继承"取到最大概率的隐状态之前的路径（从之前的path中取出某条路径）
                new_path[hid_index][m] = path[pre_state_index][m]
            new_path[hid_index][obs_index] = hid_index
        # 更新路径
        path = new_path

    # 返回最大概率的路径
    max_prob = -1
    last_state_index = 0
    for hid_index in range(states_len):
        if max_p[hid_index][obs_len - 1] > max_prob:
            max_prob = max_p[hid_index][obs_len - 1]
            last_state_index = hid_index
    return path[last_state_index]
```

在上述基于隐马尔可夫模型的词性标注方法中存在两个问题：一是对原有的训练语料增加新的语料之后，模型的参数要重新调整，计算机需要重新对新模型进行学习；二是语料库是有限的，当检测数据中存在语料库没有的词汇时，此时发射概率为 0，称为数据稀疏问题。该问题会导致测试集的交叉熵变得无穷大，模型无法正常使用。针对这两个问题，科学家们提出了线性插值参数平滑方法和改进的 Baum-Welch 方法进行修正。

1. 改进的 Baum-Welch 方法

为了降低建立训练语料模型的工作量，避免为每个单词调整参数，Kupiec 方法提出了将词汇划分为若干等价类的方法，即把上述维特比算法中的训练词汇先进行分组再标记词性，进行隐马尔可夫模型实现。Kupiec 方法虽然使参数估计更可靠，但并没有解决模型对新的训练语料的不适应性。因此，研究学者提出了 Baum-Welch 方法：

假设原训练语料为 V_1，新训练语料为 V_2，在保存模型时不直接保存 V_1 的发射概率、转移概率和初始概率，而是保存 V_1 的所有期望变量。在增加新训练语料 V_2 后，得到 V_2 的期望变量，再将 V_1 和 V_2 相对应的期望变量的值相加，建立新模型。这种方法消除了一遍遍计算用过的训练语料的相关变量的繁琐过程，提高了算法的灵活度和运行效率。

2. 线性插值参数平滑方法

在没有足够训练数据进行模型训练的情况下，建立隐马尔可夫的高阶模型反而会降低模型的准确性。线性插值参数平滑方法是指使用更低阶的模型来对高阶模型进行插值，降低高阶模型受数据稀疏问题的影响。

线性插值参数平滑方法有许多种，Laplace 平滑方法假设所有词汇都比实际出现的次数多 $\sigma(0<\sigma\leqslant1)$，避免零概率，然后再利用 Kupiec 方法的思想依据某种规则将词汇分组使结果平滑。

6.5.3.2 条件随机场模型

条件随机场（Conditional Random Field，CRF）是一个序列化标注算法（sequence labeling algorithm）。它使用若干特征函数，对句子和词性的匹配性进行打分，打分最高即为概率最高的预测词性序列。这种模型其实渗透了将人为规则和语料统计相结合的思想，既能弥补纯粹通过统计分析词性所存在的漏洞，也能大大提高仅通过人工标注和人工规则的确定来分析词性的效率。

定义 s 为待标注词性的句子，w_i 为句子中的第 i 个单词，l_i 为对应的词性，特征函数 f 输出值为 0 或 1，1 表示待评分的词语预测的词性和实际的词性一致。构造评分函数为

$$\text{score}(l \mid s) = \sum_{j=1}^{m} \sum_{i=1}^{n} \lambda_j f_j(s, i, l_i, l_{i-1}) \tag{6.37}$$

外层求和用来求每一个特征函数评分值的和，内层求和用来求句子中所有单词的评分之和。

最后将所有可能性进行指数归一化后，即可得出不同预测方式的概率：

$$p(l \mid s) = \frac{\exp[\text{score}(l \mid s)]}{\sum_{l'} \exp[\text{score}(l' \mid s)]} = \frac{\exp[\sum_{j=1}^{m} \sum_{i=1}^{n} \lambda_j f_j(s, i, l_i, l_{i-1})]}{\sum_{l'} \exp[\sum_{j=1}^{m} \sum_{i=1}^{n} \lambda_j f_j(s, i, l'_i, l'_{i-1})]} \tag{6.38}$$

式中，l' 为每一种可能的词性标注方式。

6.5.3.3 最大熵模型

最大熵模型的主要思想是，在满足已有的语料库，但部分词语未归入语料库时，寻找一种词性预测方式，使得整个文本的词性熵取得最大值。信息熵是一种衡量文本不确定性的度量方式。当信息熵越大，代表文本不确定性越大，因此可以更好地兼顾不同规则下不同形式的文本。使信息熵最大的词性序列可以理解为最"兼容"的取法，无论是什么文本规则，这段词性标注都是能符合常规的。因此我们使用最大熵模型进行生词标注，这种方法不需要对生词做出任何文本假设，却能比较高效地预测出生词的词性。

生词文本可以视为随机事件，其不确定性使用条件熵函数来定义：

$$\begin{aligned} H(p) &= H(T \mid X) \\ &= \sum_x p(x) H(T \mid X = x) \\ &\xrightarrow{\text{香农的信息熵公式}} - \sum_x p(x) \sum_t p(t \mid x) \ln p(t \mid x) \\ &= - \sum_{x,t} p(t, x) \ln p(t \mid x) \end{aligned} \tag{6.39}$$

式中，$p(t \mid x)$ 是给定文本 x，词性标为 t 的概率，因此最大熵模型的目标函数是寻找 p 使得

$$p^* = \underset{p}{\arg\max} H(p) \tag{6.40}$$

6.5.4 统计方法与规则方法相结合的词性标注方法

统计方法是基于客观的方法，而规则是人主观设定的。这两者各有优缺点。基于规则的方法需要人工编写大量的消歧规则，但是人本身对于语言知识的理解不足会成为模型的瓶颈。而对于基于统计的方法，如数据量不足则会导致词性的统计意义不明确。两者结合的方法是对统计方法分类的词性有怀疑的词，运用规则对其进行标注，可在一定程度上提升词性标注的性能。

1. 隐马尔可夫模型结合规则的词性标注

该方法通过统计方法，对隐马尔可夫方法引入置信度区间，实现了统计方法和规则方法的结合。

隐马尔可夫在词性标注中起到了序列解码的作用，具体做法是根据可观察状态序列找到一个最可能的隐状态。解码问题使用维特比算法来解决。例如，观察序列为"我""打""篮球"，假设每个词都有三种选择：代词、动词、名词，那么总共有 $3^3 = 27$ 种序列解码方案，但是如果使用穷举法会导致复杂度过高，特别是在长句子中。所以引入了维特比算法，其为一种动态规划求最优解的算法。计算某个 t 时刻的最优解公式如下，b_{ij} 代表状态转移概率。

$$P_t(i) = \max(P_{t-1}(j) b_{ji}) \tag{6.41}$$

运用这个算法，计算复杂度下降为 $O(TN^2)$，不再是 $O(N^T)$。相当于从指数级别的复杂度下降为多项式级别的复杂度。

隐马尔可夫的前向后向算法的描述如下。

前向：

$$F(t_{i-1}, t_i) = \sum_{t_{i-2}} \left[F(t_{i-2}, t_{i-1}) \cdot P(t_i \mid t_i, t_{i-1}) \cdot P(w_{i-1} \mid t_{i-1}) \right] \tag{6.42}$$

后向：

$$B(t_{i-1}, t_i) = \sum_{t_{i+1}} \left[B(t_i, t_{i+1}) \cdot P(t_{i+1} \mid t_i, t_{i-1}) \cdot P(w_{i+1} \mid t_{i+1}) \right] \tag{6.43}$$

则 i 状态的词 w 的出现次数为

$$\phi(w)_i = \mathrm{argmax}_t t_{i-1} \left[F(t_{i-1}, t_i) \cdot B(t_{i-1}, t_i) \cdot P(w_i \mid t_i) \right] \tag{6.44}$$

对于整个隐马尔可夫链，进行遍历，获得 F 值和 B 值。

对于某一个词，假设它有多个不同词性，可通过公式 $p_i = \dfrac{\phi(w)_{T_i}}{\sum_{j=1}^{4} \phi(w)_{T_j}}$ 计算出预测的概率值。但该计算方法对于比较相近的概率值，缺乏良好的区分度。进一步地，已有研究工作利用接近于正态分布的对数函数 $\ln\left(\dfrac{p_1}{p_2}\right)$，以定义标准差 $\mathrm{var}\left(\ln\left(\dfrac{p_1}{p_2}\right)\right) \approx \dfrac{1}{n_1} + \dfrac{1}{n_2}$，并最终得到评价函数 $\ln \dfrac{n_1}{n_2} \geq \theta + Z_{1-\alpha} \sqrt{\dfrac{1}{n_1} + \dfrac{1}{n_2}}$。若选择的结果落在 $1-\alpha$ 中，则用统计的方法进行标注，对其他的语料则使用规则法进行标注。这种方法很好地避免了当有多个选择概率值相近时的选取问题。

2. 条件随机场结合规则的词性标注

条件随机场（Conditional Random Field，CRF）是一种序列标注模型（见图 6.20），它结合了最大熵模型和马尔可夫模型的优点。

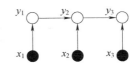

图 6.20 条件随机场

给定序列 y、输入 x 和词性标注，可将这一句话看作一个整体，并通过式（6.45）最大化 $p_\theta(y \mid x)$，从而获得这个句子最大可能的标注组合，作为这个句子中的每个词的词性。

$$p_\theta(y \mid x) = \frac{\prod_{i=1}^{n+1} M_i(y_{i-1}, y_i \mid x)}{\left(\prod_{i=1}^{n+1} M_i(x) \right)_{\mathrm{start, stop}}} \tag{6.45}$$

当条件随机场的结果不够确定时，可以采用基于规则的后处理方法来对结果进行补充和修正。

可创立一系列的规则，从而建立一个规则库。比方说，使用地名左右指界词搭配的概率，若概率大于阈值 0.1，则认为这是一条可执行的规则，将其放入规则库中。

3. _n_-gram 结合规则方法的词性标注

n-gram 基于马尔可夫链计算了转移概率，假设某个单词与前面 $n-1$ 个单词的词性有关，采用最大似然估计计算转移概率公式如下，其中 C 代表了频数。

$$P(w_n \mid w_1 w_2 \cdots w_{n-1}) = \frac{C(w_1 w_2 \cdots w_n)}{C(w_1 w_2 \cdots w_{m-1})} \qquad (6.46)$$

如同条件随机场和隐马尔可夫一样，对于相近概率的词性很难择优，此时可以引入规则方法进行辅助判断，最后用投票的方式选择一个最优词性分类。

6.5.5 词性标注的一致性检查

上文已经提到，大多数词性是基于上下文的语义环境进行推导的，而这种推导在大规模的语料库分析时采用的方式都是基于机器学习或深度学习的计算机方法，难免会出现一些纰漏。其中一个问题是词性标注是否一致的问题。词性标注一致性指的是同一个词语在相同的语境下词性是相同的。若词性标注产生歧义，可能会源于以下几个方面的原因：

1）自动标注的算法，尤其是基于上下文对生词词性的推导算法，并不是100%准确。

2）部分结合人工规则和语料统计的算法，由于不同校对者或专家对词性认识上的差异，或者训练集的词性确定依据和某些语言现象产生了矛盾或定义不清，导致人为设定的特征函数鲁棒性降低。

上述原因都会导致词性标注不一致。研究学者对词性标注不一致的现象进行了以下归纳：一种是非兼类词本来只能标注一种词性，在不同文本环境却被标记了不同的词性标注，另一种是兼类词原本可以标注多种词性，但是在相同的语境标注了不同的词性。

根据上面对词性标注一致性的描述，需要使用数学语言去描述这种语境的"相同"程度或"相似"程度。这涉及两个步骤：一个是用怎样的向量去描述文本数据，向量必须能够体现上下文的相互关系；另一个是如何衡量文本之间的相同或相似程度。以下部分将对数学原理进行详细描述。

如图6.21所示，要确定词性一致性，可以人工选定若干包含待测词的向量，计算词性标记列向量的均值作为中心点，这些向量离中心点的距离均值作为判别阈值。若待测词所在

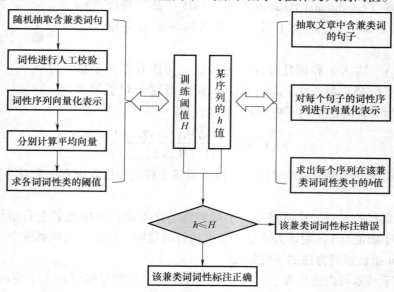

图6.21 基于聚类的词性一致性检测

的词向量离中心点的距离小于判别阈值，则判定为词性一致，否则判定为词性不一致。利用聚类算法确定阈值的方法是非常有效的，它避开了以前一贯采用的人工定义的方法，使用基于文本本身的数据，对测试数据进行分类并确定其词性标注的正误，能够大大地提高人工校对的效率和质量。

1. 文本的向量化描述

文本的向量化描述指的是对某个中心词及其相邻的若干单词进行组合，并赋予一个行向量对这个文本小环境进行描述。具体而言，给定某个待检测的词语，再取前三个和后三个词语，组成词串 $W_i = w_i w_{i+1} \cdots w_{i+6}$，其中中心词是 w_{i+3}。给定属性向量 $X = \left[\frac{1}{22}, \frac{1}{11}, \frac{2}{11}, \frac{4}{11}, \frac{2}{11}, \frac{1}{11}, \frac{1}{22} \right]$，其中 $\frac{1}{22}$ 为前（后）第三个词的位置属性值，$\frac{1}{11}$ 为前（后）第二个词的位置属性值，$\frac{2}{11}$ 为前（后）第一个词的位置属性值，$\frac{4}{11}$ 是中心词的属性值。

另外，词嵌入技术也能够弥补早期人工设定向量属性值的缺陷。词嵌入是一种将文本映射到向量空间，使用数字向量描述文本特征的方法。为了使用机器学习算法，如聚类算法、文本距离描述等，对它们进行分析，就需要把这些文本信息转化为数据形式输入算法层。最早期的词嵌入技术是独热编码，常用的方式有 Word2vec、BERT 等。词嵌入把文本转化为词向量的数学语言进行描述。降维后得到的向量也能够高效导入后续的词性一致性检查的算法，提高运算速度的同时，也能充分利用上下文的联系，对词性一致性做出更准确的判别。

2. 文本相似性描述

对于两串词串 W_i 和 W_j，引入克罗内克符号

$$\delta_{ab} = \begin{cases} 1, a = b \\ 0, a \neq b \end{cases} \tag{6.47}$$

则词串 W_i 和 W_j 的相似性为

$$f(W_i, W_j) = \sum_{k=1}^{7} X(k) \delta_{W_{ik} W_{jk}} \tag{6.48}$$

对于某一个待检查的词语，可以将所有以这个词为中心词的词序列（列向量）拼接成一个矩阵，即

$$Y = \left[W_1^{\mathrm{T}}, W_2^{\mathrm{T}}, \cdots, W_m^{\mathrm{T}} \right] \tag{6.49}$$

词性标记序列向量为

$$V = XY \tag{6.50}$$

采用马氏距离计算方法定义向量模型词性标记序列的相似度公式：

$$d = (W_i - W_j)^{\mathrm{T}} V^{-1} (W_i - W_j) \tag{6.51}$$

要确定词性一致性，可以人工选定若干包含待测词的向量，计算词性标记列向量的均值，作为中心点，这些向量离中心点的距离均值作为判别阈值。若待测词所在的词向量，离中心点的距离小于判别阈值，则判定为词性一致，否则为词性不一致。利用聚类算法确定阈值的方法是非常有效的，它避开了以前一贯采用的人工定义的方法，使用基于文本本身的数据，对测试数据进行分类并确定其词性标注的正误，能够大大地提高人工校对的效率和质量。

6.5.6 技术评测

分词、命名实体识别、词性标注是中文信息处理的几项基础性关键技术。高质量的分词结果是命名实体识别和词性标注的基础；自动分词技术则需要命名实体识别技术的参与，命名实体识别方法也采用了词性特征。研究学者为了推动这些技术的发展，组织了各种评测。

1. 评测指标

三项技术的评测主要通过准确率、召回率和F-测度值三个指标来衡量。在不同的技术领域及不同评测活动中，还会有其他参评标准。其中：

$$准确率 = \frac{正确识别的实体数}{总的识别实体数} \times 100\%$$

$$召回率 = \frac{正确识别的实体数}{总的实体数} \times 100\% \quad (6.52)$$

$$F{-}测度值 = \frac{2 \times 召回率 \times 正确率}{召回率 + 正确率} \times 100\%$$

2. 评测活动介绍

分词、命名实体识别和词性标注系统的主要评测活动是从20世纪90年代开始的。我国863计划中文与接口技术评测组曾经多次组织过汉语分词与词性标注系统的评测。其中，2003年10月组织的评测包括汉语分词和词性标注一体化测试、命名实体识别测试和分词测试这三项任务。在973计划项目的资助下，于2000年起连续组织了几次汉语分词系统评测。国际计算语言学学会（ACL）汉语特别兴趣组SIGHAN于2003年首次组织了国际汉语分词评测，这次测试对这一领域的发展产生了重要的影响。随后，其又多次举办汉语分词评测。2010年，中国中文信息学会与SIGHAN联合组织召开了首届汉语处理联合国际会议，并联合组织了汉语分词技术评测。

在汉语分词技术研究领域，SIGHAN Bakeoff已经成为国际上最有影响的评测活动，其前两次评测，由于数据规范，参评系统较多，并且很多参评系统都是基于近年来提出的最新分词方法，使得这两次评测的结果成了大多数从事汉语分词技术研究对比的基线标准。

3. 评测流程介绍

评测一般分为：建立评测标准，寻找源语料库，建立标准语料库，对不同系统进行评测。流程如图6.22所示。

系统评测的第一步是建立对应的评测标准。通常采用精确率、F-测度值和召回率作为测试指标，不同的评测系统及不同的技术还会有其他具体的测试指标，如有些衡量分词系统的性能会考虑分词的速度和精度，或在标注测试中，将相对标注精确率和兼类词标注精确率等作为测试指标。

评测通常来说由开放测试和封闭测试两部分组成。"封闭"和"开放"的区别主要是其支持分词的词表及训练语料的来源。封闭测试是词表及训练数据完全来源于提供的训练语料，开放测试则是测试样本不属于训练样本集合，而来自外部的语料库。

对于开放测试，首先需要寻找评测语料库。评测一般需要极大数据量的语料库，对于汉

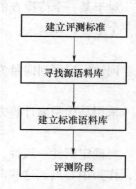

图 6.22 评测流程

（图中流程框：建立评测标准 → 寻找源语料库 → 建立标准语料库 → 评测阶段）

语的命名实体识别、分词及词性标注这几项任务，可以依据人民网、CCTV、新浪之类的大型网站的资料，或者寻找流通广泛、较为常用的图书、报纸、期刊等作为语料的来源。将这些文本资料全部下载下来后，转化成没有 HTML 标签的纯文本语料库，以便于测试。语料库还应该满足多样性的要求，内容包括经济、科技、人文等多个方面，避免测试语料库的片面性。

以源语料库为基础，建立标准语料库。依照公开的参照标准，对语料库进行校对筛选，考虑语料的平衡性、代表性和科学性等，选定最终作为评测试题的语料。

评测过程一般是人工测评，或是以自动评测为主，人工评测为辅。人工评测就是将系统的结果与人工判断的结果进行比较，而以自动测评为主的评测过程中，人工测评则是对自动评测结果的分析、汇总，或是对结果数据进行修正等。

4. 具体评测活动介绍

为了对评测流程进行具体的介绍，本章以 863 计划中文与接口技术评测组在 2003 年于中国科学院计算技术研究所对中文信息处理的多个项目所进行的评测为例，主要评测流程如下。

（1）评测内容

此次测评的主要内容是对不同的词性标注系统和自动分词的加工结果进行评测。测评的对象是"现代汉语文本自动分词与词性标注系统中的核心技术"。测试内容包括：分词和标注一体化测试、分词测试、命名实体识别测试三项内容。

（2）评测指标

这次测评的基础测试指标除了传统的三项指标，即精确率、召回率和 F-测度值，在分词测试中，还增加歧义切分的精确率作为测试指标；在命名实体的测试中，命名实体先划分为人名、地名、组织机构名、其他专名四个小类，再分别对这四个小类进行了测试；在标注测试中，测试指标包括相对标注精确率、兼类词标注精确率。

测试应用了"规范 +参考语料"的方式，以《信息处理用现代汉语分词规范》作为汉语分词的主要依据，同时参考《现代汉语语料库文本分词规范》。词性标注以《信息处理用现代汉语词类标记规范》为标准。

（3）评测语料准备

评测的语料主要包括的是 20 世纪 80 年代以来较为流通的报纸、期刊、图书、网络等来源的语料。以山西大学的加工语料为主体，采用了包括政治、经济、体育、交通、教育和旅游等方面的主题内容语料，约 106 万字。

参照标准，先对源语料库的词语进行校对和筛选，以人机交互的系统检查一致性，并转化、统一词性标记。因为不同目的的系统对于分词单位会有不同的要求，此次测评尝试采用了只要不是"硬伤"就算正确结果的评测方法。

（4）评测过程

评测采用的是自动测评为主，人工评测为辅的方法。其中，人工评测仅是对结果进行分析和汇总，以及进行兼容性处理。人工测试不是为了对测试数据的结果进行修正，而仅是对不一致的东西进行柔性化处理，保证了结果的客观性。

技术评测是促进学术研究、开拓应用的有效手段。通过评测，可了解不同技术的发展状况，并开发利用更多的资源，使中文信息处理的研究更进一步。

6.6　命名实体识别

命名实体识别（Named Entity Recognition，NER）是自然语言处理中非常重要的一环。其主要任务为识别文本中的信息，如人名、地名、组织名和时间、科学名词等，并最终应用于知识问答、信息检索和关系抽取等研究问题中。

在过去几十年中，研究学者对命名实体识别做了大量研究工作，并且由此衍生出许多相关方法。在研究的早期，与自然语言处理的其他研究一样，命名实体识别大多数基于规则方法来实现，虽准确率高，但可移植性较差。近年来，大多研究工作采用机器学习的方法，如基于条件随机场的 Stanford NER 等。随着神经网络研究方法的兴起，研究学者开始利用神经网络的方法来探索命名实体识别任务。

6.6.1　基于条件随机场的命名实体识别方法

在机器学习方法中，命名实体识别主要基于特征工程的方法，通过特征的提取来推断短语所处的类别进行命名实体识别。特征工程的方法希望通过训练输入的例子与其期望的输出，来提取出能够体现对应单词特点的词向量，从而识别单词实体。

实现特征工程需要进行特征编码。比较常用的是独热编码，即将词的特征信息加入到对应的词位置。独热编码能够比较高效地处理离散化的特征；而对于连续的特征，则可以利用函数将连续特征非线性离散化，并用向量进行表示。

实现特征工程也有多种较为成熟的方法，如条件随机场、隐马尔可夫模型、支持向量机、决策树等，都是特征工程中十分常见的机器学习系统。

条件随机场方法将命名实体识别过程视为序列标注问题，对待处理的文本进行分词处理，接着对基础的人名、简单地名和组织机构名进行识别，最后识别复合地名和复合组织机构名。从学习方法来看，基于条件随机场的命名实体识别方法属于有监督的类型，需要利用已标注的大规模语料进行参数训练。

6.6.2　基于多特征的命名实体识别方法

从原理上来说，命名实体识别的方法试图结合文本的上下文特征和内部特征进行分析，只是特征所占据的权重不同。考虑到权重比较大的特征和权重比较小的特征有互相补充的作用，在实际使用中需要兼顾使用，通过语料训练得出合适的权重比例。

从本质上而言，基于多特征相融合的命名实体的识别方法，就是多种识别方法的结合。原理上来说，则可视为在分词和词性标注的基础上进一步进行命名实体的识别。一般来说，该方法由词形上下文模型、词性上下文模型、词形实体模型和词性实体模型四个子模型组成，各自有各自的作用，并用于估算在给定对应类型的情况下出现实体的概率。

从方法来看，多特征融合的命名实体识别方法可被视为两类方法的集合，即

1）基于规则和词典的方法。该方法需面向不同的领域邀请专家制定规则，建立知识库和词库。虽具有很高的识别正确率，却十分依赖词典和知识库，同时对不同的领域需重新人工建立词典，耗时耗力。

2）基于统计的方法，主要包括隐马尔可夫、最大熵、条件随机场等。该方法的准确率

虽不如基于规则和词典的方法，但胜在灵活且可移植，无需专家人工建立大型词库。然而，该方法的性能取决于能否正确选取文字的特征，以及可否获得大量的标注集以进行训练。

从实践角度来看，词形一般包括人名（per）、地名（loc）、机构名（org）及其简称、时间词（tim）和数量词（num）。由词形构成的序列称为词形序列。多特征命名实体识别与序列化数据的标注问题有异曲同工之妙。其中输入是带有词性标记的词序列。而在分词和词性标注的基础上进行的多特征命名实体识别就是通过对部分词语进行判断、拆分、组合和确定实体类别的过程。经过这些步骤之后，最后输出一个最优的"词形/词性"序列。

而得到最优"词形/词性"序列的方法一般有三种，即利用词形模型、词性模型和混合模型。

1）词形模型：根据词形序列产生候选命名实体，已有方法常用维特比算法确定最优词形序列。事实上目前大部分命名实体识别系统都是从这个层面来设计文本处理的算法的。

2）词性模型：词性模型与词形模型原理类似，但是它们具体处理的对象有所不同。词性模型根据词性序列产生候选命名实体。而无论是词形模型还是词性模型，一般都用维特比算法确定最优词性序列。

3）混合模型：词性和词形混合模型同时考量词性序列和词形序列，依照一定的参数如词典大小和平衡因子决定两种模型所占据的权重，进而产生候选命名实体，一体化从全局确定最优序列。

基于多特征的命名实体识别方法本质上是各种识别方法的结合。因为对应的待处理文本对于不同的模型有着不同的适应性，如果单独利用一种方法，如人为设计字典或者利用单独模型进行处理都会存在较大的缺陷。而采用多特征的命名实体识别方法，通过控制平衡因子，给予不同的方法以对应的权重，可更好地兼顾识别准确度和识别速度，得到更高的处理效率。然而，在实践过程中，每一类的命名实体都有着不同的特征，对应着不同的词典大小和平衡因子。因此，如何找到一个完美的模型来刻画所有待处理文本是一个尚在探索中的研究。

6.6.3　基于神经网络的命名实体识别方法

基于神经网络的命名实体识别方法于 2008 年被首次提出，该研究工作希望以最小化特征工程的方法来实现命名实体识别。基于神经网络的命名实体识别方法利用词典与单词表顺序来表征特征向量。此类方法可大致分为基于单词层面的模型、基于字符层面的模型、字与词的混合模型和字/词/词缀模型。

目前常用的方法有 LSTM-CRF、BiLSTM-CRF、BiLSTM-Transformer-CRF、BERT-BiLSTM-CRF 等。

命名实体识别本质上是一种序列标注问题，而序列标注问题本质上是每个词的多分类问题。它与一般分类问题的区别是它不仅与自身的属性相关联，还与上下文的词性有关。LSTM 适用于对序列信息进行建模，CRF 可以对标签的转移矩阵进行建模，进而得到前后标签间的概率关系。当 LSTM 得出某一个单词在各个标签上的得分后，可通过 CRF 去除不可能的标签。

图 6.23 为 BiLSTM-CRF 模型，BiLSTM 可良好地表征句子，因为单词的词性不仅与后面单词的词性有关，也与前面单词的词性有关。BiLSTM 的记忆细胞可以存储两个方向的长短

期记忆，可以很好地应用于词性标注任务。

在 BiLSTM 层后增加 CRF 层，用于对不可能的结果进行剪枝。CRF 的作用同样也是对预测的标签进行约束，保证标签是合法的。

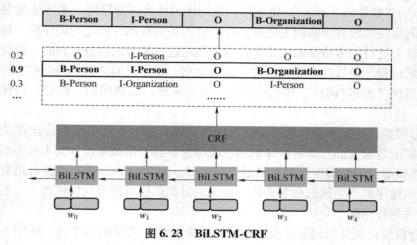

图 6.23　BiLSTM-CRF

训练时，需对于每一轮进行分批训练，首先对 BiLSTM 进行前向传播，然后对 CRF 层进行前向和后向传播。随之对 BiLSTM 的前向和后向记忆细胞进行后向传播。最后更新模型的参数。

思 考 题

1. 标注方案（例如 IOB、IOB2、IOE）的选择如何影响命名实体识别算法的性能？

2. 处理命名实体识别和词性标记中的集外词（OOV）的技术有哪些？

3. 深度学习甚至强化学习技术如何应用到传统的序列标注任务中？它们会面临哪些挑战？

4. 思考当标注数据不足时，如何通过主动学习、半监督学习、元学习等方法来提升命名实体识别的性能。

5. 在序列标注任务中处理准确度和速度之间的权衡有哪些策略？

6. 维特比算法如何适应处理有噪声或不完整的数据？

参 考 文 献

[1] Lafferty J D, McCallum A, Pereira F C N. Conditional random fields: Probabilistic models for segmenting and labeling sequence data [C]. Proceedings of the Eighteenth International Conference on Machine Learning (ICML 2001), 2001: 282-289.

[2] 黄昌宁, 赵海. 中文分词十年回顾 [J]. 中文信息学报, 2007, 21 (3): 8-19.

[3] 宗成庆. 统计自然语言处理 [M]. 北京: 清华大学出版社, 2008.

[4] Shannon C E. A mathematical theory of communication [J]. The Bell System Technical Journal, 1948, 27 (3): 379-423.

[5] Baum L E, Petrie T. Statistical inference for probabilistic functions of finite state markov chains [J]. The Annals of Mathematical Statistics, 1966, 37 (6): 1554-1563.

[6] Berger A L, Pietra S D, Pietra V J D. A maximum entropy approach to natural language processing [J]. Comput. Linguistics, 1996, 22 (1): 39-71.

[7] Viterbi A. Error bounds for convolutional codes and an asymptotically optimum decoding algorithm [J]. IEEE Transactions on Information Theory, 1967, 13 (2): 260-269.

[8] Xue N, Converse S P. Combining classifiers for chinese word segmentation [C]. The First Workshop on Chinese Language Processing, 2002.

[9] Xu N. Chinese word segmentation as character tagging [J]. Computational Linguistics and Chinese Language Processing, 2003, 8 (1): 29-48.

[10] Lample G, Ballesteros M, Subramanian S, et al. Neural architectures for named entity recognition [C]. The 2016 Conference of the North American Chapter of the Association for Computational Linguistics: Human Language Technologies, 2016: 260-270.

[11] Ma X, Hovy E H. End-to-end sequence labeling via bi-directional LSTM-CNNs-CRF [C]. Proceedings of the 54th Annual Meeting of the Association for Computational Linguistics, 2016.

[12] Wu A. Chinese word segmentation in MSR-NLP [C]. Proceedings of the Second SIGHAN Workshop on Chinese Language Processing, 2003: 172-175.

[13] Gao J, Li M, Wu A, et al. Chinese word segmentation and named entity recognition: A pragmatic approach [J]. Computational Linguistics, 2005, 31 (4): 531-574.

[14] Zheng X, Chen H, Xu T. Deep learning for Chinese word segmentation and POS tagging [C]. Proceedings of the 2013 Conference on Empirical Methods in Natural Language Processing, 2013: 647-657.

[15] 支天云, 张柳森. 基于 Rough Sets 和模糊神经网络的汉语兼类词词性标注规则的获取方法 [J]. 计算机工程与应用, 2002, 38 (12): 89-91.

[16] Agrawal R, Srikant R. Fast algorithms for mining association rules in large databases [C]. Proceedings of 20th International Conference on Very Large Data Bases, 1994: 487-499.

第 7 章 语义分析

7.1 词义消歧

在自然语言中，词是能够独立运用的最小单位。每个词在特定的语义环境下拥有特定的语义，一个词语有多个语义在许多自然语言中是非常常见的现象。比如中文中的"老子"一词，在现代语境下多表现为父亲的意思；而若是放在关于春秋战国的文章中，则很可能是表示李耳这一道家人物。显然，若不能准确得到词语的意思，会对词语的准确理解带来莫大的困难。与此同时，语言在进化和发展过程中，积累了不同的用法，由此产生了词语含义的歧义。

词义消歧是句子和篇章语义理解的基础，也是文本挖掘处理的一项重要任务。在对词义需求比较精确的地方，如搜索引擎、推理、阅读理解、评论意见的挖掘等，词语的歧义可能导致结果的不准确，甚至相差甚远。

从 20 世纪 50 年代初期开始，人们在机器翻译研究中就已经开始关注词义的消歧问题。早期的词义消歧研究一般都采用基于规则的分析方法。这种方法需要手动编写大量规则，以识别并消除词义的歧义。然而，这种方法受限于规则的质量和数量，难以覆盖所有的词义。20 世纪 80 年代以后，基于大规模语料库的统计机器学习方法在自然语言处理领域中得到广泛应用，机器学习方法也被用于词义消歧。这种方法利用大量标注数据来训练模型，以自动学习如何消除词义的歧义。常见的机器学习算法包括朴素贝叶斯、支持向量机、最大熵模型、神经网络等。随着深度学习技术的不断发展，基于神经网络的方法在词义消歧任务中也取得了很好的效果。例如，前文提到的通过利用预训练的语言模型（如 BERT、GPT 等）的表示能力也可以很好地处理词义消歧问题。

7.1.1 有监督的词义消歧方法

在有监督词义消歧方法中，需人工对每个词的语义分类进行标注，以获得标注数据。然后，利用机器学习方法，获知一个多义词所处的不同上下文与特定词义的对应关系。多义词的词义识别问题实际上是该词的上下文分类问题。确定了上下文所属类别，也就确定了该词的词义，这可以被定义为一个有监督分类问题。

常见的有监督词义消歧方法有：基于贝叶斯分类器方法，该方法利用贝叶斯定理来计算一个给定上下文所对应的每个词义的概率，然后选择概率最高的词义作为该词在该上下文中的词义；基于最大熵方法，该方法利用最大熵原理来学习一个能够将上下文映射到不同词义的模型，在给定新的上下文时，该模型会计算每个词义的概率，并选择概率最高的词义作为该词在该上下文中的词义；基于短语结构树语义角色标注方法，该方法通过解析句子的短语结构树，将每个单词与其所处的语义角色进行关联。然后，利用机器学习方法来学习如何将上下文中的语义角色映射到不同的词义上；同时还有基于依存句法分析结果和基于语块语义角色标注方法，以及基于互信息的词义消歧方法等。

7.1.1.1　基于互信息的消歧方法

多义词在文本里是常见的。一个词在不同的语境中会有不同的含义。例如"苹果"，它代表一种水果（fruit），也可代表一个手机品牌（brand）；英文里"bank"既有河岸的意思，也有银行的意思。多义词可能会对翻译产生误导，见表 7.1。

表 7.1　多义词的实例

输入	有道翻译	谷歌翻译	百度翻译
I drove a car to the Bank of the Mississippi River.	我开车去密西西比河的河岸。	我开了一辆车到密西西比河岸。	我开车去密西西比河的岸边。
I drove a car to the Bank of the Yellow River.	我开车去了黄河岸边。	我开了一辆车去黄河岸边。	我开了一辆车去黄河银行。
I drove a car to the Bank of the Nile River.	我开车去了尼罗河银行。	我开了一辆车到尼罗河银行。	我开车去尼罗河岸边。

基于互信息的词义消歧方法，是有监督的词义消歧方法的一种。基于互信息的方法利用两种语言之间的相互对照，基于大量中英文对照语料库的训练模型以实现词义消歧。如中文"打人"，英文为"beat a man"；中文"打酱油"，英文为"buy some sauce"。如此一来，当上下文语境有"人"时，"打"的含义是"beat"，有"酱油"时，"打"的含义为"buy"。

1. 互信息

互信息（mutual information）是信息论里一种有用的信息度量，其定义如下：

$$I(X;Y) = \sum_{y \in Y} \sum_{x \in X} p(x,y) \log\left(\frac{p(x,y)}{p(x)p(y)}\right) \tag{7.1}$$

式中，X 和 Y 为两个随机变量，其概率分别为 $p(x)$ 和 $p(y)$，联合分布概率为 $p(x,y)$。互信息可理解为一个随机变量由于已知另一个随机变量而减少的不确定性，因此有 $I(X;Y) = H(X) - H(X|Y)$。在对语料的不断迭代训练过程中 $I(X;Y)$ 不断减小，在 $I(X;Y)$ 不再减小时，迭代终止。I 越大，表明 X 和 Y 的关联程度越高。

基于互信息的消歧方法的基本思路便是为需要消歧的多义词找到一个与之关联的上下文特征，从而基于这个上下文特征得到该多义词在该上下文语境中的含义。因为一般认为在相同的上下文特征类别中，一个多义词的含义一般是相同的，因而可以把基于互信息的消歧方法看作一个文本分类或者文本指示器分类的任务。

举一个简单的例子来说明语义指示分类器的概念。当翻译一篇文章时，以"苹果"这个词为例，如果它上下文有"梨""香蕉""橘子"，或者前面有动词"吃"等，这里的"苹果"就是水果的含义，可将其翻译为"apple"或者"a kind of fruit"；如果它上下文有

"性能""续航""耳机""华为"或者"预售"等词时，这个"苹果"可能指代一种手机品牌，因而我们将其翻译为"iPhone"或者"a mobile phone brand"。可以把"水果（fruit）"和"手机品牌（brand）"当作这个多义词的不同含义，而决定它含义的词或条件就被当作语义指示器。如此一来，需要做的工作就是对语义指示器进行分类。

2. 指示器分类

Flip-Flop 算法可用于语义指示器的分类。

首先，假设 $T_1, \cdots, T_m$ 是一个多义词的不同含义，$V_1, \cdots, V_n$ 是语义指示器不同的取值，也即决定多义词含义的不同字词。然后设计算法：

第一步：随机将 $T_1, \cdots, T_m$ 划分成两个随机的集合 P_1 和 P_2，$P = \{P_1, P_2\}$。

第二步：进行一个循环，对 $V_1, \cdots, V_n$ 找到一对集合的划分 Q_1 和 Q_2，$Q = \{Q_1, Q_2\}$，使其与 P 之间的互信息量最大。再找到 $T_1, \cdots, T_m$ 的另一种划分，使其与上一步找到的 Q 之间的互信息量最大。如此循环往复，对语料库进行迭代训练，当两者间互信息量 I 不再增加或增加很少时，便可得到使 P 和 Q 之间互信息量最大的一种划分。

解决了语义指示器的分类问题，基于互信息进行词义消歧就变得更加简单直观了。首先确定需要消歧的词，接着找出决定该多义词含义的字词，也就是确定该词的语义指示器 V_i，如果它属于集合 Q_1，则它为 P_1 中的语义 1，如果它属于 Q_2，则它定义为语义 2。这样就完成了一个词的词义消歧任务。

继续上面"苹果"的例子来解释这一方法。这里的"apple""a kind of fruit""iPhone"或者"a mobile phone brand"都是这个词的不同含义，令其为 T_1，T_2，T_3，T_4；令指示器"梨""香蕉""橘子""吃"性能""续航""耳机"、"华为""预售"为 $V_1, \cdots, V_n$。将 T_1，T_2，T_3，T_4 随机分为两个集合，进行 Flip-Flop 算法，对 P 和 Q 之间的互信息不断循环迭代，找到两个划分 P 和 Q 使它们之间的互信息量最大。假设得到了如下划分，$P_1 = \{$"apple"，"akindoffruit"$\}$，$P_2 = \{$"iPhone"，"amobilephonebrand"$\}$，$P = \{P_1, P_2\}$；$Q_1 = \{$"梨"，"香蕉"，"橘子"，"吃"$\}$，$Q_2 = \{$"性能"，"续航"，"耳机"，"华为"，"预售"$\}$，$Q = \{Q_1, Q_2\}$。

最后，将其应用于对一句话"我觉得苹果比梨更好吃"的翻译，找到其中的指示器词"梨"，由于其属于 Q_1，则苹果的语义就在 P_1 里面，进而就可以将"苹果"翻译成"apple"。所以上句可翻译为"I think apples taste better than pears."而不是"I think iPhone taste better than pears."如此一来，即可完成基于互信息的词义消歧。

研究表明，基于互信息的消歧方法有助于提高自然语言处理任务如机器翻译系统的性能。它充分考虑了多义词与所在的上下文之间的联系，对词的解释保持了上下文的连贯性，在某种程度上减少了噪声的引入。但这类方法需要大规模高质量高精度的有标注语料支持。

7.1.1.2 基于贝叶斯分类器的消歧方法

有监督的词义消歧通过建立分类器划分上下文类别来确定多义词含义，它包括基于互信息的词义消歧和基于贝叶斯分类器的词义消歧。

基于贝叶斯分类器的词义消歧方法是 W. A. Gale 等于 1992 年提出的[1]，与之密切相关的是朴素贝叶斯。朴素贝叶斯是一种简化的贝叶斯模型，其中的朴素一词的来源就是假设各特征之间相互独立。简而言之，朴素贝叶斯就是在贝叶斯原理之上多加了一个条件：给定目标值时属性特征之间相互条件独立，即联合概率为单独概率的乘积：

$$y = f(x) = \underset{c_k}{\operatorname{argmax}} \frac{P(Y=c_k) \prod_j P(X^{(j)} = x^{(j)} \mid Y = c_k)}{\sum_k P(Y=c_k) \prod_j P(X^{(j)} = x^{(j)} \mid Y = c_k)} \tag{7.2}$$

式（7.2）中分母对所有 c_k 都是相同的，所以，

$$y = \underset{c_k}{\operatorname{argmax}} P(Y=c_k) \prod_j P(X^{(j)} = x^{(j)} \mid Y = c_k) \tag{7.3}$$

以上公式就是朴素贝叶斯的一般算法。朴素贝叶斯最重要的就是独立性假设，这一假设使得朴素贝叶斯算法变得简单。

而基于贝叶斯分类器的词义消歧方法就是利用朴素贝叶斯分类进行词义消歧的，其基本原理是，一个多义词在双语语料库中的翻译取决于该词所在的上下文的语境 c，如果某个多义词 w 有多个翻译或者含义 $s_i(i>1)$，那么它的词义可以通过计算以下公式的值来获得 w 的词义：

$$s = \underset{s_i}{\operatorname{argmax}} P(s_i \mid c) = \underset{s_i}{\operatorname{argmax}} \frac{P(c \mid s_i) P(s_i)}{P(c)} \tag{7.4}$$

贝叶斯公式 $P(s_i \mid c) = \dfrac{P(c \mid s_i) P(s_i)}{P(c)}$，其中 $P(s_i \mid c)$ 和 $P(c \mid s_i)$ 为条件概率。当计算 $P(s_i \mid c)$ 的最大值，即在上下文 c 中词义为 s_i 的概率的最大值时，可以忽略分母 $P(c)$，因为对于每个 $P(s_i \mid c)$，它们的 $P(c)$ 都是一样的，所以对比较的结果不产生影响。进而运用朴素贝叶斯独立性假设：

$$P(c \mid s_i) = \prod_{v_k \in c} P(v_k \mid s_i) \tag{7.5}$$

可以得到词义计算的公式：

$$\hat{s} = \underset{s_i}{\operatorname{argmax}} \left[P(s_i) \prod_{v_k \in c} P(v_k \mid s_i) \right] \tag{7.6}$$

式中，概率 $P(v_k \mid s_i)$ 和 $P(s_i)$ 能够通过最大似然估计求出：

$$P(v_k \mid s_i) = \frac{N(v_k, s_i)}{N(s_i)} \tag{7.7}$$

$$P(s_i) = \frac{N(s_i)}{N(w)} \tag{7.8}$$

式中，$N(v_k, s_i)$ 是训练语料中词 w 在语义 s_i 的上下文中出现的次数；$N(s_i)$ 是训练语料中语义 s_i 出现的次数；$N(w)$ 是多义词 w 出现的总次数。以上是用贝叶斯分类器进行词义消歧的原理，其最终目的就是将 $P(s_i \mid c)$ 最大化，从而得到最优的词义 s。

在实际对基于贝叶斯的词义消歧方法进行算法实现的过程中，为了便于计算，通常将 $\hat{s} = \underset{s_i}{\operatorname{argmax}} \left[P(s_i) \prod_{v_k \in c} P(v_k \mid s_i) \right]$ 中的乘法转换为相应概率的对数的和进行计算。虽然实际操作中上下文之间的词并非相互独立，但该模型在很多情况下是有效的。

但基于单纯的贝叶斯分类在词义消歧任务中存在着一些局限性。如图 7.1 所示，该方法运用了独立性假设，但参与操作的上下文的词显然不互相独立。与此同时，有监督的词义消歧方法需要大规模的标注语料的支持，非常耗时耗力。

面向上述问题，已有研究提出了基于依存分析对贝叶斯模型消歧的改进方法。该改进方法对实验测试样本进行全文词义标注，从而增加了多义词的数量。与此同时，该方法引入了依存分析方法，对消歧对象的上下文进行限制，合理地缩小窗口，有效提高消歧的准确率。

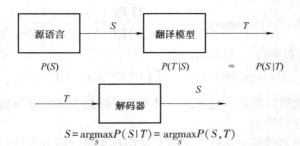

$$S = \underset{S}{\mathrm{argmax}} P(S \mid T) = \underset{S}{\mathrm{argmax}} P(S, T)$$

图 7.1 朴素贝叶斯分类器消歧方法图解

基于依存分析的消歧方法其主要思路如下:

1) 利用 HowNet 知识库确定消歧对象的所有可能含义,获得实验参数。

2) 进行分词处理和依存句法分析,利用半自动词义标注获得训练集。

3) 在消歧过程中,根据训练集的信息计算出贝叶斯模型需要的参数,并利用改进后的贝叶斯模型得到正确词义的过程。

改进后的贝叶斯词义消歧的算法假设 w 为待消歧的目标词,s_k 和 s' 分别是 w 的两个语义,C_{dep} 是与词 w 在句子中存在依存关系的上下文词语,依据贝叶斯分类原理,有

$$P(s_k \mid C_{dep}) = \frac{P(C_{dep} \mid s_k)}{P(C_{dep})} P(s_k) \tag{7.9}$$

$$s' = \underset{s_k}{\mathrm{argmax}} P(s_k \mid C_{dep}) = \underset{s_k}{\mathrm{argmax}} \frac{P(C_{dep} \mid s_k)}{P(C_{dep})} P(s_k)$$

$$= \underset{s_k}{\mathrm{argmax}} P(C_{dep} \mid s_k) P(s_k) = \underset{s_k}{\mathrm{argmax}} \left[\log P(C_{dep} \mid s_k) + \log P(s_k) \right] \tag{7.10}$$

式中,$P(C_{dep} \mid s_k)$ 和 $P(s_k)$ 都可计算得到。对上述改进模型的概率参数平滑后,可进行参数训练和词义消歧。

7.1.1.3 基于最大熵的词义消歧方法

基于最大熵的词义消歧方法属于概率模型方法。已有的研究方法常用约束条件来确定概率模型的集合,在满足约束的条件下选出熵最大的模型。

对于离散随机变量 X,若其概率分布为 $P(X)$,则熵可表述为

$$H(P) = - \sum_x P(x) \log P(x) \tag{7.11}$$

该公式可理解为,在没有更多信息的情况下,不确定的部分是等可能的,此时概率模型的熵是最大的。

假设分类模型是一个条件概率分布 $P(Y \mid X)$,X 是一个 n 维向量的输入,对应一个 Y 的输出。该模型表达的是,对给定的输入 X,以条件概率 $P(Y \mid X)$ 输出 Y。

考虑模型应当满足的条件,有联合分布 $P(X, Y)$ 的经验分布和边缘分布 $P(X)$ 的经验分布:

$$\widetilde{P}(X = x, Y = y) = \frac{v(X = x, Y = y)}{N} \tag{7.12}$$

$$\widetilde{P}(X = x) = \frac{v(X = x)}{N} \tag{7.13}$$

式中,$v(X = x, Y = y)$ 表示训练样本中 (x, y) 的频数,$v(X = x)$ 表示训练样本中 x 出现的频数,

N 表示训练的样本容量。使用一个二值的特征函数 $f(x,y)$ 描述输入 x 和输出 y 之间的关系：

$$f(x,y) = \begin{cases} 1, & x,y \text{ 满足某条件} \\ 0, & \text{否则} \end{cases} \tag{7.14}$$

即在 x，y 满足某一条件时，f 取值为 1，否则取值为 0。

那么，特征函数 $f(x,y)$ 关于经验分布 $\widetilde{P}(X,Y)$ 的期望值可表示为下式：

$$E_{\widetilde{P}}(f) = \sum_{x,y} \widetilde{P}(x,y)f(x,y) \tag{7.15}$$

对于最终模型 $P(y|x)$ 和经验分布 $\widetilde{P}(x)$，有

$$E_P(f) = \sum_{x,y} \widetilde{P}(x)P(y|x)f(x,y) \tag{7.16}$$

在理想的情况下，这两个期望值应当相等，也即

$$E_{\widetilde{P}}(f) = E_P(f) \tag{7.17}$$

$$\sum_{x,y} \widetilde{P}(x)P(y|x)f(x,y) = \sum_{x,y} \widetilde{P}(x,y)f(x,y) \tag{7.18}$$

那么，若将式（7.18）当作模型学习的约束条件，即可定义所有满足约束条件的模型存在的集合为

$$C \equiv \{ P \in \mathcal{P} \mid E_P(f_i) = E_{\widetilde{P}}(f_i), i=1,2,3,\cdots,n \} \tag{7.19}$$

在其中由定义的条件概率的条件熵 $(P) = -\sum_x P(x)\log P(x)$ 选取集合中条件熵最大的模型，则称为最大熵模型。

对于最大熵模型的学习，也就是说求解最大熵模型的过程，可以被形式化为约束的最优化问题，即给定训练数据集 $T = \{(x_1,y_1),\cdots,(x_n,y_n)\}$ 以及对应的特征函数 (f_i)，$i=1,2,3,\cdots,n$，最大熵模型的学习可以基于式（7.11）~式（7.19）进行，也就是在两个约束的条件下求解最大熵的模型的问题。以上算法可以表述为求解 $-H(P)$ 的最小值问题，有如下表述：

$$\min - (H(P)) = \sum_{x,y} \widetilde{P}(x)P(y|x)\log P(y|x) \tag{7.20}$$

满足条件

$$\sum_{x,y} \widetilde{P}(x)P(y|x)f_i(x,y) = \sum_{x,y} \widetilde{P}(x,y)f_i(x,y) \tag{7.21}$$

$$i = 1,2,3,\cdots,n$$

$$\sum_y P(y|x) = 1 \tag{7.22}$$

求解此问题所得出的解，就是最大熵模型学习的最终结果。

而关于此模型问题的求解，可以使用拉格朗日乘子定义拉格朗日函数求解对偶问题的方法来进行计算。下面描述拉格朗日乘子方法的大致过程，将约束最优化的问题转化为无约束最优化的对偶问题，通过求解对偶问题求解原始问题，首先引入拉格朗日乘子 $w_0, w_1, w_2, \cdots, w_n$，由此定义拉格朗日函数 $L(P,w)$：

$$
\begin{aligned}
& L(P,w) \\
\equiv & \sum_{x,y} \widetilde{P}(x)P(y|x)\log P(y|x) + w_0\Big(1 - \sum_y P(y|x)\Big) + \\
& \sum_{i=1}^n w_i\Big(\sum_{x,y} \widetilde{P}(x,y)f_i(x,y) - \sum_{x,y} \widetilde{P}(x,y)P(y|x)f_i(x,y)\Big)
\end{aligned} \tag{7.23}
$$

由于对拉格朗日函数求解偏导数：求 $L(P,w)$ 对 $P(y|x)$ 的偏导数。

$$\frac{\partial L(P,w)}{\partial P(y\mid x)} = \sum_{x,y} \widetilde{P}(x)(\log P(y\mid x)+1) - \sum_y w_0 - \sum_{x,y}\left(\widetilde{P}(x)\sum_{i=1}^n w_i f_i(x,y)\right)$$

$$= \sum_{x,y} \widetilde{P}(x)\left((\log P(y\mid x)+1)-w_0-\sum_{x,y}\widetilde{P}\sum_{i=1}^n w_i f_i(x,y)\right) \tag{7.24}$$

接下来令偏导数等于 0，在 $\widetilde{P}(x)>0$ 的情况下，解上述方程，再根据条件 $\sum_y P(y\mid x)=1$ 即可得最终的结果：

$$P_w(y\mid x) = \frac{1}{Z_w(x)}\exp\left(\sum_{i=1}^n w_i f_i(x,y)\right) \tag{7.25}$$

$$Z_w(x) = \sum_y \exp\left(\sum_{i=1}^n w_i f_i(x,y)\right) \tag{7.26}$$

式中，$Z_w(x)$ 被称为规范化因子。经过求解，可得到使得最终熵最大的 w_i，那么所得到的模型就会是最大熵的模型。

最大熵模型被称作为对数线性模型，模型的学习可被认为是在被给定的训练条件数据集合之下对模型进行极大似然估计或者是正则化的极大似然估计。

最大熵模型在面临一些稀疏事件时，会有比较好的效果，比如在一次统计中，即便是很大的训练文本，依然存在没有出现的二元组，单纯的经验统计可能就会武断地判断此二元组的出现概率为 0，然而这样的判断显然是不可取的，往往会使我们的判断出现错误。最大熵模型的存在，使得对于我们未知的事件的概率分布均匀化，而非差异化，即更加倾向于得到最大的熵。

7.1.2 基于词典的词义消歧方法

7.1.2.1 基于词典语义定义的消歧方法

有监督的机器学习方法需要大量的人工标注，往往耗时耗力。而人工标注可以以另一种方式替代，也就是对大规模词典进行提取与使用，即可在无监督的情况下获得一些人工标注的信息。此种方法比完全无监督的学习有更低的学习成本，也能获得不错的词义消歧效果。

对于基于词典语义定义的消歧方法主要采用词典中词条本身的定义来进行消歧，可在一定程度上很好地处理主题明确的语料文本。以单词 play 为例，作为名词它可指代戏剧和比赛，而作为动词则有游玩和演奏等意思。如若下文中出现 piano 之类的乐器词语，几乎可以断定，play 应当是演奏的意思；而如果语句中出现了"莎士比亚"，或是出现了《俄狄浦斯王》这样的名词，那 play 应当是名词"戏剧"的意思。上述文本的特征词汇，是判定词义、消除歧义的优良工具。

基于词典语义定义的消歧方法就是在描述一个多义词 w 及其多个义项 $s_1,s_2,s_3,\cdots,s_n$ 时，如 w 出现在某一个具体的上下文 c 中，选取上下文中的多个词语 $v_1,v_2,v_3,\cdots,v_n$，并计算 w 的每个义项的得分。得分最高的义项，被认为是最终结果。

然而，该方法的最终准确度仅有 50%~70%，其主要原因是词典中的描述与实际的复杂情况不能完全吻合。词典中所提到的义项是通过语言学家归纳总结后概括性的描述。而在现实的文本中，可能会出现双关语等语言现象。这样的复杂场景，基于词典语义的消歧方法往往难以应对。与此同时，词典往往难以跟上语言的时效变化，新词的诞生与词典收录新词之间存在一定时间差异。

7.1.2.2 基于义类辞典的消歧方法

1. 基于义类辞典的消歧方法的基本思想

D. E. Walker[3]提出的基于义类辞典的消歧方法的基本思想是，多义词的不同义项在使用时往往有着不同的上下文语义，因此，可通过上下文的语义范畴来判断多义词的使用义项。

从技术上，基于词类辞典的消歧方法是将目标多义词的上下文的单词提取出来，从已经分类好的义类辞典中找到上下文单词词义所属的类别并统计，再将目标多义词的词义所属类别与之比较，最终选择词义类别相同的词义作为该多义词词义。

比方说，当出现一些标志词语如 matrix、derivative 等，即可将其归类为 "math"。此时，parallel 会被定义为数学上的平行概念，而非地理或天文上的纬度概念。

2. 义类辞典消歧方法

一个词语可以有很多种分类方式，不同的分类方式会产生出不同的义类消歧方法。

（1）利用词类标记进行词义消歧

同一个词的多义词有不同的含义，同时也可能有不同的词性。通过判断上下文词语的词性以及句子结构推断出该多义词的词性，可借此实现部分消歧。以 "结果" 这个词为例，它既可以指名词，即事情发展的最后状态；也可以指动词，即长出果实。因此可根据上下文的词性判断是哪个意思。在 "这棵树结果了" 这一句子中，有主语但没有谓语，那么在主语后面的 "结果" 就很有可能是个动词。利用这个方法可轻易完成一些特定的多义词的词义消歧。

（2）词类相同，利用子类标记进行词义消歧

当多义词的词类相同时，第一种方法就不起作用，这时可以用子标记来进行判别。当词性确定时，可通过上下文的词的子类与该多义词的搭配来判断。例如 "栽培" 这个词，既可以指 "种植"，又可以指 "培养（人才）"。当后面的宾语是植物类的名词时，指的是 "种植" 这个意思；而当后面的宾语是人称时，则是 "培养人才" 的意思。表 7.2 所示的是某些名词与一些固定量词的搭配。

表 7.2 汉语名词子类划分（表中 "+" 表示可以搭配，"-" 表示不能搭配）

名词子类	代码	个体量词	度量词	容器量词	集体量词	种类量词	成形量词	不定量词	动/时量词	例词
个体名词	na	+	+	+	+	+	+	+	-	书、牛、白菜
物质名词	nb	-	+	+	+	+	+	+	-	冰、布、水泥
集合名词	nc	-	-	-	+	-	-	+	-	师生、弹药
抽象名词	ne	-	-	-	+	+	+	-	-	勇气、精神
专有名词	nf	+	-	-	-	-	-	-	-	北京、雷锋
过程名词	ng	-	-	-	-	-	-	-	+	暴雨、晚餐
无量名词	nh	-	-	-	-	-	-	-	-	重量、五官

（3）语法功能差异的词义消歧

当词性、子类都相同时，可以通过该词不同义项的语法功能差异来进行消歧。例如 "请" 这个字，有 "邀请" 的意思，也有作为敬语的意思。这两个义项都是动词，而且都是及物动词，在句子中出现时都要求带宾语。但第一个词义所带的宾语只能是名词性成分；第二个词义却相反，只能带动词性宾语。根据这种语法功能差异，可以判断出该词的意思。

（4）通过多义词搭配的语义类进行消歧

当上述方法都不能使用时，可通过该词上下文的语义类别与多义词不同义项的搭配程度进行比较。例如"黑暗"，既可以指物理上的光，又可以指精神上抽象意义的黑暗。通过上下文的语义类，如具体事物"房屋""天空"，则可能是第一个义项的意思；如出现"旧社会"这个词，则更有可能是第二个义项的意思。

3. 基于义类辞典的消歧方法的公式推导

面向基于义类的无导词义消歧方法，以下为公式推导：

第一步：实现基于向量空间从义项到义类的映射

1）选择《同义词词林》[5]作为义项资源，对其中多义词的义项建立词向量 U。

① 一个词有 n 个义项 $(X_1, X_2, \cdots, X_n)$。

② 在《现代汉语词典》中，可找到对应每个义项 (X_i) 的释义 (Y_i)，每个释义又包含着出现在释义中的词 $(W_1, W_2, \cdots, W_n)$。

③ 释义中的每个词 W_i 在《同义词词林》中有 n 个类码 $(\text{code}_1, \text{code}_2, \cdots, \text{code}_n)$，因而多义词的每个义项均可表示为由类码构成的文本。

④ 利用词语权重计算方法 TF-IDF 计算每个类码的权重：

$$w_{ik} = \frac{tf_{ik}\log(N/n_k+0.01)}{\sqrt{\sum_{k=1}^{t}(tf_{ik})^2\left[\log(N/n_k+0.01)\right]^2}} \tag{7.27}$$

式中，w_{ik} 为〈文本 i〉中〈词 k〉的权重；tf_{ik} 为〈词 k〉在〈文本 i〉中出现的次数；$\log(N/n_k+0.01)$ 为〈词语 k〉在多义词所有义项词语中分布情况的量化，其中 N 为文档集合中的文档数目，n_k 为出现过〈词语 k〉的文档数目；式中的分母是对各分量的标准化。

2）对多义词在《同义词词林》中的各义类分别建立类码向量 (V_i)。

① 多义词的每个义项 (S_i) 在《同义词词林》中分别有一个义类 $(C_1, C_2, \cdots, C_n)$，每个义类 (C_i) 由一组同义词 $\{w_1, w_2, w_3 \cdots\}$ 组成。

② 义类中的每一个同义词在《现代汉语词典》中均有一个或一个以上的释义，每个释义也可由一组词构成。

③ 对同一义类中的所有同义词的所有释义中的词语均由它们在《同义词词林》中对应的类码来表示，构成一个由类码构成的文本。

④ 根据 TF-IDF，建立每个义类的类码向量。

3）分别计算《现代汉语词典》中给出的多义词各义项的类码向量 (U_i) 与《词林》中的多义词各义类的类码向量 (Y_i) 之间的余弦距离，选取距离最小的义类为该义项对应的义类。

$$\cos\langle U,V\rangle = \frac{\sum_{j=1}^{t}\text{code}_{uj}\cdot\text{code}_{vj}}{\sqrt{\sum_{j=1}^{t}(\text{code}_{uj})^2\cdot(\text{code}_{vj})^2}} \tag{7.28}$$

第二步：获取特征

获取特征是依 Miller 和 Charles（1991）[4]在有关词义的研究中提出的"观其伴、知其义"的原理，即一个词所在的上下文能反映这个词当前的词义，由于同义词的上下文之间可能具有一定的相似性，因此以迭代的方式，通过同义词搜索上下文中最有可能与多义词相关的语义类作为种子，再利用这些种子进一步从它们的上下文搜索与该语义类相关的词语作为消歧特征，具体算法分为两个步骤：

1）选择种子义类：

① 对多义词在《同义词词林》中所属的每个义类做②、③。

② 在训练语料中收集《同义词词林》中该义类所有词语的上下文，对上下文中的词语标上类码，可表示为

$$\begin{cases} (\cdots, \text{code}_{-2}, \text{code}_{-1}, w_1, \text{code}_1, \text{code}_2, \cdots) \\ (\cdots, \text{code}_{-2}, \text{code}_{-1}, w_2, \text{code}_1, \text{code}_2, \cdots) \\ \vdots \\ (\cdots, \text{code}_{-2}, \text{code}_{-1}, w_j, \text{code}_1, \text{code}_2, \cdots) \end{cases} \tag{7.29}$$

式中，w_j 为该义类中的同义词，对属于多个义类的词语标上多个类码。

③ 统计式（7.29）中各类码出现的频率，选择出现频率最高的三个类码作为种子类，并对其中的词语利用互信息评价其权重如下：

$$W(s) = I(s;w) = \log_2 \frac{P(s,w)}{P(s)P(w)} = \log_2 \frac{C(s,w) \cdot N}{C(s) \cdot C(w)} \tag{7.30}$$

互信息是信息论中的一个概念，用来衡量两个事件的相关程度，此处用来评价类码中的词语和多义词的语义相关性。其中 s 为种子类码中的词语，w 为多义词，$C(s,w)$ 为训练语料中包含 s 和 w 的句子的个数，$C(s)$、$C(w)$ 分别为包含 s、w 的句子的个数，N 为训练语料的总句子数。

该步骤对多义词所属的每个义类均得到三个种子类码。

2）利用种子义类获取与该语义类相关的词语作为消歧特征：

① 对多义词所属的每个义类做第②~④步。

② 在训练语料中收集该义类的三个种子类码中词语的上下文。

③ 对这些上下文中重复出现两次或两次以上的词语利用增加条件概率的改进的互信息评价其权重如下：

$$\begin{aligned} W(s_{n+1}) &= P(s_n \mid w) \cdot I(s_n : s_{n+1}) \\ &= \frac{C(s_n,w)}{C(w)} \cdot \log_2 \frac{P(s_n, s_{n+1})}{P(s_n)P(s_{n+1})} = \frac{C(s_n,w)}{C(w)} \cdot \log_2 \frac{C(s_n, s_{n+1}) \cdot N}{C(s_n) \cdot C(s_{n+1})} \end{aligned} \tag{7.31}$$

式中，w 为多义词，s_{n+1} 为由种子类码中的词语 s_n 的上下文中获取的新的词语；$C(s_n,w)$，$C(w)$，$C(s_n, s_{n+1})$，$C(s_n)$，$C(s_{n+1})$，N 为训练语料的总句子数。

④ 将第③步中获得的词语及其权重存入特征集 F 中，在训练语料中收集 F 中词语的上下文，并重复第③步，当没有新的词语加入到 F 时，循环停止。

当义类的辞典能很好地与多义词所在的主题领域吻合时，义类词典的消歧方法能得到很好的效果。然而，当语义的主题成分复杂时，单纯通过义类来进行判别将很难获得合理的义类判别。不同义类词语都会出现强烈干扰词语的消歧，歧义词语可能因此被错误区分。在比较复杂的文本中，单一的义类分类也可能会导致一个在文章中多次出现且有多种含义的词语的意义无法被正确地识别，而是被单一地规划为一种意义，导致结果差强人意。

7.1.2.3　基于双语辞典的消歧方法

基于双语词典的消歧方法利用多种语言之间的上下文比对进行消歧。

该方法首先找出第一语言中需要消歧的目标短语，然后再将除目标词外的词都翻译为第二语言，并与该目标词的语义做比较，选择该目标词在第二语言共现次数多的语义作为该词的语义。

以 entropy 这个词为例，它的含义是指热学上的熵，还是信息论中的信息熵，可观察翻译其上下文后有否 joule 这样的单词出现。如果有，则可认为其意思应当是克劳修斯熵，属于物理的统计力学。若上下文有 bit、Shannon 这样的单词，则可认为是信息论中的香农熵。

这种词义消歧的方法相当于寻找多义词与其相关词的搭配关系。若在翻译后语言的语料库中出现的两者对应程度比较高，那么就可以认为这两者之间存在搭配对应的关系，就可以将原有的多义词定义为消歧之后的词义。

以下为一种基于双语词汇的 Web 间接关联的无指导语义消歧公式推导：

1. 双语词汇的间接关联

假设 X 是第一语言，Y 是第二语言，则对于双语平行句子 $(X_i, X_j, \cdots, X_k)$ 与 $(Y_i, Y_j, \cdots, Y_k)$，当 X_j 与 Y_j 是互译词时，它们有着几乎相同的共现特征，所以可以通过使用计算关联度的统计模型将两者联系到一起。这种真正互译词对产生的共现也被称作直接相关或者直接关联。

实际上，假设 Y_j 与 Y_i 经常出现在一起，则翻译系统就有可能将 Y_i 与 X_j 联系起来。当 Y_i 与 Y_j 关系越密切时，X_i 与 Y_j 的关联性就会越强。

2. 利用间接关联进行译文消歧

一般情况下，假设源第一语言的词 X 有 n 个词义，分别有 n 个第二语言释义。那么间接关联消歧就是要通过第一语言的待消歧词的上下文的词与第二语言的关联度来确定 X 在第一语言中最合适的义项。

假设英语候选单元为 e_p，汉语候选单元为 c_p。首先为每个候选翻译对 (e_p, c_p) 引入以下联列关系，以便计算英语单元 e_p 和汉语单元 c_p 之间的关联程度：

$a = \mathrm{freq}(e_p, c_p)$：同时包含英语单元 e_p 和汉语单元 c_p 的句对数。

$b = \mathrm{freq}(e_p) - \mathrm{freq}(e_p, c_p)$：仅包含英语单元 e_p，不含有汉语单元 c_p 的句对数。

$c = \mathrm{freq}(c_p) - \mathrm{freq}(e_p, c_p)$：仅包含汉语单元 c_p，不含有英语单元 e_p 的句对数。

$d = N - a - b - c$：不包含英语单元 e_p 和汉语单元 c_p 的句对数，其中，N 表示语料的规模，即双语句对的总数。

最常用的计算候选单元之间翻译概率的统计同现模型为点式互信息、Dice 系数、Phi 平方系数和对数似然比。

（1）点式互信息（PMI）

$$\mathrm{PMI}(e_p, c_p) = \log \frac{N \times \mathrm{freq}(e_p, c_p)}{\mathrm{freq}(e_p) \times \mathrm{freq}(c_p)}$$

$$= \frac{N \times a}{(a+b) \times (a+c)} \tag{7.32}$$

（2）Dice 系数（Dice）

$$\mathrm{Dice}(e_p, c_p) = \frac{2\mathrm{freq}(e_p, c_p)}{\mathrm{freq}(e_p) + \mathrm{freq}(c_p)} = \frac{2a}{(a+b) + (a+c)}$$

$$= \frac{2a}{2a+b+c} \tag{7.33}$$

（3）Phi 平方系数（PHI）

$$\mathrm{PHI}(e_p,c_p)=\frac{(ad-bc)^2}{(a+b)(a+c)(b+d)(c+d)} \tag{7.34}$$

（4）对数似然比（LLR）

$$\mathrm{LLR}(e_p,c_p)$$
$$=2[\log L(p_1,a,a+b)+\log L(p_2,a,a+b)-\log L(p,a,a+b)-\log L(p,c,c+d)] \tag{7.35}$$

式中，$\log L(x_1,x_2,x_3)=x_2\log(x_1)+(x_3-x_2)\log(1-x_1)$，$p_1=a/(a+b)$，$p_2=c/(c+d)$，$p=(a+b)/(a+b+c+d)$，$\log(0)=0$。

7.1.3 无监督的词义消歧方法

在无监督的消歧方法中，机器学习时所使用的训练数据是未经标注的。需要利用聚类算法对同一个多义词的所有上下文进行等价类划分。如果一个词的上下文出现在多个等价类中，那么，该词被认为是多义词。然后，在词义识别时，将该词的上下文与其各个词义对应上下文的等价类进行比较，通过上下文对应等价类的确定来断定词的语义。无监督的学习通常称为聚类任务。

常用的无监督的词义消歧方法为 H. Schütze（1998）提出的上下文分组辨识（context-group discrimination）方法[6]。这种方法的中心思想与统计消歧方法的基本观点相似：对于一个多义词，相同的义项使用总是出现在类似的文本中，因此消歧工作实际上是检查文本的类似度。

上文提到，有监督的词义消歧方法存在较为严重的数据稀疏问题，为了降低对真实数据的依赖性且不失准确性与科学性，H. Schütze 采用了共生的二阶统计量（second-order co-occurrence statistics）。对于如何从某个相关的单词中获得它的词向量，有两种不同的方式。第一种方式将上下文的所有单词放入词向量中，即常说的共生的一阶统计量（first-order co-occurrence statistics）。第二种方式基于第一种方式，首先计算上下文中所有相关的一阶词向量，然后设置一个新的词向量包含上下文中所有相关的一阶词向量，该新设置的词向量即为共生的二阶统计量。但是这种消歧方法也存在很大的弊端。根据日常经验可以了解到，同义词的相同词义出现的上下文有时类似度并不高，甚至有较大区别。例如 bank 选择 "银行" 这一义项时：

1）Some stockbrokers，in collusion with bank officials，obtained large sums of money for speculation.

2）The central bank will provide special loans，and the banks will pledge the land as security.

句子 1）和 2）的上下文类似度并不高。

为了减弱这一弊端造成的影响，H. Schütze 对词汇集中的每一个词 w 定义了关联向量 $A(w)$，该向量定义为 w 的平均上下文：

$$A^w=\sum_{i=1}^{n}\delta(w_k.w)\langle C_k^1,C_k^2,\cdots,C_k^w\rangle \tag{7.36}$$

式中，上标表示词汇集中的词形，如 w^j 表示词汇集中的第 j 个词；下标表示一个词在语料库中的一次具体使用，简称为 "词用"，如 w^k 表示语料库 $W=w_1w_2\cdots w_k\cdots w_n$ 中的第 k 个词，n 为词的个数，即语料库大小；C_k^j 为词形 w^j 出现在 w^k 的上下文中的次数。$\delta(x,y)$ 为克罗内克（Kronecker）函数。一个词用的上下文向量定义为该词邻近的 N（不妨取 $N=100$）个词的关联向量之和：

$$C(w_i) = \sum_{j=1}^{N} c_i^j A(w^j) \tag{7.37}$$

这样处理的基本思路是，尽管一个多义词的同一个意义所出现的两个语境中相同的词可能很少，但这两个上下文语境的相似性仍然能够表达出来。由于不同的词形在语料库中的使用频率不同，因而，其关联向量的长度也不一样。因此，这里所说的向量相似，是独立于向量的长度而单指向量方向的。H. Schütze 通过计算两个向量之间夹角的余弦函数值来比较两个向量之间的相似性，夹角越小，余弦函数值越大，相似性也越大：

$$\cos(a,b) = \frac{\sum_{k=1}^{m} a_k b_k}{\sqrt{\sum_{k=1}^{m} a_k^2 \sum_{k=1}^{m} b_k^2}} \tag{7.38}$$

式中，a、b 为两个 m 维的向量。

简单而言，该方法对于所有出现的歧义词，将能得到一个上下文向量，进而对这些上下文进行聚类，即将向量转换为感观向量。一个感官向量是上下文向量的质心，从而因为上下文可以根据向量到感观向量的距离分类，而区分歧义词的含义。

7.1.4　词义消歧系统评价

词义消歧与其他自然语言问题的研究一样，系统评测是一项很重要的环节。各类词义消歧算法实用性、准确性究竟如何，有哪些方面可以改进，都是需要考虑的问题。

SENSEVAL 是由国际计算语言学学会（ACL）词汇兴趣小组（SIGLEX）于 1997 年开始组织的关于词义消歧的公共评测任务[7,8]，该评测为各类算法提供了相同的训练和测试集，使得各类技术的比较具有较高的可信度。其测试结果能够比较真实地反映当前词义消歧研究的实际水平。

第一次 SENSEVAL 评测是于 1998 年夏天举行的，研讨会于同年 9 月在英国召开，此后每三年举行一次，至今已经举行了三次，分别记作 SENSEVAL-1、SENSEVAL-2 和 SENSEVAL-3。SENSEVAL 评测的主要指标为词义消歧的准确率（P）、召回率（R）、覆盖率（COV）和 F-测度值（F1）：

$$P = \frac{系统输出中正确的标记个数}{系统输出的全部标记个数} \times 100\% \tag{7.39}$$

$$R = \frac{系统输出中正确的标记个数}{金标语料中全部正确的标记个数} \times 100\% \tag{7.40}$$

$$COV = \frac{系统输出中正确的标记个数}{语料中全部标记的个数} \times 100\% \tag{7.41}$$

$$F1 = \frac{2PR}{P+R} \tag{7.42}$$

所谓的"金标语料（gold standard corpus）"是指由人工标注或校对的质量很高的评测集的标准答案语料。

SENSEVAL 评测从 1998 年的第一届到 2004 年的第三届，经过了一个快速发展的过程，SENSEVAL-3 的评测范围已经扩展到包括英语、西班牙语、意大利语、罗马尼亚语等十多种语言。在 SENSEVAL-3 中，英语的词汇样本任务（即给定一些词义标注的样本，基于这些样本和其他外部构造进行分类）是研究最多、水平最高的一项，来自世界上 27 个研究集体的 47 个词义消歧系统参加了该任务评测[9]。在评测中，英语词汇样本测试任务中的每个多义词要求分别在粗粒度（coarse grained）和细粒度（fine grained）两种定义的情况下进行词义消歧处理。结果在所有参评的 47 个系统中，性能表现最好的系统在粗粒度定义下词义消歧的正确率和召回率均为 79.3%，在细粒度定义下的正确率和召回率为 72.9%。其中，性能表现排名在前几位的系统分别采用了朴素贝叶斯分类器、支持向量机和最大熵等方法，并结合了多种知识源。从 SENSEVAL-3 的测试结果来看，词义消歧技术显然还有很大的改进空间。

对词义消歧系统的评测曾一度被认为是一个比较困难的问题。由于选择的目标多义词不同、依据的语义词典不同、基于的词义标注语料不同、面向的应用目标不同（例如应用于信息检索或应用于机器翻译），很难评价与对比不同词义消歧系统的性能。为了填补这些缺陷，提供一个统一的测试平台，ACL 词汇特别兴趣研究小组（the Special Interest Group on the Lexicon of the ACL，ACL-SINGLE）发起了 SemEval 国际词义消歧竞赛，作为 ACL 会议的一个研讨会（workshop）举行。SemEval 于 1998 年举行了第一届，2001 年第二届，2004 年第三届，2007 年第四届。无论是比赛任务还是参赛系统，SemEval 都有了很大发展。图 7.2 所示为 SemEval 历届比赛不断发展壮大的情况。SemEval 提供的词义标注语料已成为重要的词义消歧训练和测试数据，发表高水平词义消歧研究的相关论文时，一般都需要在 SemEval 语料上进行评测。2007 年第四届词义竞赛开始由单纯的词义竞赛扩展到了更为广泛的语义研究。SemEval-2007 除了包括词义消歧竞赛之外，还包括语义关系分类、转喻消解、词语替换、网络人名检索、文本情感分析、时间关系识别等多种相关的语义竞赛。

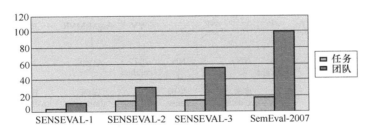

图 7.2　SemEval 国际词义消歧竞赛

作为一个经典的自然语言处理任务，词义消歧工作并非工作的最终目的，而是达到最终目的，即实现词义理解、投入应用过程中不可或缺的一环，因此如何将词义消歧这个"过渡环节"有效嵌入语言应用系统，从而提高应用系统的最终性能，也是词义消歧正在努力的方向之一。

7.2　语义角色标注

语义角色标注的定义是，以句子的谓语为中心，不断拆分句子的其他成分，从而找出句子其他成分与句子谓语之间的关系。

这句话其实很好理解，代入生活中的经验，在看到一句话时我们会从句子中了解到，句子说了什么，谁在哪，做了什么事，对谁做了什么事，结果如何。主观的句子分析更多是以句子中的主语为核心，然后找出主语的谓语以及宾语。而在进行语义角色标注时，则是先找到句子的谓语，然后找到其他成分与谓语之间的关系。请看以下例子：

〔鲍勃〕**NR**〔上周〕**T** 在〔医院〕**S**〔确诊〕**V** 了〔肺炎〕

在进行语义角色标注时，需首先找到句子中的谓语"确诊"，然后分析句子其他成分与谓语之间的关系。"鲍勃"是主语（NR）；"肺炎"是宾语（NZ）；"上周"是句子中事件的发生时间（T）；"医院"是句子中事件的发生地点（S）。

句子中的其他成分为核心谓语所关联的论元。论元指的是句子中的一个名词性单词，例如 monkey likes banana，就是含有两个论元，即 monkey 和 banana。根据上述例子，可根据各句子成分与核心谓语之间的关系，从而构建一个谓语—论元的类似于树状的结构，如图 7.3 所示。

进一步地，可归纳出语义角色标注的目的是确定句中谓词的位置，并找出谓词所对应的语义角色成分，包括核心语义角色（如主语、宾语等），以及其他从属的语义角色（如地点、时间、原因等）。

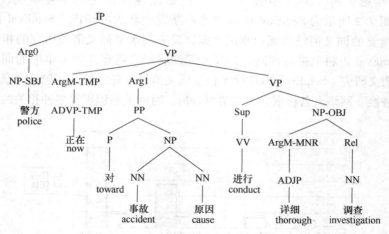

"The police are conducting a thorough investigation of the cause of the accident."

图 7.3　核心谓语—论元结构

在语义角色标注（见表 7.3）中，需重点关注语义角色标注的分类问题以及角色选择问题：

1）句子的谓语：谓语是句子的核心，一般为动词或形容词。

2）核心论元：即与谓语直接相关的论元，通常用 Arg$N$ 表示，其中 N 就是从 0 到 5 的整数，从而将核心论元大概分为施事者、受事者、动作的开始与结束等六大类。

3）不与谓语直接相关的论元：这些论元一般都可独立存在的，如时间、地点、范围等，用 ArgM-XXX 来表示。

表 7.3　语义角色标注

标签	含义	标签	含义
Arg0	施事	ArgM-DIS	标记语
Arg1	受事	ArgM-DGR	程度
Arg2	范围	ArgM-EXT	范围
Arg3	动作开始	ArgM-FRQ	频率
Arg4	动作结束	ArgM-LOC	地点
Arg5	其他动词相关	ArgM-MNR	方式
ArgM-ADV	状语	ArgM-PRP	目的
ArgM-BNF	受益人	ArgM-TMP	时间
ArgM-CND	条件	ArgM-TPC	主题
ArgM-DIR	方向		

7.2.1　语义角色标注基本方法

7.2.1.1　自动语义角色标注的基本流程

语义角色标注的目标为围绕核心谓语对句子中的其他部分进行标注。具体的实施步骤为

1. 对句子进行句法分析并对候选论元进行剪除

一个论元有时是由一两个词或者是多个词构成的，当句子较长时它所包含的论元就比较多。尤其是当处理一大段文本时，所需处理的论元数更是巨大。如对所有论元都进行判断和处理，所需的计算量将十分巨大。此时对候选论元进行剪除显得尤为重要。

1）在进行论元剪除的过程中，常用**基于句法分析**的论元剪除方法（见图 7.4）：

① 将核心谓词作为当前的节点，然后按顺序对比它的兄弟节点，如果一个兄弟节点和当前节点在句法分析的结构上不是并列关系，则将其作为候选项。如果该兄弟节点的句法标签是 PP，则将它的所有子节点都作为候选项。

② 不断地将当前节点的父节点作为当前节点并重复上述步骤。直到当前节点是句法树的根节点。

2）还有一种是**基于依存分析树**进行的候选论元的剪除（见图 7.5）。具体步骤是

① 首先是将谓词作为当前节点，并将它所有的子节点都作为候选项。

② 然后再将当前节点设为它的父节点，不断重复上面的过程，直到当前的节点是依存句法树的根节点。

2. 对剩下的论元进行识别和判断

论元识别的主要目的是对上一步中出现的论元进行识别和判断，判断上面筛选出来的候选论元是否是句子真正的论元。论元识别中是为了判断是否为核心谓词的论元，在这一过程中无需对论元的属性做一个详细的判定，而是简单判别该论元是否为核心谓词的论元，因此该过程可简化为一个二值分类问题。

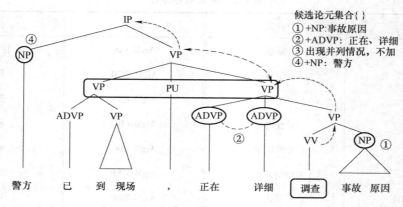

图 7.4　基于句法分析的论元剪除方法

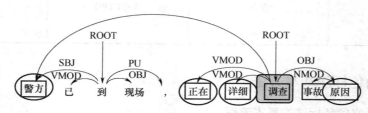

图 7.5　基于依存分析树的论元剪除方法

3. 对论元进行标注

整个过程中最为关键的一步，是论元的标注。在整个过程中对各论元进行处理和分析，根据其在句子中的结构以及结合前面得到的句意分析，对每个论元的属性进行标注。这个过程可以看作一个多分类过程。

以神经网络方法为例（见图 7.6）。神经网络是由输入层、隐藏层以及输出层构成的，其中的核心是隐藏层。隐藏层中往往会由一定的方程对输出的参数进行处理和分析，从而得到一个输出参数。如果有多个隐藏层则会输入到下一个隐藏层中，最后直到没有下一隐藏层时将参数输出。隐藏层中的处理方程在标注过程中发挥着十分重要的作用。各个参数的值是由输出的结果与真实结果间的差异的值从后往前不断向前反馈的，从而不断迭代更新参数值。

7.2.1.2　基于短语结构树的语义角色标注方法

与句法分析有些类似，语义角色标注的任务是分析句子的结构。区别在于语义角色标注以一个句子为基本单位，不深入分析句子所包含的语义信息，仅围绕句子的谓词—论元结构（与谓词搭配的名词）进行分析。

句法分析可用于分析句子中的词语语法功能。语义角色标注正是基于句法分析产生的，或者说语义角色标注本身就是由句法分析延伸而来。而句法分析包括了浅层句法分析、短语结构分析和依存关系分析。由此，语义角色标注的基本方法也分为了基于浅层句法分析结果、基于短语结构树和基于依存句法分析结果的语义角色标注。虽然这三种方法的基点各异，但是它们对句子进行语义角色标注的基本流程却是类似的。

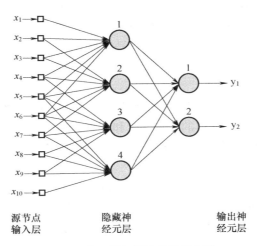

图 7.6　基于神经网络的论元标注

　　短语结构树是指将句子的短语结构句法分析的结果以树形结构输出，即对每一个输入的句子通过构造短语结构树来完成对它的分析。短语结构树不仅可以表示出句子的语法关系，也可以清楚表示出句子的层次，如图 7.7 所示。

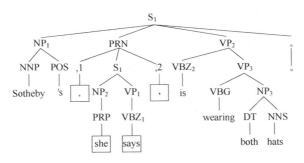

图 7.7　短语结构树

　　语义角色标注的第一步是候选论元剪除过程。在短语结构树上，剪枝操作包括插入语以及并列结构剪枝两种情况：

1. 插入语

　　插入语在句子中一般属于独立语，将其删除可以使句子得到简化，而不影响句意，便于计算机对其进行分析。

　　此外，当句子中含有括号时，虽然括号中的内容不会被标记为插入语，但它同样不是句子的直接成分，因此也属于插入语的范畴。

　　当完成句子中插入语的标记后，将标记出词的插入语剪枝，剩下的部分合并在一起作为语义角色分析的基本单元。若插入语中含有谓词，则保留插入语中的谓词以及相关论元，以未剪去插入语之前的句子进行语义角色分析。

　　图 7.8 中，句子未进行剪枝之前，先对原来的完整句子进行语义角色分析，此时插入语为"，she says，"，其中的谓词 says 的语义角色被分析出来。图 7.8 中方框部分为剪枝所去

除的部分，然后将插入语剪枝后剩下的 "Sotheby's is wearing both hats." 单独作为一个新的句子进行分析，分析得到的谓词—论元结构与插入语中的得到的谓词—论元结构合并在一起即作为原语句的语义角色分析结果，对于含括号的插入语也采取这种分析—剪除—合并的处理方法。

2. 并列结构

假如两个词语或句子所传递信息的重要性差不多相等，则称之为并列结构。例如，"he has a cute and clean cat." 这句子中的 "cute" 和 "clean" 可被认为是并列的。将并列结构中的第一个并列成分保留，另外的并列成分剪去，所得的句子得到了简化而没有改变句子的结构。

并列结构中，几个相同的成分按次序前后排列起来，或者用表并列的连接词串联起来，包括了名词短语并列、介词短语并列、子句并列、从句并列。在句法分析中，短语结构树对并列结构的判断分为了有标记以及无标记两种。其中，无标记的并列结构主要处理名词短语并列，而有标记的并列结构则范围大得多，几乎包括了名词短语并列、介词短语并列、从句并列、子句并列各个方面。在短语结构树中，如果两个相同成分在树中的位置是兄弟关系而且两者之间被标记为 CC，则这两个成分并列。对于有标记的并列结构的处理方式分为两种：

1）子句并列：当树中含有 SCCS 的结构，S 表示句子，CC 表示两个成分并列，则称两个子句 S 是并列关系。此时，只需将这两个并列的子句分别进行语义角色分析，将整句话的分析结果视为各自分析结果的合并；

2）其他并列：并列结构除子句的并列，还有名词短语并列、介词短语并列、从句并列。当句法分析判断两个名词短语是并列结构时，将第一个名词短语保留，其他的进行剪枝，例如 "A，B and C is doing something" 剪为 "A is doing something"。对于介词并列、从句并列，也可采用与名词短语并列同样的剪枝处理方式，只是剪去的成分不同。剪枝的部分不再进行单独的分析，只需在还原时将剪枝的部分表示为与其并列结构的同一个语义角色即可。

从上述方法中，可以看出这种基于短语结构树的语义角色识别方法能有效地对句子结构进行简化。通过剪枝减少候选项的数目，可以极大地提高语义角色标注的效率。至于论元辨识和论元标注一般采用已有模型的命名实体识别方法获得，或者与剪枝处理合并操作，这里不再赘述。

7.2.1.3　基于依存关系树的语义角色标注方法

当前，语义角色标注大部分以句法树为基础，以句法分析为理论进行研究，也取得了不俗的成绩。

作为基于依存关系树的语义角色标注法的开拓者，Hacioglu[10]最早实现了以依存关系为基础标注单元的语义角色标注。与将句法成分作为标注单元的基于句法结构树的语义角色标注不同的是，基于依存关系树的语义角色标注把依存关系作为了标注的基本单元。由于句法树和依存树两者结构的天然差异，依存关系树能蕴含更多且句法结构树难以包含的语义信息，因此基于依存关系树的语义角色标注也取得了与基于句法树的语义角色标注可比较的不俗性能。

依存关系是基于依存关系树的语义角色标注法的基本标注单元。1970 年，美国计算语言学家 J. Robinson[11]提出了依存语法的 4 条公理；1987 年，K. Schubert[12]在研制多语言机器翻译系统 DLT 的工作中，又提出了用于语言信息处理的依存语法 12 条原则，不仅包含了 Robinson 的 4 条公理，还拓展了依存关系的应用领域，使其更加适于自然语言处理的要求。依存语法的进一步完善也推动了基于依存关系树的语义角色标注法的发展。

依存语法的实现有两个主要方向：基于规则和基于统计。现在的主流是基于统计的方法，而基于统计的方法又包括基于图的方法和基于决策的方法。基于图的方法将依存句法分析问题看成从完全有向图中寻找最大生成树的问题；基于转移的方法将依存树的构成过程建模为一个动作序列，将依存分析问题转化为寻找最优动作序列的问题。

1. 何为依存关系

依存关系表示的是句子中各成分间的相互关系，一般以谓词为核心。以图 7.8 为例。在该关系图中，可以看到它用带箭头的弧线连接两个有关系的单词或短语，其中，箭头所指向的单词称为依赖词，箭头所对应的另一单词称为中心词，箭头上标记的是两者之间的关系。表 7.4 给出了各种关系类型的示例。

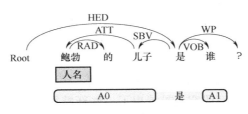

图 7.8 依存关系

表 7.4 关系类型和标记

关系类型	标记	描述	示例
主谓关系	SBV	sub ject-verb	我送她一束花（我<-送）
动宾关系	VOB	直接宾语，verb-object	我送她一束花（送->花）
间宾关系	IOB	间接宾语，indirect-object	我送她一束花（送->花）
前置宾语	FOB	前置宾语，fronting-object	他什么书都读（书<-读）
兼语	DBL	double	他请我吃饭（请->我）
定中关系	ATT	attribute	红苹果（红<-苹果）
状中结构	ADV	adverbial	非常美丽（非常<-美丽）
动补结构	CMP	Complement	做完了作业（做->完）
并列关系	COO	Coordinate	大山和大海（大山->大海）
介宾关系	POB	preposition-object	在贸易区内（在->内）
左附加关系	LAD	left adjunct	大山和大海（和<-大海）
右附加关系	RAD	right adjunct	孩子们（孩子->们）
独立结构	IS	independent structure	两个单句在结构上彼此独立
核心关系	HED	head	指整个句子的核心

2. 基于依存关系树的语义角色标注方法

构建基于依存关系的语义角色标注系统的两个关键点，分别是预处理和特征模板选择。

预处理需要使用剪枝算法对语句进行预处理，删除依存树上的不可能承担谓词角色的词语，以消除不必要的结构化信息，有效地减少输入到分类器中的实例个数，提高语义角色标注的效率。在剪枝算法中：

首先，输入依存树的根节点和当前谓词所在的节点，指定当前谓词节点作为待处理的节点，并收集其子节点作为待识别关系的节点。

然后，将子节点的所有兄弟节点保存，也作为待识别的节点。重置当前要处理的节点至其父节点，重复第一步，直到树的根节点。

最后，输出进入识别阶段各节点间的关系。

基于依存句法树的剪除过程一般要比基于短语结构树的剪除过程更加简单。这是因为依存关系树自身的结构就已很大程度地描述了谓词、论元之间的关系。换句话说，基于依存句法的谓词—论元关系表示方式更接近于依存句法本身的表示形式。但因为只取谓词的子节点、兄弟节点以及到树根节点路径上的关系，其他不少深层的承担角色关系的节点也被剪枝掉了，难免会造成一些误差。

谓词、句法类型、子类框架、分析树路径、位置、语态和中心词是基本特征模板选取的7个基本特征。在此之上，已有研究又扩展出了一些新特征，以及一些组合特征，以提高识别系统的性能。以下列举几种常用特征：

1）谓词（predicate）：谓词本身及其词根。

2）谓词的词义：谓词在语料中的词义类别。

3）谓词词性（predicate POS）：谓词的词性。

4）谓词父节点的词及词性。

5）谓词与其父节点之间的依存关系类别。

6）依存关系路径（relation path）：依存句法树上从候选词到谓词的路径。

7）位置（position）：论元出现在谓词之前还是之后。

8）语态（voice）：谓词是主动语态还是被动语态。

9）从属类别（dependency sub-categorization）：谓词的所有子节点对它的依存关系类别。

10）候选词自身。

11）候选词最左与最右的子节点的词与词性。

12）候选词两侧最近的兄弟节点的词与词性。

目前，语义角色标注的领域适应性问题仍有待解决。现有方法大多集中在如何减少词汇化特征的稀疏性上，而对基于短语结构树和依存关系的语义角色标注系统中所使用的各种句法特征的稀疏性却尚未有十分有效的解决办法，这也是日后语义角色标注需要攻克的难点之一。

7. 2. 1. 4 基于语块的语义角色标注方法

自然语言分析技术大致分为三个层面：词法分析、句法分析和语义分析。语义角色标注是实现浅层语义分析的一种方式。

语义角色标注的基本概念是以句子的谓词为中心的一种对于句子的浅层分析。它在标注的过程中并不对句子包含的信息进行深入的分析，而只分析句子中各成分与谓词之间的关系，即句子的谓词—论元结构，并给论元一个描述，这就是语义角色标注。

通常语义角色标注可以提取句子中的一些结构化信息，这对于机器理解、信息抽取、深度问答等应用非常重要。

1. 传统的语义标注方法

传统的语义标注方法将语义角色标注任务拆分成不同的环节，通常包括下面五个流程：构建一棵句法分析树；从句法分析树上识别出给定谓词的候选论元；候选论元剪除；论元识别；再对于第四步的结果，通过多分类得到论元的语义角色标签。这种传统技术方法严重依赖于语法分析结果，句法分析的准确率本身就很难达到很高，并且每个环节的错误率都会影响下一个环节的结果，每个环节错误的传递会导致标注结果的不理想。再加上本身语义标注仅仅是对于特定谓词进行论元标注，对于多谓词本身就没有涉及，而且也不会补出句子所省略的部分语义，信息本身就会有所缺失。因此语句的还原度比较低下。

Huang 和 Yates（2010）针对基于语块的语义角色标注方法进行了领域适应性研究[13]。他们的方法与 Deschacht 和 Moens（2009）[14] 的工作很相似，就是寻找每个词背后的隐含状态，但这种方法只适用于词汇化的特征。由于基于语块的语义角色标注方法所使用的句法特征既少又简单，因此除了"路径"这个句法特征之外，其他句法特征的稀疏性不大。对于该方法中稀疏性较大的"路径"特征，他们单独对其进行聚类。这次的研究表明该方法显著提高了语义角色标注的领域适应能力。但是，该方法是为基于语块的语义角色标注方法量身定做的，在基于短语结构树和依存关系树的语义角色标注中，所使用的句法特征更多而且更加复杂，Huang 和 Yates（2010）[13] 对"路径"特征进行聚类的方法也不再适用，因为在短语结构或依存结构树上，"路径"是树中二维的片段，而不是一维的序列，无法用隐马尔可夫模型对树上的句法特征进行聚类。

Croce（2010）[15] 利用框架网（FrameNet）语料研究了语义角色标注的领域适应性问题。对于论元标注任务，他们只使用论元的中心词和谓词与该中心词之间的依存关系这两个基本特征，不使用任何句法特征，其目的是通过减少使用的特征数目来减小模型的过拟合程度。同时他们使用隐含语义分析方法在未标注语料上统计词汇的语义分布，并用统计结果来减小词汇化特征的稀疏性。2015 年庄涛博士提出基于深层信念网（Deep Belief Network，DBN）[16] 的隐含特征表示模型来提高语义角色标注在领域外测试数据上的性能。他将原始特征向量分成了多个组，从而大大减少了模型中参数的个数，训练 DBN 模型的计算量随之大幅度降低，使得该方法在实际中可行。尽管如此，这些方法依旧集中在如何减少词汇化特征的稀疏性上。

然而，通过这样构建谓语—论元的分析结构并不能理解一些复杂的句子。比如，今天下雨骑车，差点摔倒，还好我一把把把把住了。

如通过上述方法进行语义角色的标注，即使一开始确定核心谓语为"把"，机器还是不能很好地将句子中的其他成分分析好。事实也的确如此，语义的角色标注是一种浅层的语义分析技术，并不会对句子所包含的语义信息进行深入的分析。

从上述例子可以看出，在进行语义角色标注时，语义角色的标注过于依赖句法分析的结果。除此之外，现有的语义角色标注还有一个缺陷是它的领域适应性太差。在进行语义角色标注之前，往往会对句子中的语料做一些标注，而人工语料标注的成本是非常高的。现有的语料标记很多都是从《华尔街日报》中获得的，该语料在经济类的表现中比较出色，而应用到其他领域其准确率则大大下降。综上，可看出传统的语义角色标注技术，其性能依赖于特征工程，需要大量的特征提取工作，然后现有技术对于数据不足的情况表现不佳，鲁棒性也有限。

2. 深度学习方法

对于传统的语义角色标注技术的不足，一些研究专家提出了相应的研究方法。随着深度学习技术不断地应用到自然语言处理的领域，也有研究学者提出了将深度学习技术应用到语义角色标注中来。比如 Zhen Wang 等[18]提出了采用双向 RNN 的方法来进行中文语义角色标注，Feng Qian[19]提出将依存树结构通过架构工程的方法放入到 LSTM 细胞单元的计算中，从而充分利用句子的句法依存结果来提高语义角色标注的结果。图 7.9 是上述两个方法的网络结构。

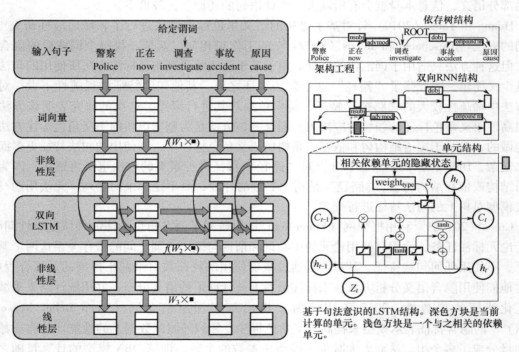

图 7.9　基于双向 RNN（左）[17]和 LSTM（右）[18]的语义角色标注模型图

语义角色标注的应用领域比较广泛，如可用于科技情报的分析、新闻领域复述句的识别等。但现存一些技术问题仍有待解决。

7.2.1.5　语义角色标注的融合方法

传统的语义角色标注方法，无论是基于短语结构树，还是基于依存关系树，都十分依赖于对于句法与语义分析结果的正误，因此标注结果的准确率往往难以达到理想的水平。那么，如果通过某种方式对语义角色标注后的不同结果进行结合与修正，就能综合得到一个更加接近理想结果的语义角色标注结果。这些方法被称为基于语块的语义角色标注的融合方法。

1. 基于整数线性规划模型的融合方法

作为最早被提出的一种融合方法，基于整数线性规划模型的融合方法首先需要得到融合对象系统中各个论元的概率，再根据实际需要与某些语言学规则确定适当的线性约束条件，而后令语义角色标注的融合结果满足所有约束，最终输出融合结果。

以图 7.10 为例，语义角色标注结果 R1~R4 为不同句法分析方式下得出的不同结果。应用基于整数线性规划模型的融合方法，当令语义角色标注的融合结果中各论元的概率之和达到最大值时，融合结果中"警察"应标为［A0］，"已到现场"应无任何标注，"正在详细"则应标注为［AM-TMP］［AM-MNR］。由此可见，尽管 R1~R4 的标注结果不完全正确，但通过基于整数线性规划模型的融合方法得到了正确结果。

句子	警察	已	到现场,	正在	详细	调查	事故	原因
R1	［A0］				［ AM-TMP ］	［ V ］	［ A1 ］	
R2	［A0］				［ AM- MNR ］	［ V ］	［ A1 ］	
R3				［AM-TMP］	［AM-MNR］	［ V ］	［ A1 ］	
R4	［A0］	［ AM-TMP ］		［AM-TMP］	［AM-MNR］	［ V ］	［ A1 ］	
Cmb	［A0］			［AM-TMP］	［AM-MNR］	［ V ］	［ A1 ］	

图 7.10 语义角色标注结果

基于整数线性规划模型的融合方法虽有助于引入基于语言学知识的约束条件以影响与制约不同语义角色标注结果的融合，但存在着对不同系统标注结果均同等对待的弊端。尽管相比于单一语义角色标注结果，通过这种方法得到的融合结果有效减轻了句法分析错误带来的负面影响，但仍存在着不小的改进空间。

2. 最小错误加权的系统融合方法

不同于基于整数线性规划模型的融合方法，这种方法提出了一种最小错误加权的融合策略来减小语义角色标注对句法分析的依赖。基于整数线性规划模型的融合方法对各个融合对象系统的结果取相同权重。

而最小错误加权的系统融合方法需要将所有系统得到的不同标注结果根据系统可信度的高低分别赋予不同大小的权重，并且通过在开发集上最小化错误函数来训练这些权重，然后再对各个系统的各个不同论元一一加权合并以得到最终的融合结果。

相较于传统的基于整数线性规划模型的融合方法，这种方法无疑更具鲁棒性，实验结果同样验证了这一点。通过最小错误加权的方式得到的融合结果不仅比单一的语义角色标注方法得到的结果更加准确，并且较之基于整数线性规划模型的融合方法，能够更加有效地缩小句法分析错误在语义角色标注时造成的误差。

除了上述融合方法以外，还有诸如基于贪婪算法的语义角色标注融合方法、基于短语结构分析树、依存句法分析树和语块的语义角色标注结果融合方法等不同融合方法。

7.2.2 语义角色标注的领域适应性问题

语义角色标注的领域适应性问题是当下语义角色标注研究领域中的一大难题。在 CoNLL 2005、2008 和 2009 这三次公共任务评测中，评测者均设置了领域外测试任务。尽管三次公共任务的评测目的与方向不完全一致，但三次任务均共享相同的训练集与数据集，并且在领域内外测试集上的 F1 值一般相差 10 个百分点以上。因此，目前语义角色标注方法的领域适应能力非常差。

造成现有的语义角色标注方法领域适应能力差的原因是多方面的。除了语义角色标注方法本身的适应能力差之外，与之相关的词法分析器和句法分析器的领域适应能力差也是其中的重要原因。因此，如何提高语义角色标注方法的领域适应能力是一个综合性的难题，目前关于这方面的研究仍步履维艰，成效甚微。

为了使语义角色标注方法能够适应目标领域的变化，现有研究主要从句法分析结果和语义角色标注本身两个方面考虑改进传统的语义角色标注过程。

1. 基于半监督学习方法的隐含词语言模型

为了解决语义角色标注过程中词汇化特征稀疏性大的问题，研究者采用对词汇聚类的方法以减小特征的稀疏性，并提出了一种基于半监督学习方法的隐含词语言模型。类似于隐马尔可夫模型进行无监督的词性标注，研究者将每个词与某个隐含状态一一对应，即把该词语视作由该隐含状态发出的。而隐含状态序列可构成一个马尔可夫链，然后将每个词的隐含状态分布作为新的特征加入到语义角色标注模型中，得到最终的语义角色标注结果。

2. 基于语块的语义角色标注方法改进

类似于上述隐含词语言模型方法，基于语块的语义角色标注方法可通过隐马尔可夫模型找出每个词语所对应的隐含状态。因为基于语块的语义角色标注方法所使用的句法特征稀少而简单，所以除了"路径"这个句法特征之外，其他句法特征的稀疏性不大。

对于该方法中稀疏性较大的"路径"特征，仍单独对其用隐马尔可夫模型进行聚类。因此无论对于词汇化的特征还是对于句法特征，其稀疏性都能被减小，从而提高了基于语块的语义角色标注方法的领域适应性。

但是，这种方法只适用于词汇化的特征，即仅适用于基于语块的语义角色标注方法。由于基于短语结构树和依存关系树的语义角色标注方法所使用的句法特征更多，而且更加复杂，且"路径"是树中二维的片段而非一维序列，上述对"路径"特征用隐马尔可夫模型进行聚类的方法也不再适用。

3. 基于框架网语料和隐含语义分析的论元标注

为了通过减少使用的特征数目来减小模型的过拟合程度可以只使用论元的中心词和谓词与该中心词之间的依存关系这两个基本特征，而不使用其他任何的句法特征。同时，可以先利用隐含语义分析方法在未标注语料上统计词汇的语义分布，从而通过统计结果来减小词汇化特征的稀疏性。

然而，在领域适应性问题上，这种方法只针对论元标注环节进行改进，并没有对论元识别过程做任何改进，但论元识别过程在领域外数据上的准确率仍会大幅度下降。

4. 针对特殊领域的语义角色标注

针对特殊领域语料的语义角色标注，可先通过对描述同一事件的多种不同类型文本进行语义角色分析。以互联网社交平台上新闻语料为例，将社交平台上描述同一个新闻事件的口语化的文本与正式的新闻文本中句子的谓词—论元结构一一对应起来。

然后通过现有的各种语义角色标注方法对正式的新闻文本进行语义角色分析，再将分析结果映射到相应的口语化文本上，从而得到一些口语化文本的语义角色标注语料，用以训练社交平台语义角色标注系统。通过这种方法得到的语义角色标注结果准确率有了明显提升。

5. 基于深层信念网的语义标注领域适应方法

目前许多句法分析和语义角色标注方法都使用判别式模型进行决策。在判别式模型中，每一个数据样本都可表示为一个特征向量。而领域外测试性能下降的主要原因是特征向量的稀疏性过大——在测试集上出现的很多特征在训练集中很少或者从未出现过。

基于深层信念网的语义角色标注领域适应方法通过建立深层信念网模型自动学习源领域和目标领域之间公共的特征表示。该方法中深层信念网模型是一个包含两层隐含变量的图模型，根据一个数据样本的原始特征向量将其表示成一个隐含特征向量。在该深层信念网模型无监督的训练过程中，训练数据包括源领域的所有数据和目标领域的未标注数据，从而降低两个领域间特征的稀疏性。因此，相较于原始的特征表示，隐含特征表示能够使判别式模型更好地适应目标领域。

而在依存句法分析和语义角色标注中的判别式模型往往会使用上百万个不同的原始特征。若仍然用一个深层信念网模型学习隐含特征表示其原始特征，显然是难以实现的。因此可将原始特征向量先进行分组，进而减少模型中的参数个数，令深层信念网模型的训练计算量得到大幅度降低。

尽管对于目前语义角色标注的领域适应性问题，已有了一些研究与改进。但能够使句法分析和语义角色标注同时适应目标领域的变化的方法仍然有待继续深入探究。尤其对于基于短语结构树和依存关系的语义角色标注方法，其句法特征的稀疏性无法像词汇化特征一样通过聚类的方式得到缓解与减少。因此，语义角色标注在领域适应性方面仍需投入更多研究。

7.3　双语联合语义角色标注方法

7.3.1　基本思路

双语联合语义角色标注方法是充分挖掘和利用更多的语言知识，这种方法是提高语义角色标注准确率和鲁棒性的一条有效途径。另外，从机器翻译的角度，如何利用双语信息对双语平行句对进行语义角色标注，具有非常重要的意义。

虽然目前语义角色标注的研究已经涵盖了多种语言，但是通常的语义角色标注方法都只针对一种语言的单个句子进行分析。因此，在对双语平行句对进行语义角色标注时，传统的方法是在双语两端分别进行单语的语义角色标注，而且两端的语义角色标注过程是相互独立的。这些方法没有挖掘和利用双语句子对所包含的语义上的深层信息，而将其视为两种不同语言各自独立的语义角色标注问题。由于目前单语语义角色标注的准确率都不高，传统的方法很难在双语两端同时获得准确率较高的语义角色标注结果。另一方面，由于双语平行句对是互为翻译的，它们在语义上是等价的，这种情况反映在语义角色标注上，两个对应的句子应该有一致的谓词—论元结构。事实上，这种谓词—论元结构的一致性有助于得到更为准确的语义角色标注结果。

Burkett 和 Klein（2008）[20] 在句法分析领域的相关研究也表明了双语的信息能够获得更好的句法分析结果，而实际上双语句子对在语义层面的一致性要超过在句法层面的一致性。因此，Zhuang 和 Zong（2010b）[21] 提出了一种联合推断模型用于对双语平行句对进行语义角色标注。由于语义角色标注是以谓词为中心的，因此，首先需要根据双语句子对的词对齐结果找到相互对齐的谓词对。对于这个谓词对中的每个谓词，可以用多个单语的语义角色标注系统为其生成候选论元。然后，采用联合推断模型为这个谓词对生成双语两端语义角色标注的最终结果。为了衡量双语两端论元结构的一致性，北京大学的研究人员[22]建立了一个对数线性模型用于计算两个论元对齐的概率，该联合推断模型在双语两端同时进行语义角色标注，并且尽量保证双语之间论元结构的一致性。因此，该联合推断模型不仅能够得到双语语义角色标注的结果，而且还能获得双语两端论元的对齐结果，这是任何传统的语义角色标注方法都未能做到的。

7.3.2 双语联合语义角色标注方法系统实现

语义角色标注对句法分析的性能过度依赖。而在中文的语义角色标注中，由于语料库资源更少、中文句法复杂等原因，这方面的限制也更为明显。而利用双语联合标注对充分挖掘和利用语言知识提高语义角色标注的鲁棒性和准确率都有重要作用，以此可减弱句法分析性能对中文语义角色标注的限制。

在进行双语平行标注时，传统方法仅在双语的两端分别进行单语的语义角色标注，但这样的方法不能充分地挖掘平行语句的内涵关联和深层的语义信息。采用联合推断模型对双语平行句进行语义角色标注，则能很好地解决这一问题。

1. 联合语义角色标注模型的构建

假定平行句的谓词均已找出，在双语联合语义角色标注方法中，在源语言段和目标语言段分别根据各自谓词经由各自单语语义角色标注系统筛选候选论元，可最终通过联合判断模型来得到双语语义标注的结果。

双语联合推断模型的目标函数为 $\text{Max}\,O_s + \lambda_1 O_t + \lambda_2 O_a$。其中：

1）O_s 和 O_t 分别表示源语言端和目标语言端语义角色标注的正确率，这取决于在进行各自单语语义角色标注系统筛选候选论元时的正确率。

2）O_a 表示两端语义角色标注结果之间论元对齐的合理性。

3）权重 λ_1 和 λ_2 分别表示 O_t 和 O_a 相对于 O_s 的重要性。

函数中，在确保源语言端标注正确率最大的情况下，引入了目标语言和论元对其的合理性对源语言的重要性作为权重。在源语言和目标语言部分，两者的任务具有一定的相似性，其目标都是优先提高各自语言端的语义角色标注的正确率。在源语言标注过程中，假设建立的角色标签为 $\{l_1^s, l_2^s, \cdots, l_6^s\}$，分别表示关键语义角色 A0~A5。而 l_j^s 赋给候选论元位置 loc_k^s 的概率为 p_{kj}^s，此时，引入示性变量 $y_{kj}^s = [\,l_j^s$ 赋给 $\text{loc}_i^s\,]$，所以当正确率最大时，有

$$O_s = \sum_{i=1}^{N_s} \sum_{j=1}^{L_s} (p_{ij}^s - T_s) y_{ij} \tag{7.43}$$

式中，T_s 为引入的常数阈值，在某一候选论元概率过小时，可过滤掉其影响。在这个函数的建立过程中包含了两部分的约束条件，即①A0~A5 六个关键语义角色不能有重复的论元；②论元位置不重叠。

目标语言端的函数建立与源语言类似，对源语言来说另外还有一个隐含约束，即对源语言端的每一个位置只能赋予一个语义角色标签。

在联合推断模型中，起决定性作用的是得到 O_a 的方法，即论元的对齐概率模型。简单

来说，它会从多个可能的双语语义角色标注结果中选择出那些论元结构更一致的结果，并衡量对其的好坏程度，以此来确定 O_a。为此，首先需要先建立一个模型来计算两个论元对其的概率，又因为对数模型在描述一个条件分布时，能够很方便地包含各种特征，所以应用对数模型来进行计算。选择模型后，为了确定对数线性模型中特定的参数，选择了以下的特征进行训练：

1）词对齐特征：由于论元都是由多个词构成的短语，所以当两个论元的词大部分或者全为对应时，论元间也可能是对齐的。

2）中心词对齐特征：与词对齐特征理由类似，但同时中心词相对于其他词更具有代表性，所以中心词特征在训练时也往往应有更大的权重。

3）论元间的语义角色标签：两个论元的语义角色标签能够很好地反映它们是否应该对齐。

4）谓词对：谓词对决定了论元间的对齐模式。

完成了对模型的训练后，就能利用它来找出可能性最高的论元对齐结果。而又由于在双语联合推断模型的目标函数中，O_a 是使正确对齐的论元个数的数学期望最大：

$$O_a = \sum_{i=1}^{N_s} \sum_{k=1}^{N_t} (p_{ik}^a - T_a) z_{ij} \tag{7.44}$$

式中，p_{ik}^a 为某一源语言论元和目标语言论元对齐的概率，z_{ij} 为其示性变量，T_a 为引入的常数阈值，用来过滤掉概率太小的论元对齐的影响。在这个函数的建立过程中包含了两部分的约束条件：

1）与双语语义角色标注结果相容：该条件要求被对齐的候选论元必须是出现在最终双语语义角色标注结果中的论元。

2）一对多的个数限制：每个论元至多只能与三个论元对齐。

3）论元对齐的完备性。

其中尽管"论元对齐的完备性"约束在理论上是合理的，但在实际中并不总是成立，所以在训练中去掉了硬性的论元对齐的完备性约束，允许违背论元对齐的完备性要求，但对于违背的情况加以惩罚，违背越多，惩罚就越大，以此来调整模型的准确度。

2. 联合语义角色标注模型的应用

双语联合语义角色标注在机械翻译中能提供很好的辅助作用。

传统的机器翻译模型存在着错译、漏译和过译等问题。此外，从语义角色的角度观察，其还存在语义角色在源语言端和目标语言端不一致的问题，包括不连续翻译。这里的不连续翻译是指在源语言端句子中担任某语义角色的片段，在目标语言端被翻译为两个或多个不连续的片段。

比如，"我给酒店医生打电话并得到初步治疗"这个句子中的"给酒店医生"在源语言端句子中担任谓词"打"的一个语义角色 A2，这个词汇片段本应被译为一个连续的整体"the hotel doctor"。但使用机器翻译的系统却有可能把它翻译为"the hotel"和"the doctor"这两个不连续的片段。所以可以在原有的机器翻译模型的基础上添加一段编码器，在翻译完成后利用联合语义角色标注模型对翻译结果进行评价。

在进行大量的训练后，还可以更进一步地对结果进行校准和修正。或者在翻译时将语义角色标签嵌入到句子词汇序列中合适的位置，用于表示句子哪些片段担当了何种语义角色，并利用联合语义角色标注模型的特性给出目标语言端的标注参考，对翻译结果进行干预。

在神经机器翻译中，漏译是一个十分常见的问题。从语义角色的角度来看，漏译指源语言端语义角色中的部分或者全部词汇没有在目标语言端译文中被翻译出来，而添加编译器的方法对漏译也有很好的修正效果。双语联合语义角色标注对机械翻译的准确率的提升提供了一个突破方法。

思 考 题

1. 依存解析器如何确定句子中的根节点？你能想到根节点可能不明显或难以确定的任何情况吗？

2. 依存分析涉及标记句子中单词之间的关系。你能解释一下句子中单词之间可能存在的一些不同类型的依存关系吗？这些依存关系如何帮助我们理解句子的意思？

3. 依存分析可用于多种自然语言处理任务，例如命名实体识别、情感分析和机器翻译。如何在这些任务中使用依存分析器，以及与对这些任务使用依存分析相关的一些挑战是什么？

4. 有些语言的语法比其他语言更复杂，这使得依存分析更具挑战性。你能想到使用当前技术可能特别难以解析的任何语言吗？造成这种困难的一些原因是什么？未来研究人员如何克服这些挑战？

5. 依存分析通常用作其他自然语言处理任务的预处理步骤，例如机器翻译或信息提取。依存分析中的错误如何影响这些下游任务的性能，有哪些策略可以减轻这些错误？

6. 依存分析不仅可以用来分析单个句子，还可以用来分析整个文档或文档集合。如何使用依存分析器从文档语料库中提取信息，以及扩展依存分析以处理大量文本所涉及的一些挑战是什么？

参 考 文 献

[1] Gale W A, Church K, Yarowsky D. Estimating upper and lower bounds on the performance of word-sense disambiguation programs [C]. 30th Annual Meeting of the Association for Computational Linguistics, 1992: 249-256.

[2] 李荣陆，王建会，陈晓云，等. 使用最大熵模型进行中文文本分类 [J]. 计算机研究与发展，2005, 42 (1): 94-101.

[3] Walker D E. Knowledge resource tools for accessing large text files [C]. First Conference of the UW Centre for the New Oxford English Dictionary: Information in Data, 1995.

[4] Miller G A, Charles W G. Contextual correlates of semantic similarity [J]. Language and cognitive processes, 1991, 6 (1): 1-28.

[5] 梅家驹. 同义词词林 [M]. 上海：上海辞书出版社，1983.

[6] Schütze H. Automatic word sense discrimination [J]. Computational linguistics, 1998, 24 (1): 97-123.

[7] Kilgarri A. Senseval: An exercise in evaluating word sense disambiguation programs [C]. The first international conference on language resources and evaluation, 1998: 581-588.

[8] Edmonds P, Cotton S. Senseval-2: overview [C]. SENSEVAL-2 Second International Workshop on Evaluating Word Sense Disambiguation Systems, 2001: 1-5.

[9] Mihalcea R, Chklovski T, Kilgarriff A. The Senseval-3 English lexical sample task [C]. SENSEVAL-3, the

third international workshop on the evaluation of systems for the semantic analysis of text, 2004: 25-28.

[10] Hacioglu K. Semantic role labeling using dependency trees [C]. COLING 2004: the 20th International Conference on Computational Linguistics, 2004: 1273-1276.

[11] Robinson J J. Dependency structures and transformational rules [J]. Language, 1970, 46 (2): 259-285.

[12] Schubert L K, Pelletier F J. Problems in the representation of the logical form of generics, plurals, and mass nouns [J]. New directions in semantics, 1987: 385-451.

[13] Huang F, Yates A. Exploring representation-learning approaches to domain adaptation [C]. The 2010 Workshop on Domain Adaptation for Natural Language Processing, 2010: 23-30.

[14] Deschacht K, Moens M F. Semi-supervised semantic role labeling using the latent words language model [C]. The 2009 conference on empirical methods in natural language processing (EMNLP 2009), 2009: 21-29.

[15] Croce D, Giannone C, Annesi P, et al. Towards open-domain semantic role labeling [C]. Annual meeting of the Association for computational linguistics, 2010: 237-246.

[16] Yang H, Zhuang T, Zong C. Domain adaptation for syntactic and semantic dependency parsing using deep belief networks [J]. Transactions of the Association for Computational Linguistics, 2015, 3: 271-282.

[17] Zhuang T, Zong C. A minimum error weighting combination strategy for Chinese semantic role labeling [C]. The 23rd International Conference on Computational Linguistics (Coling 2010), 2010: 1362-1370.

[18] Wang Z, Jiang T, Chang B, et al. Chinese semantic role labeling with bidirectional recurrent neural networks [C]. The 2015 Conference on Empirical Methods in Natural Language Processing, 2015: 1626-1631.

[19] Qian F, Sha L, Chang B, et al. Syntax aware LSTM model for semantic role labeling [C]. The 2nd Workshop on Structured Prediction for Natural Language Processing, 2017: 27-32.

[20] Burkett D, Klein D. Two languages are better than one (for syntactic parsing) [C]. The 2008 conference on empirical methods in natural language processing, 2008: 877-886.

[21] Zhuang T, Zong C. Joint inference for bilingual semantic role labeling [C]. The 2010 Conference on Empirical Methods in Natural Language Processing, 2010: 304-314.

[22] 刘勇, 魏光泽. 基于汉语框架的语义标注方法 [J]. 计算机科学, 2015 (S1): 98-101.

第8章 文本分类

8.1 文本分类概述

在信息化高度发展的今日，如何将多种多样的信息和数据进行有效划分已成为人们不可避免的重要话题之一，而文本分类问题就是其中一个具有重要实用价值的研究课题。本章将从文本分类的定义、方法、发展历程以及应用场景等不同方面介绍文本分类问题。

文本分类是在一定的分类体系下，根据文本的内容、特征，对所给定的文本进行自动标注的过程。其目的是根据一个已经被标注的训练文本集合，找到一个合适的分类模型，然后利用该分类模型将新的文档划分到一个或多个类别中。常见的分类体系包括政治、体育、军事、教育、自然科学等，一般都由人工构造，分类模式有二分类问题以及多分类问题等。文本分类研究涉及文本内容理解以及模式分类等若干自然语言理解和模式识别问题。开展文本分类问题的研究，不仅可以推动自然语言理解技术的发展，还可以为模式识别问题提供丰富的实战经验和理论支持，具有十分重要的研究意义。文本分类的应用场景十分广泛，包括情感分析、垃圾邮件过滤、新闻分类、广告推荐、文本聚类、知识管理等方面。例如，在情感分析中，文本分类可以对评论、留言等文本进行情感分类，以判断其是积极的还是消极的；在垃圾邮件过滤中，文本分类可以对邮件进行分类，以便过滤掉垃圾邮件；在新闻分类中，文本分类可以对新闻进行分类，以便读者能够快速找到自己感兴趣的新闻。

与其他的分类问题一样，文本分类问题也是根据待分类数据的特征来进行匹配。形式化来说，文本分类是学习一个从文档空间到标签空间的映射 $\Phi: D \times C \rightarrow \{T, F\}$，其中 $D = \{d_1, d_2, \cdots, d_D\}$ 表示需要进行分类的文档，$C = \{c_1, c_2, \cdots, c_C\}$ 表示预定义的分类体系下的类别集合。T 值表示对于 $\langle d_j, c_i \rangle$ 来说，文档 d_j 属于类 c_i，而 F 值表示对于 $\langle d_j, c_i \rangle$ 来说，文档 d_j 不属于类 c_i。这样的一个映射函数就是通常所说的分类器。因此，一个文本分类可以简单地用图 8.1 表示。

图 8.1 文本分类流程

最早被提出来的分类算法是通过提取文档中与类名相同的词来进行文档分类，被称为词匹配法。显然，这种分类算法过于简单机械，效果不佳。后来，人们又提出了基于知识工程的分类方法。该方法借助专业人员的帮助，根据分类经验为每个类别定义大量的推理规则，其分类结果容易理解，但规则的定义受到人为主观因素的干扰，严重依赖规则定义的好坏，且难以保证结果的一致性与准确性，也不具备推广性，费时又费力。后来，基于统计学的机器学习的兴起又给文本分类问题的研究带来了新的希望。机器学习需要给定一批已完成分类的文档数据，然后计算机通过训练从这些数据中提取有用的特征信息，并由此总结出一个能用于对新的文档数据进行有效划分的分类器，而这个训练的过程需要借助一定的算法。传统的文本分类算法包括：朴素贝叶斯、对数概率回归、最大熵和支持向量机（SVM）等。近年来，深度神经网络技术，包括卷积神经网络、循环神经网络以及自注意力模型等的发展成为研究中的主流方向。

在人工智能浪潮席卷全球的今日，文本分类技术已经被广泛应用到多个领域中，如文本审核、情感分析、垃圾邮件过滤、广告过滤等。在跨境商务中，文本分类能自动识别用户反馈的问题的类别，并基于问题类别自动回复邮件内容。此外，文本分类技术还能应用于刑事案件的处理，根据民警的案件录入信息，文本分类将自动判断案件是什么类型的案件，如短信诈骗、网络诈骗、熟人诈骗等。

8.2 传统分类器设计

8.2.1 朴素贝叶斯分类器

贝叶斯分类是一类分类算法的总称，这类算法均以贝叶斯定理为基础，故统称为贝叶斯分类。朴素贝叶斯分类是贝叶斯分类中最简单，也是常见的一种分类方法。

日常生活中我们每天都进行着分类过程。比方说，当你看到一个人，你的脑子下意识判断他是老年人还是青少年，是男性还是女性，其实这就是一种分类操作。从数学角度来说，分类问题可被定义为：已知集合 $C = y_1, y_2, \cdots, y_n$ 和 $I = x_1, x_2, \cdots, x_n$，确定映射规则 $y = f(\cdot)$，使得任意 $x_i \in I$ 有且仅有一个 $y_i \in C$，使得 $y_i \in f(x_i)$ 成立。这当中 C 是类别集合，其中每一个元素是一个类别。I 是项集合（特征集合），其中每一个元素是一个待分类项。$f(\cdot)$ 就是朴素贝叶斯分类器。分类算法的任务就是构造分类器 $f(\cdot)$。分类算法的内容是要求给定特征，让我们得出类别，这也是所有分类问题的关键。

贝叶斯模型属于生成式模型，它对样本的观测和类别状态的联合分布 $p(d,c)$ 进行建模。在实际中，联合分布的概率公式将转换为类别的先验分布 $p(c)$ 与类条件分布 $p(d|c)$ 乘积的形式：$p(c,d) = p(c)p(d|c)$，其中 $P(d_i|c_j) = P(w_{i1}|c_j)P(w_{i2}|c_j)\cdots P(w_{ir}|c_j)$，$p(w_i|c_j) = w_i$ 在 c_j 类别文档中出现的次数/在 c_j 类所有文档中出现词的次数。上述两个公式要求一篇文章中的各个词之间是彼此独立的，彼此不会相互影响，显然这个不符合实际的情况，词与词的出现不可能是相互独立的。而且利用上述公式估计 $p(w_i|c_j)$ 时，只有在训练样本数量非常多的情况下才比较准确，而大量的训练样本又给计算机的处理提出了更高的要求。不过，在很多情况下，通过专业人员的优化，朴素贝叶斯也可以取得极为优良的识别效果。

8.2.2 基于支持向量机的分类器

支持向量机（Support Vector Machine，SVM）是一种监督式学习的方法，可广泛地应用于统计分类以及回归分析。

支持向量机根据有限的样本信息在模型的复杂性和学习能力之间寻求折中，以期获得最好的泛化能力。支持向量机本质上是要解决一个二次规划问题，得到全局最优解，应用于文本分类问题，将得到不错的分类效果。支持向量机分类器的优点就在于通用性好、分类精度高、分类速度快，在查全率和查准率方面都要比朴素贝叶斯更胜一筹。但其缺点就是当训练集规模较大时，其训练速度将受到严重的限制，计算开销比较大。

国外关于文本自动分类的研究起步较早，始于 20 世纪 50 年代末。近几年来，国外的文本自动分类的研究取得了不错的成绩，一些实用性强的分类系统也逐步得到应用。其发展阶段大致可分为四个阶段，目前已经步入面向互联网的文本自动分类研究阶段。相对而言，国内有关文本分类的研究起步较晚。20 世纪 90 年代，国内一些专家也曾借助知识工程来解决文本自动分类问题，并建立了一些图书自动分类系统，如东北大学图书馆的图书分类系统、长春地质学院图书馆的图书分类系统等。在 20 世纪 80 年代，文本分类系统主要依靠知识工程的方法，进入 90 年代以后，基于统计机器学习的文本分类日益受到重视，而且在许多方面都表现出比知识工程更为突出的优势。目前，传统的机器学习方法已经满足不了文本分类问题的发展，而深度神经网络的提出又为文本分类的研究提供了新的发展蓝图。

支持向量机属于一般化线性分类器，其特点是能够同时最小化经验误差与最大化几何边缘区，因此支持向量机也被称为最大边缘区分类器。它将向量映射到一个更高维的空间里，在这个空间里建立有一个最大间隔超平面。在分开数据的超平面的两边建有两个互相平行的超平面，分隔超平面使两个平行超平面的距离最大化。平行超平面间的距离或差距越大，分类器的总误差越小。

假设给定一些分属于两类的二维点，这些点可以通过直线分割，该如何找到一条最优的分割线，如何来界定一个最优超平面呢？

如图 8.2 所示，a 和 b 都可以作为分类超平面，但使得间隔最大化的最优超平面只有一个。距离样本太近的直线不是最优的，因为这样的直线对噪声敏感度高，泛化性较差。因此我们的目标是找到一条直线（图中的最优超平面），离所有点的距离最远。由此，支持向量机算法的实质是找出一个能够将某个值最大化的超平面，这个值就是超平面离所有训练样本的最小距离。这个最小距离用支持向量机术语来说叫作间隔（margin）。我们希望找到分类最佳的平面，该平面也称为最大间隔超平面。若能找到这个面，那么这个分类器则被称为最大间隔分类器。

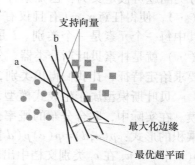

图 8.2　基于支持向量机的分类器

中间那条线是 $wx+b=0$，我们强调所有点应尽可能地远离中间那条线。考虑上面 3 个点 A、B 和 C，从图 8.3 中我们可以确定 A 是×类别的，勉强可确定 B 的类别，但难以确定 C 的类别。据此可以得出结论，我们更应关心靠近中间分割线的点，让它们尽可能地远离中间线，而不是在所有点上达到最优。如果 $f(x)=0$，那么 x 是位于超平面上的点。我们不妨要求对于所有满足 $f(x)<0$ 即分类错误的点，其对应的标签 $y=-1$，即为负样本。而 $f(x)>0$ 正确分类，则对应标签 $y=+1$，即为正样本，如图 8.4 所示。

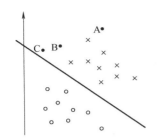

图 8.3　基于支持向量机的分类器

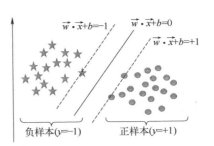

图 8.4　基于支持向量机的分类器

最优超平面常用下式来表达：

$$w^{\mathrm{T}}x+b=1 \tag{8.1}$$

式中，x 表示离超平面最近的那些点，也可以得到支持向量的表达式为 $y(wx+b)=1$。

通过符号函数 sgn，可用 sgn$(f(x))$ 来预测一个新的点 x 属于 $(-1,1)$ 哪个分类。当正确分类 $f(x)>0$ 时，sgn$(f(x))=1$，是正样本。当错误分类 $f(x)<0$ 时，sgn$(f(x))=-1$，是负样本。通过几何学知识，我们可知点 x 到超平面 (β,β_0) 的距离为

$$\gamma=\frac{w^{\mathrm{T}}x+b}{\|w\|}=\frac{f(x)}{\|w\|} \tag{8.2}$$

特别地，对于超平面，$f(x)=w^{\mathrm{T}}x+b=1$，$\|w\|$ 是 w 的二范数。M 表示间隔（margin），它的取值是最近距离的 2 倍：

$$M=\frac{2}{\|w\|} \tag{8.3}$$

最大化式（8.3）等价于最小化 $\|w\|$，即转化为在附加限制条件下最小化函数：

$$\max\frac{1}{\|w\|}\to\min\frac{1}{2}\|w\|^2 \tag{8.4}$$

即

$$\max\frac{1}{\|w\|},\mathrm{s.t.}\ ,y_i(w^{\mathrm{T}}x+b)\geqslant1,i=1,\cdots,n \tag{8.5}$$

这是一个拉格朗日优化问题，可以通过求解拉格朗日对偶问题得到权重向量 w 和偏置 b 的最优解 w^* 和 b^*。有着最优解 w^* 和 b^* 的超平面即为支持向量机的最优分类器 $f(x)=w^{*\mathrm{T}}x+b^*$。

文本分类系统不仅是一个自然语言处理系统，也是一个典型的模式识别系统，系统的输入是需要进行分类处理的文本，系统的输出则是与文本关联的类别。支持向量机在诸如文本分类、图像分类、生物序列分析和生物数据挖掘、手写字符识别等领域有很多的应用。

8.2.3　KNN 法

作为一个传统的分类器设计，K 最近邻（KNN）法在早期策略中便被应用于文本挖掘。本章将介绍 KNN 法模型及其三要素，即距离的度量、k 的大小、分类的规则，及其算法的实现。

1. 算法描述

KNN 是一种基本的分类和回归方法。对于 KNN 算法，若给定一个训练数据集，训练数

据集就是 KNN 算法分类标准的来源。输入一个新的实例，算法会在训练数据集中找到与该实例最邻近的 k 个实例，如果这 k 个实例的多数属于某个类，就把这个输入实例分类到这个类中，即以多数代表了这个实例。误分类的概率为

$$P(Y \neq f(X)) = 1 - P(Y = f(X)) \tag{8.6}$$

对给定的实例 $x \in X$，其最近邻的 k 个训练实例点构成集合 $N_k(x)$。如果涵盖 $N_k(x)$ 的区域的类别是 c_j，那么误分类可表示为

$$\frac{1}{k} \sum_{x_i \in N_k(x)} I(y_i \neq c_j) = 1 - \frac{1}{k} \sum_{x_i \in N_k(x)} I(y_i = c_j) \tag{8.7}$$

要使误分类率最小即经验风险最小，就要使 $\sum_{x_i \in N_k(x)} I(y_i = c_j)$ 最大，所以多数表决规则等价于经验风险最小化。

以图 8.5 为例来具体讲述该算法。图上有两类样本数据，这里用正方形和三角形表示，图正中间的那个圆代表待分类的数据。采用 KNN 的思想来为圆点进行分类。当 k 不同时，圆点的类别也会不同。比方说，若 $k=3$ 实线圈，圆点的最近邻是 2 个三角形和 1 个正方形，根据投票法原则，圆点的类别应该是三角形。若 $k=5$ 虚线圈，圆点的最近邻是 2 个三角形和 3 个正方形，则可判定圆点的类别应该是正方形。

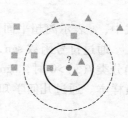

图 8.5　KNN 法

取不同 k 依次类推。从中可看出取不同大小 k 时结果会有差异，那么究竟应该怎样取 k 的大小呢？

2. KNN 算法中 k 的选取以及特征归一化的重要性

（1）k 的选取

当 k 取得较小时，整体模型会变复杂，容易发生过拟合。如图 8.6 所示，五边形是输入的实例，当 $k=1$ 时，最近的是圆点，此时分类得到结果就是圆点。但主观判断可知，附近更多的是矩形，此时圆点是一个噪声点。$k=1$ 时便会产生过拟合现象，出现错误结果。

k 值并不是越大越好。k 越大，模型便会越简单，越趋近于考虑训练集中的所有数据。如图 8.7 所示，k 值过大导致邻域过大，考虑了与其无关的圆点，导致出现错误结果。

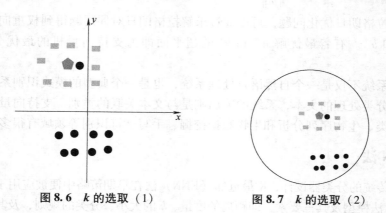

图 8.6　k 的选取（1）　　　　　　图 8.7　k 的选取（2）

对 k 值的选取来说，一般选取一个较小的数值，通常采取交叉验证法来选取最优的 k 值。

（2）距离的度量

1）欧氏距离：是最常见的两点之间或多点之间的距离表示法，又称为欧几里得度量。它定义于欧几里得空间中，可计算出二维平面上两点 $a(x_1,y_1)$ 与 $b(x_2,y_2)$ 间的欧氏距离为

$$d_{12}=\sqrt{(x_1-x_2)^2+(y_1-y_2)^2} \qquad (8.8)$$

三维空间两点 $a(x_1,y_1,z_1)$ 与 $b(x_2,y_2,z_2)$ 间的欧氏距离为

$$d_{12}=\sqrt{(x_1-x_2)^2+(y_1-y_2)^2+(z_1-z_2)^2} \qquad (8.9)$$

两个 n 维向量 $a(x_{11},x_{12},\cdots,x_{1n})$ 与 $b(x_{21},x_{22},\cdots,x_{2n})$ 间的欧氏距离为

$$d_{12}=\sqrt{\sum_{k=1}^{n}(x_{1k}-x_{2k})^2} \qquad (8.10)$$

也可以表示成向量运算的形式：

$$d_{12}=\sqrt{(a-b)(a-b)^{\mathrm{T}}} \qquad (8.11)$$

2）其他相关距离：设特征空间 X 是 n 维实数向量空间 $\mathbf{R}^n$，x_i，$x_j \in X$，$x_i=(x_i^{(1)},x_i^{(2)},\cdots,x_i^{(n)})^{\mathrm{T}}$，$x_j=(x_j^{(1)},x_j^{(2)},\cdots,x_j^{(n)})^{\mathrm{T}}$，$x_i$，$x_j$ 的 L_p 距离定义为

$$L_p(x_i,x_j)=\left(\sum_{l=1}^{n}|x_i^{(l)}-x_j^{(x_i^{(1)})}|^p\right)^{\frac{1}{p}} \qquad (8.12)$$

式中，$p \geqslant 1$。当 $p=2$ 时，称为欧氏距离，即

$$L_2(x_i,x_j)=\left(\sum_{l=1}^{n}|x_i^{(l)}-x_j^{(x_i^{(1)})}|^2\right)^{\frac{1}{2}} \qquad (8.13)$$

当 $p=1$ 时，称为曼哈顿距离，即

$$L_1(x_i,x_j)=\sum_{l=1}^{n}|x_i^{(l)}-x_j^{(x_i^{(1)})}| \qquad (8.14)$$

当 $p=\infty$ 时，它是各个坐标距离的最大值，即

$$L_\infty(x_i,x_j)=\max_l|x_i^{(l)}-x_j^{(l)}| \qquad (8.15)$$

欧氏距离常被用于衡量高维空间中点的距离。应用中，距离函数的选择应根据数据的特性和分析的需要而定。

（3）特征归一化的必要性

不同数据的单位不同，差异大小也不同。因此，需要对数据进行归一化。

假设进行 KNN 分类使用的样本特征是 $\{(x_{i1},x_{i2},\cdots,x_{in})\}_{i=1}^{m}$，取每一轴上的最大值减最小值：

$$M_j=\max_{i1,\cdots,m}x_{ij}-\min_{i1,\cdots,m}x_{ij} \qquad (8.16)$$

并且在计算距离时将每一个坐标轴除以相应的 M_j 以进行归一化，即

$$d((y_1,y_2,\cdots,y_n),(z_1,z_2,\cdots,z_n))=\sqrt{\sum_{j=1}^{n}\left(\frac{y_j}{M_j}-\frac{z_j}{M_j}\right)^2} \qquad (8.17)$$

3. KNN 的实现 kd 树

kd 树是一种空间划分树，即把整个空间划分为特定的几个部分，并在特定空间的部分内进行相关搜索操作。KNN 算法凭借 kd 树可以寻找得到 k 个最近邻点。

如果实例点是随机分布的，kd 树搜索的平均计算复杂度是 $O(\log N)$。kd 树更适用于训练实例 $N \gg 2^k$ 的情况，因此空间维数不能太高，一般不大于 20 维。当空间维数接近实例数

时，它的效率会迅速下降。大量回溯会导致 kd 树最近邻搜索的性能大大下降。

4. KNN 法优缺点

KNN 法有着明显的优点。它是一种非参数的分类技术，简单直观，易于实现，只要选好近邻训练数据，采用投票法或平均法进行预测即可。再者，KNN 法是一种在线技术，新数据可以直接加入数据集而不必进行重新训练。

而对于 KNN 法，当样本不平衡时，输入一个样本，k 个邻近值大多数都是大样本容量的那个类，这时可能会导致分类错误。这时可对 KNN 点进行加权，使得距离近的点权重大，距离远的点权重小。与此同时，KNN 法计算量较大，每个待分类的样本都需计算它到所有点的距离，根据距离排序才能求得 k 个邻近点。已有的改良方法是，先对已知样本进行裁剪，去除对区分分类作用不大的样本，然后采取 kd 树或其他搜索方法以减少搜索时间。

8.2.4 线性最小二乘拟合法

基于最小二乘的线性分类器计算简便、拟合方差低，适合处理重叠区域较小的数据。相比其他的线性分类器，该分类器分类样本后的标准差小，具有准确率高并且复杂度较低、实效性高的显著特点。

1. 最小二乘估计的模型基础

最小二乘法尝试确定得出输入数据和预测数据最小的误差平方和去得到最佳的模型。

任意多元线性回归模型的形式为

$$y = \beta_0 + \beta_1 x_1 + \cdots + \beta_p x_p + \varepsilon \tag{8.18}$$

式中，$\beta_0, \beta_1, \cdots, \beta_p$ 是未知参数，总共 $p+1$ 个参数。β_0 是回归参数，$\beta_1, \cdots, \beta_p$ 是回归系数。y 为因变量；$x_1, x_2, \cdots, x_p$ 为自变量；ε 是随机误差。$p \geq 2$ 时，称式（8.18）为多元线性回归模型。拟合后的多元线性回归模型的一般形式为

$$\hat{y} = \hat{\beta}_0 + \hat{\beta}_1 x_1 + \cdots + \hat{\beta}_p x_p \tag{8.19}$$

式中，$\hat{\beta}_1, \cdots, \hat{\beta}_p$ 为拟合回归系数；$x_1, x_2, \cdots, x_p$ 为自变量。

若改用矩阵的方式写，m 个 n 维的样本组成矩阵可表示为

$$X = \begin{bmatrix} 1 & \cdots & x_n^{(1)} \\ \vdots & \ddots & \vdots \\ 1 & \cdots & x_n^{(m)} \end{bmatrix} \tag{8.20}$$

式中，第一列对应常数项，全为 1，即 n 个样本常数项为 1，则多元回归线性模型为

$$\hat{y} = \hat{\beta}_0 + \sum_{j=1}^{p} \hat{\beta}_j x_j \tag{8.21}$$

为了完成用线性模型拟合训练数据集，此处需要估计模型中的参数，最为常见的参数估计方法就是最小二乘法。我们需要计算并选择系数，使得残差平方和最小。残差平方和为

$$\text{RSS}(\beta) = \sum_{i=1}^{N} (y_i - x_i^{\mathrm{T}} \beta)^2 \tag{8.22}$$

$\text{RSS}(\beta)$ 是参数的二次函数，因此极小值总是存在，但可能不唯一。式（8.22）用矩阵

形式可以表示为

$$RSS(\beta) = (y - X\beta)^{T}(y - X\beta) \tag{8.23}$$

对式（8.23），令其梯度为零，即 ∇RSS（β）$= 0$，得到

$$X^{T}(y - X\beta) = 0 \tag{8.24}$$

若 $X^{T}X$ 不为奇异矩阵，即 $X^{T}X$ 的行列式不为 0，则

$$\hat{\beta} = (X^{T}X)^{-1}X^{T}y \tag{8.25}$$

这就是最终得出的预测 β 值。

2. 实例

图 8.8 是一个以线性模型分类的例子。在二维平面上随机产生两组数据，其中，两组数据均服从正态分布，均值分别为 0 和 1，每组数据有 100 个点。

图 8.8 表示这些点的散点图。输入是一个二维变量，输出类变量有 0 或 1 两个取值，分别用圆点或五角星表示。每个类都有 100 个点。

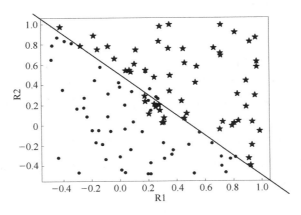

图 8.8 线性模型分类例子

用线性回归拟合这些数据，由式（8.26）得到的拟合值根据以下规则转换到拟合类变量：

$$\hat{G} = \begin{cases} star, \hat{Y} > 0.5 \\ circle, \hat{Y} \leqslant 0.5 \end{cases} \tag{8.26}$$

二维平面中的点集合由判定边界分开，此时边界是线性的。判定边界上方表示被分类为 star 的部分，判定边界下方表示被分类为 circle 的部分。

由图 8.8 可以看出，每个类都有一部分数据点被误分，总体来讲，在训练集上的误分率达到了 14%，这算是一个比较大的错误率。由此可以看出，对基于线性最小二乘拟合得到的线性分类器来说，虽然该分类器算法简单、计算量较小、估计结果稳定、方差很小，但是它的灵活性不够，比较死板，误分率比较大。

3. 最小二乘法的局限性和适用场景

从上面可以看出，线性最小二乘拟合法简洁高效，比梯度下降这种迭代算法似乎方便很多，计算量小了很多，这里讨论线性最小二乘拟合法的局限性。

首先，线性最小二乘拟合法需要计算 X^TX 的逆矩阵，但它的逆矩阵可能并不存在，难以直接使用线性最小二乘拟合法。但此时梯度下降法仍旧可以使用。可以通过对样本数据进行处理，去掉冗余的那部分特征，使行列式不为 0，这样可以接着使用最小二乘法。

其次，当样本特征非常大时，计算 X^TX 的逆矩阵非常耗时。此时以梯度下降为代表的这类迭代法仍旧可以使用。线性最小二乘拟合法对样本有一个适用范围，如果处于没有很多的分布式大数据计算资源的情况下，建议超过 10000 个特征就使用迭代法。又或者通过主成分分析降低特征的维度这样的处理后再使用线性最小二乘拟合法。

再则，如果拟合函数严重不属于线性的，这时无法使用线性最小二乘拟合法，需要通过一定技巧转化为线性后才能使用，而此时梯度下降仍旧可以使用。

最后，在一些特殊情况中，当样本量很少且小于特征数时，拟合方程是欠定的，常用的优化方法都无法去除拟合数据。当样本量等于特征数时，用方程组求解是可行的方法。

总的来说，线性最小二乘拟合法有着一定的优点。而多数情况下，梯度下降法会有着更广泛的适用范围，适用条件没有那么苛刻。

8.2.5　决策树分类器

决策树是一种很常见的机器学习算法，也是数据挖掘中最常用的一种技术，它是对训练样本中的数据进行归纳分类，为样本属性找到一个能准确预测和分类的模型，用该模型对未知的数据进行分类。决策树分类是一种典型的监督学习算法，利用有标记的训练集训练出能很好符合训练样本的模型，并在训练中一步一步调整模型参数，使其达到所要求的性能。

决策树分类器从本质上来说就是 if-else 的堆叠，通过对训练样本特征进行 if 判断找到更符合样本的模型，并在一步步调整参数中优化算法。决策树是一种按照样本各个特征建立的树状结构，其形状如图 8.9 所示。

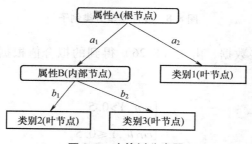

图 8.9　决策树分类器

每一棵决策树都是由根节点自上而下进行数据的训练和预测，根据不同的相似度将样本中的不同特征划分出来，形成不同的分支，到达决策树的叶节点便不再划分。一棵决策树通常包括一个根节点、数个内部节点和数个叶节点，根节点是最开始的节点，它包括所有样本，内部节点是各种各样的属性测试，通过内部节点得到向下的分支，这些分支可以是内部节点，也可以是叶节点，但最终递归后逐层分布，得到叶节点，叶节点则是对应于这些属性分类后的决策结果。

决策树学习的目的是为了得到一个泛化能力强即处理未知示例强的决策树，在未知示例出现时能够快速准确地得到最终的决策结果。其算法生成主要分为两个步骤。

第一步：根节点包含了所有训练集，通过属性划分递归直至叶节点。有以下 3 种情况直接递归得到叶节点，完成分类：第一种，当前节点样本属于同一类别；第二种，当前属性集为空或所有样本属性值相等；第三种，当前节点包含的样本为空。

第二步：在决策树学习过程中，为了尽可能保证学得的模型满足正确分类的要求，可能会导致决策树分支过多，出现过拟合现象，以至于把训练集中一些不必要的一般特性当作属性进行分类。这时便要对树进行修剪，主动去掉一些分支来降低过拟合的风险，方法主要有预剪枝和后剪枝等。由此便可以画出决策树的工作原理图，如图 8.10 所示。

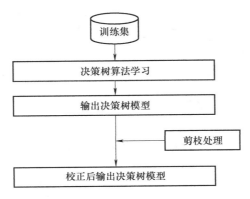

图 8.10　决策树工作原理

决策树分类器通常包括三个部分：基于信息增益的特征选择、决策树的生成和提高决策树泛化能力的剪枝，其中特征选择便是首要的任务。

要学习特征选择，应先了解一个概念：信息熵。信息熵是对样本不确定度的量化表达，比如一个集合 A 存在 d 个类别的样本，设 p_k 为在集合 A 中随机挑选一个样本属于第 k 类样本的概率，则集合 A 的信息熵 $Ent(A) = -\sum_{k=1}^{d} p_k \log_2 p_k$。分析信息熵的计算公式可知，这个熵是由概率值来决定的。而在研究事件时不仅希望知道我们对事件发生的把握，还希望知道我们了解的信息对事件的不确定度的影响，这便需要将信息进行量化。因此，通常将无条件熵称为经验熵，有条件熵称为条件熵，两者差值便是信息增益。

决策树的特征选择便是要找到样本中最优的指标，而信息增益便可以很好地判断指标的优劣性。信息增益通常指的是在一个特定的条件下信息不确定度减少的程度，信息增益越大，该特征为系统带来的信息越多，则说明该特征对决策树分类来说越关键，该特征便是决策树分类要找的特征。

决策树的生成通常是从决策树的根节点遍历到叶节点的递归过程。首先将所有特征看成树的一个个节点，遍历当前特征的每一种分类方式，找到最适合划分的节点，将数据分成不同的子节点，然后遍历所有特征，在循环中利用上述的操作划分出所有的子节点，当每个子节点只有一种类型时便停止构造决策树。

理论上而言，上述一系列遍历过程可生成一棵相对完整的决策树，但在实际生成决策树的过程中，总存在各种各样影响实验结果的因素，如环境噪声、数据样本无关性太强等。为了控制数据处理的效率和成本，缓解模型的过拟合现象，通常要对模型规模进行缩减，一种常见的做法是对决策树模型进行剪枝。

在剪枝的过程中，通过利用梯度下降极小化决策树的损失函数，剪枝通常分成预剪枝和后剪枝两种方法，在剪枝前会将数据集分成用于训练的样本集和用于测试的样本集。训练样本集用来生成决策树，决定树中每个节点的属性，而测试样本集在预剪枝中判断该节点是否可成为叶节点，在后剪枝中决定该节点是否需要剪枝。

剪枝的操作如图 8.11 所示。

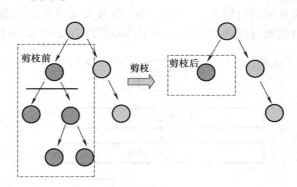

图 8.11　决策树剪枝操作

预剪枝通常是在节点分支过程中，通过评估在某个节点处树分支前后泛化性能，决定是否继续进行该节点子树的构造，若当前节点子树的构造并不能明显提升决策树性能，便停止该节点处子树的构建并将该节点设置为叶节点，但这种方法却有些不足，有些节点构建子树后虽然不能即刻优化决策树，但后续节点子树的构建可以显著提升性能，预剪枝这种求最优的标准有时反而降低了决策树性能，使得这些分支没能充分展开，给决策树带来了不够准确、不够符合数据集的风险，因此还需要后剪枝。

后剪枝是通过训练样本集先构建好决策树，然后对已构建好的决策树从叶节点开始自下而上地遍历决策树，若将某些非叶节点及其对应的子树替换成叶节点后反而能优化决策树，则将该节点及其子树替换成叶节点。后剪枝一般保留了更多有可能优化决策树的分支，有更大的潜力，有着更优的泛化性能，因此在实际应用中，更多人倾向于使用后剪枝决策树。

相比于其他机器学习算法，决策树能更好地被人们理解和实现。决策树对数据的要求不高，能处理各种类型的数据，并能在短时间内处理大量数据且得到效果良好的结果。不仅如此，决策树的效率也高，能应对各种输入、输出有效的预测值。

8.3　基于神经网络方法

8.3.1　文本分析中的循环神经网络方法

向量空间模型往往需要人工挑选文本的特征，也需要大量的样本数据进行训练。深度学习可以较好地保留文本的语义信息。

1. 循环神经网络

循环神经网络具有多层隐藏层，其定向循环结构如图 8.12 所示。

在传统的神经网络模型中，同一层之间的数据是相互独立的，而对于循环神经网络来说，某一次输出的结果与之前的输出有着关联。换言之，隐藏层间的数据是有所连接的，如图 8.13 所示。

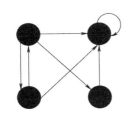

图 8.12　循环神经网络（1）

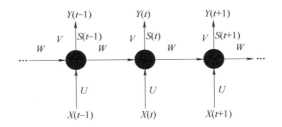

图 8.13　循环神经网络（2）

循环神经网络作为应用于预测的模型（根据语句已输入部分对接下来可能出现的词语进行预测），设一个句子中的词语（或者单字）为 $w_1 \sim w_n$，其中 w_i 的历史信息设为 h_i，则 $h_i = w_1 w_2 w_3 \cdots w_i$，则该句子的概率（$p_s$）用句子中所有词语表示为

$$p_s = p(w_1 w_2 \cdots w_n) = p(w_1) p(w_2 \mid w_1) \cdots p(w_n \mid w_1 w_2 \cdots w_{n-1}) \qquad (8.27)$$

采用标准循环神经网络模型时，可以推得

$$p(w_i \mid h_i) = \mathrm{prnn}(w_i \mid h_{(t)}) \qquad (8.28)$$

其复杂度为 $O = (1+H)H\tau + HV$。式中，H 为隐藏层的大小，V 为词典的大小，τ 为误差反向传播时的步长深度。

基于分类的循环神经网络模型框架中，可增加分类层，如图 8.14 所示。

假设语料中的每一个词样本属于且只属于一个类，在此基础上计算词样本在语料中的分布时，可以先计算类的概率分布，然后在所属类上计算当前词的概率分布，于是可将式（8.28）转化为

$$p(w_i \mid h_i) = p(c_{(t)} \mid h_{(t)}) p(w_i \mid c_{(t)}) \qquad (8.29)$$

此时，训练一个词样本的计算复杂度正比于：

$$O = (1+H)H\tau + HC \qquad (8.30)$$

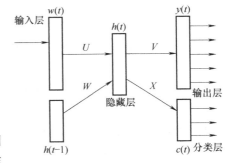

图 8.14　循环神经网络

式中，C 为语料中所有词的分类数，可根据语料中词的词频进行划分。当 C 取 1 或取词典大小 V 时，此结构等同于标准的循环神经网络结构。如果词语（或单字）的概率还取决于隐藏层的状态，则公式转化为

$$p(w_i \mid h_i) = p(c_{(t)} \mid h_{(t)}) p(w_i \mid c_{(t)}, h_{(t)}) \qquad (8.31)$$

式中，$h_{(t)}$ 是代表隐藏层状态的函数。当训练一个样本时，误差向量的计算要同时计算 $y(t)$ 的误差 $ey(t)$（word 部分误差）以及 $c(t)$ 的误差 $ec(t)$（class 部分的误差），分别经时序反向传播（BPTT）算法到隐藏层，并结合标准的随机梯度下降（Stochastic Gradient Descend, SGD）更新整个网络的权重矩阵，通过不停地迭代训练，直到模型收敛为止。

2. 双向循环神经网络

双向循环神经网络是循环神经网络的一种变种。与一般的循环神经网络比较，它的输出不仅与之前的信息有关，也与之后的信息相关。双向循环神经网络的网络结构由两个基础的

循环神经网络模型组合而得，如图 8.15 所示。

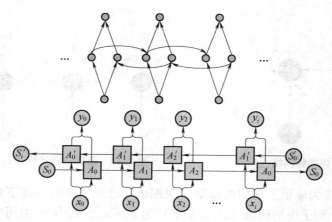

图 8.15 双向循环神经网络

使用双向循环神经网络时，一般其目的是预测一个句子中缺失的信息，而最终输出的结果需要由隐藏层来决定。在隐藏层中，需保存正向运行和逆向运行两个值。正向运行与逆向运行有不同的权重矩阵。

3. 深度循环神经网络

深度循环神经网络时堆叠了多个隐藏层的循环神经网络，如图 8.16 所示。

其运算公式为

$$o_t = g(V^{(i)}s_t^{(i)} + V'^{(i)}s'^{(i)}_t)$$

$$s_t^{(i)} = f(U^{(i)}s_t^{(i-1)} + W^{(i)}s_{t-1})$$

$$s'^{(i)}_t = f(U'^{(i)}s'^{(i-1)}_t + W'^{(i)}s'_{t-1})$$

$$\cdots$$

$$s_t^{(1)} = f(U^{(1)}x_t + W^{(1)}s_{t-1})$$

$$s'^{(1)}_t = f(U'^{(1)}x_t + W'^{(1)}s'_{t-1}) \qquad (8.32)$$

图 8.16 深度循环神经网络

4. 循环神经网络的训练算法

循环神经网络的学习算法称为时序反向传播（BPTT）算法。它的步骤为：①前向计算神经元的输出值；②反向计算神经元的误差值；③计算权重的梯度；④用梯度下降算法更新权重。最终得到循环层权重矩阵 W 的梯度的公式为

$$\nabla_w E = \sum_{i=1}^{t} \nabla_{w_i} E = \begin{bmatrix} \delta_1^t s_1^{t-1} & \cdots & \delta_1^t s_n^{t-1} \\ \vdots & \ddots & \vdots \\ \delta_n^t s_1^{t-1} & \cdots & \delta_n^t s_n^{t-1} \end{bmatrix} + \cdots + \begin{bmatrix} \delta_1^1 s_1^0 & \cdots & \delta_1^1 s_n^0 \\ \vdots & \ddots & \vdots \\ \delta_n^1 s_1^0 & \cdots & \delta_n^1 s_n^0 \end{bmatrix} \qquad (8.33)$$

最终的梯度是每个分别梯度的和。权重矩阵 U 的计算方法与 W 类似，同样可以得出相同的结论。在计算过程中，如果 t 的值过大，会导致对应的误差项的值增长或缩小得非常快，即造成梯度爆炸或者是梯度消失的问题。在梯度爆炸时，可设置梯度阈值。在梯度消失时，有多重解决方案。如合理初始化权重，避开极大值或者极小值（即避开容易发生梯度消失的位置）；又或用 relu 函数代替 sigmoid 和 tanh 函数。

循环神经网络可以改善一般神经网络的弊端，但是自身依旧存在一定的不足，比如说梯

度消失/爆炸问题以及只能处理序列问题的局限性。总的来说，它提高了文本分类任务的效率和准确率。

8.3.2 文本分析中的递归神经网络方法

循环神经网络一般只能用于处理序列问题，而实际中有时需要以树形结构对文本进行处理。如图 8.17 所示，句子"两个外语学院的学生"有两种断句方式，可以得到两种不同的意思。想要准确地提取出句子的两种意思，可用树形结构来进行分析。

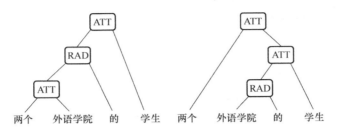

图 8.17 递归神经网络例子

递归神经网络的作用在于，可以把一个树形或者图结构信息编码为一个向量，也就是把信息映射到一个语义向量空间中。这个语义向量空间满足某类性质，比如语义相似的向量距离更近。也就是说，如果两句话的意思是相似的，那么把它们分别编码后的两个向量的距离也相近；反之，如果两句话的意思截然不同，那么编码后向量的距离则很远。如图 8.18 所示，通过递归神经网络，词语和句子被映射到了二维平面上，可以直观地感受句子的语义，也更方便地比较句子间的相近程度（语义、情感、褒贬等）。

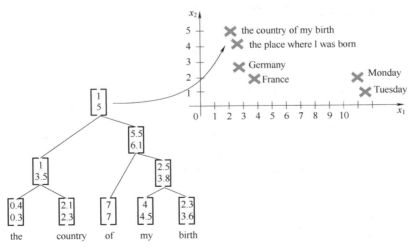

图 8.18 递归神经网络例子

尽管递归神经网络具有更为强大的表示能力，但是在实际应用中并不太流行。其中一个主要原因是，递归神经网络的输入是树/图结构，而这种结构需要花费很多人工去标注。如果用循环神经网络处理句子，则可以直接把句子作为输入。如用递归神经网络处理句子，则必须把每个句子标注为语法解析树的形式，这无疑需花费巨大精力。

8.4 文本分类性能评测

文本分类模型性能评测是评估模型效果的重要工作，用于判断模型的进步性和实用性，在开发全程、测试与调参中都起到决定性的作用。假设已有分类模型 M 对类别 T 的分类结果见表 8.1。

表 8.1　针对特定类别的分类标注结果统计

L 中的正确结果 ＼ M 的分类结果	分类为【是】	分类为【否】
实际为【是】	a	b
实际为【否】	c	d

1. 召回率与准确率

召回率的定义是寻找到的分类为"是"的样本中，真实样本的比例。提高召回率意味着尽可能地选出正确的样本，其计算公式如下：

$$R = \frac{a}{a+c} \tag{8.34}$$

准确率的定义是在实际为"是"的样本中，寻找到的分类为"是"样本的比例。提高准确率可能意味着数据的减少，但是要求分类要尽可能准确，其计算公式如下：

$$P = \frac{a}{a+b} \tag{8.35}$$

在实际应用中，往往既要求召回率又要求准确率。F_1 值综合了两者：

$$F_1 = \frac{2PR}{P+R} \tag{8.36}$$

2. P-R 曲线

准确率和召回率一般只能在一些非常简单的任务中做到"双赢"，本身这两个量是一对矛盾的度量，一者高则另外一者必然会低。因此根据模型的预测结果排序 T，逐个预测正例样本，把所得召回率、准确率作图，得到表示召回率和准确率关系的 P-R 曲线，如图 8.19 所示。

在 P-R 曲线中，直线 $P=R$ 表示召回率与准确率相等，其与成分折线的交点即为平衡点。

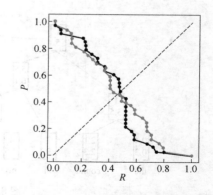

图 8.19　实际情况中的 P-R 曲线样例，其中斜线与对应折线的交点为平衡点

3. 正确率

正确率是被正确分类的样本数和样本总数的商，公式如下：

$$\text{Acc} = \frac{a+d}{a+b+c+d} \tag{8.37}$$

4. 微平均

微平均从分类器的整体角度出发，不考虑分类体系的小类别上的分类精度。将特定类别 L 替换为语料整体 A，则 a，b，c，d 被替换为 a_{all}，b_{all}，c_{all}，d_{all}，即得到微平均召回率，微平均准确率和微平均 F_1 值，公式如下：

$$\text{microP} = \frac{a_{all}}{a_{all}+c_{all}}$$

$$\text{microR} = \frac{a_{all}}{a_{all}+b_{all}}$$

$$\text{microF}_1 = \frac{2 \cdot \text{microP} \cdot \text{microR}}{\text{microP}+\text{microR}} \tag{8.38}$$

5. 宏平均

宏平均顾及到了分类器划分的每一个小类别的结果，计算出所有小类别的召回率与准确率，并根据全部小类的结果和取算术平均值得到宏平均召回率与宏平均准确率，公式如下：

$$\text{MacroP} = \frac{1}{n} \sum_{i=1}^{n} P_i$$

$$\text{MacroR} = \frac{1}{n} \sum_{i=1}^{n} R_i$$

$$\text{MacroF}_1 = \frac{2 \cdot \text{MacroP} \cdot \text{MacroR}}{\text{MacroP}+\text{MacroR}} \tag{8.39}$$

宏平均的准确率也是各个小类别准确率的算术平均：

$$\text{MacroAcc} = \frac{1}{n} \sum_{i=1}^{n} \text{Acc}_i \tag{8.40}$$

6. 代价敏感错误率

给定一个代价矩阵（见表 8.2），表示错误判断所造成后果的严重程度。

表 8.2 代价矩阵示例

L 中的正确结果 ＼ M 的分类结果	分类为【是】	分类为【否】
实际为【是】	0	cost_{01}
实际为【否】	cost_{10}	0

那么代价敏感错误率为

$$E(f;D;\text{cost}) = \frac{1}{m}\Big(\sum_{x_i \in D^+} \mathbb{I}(f(x_i) \neq y_i) \cdot \text{cost}_{01} + \sum_{x_i \in D^-} \mathbb{I}(f(x_i) \neq y_i) \cdot \text{cost}_{10} \Big) \tag{8.41}$$

如果 $\text{cost}_{(i,j)}$ 中 (i,j) 的取值不限于 0、1，那么正例概率代价为

$$P(+)_{\text{cost}} = \frac{p \cdot \text{cost}_{01}}{p \cdot \text{cost}_{01}+(1-p) \cdot \text{cost}_{10}} \tag{8.42}$$

画代价曲线与期望总体代价关系图，纵轴应当计算为取值为 $[0,1]$ 的归一化代价：

$$\text{cost}_{\text{norm}} = \frac{b \cdot p \cdot \text{cost}_{01} + c \cdot (1-p) \cdot \text{cost}_{10}}{p \cdot \text{cost}_{01} + (1-p) \cdot \text{cost}_{10}} \tag{8.43}$$

于是得到图 8.20 所示的关系图。这些线段所围成的下方面积即为在所有条件下学习器的期望总体代价。

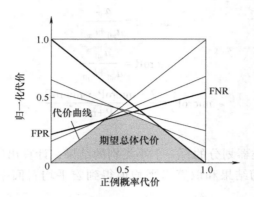

图 8.20　代价曲线与期望总体代价关系图

7. 混淆矩阵

将视角换至多分类问题，混淆矩阵以矩阵数据的形式显示了具体的分类参数。混淆矩阵中，对角线上的值是每个类正确分类的文本数，而各个 e 值是错误分类的对应情况（见表 8.3）。实际上混淆矩阵是最初提及的二分类表格向多分类情况的推广。

表 8.3　混淆矩阵示例

语料库↓ 实际情况	c_1	c_2	c_3	...	...	c_n
c_1	a_1	e_{12}	e_{13}			e_{1n}
c_2	e_{21}	a_2	e_{23}			e_{2n}
c_3	e_{31}	e_{32}	a_3			e_{3n}
...				...		...
...					...	...
c_n	e_{n1}	e_{n2}	e_{n3}	...	...	a_n

（←模型分类结果）

8. ROC 曲线与 AUC

在神经网络分类问题中，神经网络会经常输出小于 1 的带小数点的结果。在进行分类时，可自行选择阈值。ROC（受试者操作特征）曲线出现的动机是阈值导致分类不均匀。当需要一个独立于阈值的指标判断分类曲线时，可先遍历阈值，画出图 8.21 所示的真正例-阈值转换图。

AUC（曲线下面积）即为 ROC 曲线所覆盖的区域面积，即其在 0~1 上的积分。AUC 越大，分类效果越好。当 AUC=1 时，分类器可以实现完美分类。$\text{AUC} \in [0.5, 1)$ 时，模型效果优于猜测。AUC=0.5 时等同于随机猜测。而 AUC<0.5 的模型倾向于反向预测模型。

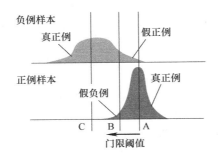

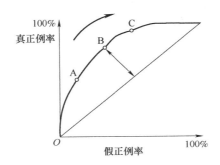

图 8.21　ROC 曲线

思　考　题

1. 支持向量机算法如何找到分隔数据集中不同类别的最优超平面？

2. 支持向量机内核有哪些不同类型，例如线性、多项式和径向基函数（RBF），它们如何影响支持向量机模型的性能？

3. 正则化在支持向量机中的作用是什么？如何调整正则化参数以优化模型的性能？

4. 如何处理支持向量机中的不平衡数据集，例如使用成本敏感学习或重采样技术，这些方法的权衡是什么？

5. K-means 目标函数的作用是什么，例如最小化数据点与聚类质心之间的距离平方和，如何评估聚类结果的质量？

6. 如何在 K-means 中处理分类或混合数据，例如使用可以处理这些类型数据的距离度量，或者将数据转换为合适的格式？

参 考 文 献

［1］　肖婷，唐雁. 改进的 χ^2 统计文本特征选择方法［J］. 计算机工程与应用，2009（14）：136-137，140.

［2］　熊忠阳，张鹏招，张玉芳. 基于 χ^2 统计的文本分类特征选择方法的研究［J］. 计算机应用，2008（2）：513-514，518.

［3］　王根生，黄学坚，吴小芳，等. 基于改进信息增益特征选择法的 SVM 中文情感分类算法［J］. 成都理工大学学报（自然科学版），2009（1）：105-110.

［4］　Shannon C. A mathematical theory of communication［J］. The Bell system technical journal，1948，27（3）：379-423.

［5］ Basili R，Moschitti A，Pazienza M T. A text classifier based on linguistic processing ［C］. IJCAI，1999.

［6］ Dakle P P，Moldovan D. CEREC：A corpus for Entity Resolution in Email Conversations ［J］. arXiv preprint arXiv：2105. 10606，2021.

［7］ 缪有栋，邱锡鹏，黄萱菁. 一种适用于大规模网页分类的快速算法 ［J］. 计算机应用与软件，2012（7）：260-263，281.

［8］ Vaswani A，Shazeer N，Parmar N，et al. Attention is all you need ［C］. Advances in neural information processing systems，2017：5998-6008.

［9］ Devlin J，Chang M W，Lee K，et al. Bert：Pre-training of deep bidirectional transformers for language understanding ［J］. arXiv preprint arXiv：1810. 04805，2018.

［10］ 中国科学院计算技术研究所自然语言处理研究组. 文本分类评测大纲 ［Z］. 2019.

［11］ 周志华. 机器学习 ［M］. 北京：清华大学出版社，2016.

第9章 情感计算

文本情感计算，又称情感分析、意见挖掘、情感挖掘、主观性分析、影响分析、情绪检测，是自然语言处理的一个重要研究领域。情感计算旨在基于文本语料库、知识库，利用机器学习、深度学习等方法，探索文档中的语义，对文本中情感的投射进行分析和归类。在自然语言处理中，情感计算常常被建模为一个句子/篇章级的分类问题，衡量模型对文本整体信息的理解能力。也就是说，情感计算是文本分类的一个子集。

文本情感计算涉及现实生活中的方方面面。针对现在互联网存在的大量文本数据，情感计算挖掘人群对某事某物的看法，在商业上可作为决策的工具，在舆论上可更好地服务于人们，为便利人们的生活而发挥更大的作用（见表9.1）。

表9.1 情感计算的应用

应用场景	描述
商品评论分析	对平台，可为用户提供商品评价的概况 对商家，可了解用户对商品的满意度，进而制定好的营销策略
大众舆论 导向分析	政府部门可以及时了解公众对热门事件的情感倾向，掌握大众舆论导向，从而实现及时有效的舆情监控，面向公众的问题，为制定相关政策提供支持
影评分析	了解用户对节目的看法、评价和态度，进而调整剧情走向和剧集上线时间
人物情绪分析	通过对某人发布的内容，了解其情绪变化，分析该人性格，了解他在遇到什么事情时情绪会发生波动等，尽可能地过滤网络负能量
产品比较分析	横向或纵向对比，了解用户对不同品牌相似产品或同一系列不同产品的看法和使用体验的差异，可较为明确地帮助商家了解这些产品需要改进的地方
事件预测分析	通过用户对事件的评论，可以预测相关信息，如电视收视、电影票房、格莱美获奖者等

自然语言表述的复杂性为情感计算的研究带来巨大的挑战。在一段文本中，即使出现了大量的正向情感词，也可能总体表达出负向的情感。如下面这段话："这个导演是我小时候的最爱，然而这部电影让我难以理解。你在电影中可以看到纽约市长的客串演出，不管怎么说，孩子们应该可以从中学到主人公善良的品质。这部电影可能很值得孩子们去看，但对我这种有知识的成年人则不是。"在这段话中，尽管出现了四次正向的表述，但总体的语义却是消极的，因此，建模上下文的语义信息是情感计算的重点和难点。

按照处理文本的类别不同，情感计算可分为基于产品用户评论的情感分析和基于新闻热点评论的舆情分析。按照处理文本的粒度不同，情感分析可分为词语级、短语级、句子级、篇章级以及多篇章级等几个研究层次。比较宽泛的粗粒度情感分类主要用于帮助商家了解用户对产品的评论，并能给政府了解公众舆情提供参考。而较细粒度的情感分类可以进一步提供所评价的产品或服务的精准画像，从商家和用户的角度分别提供不同的评估。就情感分类而言，从分类指标来看，一种是倾向性分类，即褒、贬、中立的分类，另一种是微博评论中常出现的情绪分类，表示个人主观情绪的喜、怒、悲、恐、惊。目前进行情感分类可采用的方法主要有情感词典的方法、传统的机器学习方法和深度神经网络方法。

　　本章将着重于对文档情感计算和分类的基本方法的介绍和分析，以帮助读者对文本情感分析的基本概念和方法有基础的了解，同时介绍目前情感分析的主要任务，从而进行更深入的学习和研究。

9.1　文档或句子级情感计算方法

　　文档级和句子级情感分析的目标都是对于整段文本判断其情感倾向（sentiment orientation），不涉及文档（或句子）中具体的实体或属性。文档级（句子级）情感分类也是最简单的情感分析任务，一般通过文本分类即可完成。

　　情感倾向是对文本主观性和观点的一种度量。情感倾向探索的是评价因素（积极或消极）和对某个主题（或人，或想法）的效力或强度（所讨论的单词、短语、句子或文档的积极或消极程度）这几个方面的度量（即正负情感）。正负情感是最基础的情感类别（见图 9.1）。

这家餐馆很棒很好吃!　　积极

我猜这个产品应该可以用。　　中立

你的提案真是太糟糕了!　　消极

图 9.1　情感倾向

　　情感分析任务有着多个维度的评估。比如话题的热度、正/负面情绪的激烈程度都可以在一定程度上反映现象。所以情感计算的主要研究点之一是更好、更精确地寻找情感倾向，为某些方面的决策提供依据和方法。

　　下面将首先介绍情感分析的传统方法，包括基于情感词典的方法（见 9.1.1 节）和基于机器学习的方法（见 9.1.2 节），然后介绍基于深度神经网络的方法（见 9.1.3 节）。

9.1.1　情感词典方法

　　基于情感词典的方法准确率高而召回率稍低。该方法首先对待测文本做分句处理，找到其中的情感词、程度词、否定词等关键词。然后与情感词典进行匹配，计算出每句话的情感倾向分值。最后将该情感值作为整个文本的情感倾向依据（见图 9.2）。

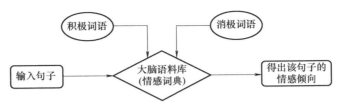

图 9.2　情感词典方法

该方法简单、直观，适用范围较广，但仅仅将文本看作是一个词集合，难以充分理解复杂语义的表达，词的上下文无法形成情感联系，会出现较大误差。与此同时，情感词典的扩充需要大量的人力，规则的质量决定了分类的质量。

9.1.1.1　基于语料库的情感词典构建

1. 语料与语料库

语料通常指在统计自然语言处理中实际上不可能观测到的大规模的语言实例。语料库是为一个或多个应用目标而专门收集的、有代表性的、有一定结构的、可被计算机程序检索的、具有一定规模的语料的集合。从其本质上讲，语料库实际上是通过对自然语言运用的随机抽样，以一定大小的语言样本来代表某一研究中所确定的语言运用总体。

语料库的构建应遵循五个原则：

1）代表性：语料库中的样本应具有时代性，为正在被使用中的、各环境下的真实的语言材料，目的是以有限的样本语料反映真实的语言现象。

2）结构性：要求以电子文本形式存在、计算机可读，有相应的逻辑结构设计。

3）平衡性：根据平衡语料库的用途确定平衡因子，保证语料库的代表性。

4）规模：根据实际需要来决定语料库的规模，在保证其功能的基础上，避免垃圾语料带来的统计垃圾问题。

5）元数据：元数据对语料库的研究有重要意义，通过其可以了解语料的相关信息、形成不同的子语料库、对不同的子语料库进行比较、记录语料的信息。

按照不同的划分方式，语料库分为不同的类型（见图 9.3），应根据研究中的实际需要选择合适的语料库类型。

2. 语料库的发展历史

1964 年，布朗大学语言学系的 W. Nelson Francis 和 Henry Kučera 出版了计算机可读的通用语料库，以帮助进行现代英语的语言研究。语料库有 100 万个单词（500 个样本，每个样本约 2000 个单词），被称为 Brown Corpus[1]。

1992 年，作为自然语言处理领域的资料库（包括语料库），Linguistic Data Consortium（LDC）[2]面世。

1991 年到 1994 年间，1 亿个名为 BNC（British National Corpus）[3]的英式英语语料库成立。2014 年，启动了一项名为 BNC2014 的后续任务。

1999 年，Penn Treebank-3 发布。

2008 年，Corpus of Contemporary American English（COCA）[4]发布，它收集了 1990 年至 2007 年的资料，含 3.65 亿个单词。

2011 年 6 月，LDC 发布了 English Gigaword Fifth Edition[5]，含 40 亿个单词。

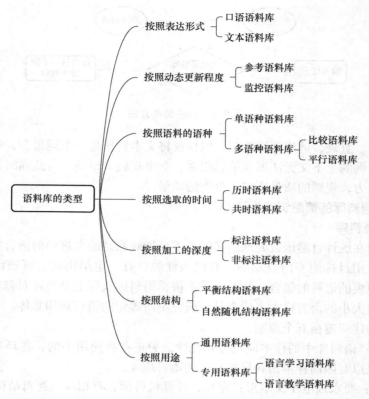

图 9.3　语料库的类型

2012 年 7 月，Google 从数字化书籍中发布了 Google Books Ngrams[6]的第 2 版，仅包含出现次数超过 40 次的 n-gram，还包括许多非英语语言的 n-gram。

2012 年 8 月，作为非正式流派的语料库，LDC 发布了 English Web Treebank（EWT）[7]，它大约有 25 万个单词级标记和 1.6 万个句子级标记。

2019 年 9 月，Common Crawl[8] 从 25.5 亿个网页中发布了 240TB 的未压缩数据。

图 9.4 展示了在 COCA 中检索字符串"in a matter of"，并选择将来源限制于 academic 得到的部分结果展示，其中词频为 175。

SECTION: ACADEMIC (175)
FIND SAMPLE:　100
PAGE: << < 1 / 2 > >>

CLICK FOR MORE CONTEXT					NEW	SAVE	TRANSLATE	ANALYZ
1	2019	ACAD	Harvard J Law Public Policy		Role of United States Federal Courts in Interpreting the Constitution and Laws, in A Matter OF INTERPRETATION: Federal Courts an
2	2019	ACAD	Intl J Communication		)# Operators' work involved complicated actions that had to be performed in a matter of seconds. Machines were not able to conc
3	2017	ACAD	Public Administration Q		with Robert Mason, a former auto executive, and Management Consultant. In a matter of three months, Mason balanced the city b
4	2017	ACAD	Iowa Law Review		it comes to police investigations because significant amounts of evidence can be lost in a matter of hours or days. Speaking about t
5	2016	ACAD	Iowa Law Review		to bombard consumers with additional products, pressuring the consumer to decide " in a matter of minutes" whether to purchas
6	2016	ACAD	J Folklore Research		that " since hundreds of people received the same' personal' warning in a matter of moments, " " Lights Out! " is the archetypal crin
7	2015	ACAD	MiddleEastQ		. In May 2008, Hezbollah stormed mostly Sunni west Beirut and, in a matter of hours, liquidated the militia of the Future Trend mov
8	2015	ACAD	OccupationalHealth		available at **43;12502;TOOLONG **44;12547;TOOLONG... # TEACHING METHODS? resilience can be taught In a matter of hours. I
9	2015	ACAD	CollegeStud		complete the major task.3. Sustained Investigation: Problems can not be solved in a matter of minutes or even hours. Instead, auth
10	2014	ACAD	ExceptionalChildren		Intensive instruction to make these meaningful gains. Skills that are typically learned in a matter of weeks for students without disa

图 9.4　COCA 语料库检索实例

3. 基于语料库构建情感词典的方法

基于语料库的方法是构建情感词典的重要方法之一。与基于语义知识库的方法相比，基于语料库的方法能够从语料中自动学习得到一部情感词典，在不同领域的语料上可以得到该领域特定的情感词典，具有领域特定、时效性高、情感分析精度高的优点，因此常用于领域情感词典的构建。与基于字典的方法相比，基于语料库的方法不仅能选取字、词典中的正式词汇条目，还包含了社交媒体中广泛使用的非正式词汇和网络俚语等。

具体方法分为以下两个大类。

（1）连接关系法

利用语句中的连词来判断前后词语的情感极性关系是最经典的方法。具体步骤如下：

1）提取连词连接的形容词，标注极性。

2）Logistic 回归模型确定连词前后情感极性情况。

3）聚类算法产生褒、贬两个语簇。

例如，在句子"这个面包味道非常好，但是太贵了"中，连词"但是"连接了两个形容词，即"好"和"贵"；根据连词"但是"的性质可以知道句子前后的情感极性应该是相反的，因此在知道"好"是褒义的情况下，很自然推得"贵"是贬义的。

连接关系法的原理是依赖连词判断文本前后的情感极性变化，从而判断其中有情感倾向的词语的极性变化，因此这种方法主要适用于有较强主观性、较明显情感变化的语料，比如商品评论等含有明显褒贬情感的评论。

连接关系法的缺点在于它是基于语言规则实现的，通常采用形容词作为候选词集，然而情感词典可能包括动词、副词或名词，会出现覆盖面较低的问题。

（2）同现关系法

同现关系法的原理是，以相似的模式出现在文本中的词语具有较高的情感相似度。这里引入逐点互信息（Pointwise Mutual Information，PMI），PMI 是信息论和自然语言处理中的一个基本概念，它反映了一个词对的统计依赖性程度，其计算公式如下：

$$PMI(\omega_1, \omega_2) = \log \frac{p(\omega_1, \omega_2)}{p(\omega_1)p(\omega_2)} \tag{9.1}$$

在文本中，$p(\omega_1, \omega_2)$ 是词或短语 ω_1 和 ω_2 在文本中同现的概率。$p(\omega_1)p(\omega_2)$ 则反映它们各自独立出现的概率。在概率论中，如果 ω_1 和 ω_2 无关，则 $p(\omega_1, \omega_2) = p(\omega_1)p(\omega_2)$。$\omega_1$ 和 ω_2 的相关度越大，$p(\omega_1, \omega_2)$ 和 $p(\omega_1)p(\omega_2)$ 的比值就越大。而对数函数取自信息论中对概率的量化转换。因此，$PMI(\omega_1, \omega_2)$ 从数据同现的角度度量了 ω_1 和 ω_2 之间的语义相似度。

仅通过 PMI 的概念，难以反映出某个词语的情感倾向强度。因此，Turney 和 Littman（2003）[9] 利用正、负种子集和 bootstrapping 算法来标记文本中单词的情感倾向，引入了种子词（seed term）和目标词（target term）的概念。比方说，用于定义正类和负类的正、负种子词的集合分别为 $S_p = \{good, nice, excellent, positive, fortunate, correct, superior\}$ 和 $S_n = \{bad, nasty, poor, negative, unfortunate, wrong, inferior\}$。

目标词的情感倾向是由它与一组已知的肯定词的关联度量，减去它与一组已知的否定词的关联度量来确定的。因此，利用 PMI，可以用种子集 $term_i$ 来计算目标集 term 的情感倾向：

$$SO(\text{term}) = \sum_{\text{term}_i \in S_p} \text{PMI}(\text{term}_i, \text{term}) - \sum_{\text{term}_i \in S_n} \text{PMI}(\text{term}_i, \text{term}) \tag{9.2}$$

同现关系法考虑的是词的相关性，有较强的通用性，适用于大部分的语料。同时，相比连接关系法，可以不指定候选情感词集。而同现关系法的不足之处在于它过分依赖统计信息，只考虑词语的共现情况，而缺少对复杂语言现象如极性转移问题的建模，导致结果出现一定偏差。

4. 基于语料库方法的挑战

尽管使用语料库可以有效地标记非正式俚语和社交媒体术语的极性，但在标记正式术语时却效率低下。

其次，与字典的结构化布局相比，语料库通常没有固定的形式，这为文本分析增加了干扰。

再则，协同统计数据并不总是可靠的。例如，Fellbaum 等（1993）[10]认为形容词及其反义词经常同时出现在相同的短语和句子中。此外，Kanayama 和 Nasukawa（2006）[11]提到，只有大约 60%的同现现象反映了类似的情感。因此，仅使用词语同现统计作为情绪极性的测量是不够的。

最后，情感词典的整体质量难以衡量。Schneider 等（2018）[12]提到，使用词典和语料库生成的情感词典会包含比较复杂的不准确性。除了对极性词误贴标签之外，由于词典生成技术的自动特性，这种不准确性是很难手动检测的。

9.1.1.2 情感词典性能评估

情感词典的性能评估可分为直接评估与间接评估两种方法。

1. 直接评估法

（1）人工判断或与通用情感词典进行比较

在词典中选取若干词，人工判断指的是专家对这些词语的情感极性标注准确率进行判断。词语标注的准确率越高，说明词典的性能越好。需要注意的是，应当重视词典中情感强度较强或置信度较高的情感词，这些词语的准确率很大程度上影响了词典的准确率。

（2）与人工标注的情感词典进行比较

根据情感词典中情感词的查准率（P）、查全率（R）和 F_1 值等评估情感词典的质量。

$$P = \frac{\text{right}_{\text{hit}}}{\text{all}_{\text{hit}}} \tag{9.3}$$

$$R = \frac{\text{right}_{\text{hit}}}{\text{all}_{\text{related}}} \tag{9.4}$$

$$F_1 = \frac{2PR}{P+R} \tag{9.5}$$

式中，$\text{right}_{\text{hit}}$ 为被正确检索到的数目，all_{hit} 为被检索到的总数，$\text{all}_{\text{related}}$ 为应该检索到的数目。

2. 间接评估法

词典的间接评估依赖于具体的情感分类任务，以任务的完成效果来反映词典的性能，按任务类型可分为监督情感分类和无监督情感分类。

（1）基于监督情感分类的情感词典性能评估

用词典特征训练有监督学习的分类器，通过这个分类器对文本进行情感分类。分类的效

果体现了分类器的性能，进而可反映词典的性能。其中，词典特征指在情感词典的实际使用过程中设计的一些特征（见表9.2）。对每一种情感极性，可以是该种极性的所有情感词得分之和、最大情感词得分等。

表 9.2 基于监督情感分类的情感词典特征

特征组号	含义
1	文本中该极性的情感词中情感得分大于零的词语数目
2	文本中该极性的所有词情感得分之和
3	文本中该极性的最大情感词得分
4	文本中该极性的最后一个非零的情感词得分

（2）基于无监督情感分类的情感词典性能评估

采用基于规则的方法，利用基于情感词典获取候选词或短语的情感极性及强度，将全文中情感词的得分累加，得到整个文本的情感得分。将总得分大于零的文本预测为表现正向情感，将总得分小于零的文本预测为表现负向情感，最后可通过查准率、查全率或 F_1 值等评估所使用情感词典的性能。

9.1.2 基于传统机器学习的监督情感分类

文档情感分类有一定的预设前提。假定文档的描述存在一个被描述的主体，将词关系转化为词表达的情感和描述的主体之间的关系，而原本较为复杂的句子也就能被更容易解析的结构通过特定算法解释和分析分类。如图9.5所示，表达的是主体和描述的方法，描述的方法用于寄托情感，主体为客观承载情感的部分。

考虑到情感计算是一个分类问题，现有的机器学习的分类方法通过调整都可以运用到情感计算中来。其大致流程是将人工标注文本倾向性作为训练集，对训练集提取文本情感特征，通过机器学习的方法构造情感分类器，再用验证集中待分类的文本进行倾向性测试，进而调整模型参数，提高分类器性能，如图9.6所示。该方法与情感词典相比，有更好的泛化性能，但标注数据需消耗大量人力，且有一定专业性的要求。

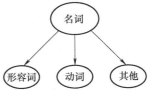

图 9.5 主体和描述方法

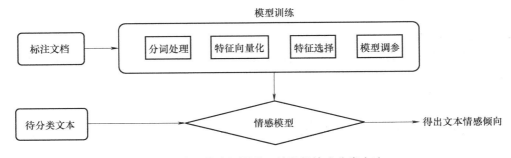

图 9.6 基于传统机器学习的监督情感分类方法

下面将首先介绍如何提取文本特征（见 9.1.2.1 节），包括词频分析方法、TF-IDF 方法和信息增益方法。然后介绍可以使用哪些传统情感分析模型进行分类（见 9.1.2.2 节），包括主题模型和机器学习模型。

9.1.2.1 特征分析

从机器学习的角度出发，特征抽取主要包括过滤式选择、包裹式选择、嵌入式选择等方式。在情感计算问题中，往往以词频为依据采用统计的方法如词频（term frequency）、文档频率（document frequency）、逐点互信息（pointwise mutual information）、信息熵（information entropy）、卡方统计（chi-square）等。可运用以上算法将原始特征高维空间的表示映射至低维空间，挑选出性能更强的特征。

1. 词频分析

词频分析是一个简单而有效的方法。对于 n-gram 的表示而言，其序列具体由马尔可夫链给出。在综合考虑准确率和开销后，可给出其一元模型、二元模型和三元模型：

1）一元模型（unigram model）：$P(w_1,w_2,\cdots,w_n)=\prod_{i=1}^{n}p(w_i)$。

2）二元模型（bigram model）：$P(w_1,w_2,\cdots,w_n)=\prod_{i=1}^{n}p(w_i\,|\,w_{i-1})$。

3）三元模型（trigram model）：$P(w_1,w_2,\cdots,w_n)=\prod_{i=1}^{n}p(w_i\,|\,w_{i-2},w_{i-1})$。

n-gram 是一种基于统计语言模型的算法。它的基本思想是将文本里面的内容按照字节进行大小为 n 的滑动窗口操作，形成长度为 n 的字节片段序列。在情感分类任务中，对于 n-gram 而言，它符合：

1）语句合理性：当句子结构中多次出现相同的 n 个相同词的词序列，可认为这个词组成了一个特征，而这个序列的概率链也将被用作特征提取的方法。

2）马尔可夫链的链式规则：读入词时，这个词有一个状态，它总是有一定的转移倾向，总会趋于转移到新的趋于收敛的位置，同时还要满足以下的转移条件：①可能的状态数是有限的；②状态间的转移概率是固定的；③能从任意状态转移到任意状态；④不能是简单的循环。

2. TF-IDF 方法

TF 表示词频，指特征 t 在文档 D 中出现的次数。DF 表示包含特征 t 的文档数。DF 越高，说明特征 t 对于区分不同文档情感倾向的作用越不明显。IDF 定义为 IDF = $\log(|D|/\text{DF})$，$|D|$ 为所有文档数。IDF 值与特征 t 对区别文档的意义成正比。而 TF-IDF 等于 TF·IDF。

TF-IDF 方法的前提假设是认为某个词或短语在某一篇文章中出现的频率 TF 高，而在其他片段或文章中很少出现，则认为此词或者短语具有显著的类别区分能力，适合作为特征向量。

3. 信息增益方法

信息增益利用一个词语在文本中出现前后的信息熵之差刻画一个词语在文本中出现与否对文本情感分类的影响，定义如下：

$$IG(T) = H(C) - H(C\,|\,T)$$

$$= -\sum_{i=1}^{n}P(C_i)\log_2 P(C_i) + P(t)\sum_{i=1}^{n}P(C_i\,|\,t)\log_2 P(C_i\,|\,t) + P(\bar t)\sum_{i=1}^{n}P(C_i\,|\,\bar t)\log_2 P(C_i\,|\,\bar t)$$

$$(9.6)$$

式中，n 是类别总数，$P(C_i)$ 是第 i 类出现的概率。

　　将文本用特征进行表示后，可划分训练集和测试集，在对训练集训练的过程中，可选择不同的算法进行模型的优化，进一步调整特征的数量，并最终以测试集检验分类器的准确度，获得对该分类问题最佳的分类算法与特征维度数，如图 9.7 所示。

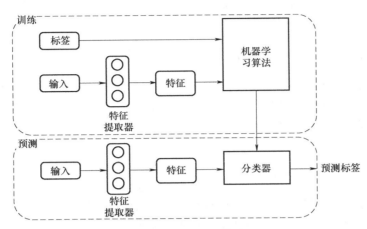

图 9.7　信息增益方法

9.1.2.2　情感分析模型

1. 主题模型

　　主题模型的目标是在大量的文档中自动发现隐含的主题结构信息。这里将介绍几种常见的主题模型：

　　（1）概率潜在语义分析（PLSA）模型

　　PLSA 模型也给出了一个假设：每一篇文档都包含一系列可能的潜在话题，文档中的每一个单词都不是凭空产生的，而是在这些潜在的话题的指引下通过一定概率生成的。在 PLSA 模型中，话题其实是一种单词上的概率分布，每一个话题都代表着一个不同的单词上的概率分布，而每个文档又可以看成是话题上的概率分布。每篇文档就是通过这样一个两层的概率分布产生的，这也正是 PLSA 模型提出的生成模型的核心思想。

　　PLSA 模型通过下式对 d 和 w 的联合分布进行了建模：

$$P(w,d) = \sum_z P(z)P(d\mid z)P(w\mid z) = P(d)\sum_z P(z\mid d)P(w\mid z) \tag{9.7}$$

式中，d 表示一篇文档，z 表示由文档生成的一个话题，w 表示由话题生成的一个单词。在这个模型中，d 和 w 是已经观测到的变量，而 z 是未知的变量（代表潜在的话题）。

　　（2）潜在狄利克雷分配（LDA）模型

　　LDA 模型是为了解决 PLSA 模型中出现的主要问题，在 PLSA 模型的基础上引入了参数的先验分布这个概念，它也成为了主题模型这个研究领域内应用最为广泛的模型。

　　在 LDA 模型中，每个文档关于话题的概率分布都被赋予了一个先验分布，这个先验一般是用稀疏形式的狄利克雷分布表示的。先验可以看成是编码了如下的先验知识：一般而言，一篇文章的主题更有可能是集中在少数几个话题上。此外，LDA 模型还对一个话题在所有单词上的概率分布也赋予一个稀疏形式的狄利克雷先验，它的直观解释也是类似的：在一个单独的话题中，多数情况是少部分词出现的概率很高。

以上的两种先验使得 LDA 模型比 PLSA 模型更好地刻画文档-话题-单词这三者的关系。

2. 机器学习模型

这里将介绍朴素贝叶斯、最大熵和决策树这三类同属监督学习中的经典分类算法。在此前的研究中，每种算法都被证明是有效的。

（1）贝叶斯网络

$$P(c \mid d) = \frac{P(c)P(d \mid c)}{P(d)} \tag{9.8}$$

朴素贝叶斯是一种概率分布器，其中文档 d 的分类为 $c^* = \operatorname{argmax} P(c \mid d)$，$P(d)$ 是可以从数据中求得的边缘概率，$P(c)$ 是先验概率，可以直接从训练数据中获取。基于条件独立性假设，认为 d 中有 n 个互相独立的特征 f_i，$n_i(d)$ 为特征出现的先验概率。于是可给出如下的方程：

$$P_{\mathrm{NB}}(c \mid d) = \frac{P(c)\left(\prod_{i=1}^{m} P(f_i \mid c)^{n_i(d)}\right)}{P(d)} \tag{9.9}$$

式中，$P(d)$ 不做贡献，同时在针对于此的优化还可以做拉普拉斯平滑避免 0 概率问题。尽管这个假设异常简单，且这种特征间的条件独立性假设在现实世界中并不成立，但经实际验证，朴素贝叶斯表现依然非常出色[13]，并且朴素贝叶斯在某些具有高度依赖特征的情况的问题上是最优的[14]。朴素贝叶斯根据概率的定义又分为多项式模型和伯努利模型两个常用的模型，两者的区别在于计算后验概率时，对于某文档，多项式模型中，没有在该文档中出现过的单词，不参与后验概率的计算，伯努利模型中，没有在该文档中出现，但在全局单词表中出现了的单词，会作为"反例"参与计算。

虽然标准的朴素贝叶斯文本分类可以很好地用于情感分析，但通常会使用一些小的变化来提高性能。首先，对于情感分类任务，一个单词是否出现比它出现的频率更重要，因此将每个文档中的字数限制为 1 通常会提高性能。其次，情感分析中处理负类时，通常使用的一个非常简单的基线是在文本规范化期间，在逻辑否定符号之后的每个单词前加上 NOT 前缀，直到下一个标点符号。比如，"didn't like this movie，but I"变为"didn't NOT_like NOT_this NOT_movie，but I"。像"NOT_like"这样新形成的单词在负面文档中出现的概率会更高，并成为负面情绪的线索，就可以从预先标注了积极或消极情感的词汇列表中获得对应情绪的词汇的特征。

（2）最大熵

最大熵优化，也是自然语言处理任务中的备选方案之一，被 Berger 等（1996）、Nigam 等（1999）[15,16]证明在某些条件下（如一部分标准文本分类任务）优于朴素贝叶斯，但理论上最大熵分类器的假设方案是非先验性的（没有先验的条件独立性假设），相比朴素贝叶斯更加可靠，并且训练时在 CPU 和内存占用方面也表现优异，它对朴素贝叶斯的 $P(c \mid d)$ 采用如下形式表示：

$$P_{\mathrm{ME}}(c \mid d) = \frac{\exp\left(\sum_i \lambda_{i,c} F_{i,c}(d,c)\right)}{Z(d)} \tag{9.10}$$

式中，$Z(d)$ 为归一化函数，对 $F_{i,c}(d,c')$ 有

$$F_{i,c}(d,c') = \begin{cases} 1, & n_i(d) > 0 \\ c' = c_0, & \text{其他} \end{cases} \tag{9.11}$$

上述两个公式表达了不同特征，其合力对文本情感倾向的影响，本质上也还是研究每个特征词对文本情感的贡献。优化目标是 $\lambda_{i,c}$，其内涵为每个特征在文本情感倾向的作用权重的参数，可以使用梯度下降进行优化。

最大熵分类器属于指数模型类的概率分类器。基于最大熵的文本情感分析，只要得到一些训练数据，进行迭代就可以得到想要的模型，简单、好操作。但是由于最大熵往往只能得到局部最佳解而非全局最优解，因而运用该方法进行情感分析的准确率有待提高。且约束函数数量与样本数目有关，导致迭代过程计算量大，实际应用比较难。

（3）决策树

决策树算法的理念体现了人在面临问题抉择时一种自然的处理机制，即通过"是"或"否"来对问题的每个属性加以测试，每个测试的结果是得到最终结论或引出下一步的判定问题。

决策树的内部节点表示对样本的一个特征进行测试，叶节点表示样本的一个分类。决策树有二叉树和多叉树两种类型，二叉树只对一个特征的 1 个具体值进行测试，只有正与负两个输出；多叉树对一个特征的多个具体值进行测试，将产生多个输出。使用决策树进行决策的过程是从根节点开始，依次测试样本相应的特征，并按照其值选择输出分值，直到到达叶节点，然后将叶节点存放的类别作为决策结果。

在对决策树的任意一个非叶节点划分之前需要计算每一个属性带来的信息增益，信息增益越大，样本的区分能力就越强，属性就越重要。在图 9.8 所示的情感分析的例子中，选择了 4 个维度的信息进行决策树构建，分别是评价分值、评论正向情感分数、评论负向情感分数以及评论中立词个数。

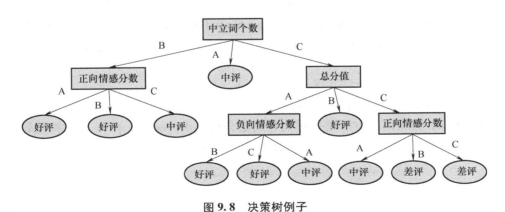

图 9.8　决策树例子

9.1.3　深度神经网络方法

为减少数据标注工作的负担，深度学习的方法应用于情感分类可满足在"零基础"的情况下，在一个全新的领域训练出效果良好的分类模型。深度学习方法与前两者的本质差别在于以向量形式作为神经网络的输入，考虑到了词序信息和语义特征，有局部记忆功能，可最大程度地保留原文信息，实现情感识别和分类。其结构灵活，利用词嵌入技术解决了文字长短不均带来的处理困难，减轻了人工提取特征的工作负担。

以卷积神经网络（Convolution Neural Network，CNN）为例，通过卷积核在输入数据上滑动来进行特征提取。在文本处理上，这个卷积核更应该体现其对中心词或者情感词的提取过程来进行选取，让其自动地找到合理的文本情感特征，更准确地分析出其中的情感。图 9.9 为 2004 年提出的用于文本分类的卷积神经网络 text-CNN[25] 的网络结构，展现了 CNN 处理文本数据的方法。

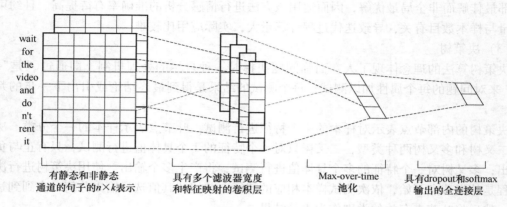

图 9.9　使用 CNN 实现文本分类

循环神经网络（Recurrent Neural Network，RNN）能够收集并分析周围节点甚至更远处节点的特征。典型的 RNN 编码文本的方式如图 9.10 所示，其特点是利用前一个单词的编码结果来辅助当前词的编码。已有的研究常利用双向 RNN 对情感文本进行分析。RNN 可连接上下文或时间顺序，对于文本情感分析来说可更关注按照时间线展开的信息，更合乎常理。当前最常使用的 RNN 模型有长短期记忆（Long Short Term Memory，LSTM）网络和门控循环单元（Gate Recurrent Unit，GRU），它们在文本编码方面体现出较强的能力。

$$O_t = g(V \cdot S_t) \tag{9.12}$$
$$S_t = f(U \cdot X_t + W \cdot S_{t-1}) \tag{9.13}$$

图神经网络（Graph Neural Network，GNN）的特点是以其连通性作为特征传递。为了获得句子的图表示，最常用的方法是通过依存句法分析（dependency parse）来构建句法依存树，如图 9.11 所示，通过其邻接矩阵进行后续的图编码。

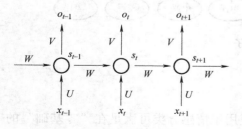

图 9.10　RNN 编码示意图

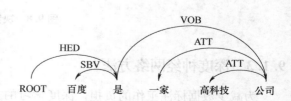

图 9.11　句法依存树

在此基础上，一些工作也会研究中心节点和其邻居节点的关系，进而为不同的边分配不同的注意力权重。以论文"Graph-Based Attention Networks for Aspect Level Sentiment Analysis"[17] 为例，在根据依存树构建了邻接矩阵（无向，并加入了自环）后，该研究还采用了 GAM 来为不同的边分配不同的权重。具体来说，首先对两两节点计算注意力分数 e_{uv}，然后对各节点所有邻边进行归一化得到注意力矩阵 R，最后将 R 与原邻接矩阵的拉普拉斯矩阵 L 平均得到的新的注意力矩阵 Att：

$$e_{uv} = \text{score}(H_u^{(0)}, H_v^{(0)}) \tag{9.14}$$

$$R_{uv} = \begin{cases} \dfrac{\exp(e_{uv})}{\sum_{k \in N(u)} \exp(e_{uv})}, & v \in N(u) \\ 0, & \text{其他} \end{cases} \tag{9.15}$$

$$\text{Att}_{uv} = \frac{1}{2}(L_{uv} + R_{uv}) \tag{9.16}$$

式中，score(·) 是注意力函数，$N(u)$ 表示 u 的所有邻居节点。最后的矩阵 Att 中包含了两两节点之间边的注意力权重，可以用于后续的图编码。

在编码图方面，目前最常被使用的图编码方法包括图卷积网络（Graph Convolutional Network，GCN）[29]和图注意网络（Graph Attention Network，GAT）[30]。GCN 与 GAT 都是通过迭代地将邻居节点的特征聚合到中心节点上来学得全图的特征，不同的是 GCN 利用了拉普拉斯矩阵，GAT 利用注意力系数。其中，GCN 本质上与 CNN 的卷积过程一样（见图 9.12），是一个加权求和的过程，就是将邻居节点通过度矩阵及其邻接矩阵，计算出各边的权重，然后加权求和：

$$H^{l+1} = \sigma(D^{-1/2} A D^{-1/2} H^l W^l) \tag{9.17}$$

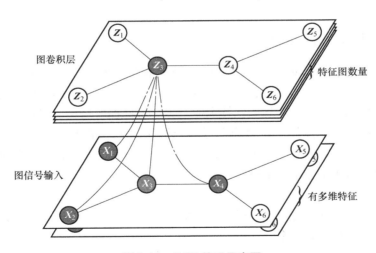

图 9.12　GCN 编码示意图

H^l、H^{l+1} 分别是第 l 层和第 $l+1$ 层的节点，D 为度矩阵，A 为邻接矩阵，σ 为非线性函数。与 GCN 不同，GAT 引入注意力思想去计算每个节点的邻居节点对它的权重，然后使用归一化的权重计算对应特征的线性组合，作为每个节点最后的输出特征（见图 9.13）：

$$\alpha_{ij} = \frac{\exp(\sigma(w_a[Wh_i^l \parallel Wh_j^l]))}{\sum_{k \in \mathcal{N}_i} \exp(\sigma(w_a[Wh_i^l \parallel Wh_j^l]))} \tag{9.18}$$

$$h_i^{l+1} = \sigma\left(\sum_{j \in \mathcal{N}_i} \alpha_{ij} Wh_j^l\right) \tag{9.19}$$

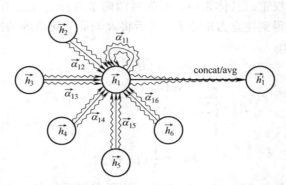

图 9.13　GAT 编码示意图[30]

9.2 属性级情感分析

相比起文档级和句子级情感分析，属性级情感分析的粒度更小。它不再对一整段话进行整体的情感倾向性预测，而是针对文本中特定的对象进行评价，这里的对象可以是文本中具体提到的实体、提前定义的属性，也可以是特定的主题。根据具体任务的不同，下面将分别介绍意见挖掘和属性抽取任务（见 9.2.1 节）、针对特定目标的情感分析任务（见 9.2.2 节）和立场检测任务（见 9.2.3 节）。

9.2.1 意见挖掘和属性抽取

意见挖掘（opinion mining）是情感分析的研究重点和热点，它在分析情感词时会提取并挖掘人们对于某一特定目标的情感倾向和观点。网络上的社交媒体软件中有着大量碎片化的人们对于不同目标的评价，意见挖掘技术能对某一目标提取出相对客观和正确的评价。如在消费方面，利用意见挖掘技术，消费者可以分析他们所希望或计划购买的产品的各个方面，从而做出更加理智的决定；销售者可以分析公众对自家公司和产品细化到属性层面的意见来更好地改进产品或调整销售策略等。

1. 意见挖掘

意见挖掘任务通常可分为两个子任务：识别评论发出者、评论目标和表达措辞等意见对象，及在这些对象之间建立联系。

关于识别评论发出者，通常而言，在大多数社交媒体软件中无需识别评论发出者和发布时间，因为评论发出者通常是评论、博客或者讨论帖子的作者。尽管他们在现实世界中的身份是未知的，但他们的登录 id 是已知的，同时时间和日期也是已知的。

对于评论目标识别，在意见挖掘的典型应用中，用户往往会对某一评论目标给出寥寥数语的评价，也可能使用不同的方式如缩写和简称来指示该评论目标。因此，让系统自动从语料库中识别并发现评论目标是一项十分重要的任务。在 2010 年的一项研究中，研究者将该问题转化为类别集合的扩张问题。即给定某一特定类别 C 的种子对象集合 Q 和候选对象集合 D，然后确定 D 中属于 C 的对象。也就是说，基于集合 Q 来扩充属于类别 C 的对象。这是一个分类问题，但在实际应用中，这个问题通常通过排序解决，即根据对象属于 C 的可

能性来对 D 中的对象进行排序。另一种比较好的评论目标识别方法是使用 S-EM 算法进行正样本和无标签（Positive and Unlabelled，PU）学习。在正样本和无标签学习中，会通过给定的种子对象词来提取包含一个或多个种子的句子。这些句子中每个种子周围的单词充当了种子的上下文，其余的句子被当作未标记的例子。

意见的表达措辞一般分为两个方面：比较意见和常规意见。比较意见表达的是两个或者更多对象之间的相似性或差异性。常规意见大致可分为直接意见和间接意见。直接意见是指直接对某个对象或对象的某个属性所表达的意见；间接意见是基于对其他对象的影响而表达对于某个对象或对象的某个属性的意见。这种类型的意见经常出现在医学领域，如"使用这种药物后，我的关节感觉更糟。"这句话描述了药物对关节的不良影响，间接给出了对药物的负面意见。在这种情况下，药物是对象，对关节的影响是属性。目前的研究大多集中在直接意见上，因为相比起间接意见，直接意见更加容易识别和处理。

2. 属性抽取

属性抽取也被视作信息提取任务。情感分析中的每个意见总有一个目标，这个目标通常是从句子中提取出的对象或其中一个属性。值得注意的是，一些意见表达可以同时带有积极和消极的情绪与表示属性，如"这辆车很贵"中，"贵"既是表达负面感情的词语，又是表示车辆的价格属性的词语。

现有属性抽取的研究主要是利用网络评论进行的。网络评论通常有优点、缺点、详细评论以及自由格式这几种评论方式。自由格式评论则是由评论者自由创作，没有单独被概括出来的优缺点比较。优点、缺点、详细评论则通常会先分别列举一些优缺点，再写一份详细的评论，因此从中提取属性相对容易和简单。常用的方法有基于频繁出现的名词或短语的属性提取。该方法先对名词或短语进行词性标记识别，然后统计它们出现的频率。

上述提到，每个意见总有一个目标，显然，意见和目标之间必然是有关联的。它们之间的关系可以用来提取意见目标。同一个情感词可以用来描述或修饰不同的属性。如果一个句子没有特别频繁出现的名词，但包含一些情感词，则抽取距离情感词最近的名词或名词短语。比如，"这台相机特别棒！"这句话中，如果我们已经知道"特别棒"是一个情感词，那么被提取出来的目标就是"这台相机"。这个方法通常是有效且实用的。另外，这种方法对于发现意见中对象的重要属性也大有帮助。因为如果没有人对对象的某个属性表达任何情绪的话，它就不太可能是重要的属性。

基于监督学习的属性抽取算法使用人工标注的语料库进行训练，需首先手动标注语料库中的属性和非属性，然后将训练得到的模型用于未经标注的语料库的属性抽取实践中。

总而言之，意见挖掘和属性抽取是联系十分密切的两个应用。在意见挖掘时需要分析意见的目标，而意见的目标有可能是对象本身或者对象的某一属性，因此属性抽取技术应运而生。而在属性抽取的过程中也运用到了意见挖掘的某些技术，如通过情感词分析识别出对象的属性。这两个技术在日常生活中应用广泛，从政治到商业都可以使用意见挖掘技术得到较为理想的结果，因此大力发展意见挖掘和属性抽取的研究是有必要的。

9.2.2 针对特定目标的情感分析

情感分析所研究的内容是针对句子中某个实体，通过学习文本上下文的信息来判别文本中特定目标的情感极性。随着社交网络、电子商务的发展，不少人会在网络上针对某一事物发表自己的意见和表达自己的情感。通过对这些句子进行数据提取和分析，可以总结得出评论中对于某一特定实体的意见和看法。通过这种方式总结提取出的看法是基于网络上大量已有评论内容得出的，因此在一定程度上可以客观反映出这个实体的某种属性或是人们对其普遍的情感态度。这种任务就是针对特定目标的情感分析，也称为面向方面的情感分析（Aspect-based Sentiment Analysis，ABSA）。

ABSA 作为情感分析的一个重要子任务，它不仅依赖文本的上下文信息，同时还依赖特定目标的特征信息来获取对特定目标的情感极性。如"这家餐厅食物很好吃但是服务很差"，这句话对于"这家餐厅的食物"实体是积极意见，但对于"这家餐厅的服务"是消极意见。由于一个句子中可能含有多个不同的方面，每个方面的情感极性有可能不同，因此针对句子中特定目标的情感分析是必要的。其应用主要是在消费领域对于大量的产品评价进行分析，从而获得评价中对于特定实体的意见。基于特定目标的情感分析有很多实际应用价值，如针对商品评论的分析可以提取用户对一个商品不同部分或属性的评价，从而为潜在消费者提供更加客观的意见参考和为厂商进一步改进商品提供更详细的参考。

为了完成 ABSA 任务，可以将它分为两个子任务，即方面提取（Aspect Extraction，AE）和情感分类（Aspect Sentiment Analysis，ASE）。针对方面提取任务的性质不同，该任务还可以进一步分为三类任务：

1）方面情感分类（aspect-oriented sentiment classification）：在该任务中，目标属性直接在句子中被标记出，不需要进行属性提取任务。

2）方面类别情感分类（aspect-category sentiment classification）：该任务会预先定义一个属性集，并会对待分析的句子指定好需要进行情绪分类的属性。注意这时候的属性并不一定显式地出现在句子中。

3）方面-意见-情感三元组提取（aspect-opinion-sentiment triple extraction）：在该任务中目标属性是没有直接给出的，需要主动地去识别句子中的目标属性。在这类任务中，通常需要预测一个三元组，即｜目标属性，意见，情感极性｝，分别由三个子任务构成，即属性提取（Aspect Extraction，AE）、意见提取（Opinion Extraction，OE）和情感分类（Sentiment Classification，SC）。其中意见提取的对象形如"美味的，难听的，大的"。

尽管不同任务的解决方案存在差别，但是需要解决的关键问题都在于如何学习连续特征以及如何捕获属性与上下文之间的关系。

研究学者于 2014 年[18]提出了首个基于神经网络实现的目标依赖情感分析模型。该模型使用子节点中的多重组合，从二叉依存树结构中构建递归神经网络，同时根据输入目标转换依存关系树，使目标中心词作为结果树的根。此模型严重依赖于由自动语法分析器生成的输入依存解析树，因此当这些树出现错误时，可能会导致错误传播问题。随着注意力机制的提出和 Transformer 以后在自然语言处理中的广泛使用，在针对特定目标的情感分析中使用注意力机制已经成为一种共识。注意力机制可以计算出上下文中各个部分对于属性的重要性，从而在分析中能够有依据的分配注意力。此外，各种基于句法依存树的图编码方法，如图卷积网络和图注意网络以及相关的变体也被用来学习特征。对于不同的任务，研究人员也针对任务特点设计了对应的方法。如对于统一的面向特定属性的情感分析，研究学者在 2020

年[26]提出的方法中充分建模了三个子任务，即属性提取、意见提取和情感分析之间的信息交互关系，从而实现三个任务之间的协作学习。对于方面类别情感分析，研究学者在 2021年[27]提出，借助外部知识来找到句子中与属性类别最相关的属性，并将其替代属性类别来学习蕴含在上下文的情感特征。

在这里以 2016 年研究学者针对方面级情感分析提出的基于注意力的 LSTM（见图 9.14）[28]来介绍一种方面级情感分析的解决方法。

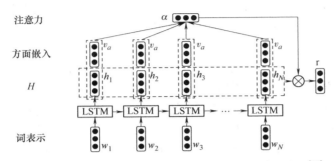

图 9.14　使用基于注意力的 LSTM 解决方面级情感分析[28]

首先将句子的词嵌入表示通过 LSTM 进行编码得到句子的隐藏层表示 H，然后将 H 与方面词嵌入 v_a 拼接在一起，通过注意力机制计算出由注意力权重组成的向量 α，进而得到带权重的隐藏层表示 r，计算过程可以通过下列表达式呈现：

$$M = \tanh\left(\begin{bmatrix} W_h H \\ W_v v_a \end{bmatrix} \right) \tag{9.20}$$

$$\alpha = \mathrm{sofmax}(w^\top M) \tag{9.21}$$

$$r = H\alpha^\top \tag{9.22}$$

式中，W_h、W_v、w 都是要学习的参数。进而得到考虑到方面词的最终句子表示：

$$h^* = \tanh(W_p r + W_x h_N) \tag{9.23}$$

将 h^* 再通过一个全连接层和 softmax 函数便可以进行方面词的情感极性预测了。

由于针对特定目标的情感分析技术应用在不同的领域，针对不同的领域，不同的研究也会提出不同的方法。这些领域包含消费电子领域、餐馆领域、电影领域等。而不同的方法有采用与本领域无关的解决方案和使用领域内特定知识来改进结果的方法。通过特定数据集的训练，系统能够针对特定领域实现针对特定目标的情感分析。在针对特定目标的情感分析研究中，最常使用的数据集包含 5 个：SemEval-2014 Task 4[31]的 Laptop14 和 Restaurant14 数据集，SemEval-2015 Task 12[19]的 Laptop15 和 Restaurant15 数据集，以及 Twitter 数据集。在这里介绍 SemEval-2014 Task 4 和 SemEval-2015 Task 12 的数据集的标注技术。SemEval-2015 Task 12 是 SemEval-2014 Task 4 的延续，是特定在笔记本电脑、餐厅和酒店三个领域的数据集，旨在促进句子或文本级别的情感分类之外的基于方面的情感分析的研究。任务目标是确定对特定实体（如笔记本电脑）及其方面（如价格）表达的意见。在 SemEval-2014 Task 4 数据集中为笔记本电脑和餐厅评论提供了标注的属性术语，如"硬盘""比萨"及其极性。事实证明，笔记本电脑领域的细粒度情感分析难度更大，因为其涉及了更多的实体（如硬件和软件组件）以及更加复杂的概念。这些实体往往在评论中不会被显性讨论。

对于评论中的句子而言，除了在句子层面分析对特定目标的情感极性之外，还需要兼顾整个评论的背景。比如"笔记本电脑还是不好用，不到一周就崩溃……"的上一句话可能是"糟糕的售后把我的电脑弄丢了一个月，三个月后我才拿回我的电脑。"在这种情况下，用户实际上是对售后服务，而不是对电脑的质量提出负面意见。同理，在"我对我的新苹果电脑十分满意"后接下来的句子可能是"然而两个月后硬盘出现了故障"，即使评论者表达了对电脑的满意，但实际上仍然是在表达负面意见。对于一些句子，其中可能对同一方面同时表达了正面和负面情绪，在这种情况下应该选择句子的主导情绪。如"操作系统比较复杂，需要一些时间来学习，但是非常值得！"中，应当选择正面的情绪。

在对数据集的标注过程中，当前一个标注者与后一个标注者对同一项目的标注不一致时，他们会与第三位标注者共同决定最后的标注。在标注过程中会遇到的主要分歧有：

1）在一些负面评价中，无法从中确定评价的目标。比如，"这台电脑屏幕有时会变黑"中，黑屏可能与图像、电脑操作或屏幕本身有关。在此情况下，一般是将评价与评价中显式包含的实体联系起来。因此若有评论关于屏幕问题而没有补充进一步的细节，那么该评价会被认为是关于屏幕的。

2）在一些评价中，评价目标可能可以被拆分为一般性的实体。然而相比起一般性的实体，对评价目标的显式引用更加容易被识别。在这种情况下将会标注最大短语。比如会标注"希腊和塞浦路斯菜"而不是"希腊菜"和"塞浦路斯菜"。

3）对于下面这些类别的评价，标注者往往很难确定一个确切且正确的情感极性。①情绪随时间的变化，如一些评价者更倾向于以描述自己最初的兴奋开始他们的评价，并在一段时间之后的评论中才做出应有的负面评论。②负面事实与正面意见杂糅。一些评论者确实提到产品的不足之处，但同时表示自己并不介意，比如，"电脑发热严重，但是垫高一点加强散热问题就解决了。"③温和的积极和消极情绪都会用"中性"标签来表示。在某些情况下，更加详细的标注区分有助于避免这种情况，如"否定的""略微否定""中性""略微肯定"和"肯定"。然而还是会有标注者难以区分的情况，如"这家餐厅有一半的食物都不错"。

为了评估经过数据集训练后系统的优劣，一个做法是将正确预测的方面类别的极性标签数量除以方面类别的总数。

虽然 SE-ABSA15 和 SE-ABSA14 数据集仅仅只是对笔记本电脑、餐厅、酒店这三个领域的评价做了人工标注，仅仅适用于这三个特定的领域，但是结果表明通过该数据集对于这三个特定领域进行的针对特定目标的情感分析结果是十分成功的。这也说明了这项技术在未来仍然具有极大的发展潜力。随着产业的发展完善，评论或许并不需要人工逐一进行标注，比如淘宝网中所售卖的商品，评价区在用户进行评价时已经让用户自身对于自己的评价进行标注（好评、中评、差评）。这将大大减少从淘宝评论区取得数据的人工标注工作量。有了更高效率的标注速度和更加广泛的数据，针对特定目标的情感分析技术必然会应用到生活中的方方面面。

9.2.3　立场检测

立场检测，顾名思义，便是为了识别某句话对某话题的态度。通常这种态度分为赞成、中立与反对三种。如果一个句子有着明确的指向性，比如，最简单的表明立场的语句，就是含有这三个词的句子，那么对他们的态度进行分析便是一个简洁的判断过程。然而，现实中大量的对话以及网络发言并不会直接地表露出这种立场，甚至与讨论的话题都没有十分明确的关系，这使得立场检测及其情感分析有着极大的困难。

对于表 9.3 所示的几个句子，它们有的与主题有所联系，有的却完全不明所以。如第一句话，这种有关主题的陈述性表达，很容易可以通过"讨论了""一起"等特征词，结合情感等级判断出含有赞成的立场，而对于后两句话，与主题"气候变化令人担忧"可以说几乎毫无关联，得到的结果便十分牵强。这样去让机器强行地找出其中具有感情立场决定性的判断词，可想而知，结果并不十分理想。

表 9.3 立场检测例子

主题：气候变化令人担忧	
科学院与巴利·布洛克一起就气候变化问题讨论了技术性解决方案。	赞成
就在这时，沙滩上出现了比平时高一英寸的海浪！	反对
我就喜欢这个人。我不关心信仰，这个人很棒。	中立
主题：女权运动	
因为在男性眼中，女性容易被贴上"软弱的""情绪化的"标签。	赞成
如果冒犯了你，不要把事情搞复杂。	反对
人们说我还年轻，不能进入政界。老实说，我只是代表一些人说话。	中立

从立场的特征来看，可为每个话题去训练一些独立的分类器，以此解决一个三分类问题。早期的研究便是如此，在 2016 年，Vijayaraghavan 等就采用了多层卷积神经网络的模型去实现这个任务[20]，如图 9.15 所示。

2016 年，在 SemEval 的对于检测立场的任务中，Zarrella 和 Marsh 基于长短期记忆循环神经网络（LSTM-RNN）构建了一个立场检测模型，这个模型显示出了良好的应用表现[21]。对于 LSTM-RNN 方法，它以某项序列数据作为其输入，并在序列的推进的方向进行递归操作，所有节点即循环单元会按链式连接。RNN 最大的优点便是具有记忆性，能够对于相应学习到的特征进行回顾总结、循环训练，并且能根据监督学习及非监督学习等不同要求来执行任务。

但 RNN 最大的缺陷是因梯度爆炸或者梯度消失而导致的记忆不全的情况。这正是 RNN 在遇到错误判断时，需要重新学习语句关联，进而在更久远的记忆中反复反向传播，得到的梯度会越来越大或越来越小，直至无法实现训练效应的表现。这时，LSTM 的作用便体现出来了。与卷积神经网络相比，LSTM 多了一些控制器，包括输入控制器、输出控制器及忘记控制器。其中输入控制器会对文本的重要性程度进行评价分析，同时忘记控制器再将前面学习有偏差的相关数据清除，最终结合两者的综合分析进入输出控制器来输出。这便能很好地缓解记忆循环中梯度异常的情况。图 9.16 就是 RNN 的组成结构。

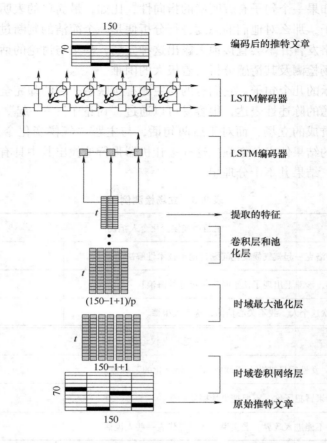

编码后的推特文章

LSTM解码器

LSTM编码器

提取的特征

卷积层和池
化层

时域最大池化层

时域卷积网络层

原始推特文章

图 9.15 面向文本处理的卷积神经网络[20]

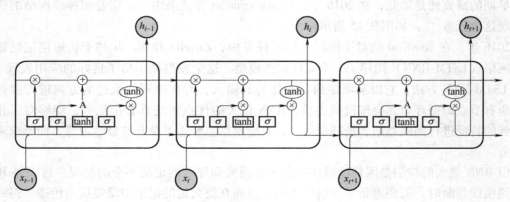

图 9.16 LSTM-RNN 的组成结构[21]

对于监督学习类型,实时循环学习(RTRL)应用更为广泛,其更新原理与传统的许多机器学习方法类似,会通过对时间步 t 的判断来更新每一层连接的权重,以实现实时更新,提高训练效率。同时,实时循环学习的内存开销会更小,更适用于长文本的多层次学习。以下为监督学习-实时循环学习更新规则：

$$\frac{\partial L^{(t)}}{\partial u_{i,j}} = \left(\frac{\partial o^{(t)}}{\partial u_{i,j}}\right)^T \left(\frac{\partial L^{(t)}}{\partial o^{(t)}}\right) \tag{9.24}$$

$$\frac{\partial o^{(t)}}{\partial u_{i,j}} = \frac{\partial o^{(t)}}{\partial h^{(t)}} \frac{\partial h^{(t)}}{\partial u_{i,j}} = \frac{\partial o^{(t)}}{\partial h^{(t)}} \left(\frac{\partial h^{(t)}}{\partial u_{i,j}} + u \frac{\partial h^{(t-1)}}{\partial u_{i,j}}\right) \tag{9.25}$$

而对于非监督学习，它在文本判断方面的应用需求更加迫切，因为大量的文本均含有不同的特征，仅依赖于语料库和文本标记并不能高效地实现对文本的分析需求。在 RNN 基础上，通常会使用到循环自编码器（Recurrent AE）进行操作。对于不同时间步的输入 $\{X_0, X_1, \cdots, X_t\}$，循环自编码器会通过自学习误差来输入到更高阶的 RNN 中，最终的输入数据会在神经历史压缩器（NHC）的各个不同的阶层上得到比较全面的表征。

基于中国最大的评论交互论坛之一的新浪微博，不同立场的判别既具研究意义也具现实意义。已有研究在基于深度学习的分类框架上，扩展并使用 Bert-Condition-CNN 的立场检测模型，如图 9.17 所示。该模型先是对微博文本进行了主题短语的提取来构成话题集，目的是为了提高话题在文本中的覆盖率；接着使用 Bert 预训练模型获取文本的句向量，构建关系矩阵来体现序列之间的关系特征；最后使用 CNN 对 Condition 层进行特征提取，以预测出某些语句的立场[22]。

有了对于语句 score 的评价机制和模型 Bert 的训练后，最终训练的成果有效地取得了在立场检测领域的进步。当然，目前对于立场检测的准确率要求还远远不够，未来能否有更好的方法，还需要依赖深度学习方面技术的进步与发展。

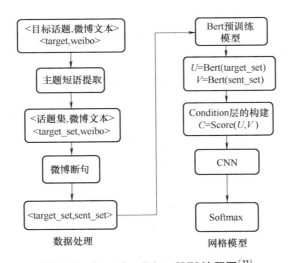

图 9.17　Bert-Condition-CNN 流程图[22]

9.3　其他情感分析任务

除了上述任务，还有其他类型的情感分析任务，下面将介绍情感分析任务中的讽刺识别和多模态情感分析任务。

9.3.1 讽刺识别

对于讽刺与反讽语句，这是属于主客观并存的一种语体。该类语句并不能纯粹地定义其客观含义为"称赞"或"贬低"，还需要通过主观的经验判断和上下文环境分析来定义这句话是否具有反面含义。这样，往往会改变语句的字面含义，极大地影响机器学习方面一贯客观的训练操作，因此对讽刺识别领域进行深入探讨是很有必要的。

例如对表 9.4 所示的语句进行分析，具有贬义的"白痴"，反而是一种由兴而发的表达赞美的戏称，而"礼貌"和"很高兴"，则是对褒义词的迷惑性的贬义使用。很显然，如果对这种句子进行监督学习，仅依靠语料库和词特征来加以训练，那么结果便只能由词语本身的性质推断得出，句子的正例性将极大地受词的标记影响，不能达到识别讽刺的程度。

表 9.4 讽刺语句样例

有些时候"白痴"真让我开心，不可思议！
现在我知道你的礼貌是从哪儿来的了。
杂草唯一不好的地方就是它被你抓住了。
我的生活如此精彩……我简直不敢相信发生了什么事情。
我很高兴我的烘干机毁了我的两件背心。

因此，除了对语句表意进行多分类或其他学习方法的操作以外，还应该建模一个二分类器，来判断句子讽刺的可能性级别。2016 年，Ghosh 和 Veale 便通过实验证明，将 CNN 和 LSTM 这两种神经网络相结合[23]，可以获得很好的性能，他们提出的模型便是由两层 CNN 和两层 LSTM 与前馈层组成的，如图 9.18 所示。其中，卷积网络通过卷积滤波器减少频率

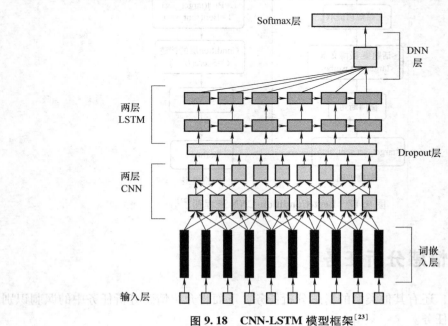

图 9.18　CNN-LSTM 模型框架[23]

变化,并提取判别词序列作为 LSTM 层的复合特征图。LSTM 层通过用一组门定义每个存储单元来绘制长期依赖关系,DNN 层基于 LSTM 输出生成更高阶的特征集,使得对于所需数量的类可以轻松分离。

当前,讽刺识别的研究仍有许多困难,比如反讽及讽刺数据集较少、主客观难以统一、语句环境信息不全、语言习惯具有差异等。对于中文的反讽语料库,目前比较有名的只有我国台湾大学的 Yi-jie Tang 教授设计提供的基于符号表情来判断的语料库,而且还仅限于中文繁体的判断。由此看来,对于中文反讽语料库的设计需求十分巨大。

如果需要对讽刺识别进行研究,应从注意力机制模型与对抗学习进行展开探索。注意力机制(图 9.19 是注意力机制的基本框架),即选择性地关注到句子中某些特定位置的词,并将句子中每个区域的信息保存,在最后的解码过程中,生成每个目标词时,都通过注意力机制从语句的信息中选择重要及相关的信息作为辅助。而所谓对抗学习,则是一种无监督学习框架(图 9.20 是对抗学习方法的基本框架),能够实现聚类等无监督学习的方法来对讽刺语句进行识别分析,这种情况往往会结合语句发言人的环境和表征来分类不同语句。

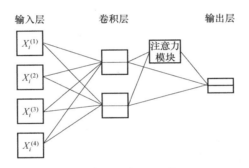

图 9.19　结合注意力机制的卷积神经网络模型

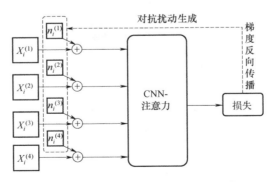

图 9.20　基于对抗样本的对抗学习方法框架

对于对抗学习网络,其中的领域对抗网络(图 9.21 是基于领域迁移的对抗学习框架)能更好地提高模型的泛化性能。在只有少量标注的数据中,可通过泛化地识别,利用领域对抗网络来抽取各种数据特征,进而降低不同领域的数据分布差异。在这个领域中,有着不同的框架模块,其中包括抽取特征、数据输入、注意力计算、判别领域、讽刺识别等不同的模块。

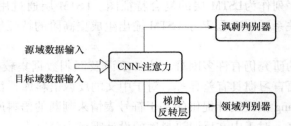

图 9.21　基于领域迁移的对抗学习方法框架

事实上，评价一句话的讽刺程度，更多需从上下文进行思考。例如"做得真好"这句评价，当说话对象做了某件错误的事情成为其前文时，很大程度上便能将"好"字评价为讽刺含义。可是在语句分析中，语句的长度及其前后文环境往往是有限的，因此，只针对包括语句本身小范围内的讽刺识别意义更为明显。基于 LSTM，可以构建出一个较为稳定的学习模型。图 9.22 是 LSTM 用于情感计算的例子。

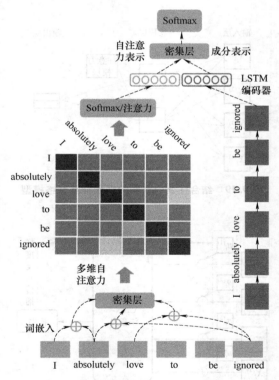

图 9.22　用于情感计算的 LSTM 模型结构[24]

模型的原理依旧基于注意力机制：

$$s_{ij} = W_a([w_i : w_j]) + b_a \qquad (9.26)$$

对于词对的注意力分数，则是学习训练中不可或缺的一个评价标准。将生成对抗网络分析评估出的应该具有注意力意义的词提取出来，分为度为 2 的多个批形成词对，赋予随机的权重和偏差，最终得到的分数可以作为一个重要的评价指标，这类似于传统神经网络中得到的隐藏层内的值。

$$a = \text{softmax}(\max s) \tag{9.27}$$

在激活层内调用 softmax 函数来对分数行取最大值，作为函数结果的激活值，传给接下来的一个或多个全连接层，进行下一步的传播训练。图 9.23 是 softmax 的使用例子。

$$v_a = \sum_{i=1}^{l} w_i a_i \tag{9.28}$$

最终得到的结果可作为注意力评判的参数。

通过对 LSTM 得到的句子表示与注意力评判表示，可以进行归并做分类预测，采用 sigmoid 函数或其他优化函数，以输出 0 或 1 作为最终的结果预测，来达到对句子讽刺性的判别。

讽刺识别是机器学习在无监督学习领域的重要突破，但其完善还有很长一段路要走。从最根本的角度来讲，还是由于语言的主客观不一致性。很多时候，对讽刺句的判断，都是根据经验来决定的，这是主观的判别，而对于句子本身，是否真的是含有讽刺意味，也属于发言者内心的主观想法，

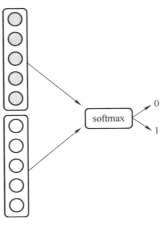

图 9.23　分类预测

最终意思的决定几乎不在句子表意。更为重要的是，在面对面对话中，语言的语气、音调甚至到面部的微表情都有可能是判断讽刺与否的重要指标。因此，讽刺识别不应仅仅限于自然语言处理领域，还应该结合图像处理领域的人脸识别和动作识别来辅以判断，比如当监测到人眼的微闭、斜视、嘴角一边的上扬、摇头等动作时，可以在讽刺级的注意力分数函数中赋予一定的权重，来提升说话语句被判断为讽刺句的概率。

文本级情感分析的研究任重道远，但随着深度学习等前沿技术的不断发展，以及更多领域与自然语言处理的结合，一定会让情感计算这一研究愈加深刻有意义。

9.3.2　多模态情感分析

除了文本级情感分析，近年来多模态情感分析也受到越来越多的关注。在我们的生活中存在着各种各样的视频，这些视频来源于各种平台如抖音、YouTube 等，其中包含了创作者传达出的情感。除了通过视频来传达情感，微博、小红书上也有大量用户发布图片及相关配文，其中也传达了发布者的情感。对上述内容的情感分析都属于多模态情感分析。在多模态情感分析任务中，情感信息可以来源于不同的模态，这些模态包括文本、音频、视觉（视频或图像）。挖掘并结合这些来自不同模态的情感信息来推断出正确的情感，便是多模态情感分析的目标。多模态情感分析有很多应用，典型的应用就是在智能驾驶中检测驾驶员的情绪状态，通过及时的检测出如愤怒，恐惧等不适宜驾驶的情绪来及时的提醒，从而确保安全驾驶。

图 9.24 是 2020 年 Xu 等提出的中文多模态情感分析数据集 CH-SIMS[32] 中的一个例子，可以看到一个样本由三个模态的数据组成，分别是视频、音频、文本，多模态情感分析的任务就是利用这三个模态的信息判断对该样本进行情感分类。

在实际应用的情感分析任务中采用多模态模型策略有着重大的意义。可以从两个方面来解释。首先，通常情况下，仅依靠单一模态的信息难以准确判断情感状态。举个例子，"喜

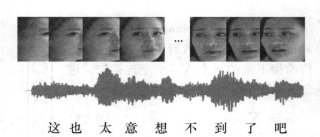

图 9.24　多模态情感分析

极而泣"和"难过的哭"在视觉信息上都是消极的，只有结合描述文本或是音频才能准确判断出正确的情感极性。另一个例子是讽刺识别，在反讽表达中常常将中性或积极的文本内容与情感不一致的音频结合起来，以传达消极情感，这种情况单一模态模型难以准确捕捉真实的情感意图。其次，单模态模型容易受到噪声的干扰。例如，上游的语音识别（ASR）中的识别错误通常会对下游的情感分类任务产生显著影响。因此，为了在实际应用中获得稳健而强大的模型，采用多模态建模的方法是不可或缺的。

按照模态的组合，目前多模态情感分析的主要数据集可以划分为两类，即图像-文本组合和视频-音频-文本组合。对于文本-音频这种组合方式，基本没有专门为其构建的数据集，一般通过对语音进行识别获得对应文本或是使用视频-音频-文本三模态数据集中的音频-文本材料来构建相关数据集，并且这种模态组合一般属于语音方向的研究范畴。面对图像-文本模态组合的任务包含情感分类任务、方面级情感分类任务和讽刺识别任务；面对视频-音频-文本组合的任务可以依据场景划分为面向评论视频的情感分类任务，面向新闻视频的情感分类任务，面向对话视频的情感分类任务，以及面向对话视频的讽刺识别任务。此外，不同数据集标注的标签类别的粒度也有区别，有情感极性粒度（积极、消极、中性）、情绪粒度（生气、伤心、高兴、厌恶、害怕、惊喜、失望、兴奋）以及情感打分等不同标注方法，需结合具体的任务选择合适的数据集。

与其他多模态任务一样，多模态情感分析的大致操作可以分为单模态信息提取和多模态特征融合，但是注意需要结合任务特点进行特征提取、分析。这里通过几个任务的具体例子介绍多模态情感分析的一般分析流程。2019 年 Xu 等[33] 首次提出了多模态方面级情感分析任务（见图 9.25），该任务与文本的属性级情感分析相似，每个样本输入都包括句子和属性词，此外，每个样本还有配对的图像集。该任务的目的就是利用输入的文本和图像集为给定的属性判断情感极性。其提出的网络由两个部分组成：第一部分是单模态特征提取，通过将文本模态的句子、属性词和视觉模态的图片集特征向量化后的表达通过双向 LSTM 编码得到隐藏层表达 m^T，m^a，m^V；第二部分是多模态记忆网络，由多层堆叠而来，每一层首先通过类似注意力机制的方法将属性信息整合到句子表示和视觉表示中得到新的隐藏层表达 h^T，h^V，以句子表示为例，计算方法如下：

$$s_i^T = \tanh(w \cdot [m_i^T, m^a] + b) \tag{9.29}$$

$$\alpha_i = \frac{\exp(s_i^T)}{\sum_i \exp(s_i^T)} \tag{9.30}$$

$$h^T = \sum_i \alpha_i m_i^T \tag{9.31}$$

视觉表示的更新同理。记式（9.29）~式（9.31）的操作为 Att（·）。接着进行跨模态的信息交互，交互完成后得到的文本表示和视觉表示记为 v_{text} 和 v_{img}。以文本表示的更新为例：

$$v_{\text{text2text}} = \text{Att}([m_i^T, h^T]) \tag{9.32}$$

$$v_{\text{img2text}} = \text{Att}([m_i^T, h^V]) \tag{9.33}$$

$$v_{\text{text}} = (v_{\text{text2text}} + v_{\text{img2text}})/2 \tag{9.34}$$

用同样的方法可得到 v_{img}。随后用一个 GRU 单元对本层得到的 v_{text} 和上一层输出的文本表示编码后得到本层输出的文本特征，同样的方式可以得到视觉特征。经过多层的编码后，取最后一层的文本特征和视觉特征拼接在一起，然后使用 softmax 层进行情感极性的预测：

$$\text{Pred} = \text{Softmax}(w_v[v_{\text{text}}^{\text{last-layer}}, v_{\text{img}}^{\text{last-layer}}] + b_v) \tag{9.35}$$

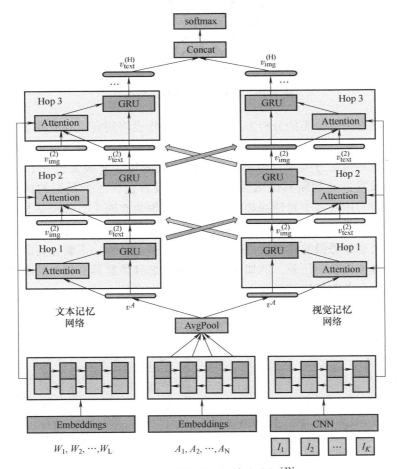

图 9.25　多模态方面级情感分析[33]

面向评论视频的情感分析任务也是研究的热点。评论视频数据集中包含文字（字幕）、图像、语音三种模态材料，属于三模态的情感分类任务。处理视频形式的视觉信息与处理图片形式的视觉信息比较相似，视频可以看作图像在时间序列上的排列，相比起单张的图片多了时间这一维度，因此可以使用 RNN 及其变体对其进行编码。针对视频情感分析任务，

Zadeh 等[34]提出了一种基于张量外积（outer product）的多模态融合方法，提出的模型全名叫作多模态融合网络（Tensor Fusion Network，TFN）。在编码阶段，TFN 使用一个 LSTM+2 层全连接层的网络对文本模态的输入进行编码，分别使用一个 3 层的 DNN 网络对语音和视频模态的输入进行编码。在模态融合阶段，对三个模态编码后的输出向量做外积，得到包含单模态信息、双模态和三模态的融合信息的多模态表示向量（见图 9.26），用于后续情感分类。

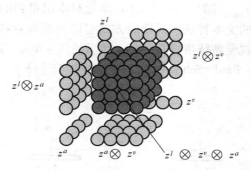

图 9.26   使用外积融合模态特征[34]

除了研究多模态情感分类的分析方法，现有的工作也将研究重心放在了缓解情绪分类任务中的标签不平衡和标签语义相似的问题上，下面将以一篇基于对话视频情绪分类的研究工作为例。在对话视频情绪分类中，给定一段对话，立面包含 n 段发言 u_1，u_2，...，u_n，目标是对立面每一段发言 u_i 判断其情绪类别，每一段发言包含三个模态的材料，即视频、音频、和文本。目前常用的基于对话视频的情绪分类数据集有两个，分别是 MELD[36] 和 IEMO-CAP[35]。如图 9.27 所示，它们都存在类别不平衡的问题。特别是在 MELD 中，属于中性类别的样本比属于厌恶和恐惧的样本所占的比例要大得多。另外，正确分类语义相近的不同情绪仍然是一项具有挑战性的任务，例如 MELD 中的厌恶和愤怒具有相似的潜在认知和生理特征，并且往往由发言者在相似的语境中表达。

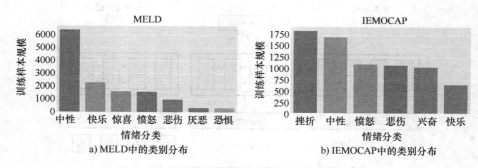

a) MELD中的类别分布

b) IEMOCAP中的类别分布

图 9.27   多模态数据集中的类别不平衡现象[38]

针对上面两个问题，Shi 等[38]在 2023 年基于 Focal contrast loss[37]进一步改进提出了样本加权焦点对比（Sample-Weighted Focal Contrast，SWFC）损失函数，通过引入样本权重项和聚焦参数，在训练阶段对难以分类的少数类赋予更多的重要性，并通过使类间距离最大化，从而更好地区分语义相似的情绪，形式如下：

$$s_{j,g}^{(i)} = \frac{\exp(z_{i,j}^{\top} z_{i,g/\tau})}{\sum_{z_{i,s} \in A_{i,j}} \exp(z_{i,j}^{\top} z_{i,s/\tau})} \tag{9.36}$$

$$L_{\text{SWFS}} = - \sum_{i=1}^{M} \sum_{j=1}^{C(i)} \left(\frac{N}{n_{y_{i,j}}} \right)^{\alpha} \frac{1}{|R_{i,j}|} \sum_{z_{i,g} \in R_{i,j}} (1 - s_{j,g}^{(i)})^{\gamma} \log s_{j,g}^{(i)} \tag{9.37}$$

式中，$z_{i,j}$ 是全连接层以后的用于情绪分类的最终特征，i 表示对话的标识，j 是对话中言论的标识。$A_{i,j}$ 是当前训练 batch 中除了 $z_{i,j}$ 以外的特征，$y_{i,j}$ 是对话 i 中言论 j 的类别标签，$R_{i,j} = \{z_{i,g} \in A_{i,j} \mid y_{i,g} = y_{i,j}\}$ 也就是与 $z_{i,j}$ 有同样标签的正样本特征集合，$n_{y_{i,j}}$ 是在本 batch 中 $y_{i,j}$ 标签的计数，α 是控制对少数标签的注意程度的样本权重参数，τ 是控制负样本的惩罚强度的温度参数，γ 是强制模型聚焦于难以分类的样本的聚焦参数。

尽管多模态情感分析已经取得了显著的进展，但在心理学、认知科学、多媒体和机器学习等不同学科的共同努力下，仍然存在一些值得研究的开放性问题和方向，如让机器理解不同模态中情感表达、从嘈杂数据或少量标签中学习、构建基准数据集等。未来多模态情绪识别会在监测用户心理健康、商业智能、评价用户娱乐体验等等领域取得更多的应用，这将是个非常有发展前景的研究领域。

1. 如何在情感分析中处理不同类型的文本数据，例如评论和新闻文章，这样做的挑战是什么？

2. 情感分析中常用的预处理技术有哪些，例如停用词删除和特征选择，它们如何影响情感分析模型的准确性？

参 考 文 献

[1] Francis W N, Kucera H. Brown corpus manual [M]. Providence：Brown University，1979.

[2] Liberman M，Cieri C. The creation，distribution and use of linguistic data：the case of the linguistic data consortium [J]. LREC，1998：159-166.

[3] BNC Consortium. British national corpus [A]. Oxford Text Archive Core Collection，2007.

[4] Davies M. The Corpus of Contemporary American English as the first reliable monitor corpus of English [J]. Literary and Linguistic Computing，2010，25（4）：447-464.

[5] Ellis J，Li X，Griffitt K，et al. Linguistic Resources for 2013 Knowledge Base Population Evaluations [J]. TAC，2013.

[6] Lin Y，Michel J B，Lieberman E A，et al. Syntactic annotations for the google books ngram corpus [C]. Proceedings of the ACL 2012 System Demonstrations，2012：169-174.

[7] Silveira N，Dozat T，De Marneffe M C，et al. A gold standard dependency corpus for English [C]. The Ninth International Conference on Language Resources and Evaluation（LREC'14），2014：2897-2904.

[8] Buck C，Heafield K，Van Ooyen B. N-gram counts and language models from the common crawl [C]. The Ninth International Conference on Language Resources and Evaluation（LREC'14），2014：3579-3584.

[9] Turney P D，Littman M L. Measuring praise and criticism：Inference of semantic orientation from association [J]. ACM Transactions on Information Systems（TOIS），2003，21（4）：315-346.

[10] Fellbaum C. The determiner in English idioms [J]. Idioms：Processing，Structure，and Interpretation，1993：271-295.

[11] Kanayama H, Nasukawa T. Fully automatic lexicon expansion for domain-oriented sentiment analysis [C]. The 2006 Conference on Empirical Methods in Natural Language Processing, 2006: 355-363.

[12] Schneider A, Male J, Bhogadhi S, et al. DebugSL: An interactive tool for debugging sentiment lexicons [C]. The 2018 Conference of the North American Chapter of the Association for Computational Linguistics: Demonstrations, 2018: 36-40.

[13] Lewis D D. Naive (Bayes) at forty: The independence assumption in information retrieval [C]. European Conference on Machine Learning. Berlin: Springer, 1998: 4-15.

[14] Domingos P, Pazzani M. On the optimality of the simple Bayesian classifier under zero-one loss [J]. Machine Learning, 1997, 29 (2): 103-130.

[15] Berger A, Della Pietra S A, Della Pietra V J. A maximum entropy approach to natural language processing [J]. Computational Linguistics, 1996, 22 (1): 39-71.

[16] Nigam K, Lafferty J, McCallum A. Using maximum entropy for text classification [C]. IJCAI-99 Workshop on Machine Learning for Information Filtering, 1999 (1): 61-67.

[17] Chen J, Hou H, Ji Y, et al. Graph-based attention networks for aspect level sentiment analysis [C]. 2019 IEEE 31st International Conference on Tools with Artificial Intelligence (ICTAI), IEEE, 2019: 1188-1194.

[18] Dong L, Wei F, Tan C, et al. Adaptive recursive neural network for target-dependent twitter sentiment classification [C]. The 52nd Annual Meeting of the Association for Computational Linguistics (volume 2: Short papers), 2014: 49-54.

[19] Pontiki M, Galanis D, Papageorgiou H, et al. Semeval-2015 task 12: aspect based sentiment analysis [C]. The 9th International Workshop on Semantic Evaluation (SemEval 2015), 2015: 486-495.

[20] Vosoughi S, Vijayaraghavan P, Roy D. Tweet2vec: Learning tweet embeddings using character-level cnn-lstm encoder-decoder [C]. The 39th International ACM SIGIR conference on Research and Development in Information Retrieval, 2016: 1041-1044.

[21] Zarrella G, Marsh A. Mitre at semeval-2016 task 6: Transfer learning for stance detection [J]. arXiv preprint arXiv: 1606.03784, 2016.

[22] 王安君, 黄凯凯, 陆黎. 基于 Bert-Condition-CNN 的中文微博立场检测 [J]. 计算机系统应用, 2019 (11): 45-53.

[23] Ghosh A, Veale T. Fracking sarcasm using neural network [C]. The 7th Workshop on Computational Approaches to Subjectivity, Sentiment and Social Media Analysis, 2016: 161-169.

[24] Tay Y, Tuan L A, Hui S C, et al. Reasoning with sarcasm by reading in-between [J]. arXiv preprint arXiv: 1805.02856, 2018.

[25] Kim Y. Convolutional Neural Networks for Sentence Classification [C]. The 2014 Conference on Empirical Methods in Natural Language Processing (EMNLP), 2014: 1746-1751.

[26] Chen Z, Qian T. (2020, July). Relation-aware collaborative learning for unified aspect-based sentiment analysis [C]. The 58th Annual Meeting of the Association for Computational Linguistics, 2020: 3685-3694.

[27] Liang B, Su H, Yin R, et al. Beta distribution guided aspect-aware graph for aspect category sentiment analysis with affective knowledge [C]. The 2021 Conference on Empirical Methods in Natural Language Processing, 2021: 208-218.

[28] Wang Y, Huang M, Zhu X, et al. Attention-based LSTM for aspect-level sentiment classification [C]. The 2016 Conference on Empirical Methods in Natural Language Processing, 2016: 606-615.

[29] Kipf T N, Welling M. Semi-supervised classification with graph convolutional networks [C]. International Conference on Learning Representations, 2016.

[30] Veličković P, Cucurull G, Casanova A, et al. Graph attention networks [C]. International Conference on Learning Representations, 2018.

[31] Maria Pontiki, Dimitris Galanis, John Pavlopoulos, et al. Semeval-2014 task 4: Aspect based Sentiment Analysis [C]. SemEval, 2014: 27-35.

[32] Yu W, Xu H, Meng F, et al. Ch-sims: A chinese multimodal sentiment analysis dataset with fine-grained annotation of modality [C]. The 58th Annual Meeting of the Association for Computational Linguistics, 2020: 3718-3727.

[33] Xu N, Mao W, Chen G. Multi-interactive memory network for aspect based multimodal sentiment analysis [C]. The AAAI Conference on Artificial Intelligence, 2019: 371-378.

[34] Zadeh A, Chen M, Poria S, et al. Tensor fusion network for multimodal sentiment analysis [C]. The 2017 Conference on Empirical Methods in Natural Language Processing, 2017: 1103-1114.

[35] Busso C, Bulut M, Lee C C, et al. IEMOCAP: Interactive emotional dyadic motion capture database [J]. Language resources and evaluation, 2008, 42: 335-359.

[36] Poria S, Hazarika D, Majumder N, et al. MELD: A multimodal multi-party dataset for emotion recognition in conversations [C]. The 57th Annual Meeting of the Association for Computational Linguistics, 2019: 527-536.

[37] Zhang Y, Hooi B, Hu D, et al. Unleashing the power of contrastive self-supervised visual models via contrast-regularized fine-tuning [J]. Advances in Neural Information Processing Systems, 2021, 34: 29848-29860.

[38] Shi T, Huang S L. MultiEMO: An Attention-Based Correlation-Aware Multimodal Fusion Framework for Emotion Recognition in Conversations [C]. The 61st Annual Meeting of the Association for Computational Linguistics, 2023: 14752-14766.

第10章 知识抽取

10.1 知识抽取概述

随着互联网应用的快速发展，通过互联网能够获取的数据量也呈现出爆炸式增长，如何从海量文本数据中持续、快速、准确地分析出有效的信息显得关键和紧迫。我们通常称文本为无结构数据，但实际上文本也是拥有结构的，只是大部分结构并不明确，使得搜索或分析文本中的信息变得困难。知识抽取便是解决这一问题的有效方法，具体来说，知识抽取希望从文本中抽取出特定的信息，并保存在结构化的知识库中，以便下游任务的查询和使用，图10.1展示了使用知识抽取方法将无结构文本转化为结构化知识库的流程。知识抽取中的关键技术主要是自然语言处理技术，主要以命名实体识别、实体链接、实体关系抽取以及事件抽取为主。

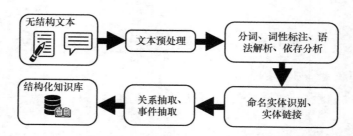

图10.1　通过知识抽取将无结构文本转化为结构化知识库的基本流程

举个直观的例子，我们希望一个构建良好的知识抽取系统能够从句子"3月26日，克雷格·布赫霍尔茨（Craig Buchholz）从宝洁公司退休，他被达蒙·琼斯（Damon Jones）接任为首席传播官"中，抽取出相关的实体（如达蒙·琼斯、宝洁公司），也可以进一步识别出事件，包括事件触发词（如退休）和事件参与元素（如克雷格·布赫霍尔茨、宝洁公司）。随着互联网上无结构文本的几何级增长，以及人类感兴趣的关系、事件类型的日益增加，知识抽取系统变得越来越有价值。例如，医疗和生物医学文献正在以每年超过50万篇的速度增长，医院和医疗实践产生了大量的电子医疗记录，需要在每次病人就诊或入院时查阅，这些实际的需求正在促进着信息抽取相关的理论和技术快速发展。

10.2　命名实体识别

10.2.1　命名实体识别概述

命名实体识别（Named Entity Recognition，NER）的任务目标是识别实体片段（mention）的文本范围，并将其分类为预定义的类别。图 10.2 展示了一个命名实体识别的示例，命名实体识别系统需要识别出文本中的实体的类别。公式化来说，给定一个词序列 $s=<w_1,w_2,\cdots,w_N>$，输出一个包含三元组 $<I_s,I_e,t>$ 的集合，每个三元组是 s 中的一个命名实体 mention，其中 $1\leqslant I_s$，$I_e\leqslant N$，是实体的起始和结束位置的索引，t 是预定义的实体类别。

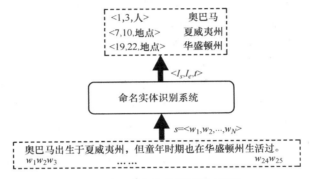

图 10.2　命名实体识别的示例

命名实体识别在第六次消息理解会议（Message Understanding Conference，MUC-6）中首次被定义，其任务是识别文本中的组织、人和地理位置的名称以及货币、时间和百分比表达式。自从 MUC-6 以来，研究者对命名实体识别的兴趣越来越高，各种科学会议（例如 CoNLL03、ACE、IREX 和 TREC Entity Track）都为此主题投入了很多精力。命名实体识别不仅是知识提取的重要工具，而且在各种自然语言处理应用中也发挥着重要作用，如文本理解、信息检索、自动文本摘要、问答系统、机器翻译等。比如，语义搜索指的是使搜索引擎能够理解用户查询背后的概念、意义和意图的相关技术。在语义搜索中，大约 71% 的搜索查询至少包含一个命名实体。识别搜索查询中的命名实体将帮助我们更好地理解用户的意图，从而提供更好的搜索结果。

10.2.2　基于词典及规则的方法

基于词典及规则的方法通过人工定义规则和模式匹配生成词典或使用现有词典从语料中抽取实体。但这类方法存在一些挑战，首先，目前没有完整的词典囊括所有类型的命名实体，所以简单的文本匹配算法是不足以应对实体识别的，并且它无法涵盖互联网上日益增长的命名实体数量。其次，相同的单词或短语其意义可根据上下文的改变而指代不同的物体（例如，铁蛋白可以是生物物质或实验室测试方法）。再次，许多实体同时拥有多个名称（例如，PTEN 和 MMAC1 指代相同的基因）。因此，基于词典及规则只在最早期被广泛使用。比方说，Friedman 等[1]通过自定义语义模式和语法来识别电子病历中的医学信息。

Wu 等[2]使用了 CHV 和 SNOMED-CT 两个医学词典得到了不错的实验结果。虽然该方法能达到很高的准确度，但无法彻底解决上述问题，也过分依赖专家编写的词典和规则，因此往往具有较低的召回率，无法适应各垂直领域词汇不断涌现的现实情况。

10.2.3 基于机器学习的有监督方法

这类方法通过使用统计学和机器学习方法，进行实体识别。目前常用的方法有隐马尔可夫模型（HMM）、条件随机场（CRF）模型、支持向量机（SVM）模型等。Kazama 等[3]使用 SVM 模型进行生物医学命名实体识别，引入了词性、词缓存、无监督训练得到的隐马尔可夫状态等特征。该方法在 GENIA 语料库中准确率高于最大熵标记方法，并能较高效地应用于大规模语料集。Zhou 等[4]通过一系列特征训练 HMM，包括词的构成特征、形态特征、词性、语义触发、文献内名称别名等。其识别准确率达 66.5%，在 GENIA 语料库中的召回率达 66.6%。综合以上方法，Chen 和 Friedman[5]利用 MEDLEE 系统来识别生物医学文本中与表型信息相对应的短语。该系统使用自然语言处理技术来识别期刊文章摘要中存在的表型短语。生物医学的实体识别常常可使用较小的表型相关术语的知识库。Chen 和 Friedman[6]自动导入与语义类别相关的数千个 UMLS（统一医学语言系统）术语，如细胞体功能和细胞功能障碍，以及哺乳动物本体中的几百个术语；并手动添加了几百个术语。实验结果表明，其实体识别准确率达 64.0%，召回率达 77.1%。虽然结果不高，但为之后的研究人员提供了一条可行的思路。可以注意到，基于机器学习方法，特别是条件随机场的命名实体识别方法已经广泛应用于各个领域的文本，包括生物医学文本、社交网络和化学文本等。在各垂直领域，这类方法的主要痛点在于数据质量的良莠不齐以及人工标注的专业性要求高。

10.2.4 基于深度学习的方法

近来，与其他任务一样，深度学习开始被广泛应用于命名实体识别。命名实体识别任务能够受益于深度学习的主要原因在于：首先深度学习的高度非线性化，相比于传统的线性模型（线性隐马尔可夫和线性链条件随机场），深度学习模型能够学习、表示更复杂的特征；其次，深度学习模型可以搭建端到端的模型，而不需要复杂的特征工程，这使得它能够胜任更复杂的命名实体识别任务。如图 10.3 所示，近年来基于深度学习的命名实体识别方法可以被概括为三个模块：对输入的分布式表示模块，语义编码模块，以及标签解码模块。对输入的分布式表示模块基于字符或者单词的嵌入向量，同时辅以词性标注、字典信息等人工特征，对输入的文本序列进行分布式表示。语义编码模块利用卷积神经网络、循环神经网络、语言模型等获取语义依赖，表示每个单词的上下文语义。最后的标签解码模块基于语义编码模块输出的语义预测输入序列对应的标签，这一步本质就是使用序列标注的思想来进行命名实体识别，常见的标注体系包括了 BIO 和 BIOES。其中 B 即 begin，表示实体开始的字符，I 即 inside，表示为实体的一部分，E 即 end，表示实体字符的结束，S 即 single，表示单个字为实体，O 即 outside，表示不是实体字符。以此类推，还可以使用更为简化的 IO 体系，即只标注一个字符是否是实体字符。

10.2.4.1 分布式表示模块

对输入文本序列的分布式表示模块将单词映射为低维实值稠密向量，命名实体识别使用的分布式表示主要分为三种：词级、字符级和混合表示。

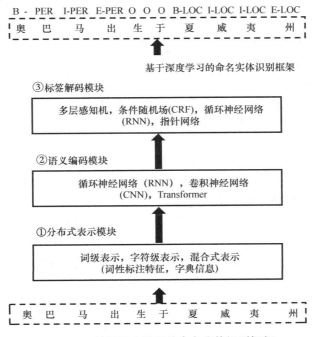

图 10.3　基于深度学习的命名实体识别框架

词级表示通常通过无监督算法（例如连续词袋（CBOW）和跳字模型（skip-gram））对大量文本进行预训练得到。大量研究已经显示了这种预训练的词嵌入的重要性。作为输入，预训练的词嵌入可以在命名实体识别模型训练中被固定或进一步微调。常用的词嵌入包括谷歌公司的 Word2vec、斯坦福大学的 Glove，以及以 Transformer 作为基础模型的一系列预训练语言模型的词嵌入。

除了词级表示，一些工作也基于字符级的向量表示，现有的字符级标识对于显式地利用子单词级信息（如前缀和后缀）很有用。字符级表示的另一个天然优点是可以缓解未登录词（不在词表中的词）的问题。提取字符级表示有两种广泛使用的架构：基于卷积神经网络（CNN）的模型和基于循环神经网络（RNN）的模型。马春明等[58]利用 CNN 来提取单词的字符级表示，然后将其与词嵌入向量拼接起来，再输入以 RNN 为基础的上下文编码器。除了基于词和字符的表示外，一些研究还使用了额外的信息，如将文本相似度和字典信息等添加到词嵌入中，添加这些人工特征能增加模型的性能，但同时也可能降低模型的迁移泛化能力。比如在 Huang 等[7]的研究中，加入了额外的拼写特征（如首字母大小写）和字典特征。他们的实验结果表明，额外的特征确实能够提升特定数据集上模型的准确性。

10.2.4.2　语义编码模块

语义编码模块获取每个词的语义依赖，用来表示实体的语义。在命名实体识别中，常用的语义编码网络包括了 RNN、CNN 以及近年来新兴的 Transformer 网络。RNN 以及它的变体长短期记忆网络（LSTM）和门控循环单元（GRU）被证明在序列数据中有较好的效果，它们可以捕获词语间的语义依赖。特别是双向 RNN 能够利用整个序列的上下文信息，已经成为深度语义编码的标配结构，其中前向 RNN 能够有效利用上文的信息，反向 RNN 能够利用上文的信息。Huang 等[7]最先使用双向 LSTM+CRF 结构用于 NER 任务，成为了此任务的一个标准架构，之后涌现出了大量工作都使用双向 LSTM 作为基本结构来编码语义信息。CNN 是在计算机视觉领域常用的编码网络，它的好处在于可以捕获单词的局部语义，同时 CNN 相比于 RNN 具有更好的并行能力，这意味着更高效的学习能力。Zhou 等[8]就提到靠后时间步的词对 RNN 的影响要大于前面时间步的词。这与重要的语义特征有可能出现在句子的每个位置的实际情况并不吻合，因此他们提出 BLSTM-RE 模型，结合了 RNN 和 CNN 的优点。其中双向 LSTM 用来捕捉长期语义依赖特征，而 CNN 用来学习句子中每个位置的局部语义特征。

近年来，使用 Transformer 为基础的预训练语言模型嵌入正在成为命名实体识别的新范式。Transformer 模型相比于 RNN 有很多优势。首先是 Transformer 模型的双向特征融合能力，相比于双向 RNN 采用拼接形式融合两个方向特征来说，更能捕获全局的上下文特征。其次，Transformer 模型同样解决了模型的并行计算问题，相比于 RNN 有更快的计算速度，因此能够支持在大规模数据上的预训练。并且基于自注意力机制，Transformer 模型进一步提升了模型捕获长期语义依赖的能力。Yan 等[9]改进了 Transformer 本身的绝对位置编码，改用为带有方向信息的相对位置编码。

10.2.4.3 标签解码模块

标签解码模块是命名实体识别模型的最后阶段。它以上下文相关的表示形式作为输入，生成与输入序列相对应的标签序列。常用的结构包括了以下几种：

最被广泛使用的结构是多层感知机，最常见的是将单词的上下文表示输入全连接网络进行降维，再通过 softmax 函数得到标签的概率分布。然而这种简单的方式无法利用相邻词之间的关联，因此，一些研究便引入了 CRF 作为解码模块，CRF 中有两类特征函数，分别是状态特征和转移特征，前者只针对当前位置的字符可以被转换成哪些标签，后者关注的是当前位置和其相邻位置的字符可以有哪些标签的组合。一些研究也对原始的 CRF 做出了改进，比如 Ye 等[10]提出混合半马尔可夫 CRF，该方法直接采用段落而不是词作为基本单元，词级特征被用于推导段落分数，因此模型能够同时使用词和段落级的信息。

一些研究讨论了基于 RNN 的解码方法。比如 Shen 等[11]的研究结果显示，当实体的类型数量很大时，RNN 标签解码器的性能优于 CRF，并且训练速度更快。通常的 RNN 解码流程可以归纳为

$$h_{i+1}^{Dec} = f(y_i, h_i^{Dec}, h_{i+1}^{Enc}) \tag{10.1}$$

也就是说，第 $i+1$ 步的解码隐藏层向量 h_{i+1}^{Dec} 不仅依赖于当前词的表示 h_{i+1}^{Enc}，也依赖于前一步的解码结果 y_i 和解码隐藏层向量 h_i^{Dec}。

一些研究还应用了指针网络来解决嵌套实体问题，指针网络最开始是应用在机器阅读理解中，根据问题从文本中抽取一个片段作为答案。在命名实体识别任务中，一个句子中可能存在嵌套实体，比如在"呼吸中枢受累"中，存在两个实体嵌套："症状：呼吸中枢受累"和"部位：呼吸中枢"。指针网络的应用正是为了解决这一问题，比如图 10.4 中的层叠式的指针网络，针对每

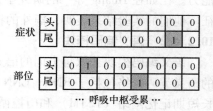

图 10.4　层叠式指针网络示意

种实体类型维护两个指针，分别用来判断该词是否为实体头指针和尾指针。

10.3　实体链接

10.3.1　实体链接概述

实体链接的目标是，给定一个知识库和非结构化数据，例如文本，需要检测非结构化数据中提到的实体，并将该实体无歧义地、正确地链接到知识库中的目标实体。

由于名称变化和歧义问题，实体链接不是一个简单的任务。命名多样化是指一个实体可以以不同的方式被提及。不仅如此，名称也可能根据上下文引用不同的实体。例如图 10.5，迈克尔·乔丹可以对应到知识库中的多个实体，而通常只有一个正确的实体（第二项）需要链接，这样的链接需要基于上下文的语义信息的理解。

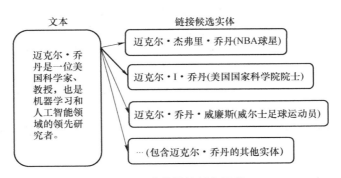

图 10.5　实体链接任务示意

10.3.1.1　任务定义

给定一个知识库包含一组实体 E 和提前确定文本集合的一组命名实体 M，实体链接的目标是映射每个文本实体 $m \in M$ 相应的实体 $e \in E$ 知识库。在这里，一个命名实体 m 是文本中的一个标记序列，它可能引用某个命名实体，并被预先标识。在文本中提到的某些实体可能在给定的知识库中没有相应的实体记录。我们将这种实体定义为不可链接的实体，并将 NIL 定义为一个表示"不可链接"的特殊标签。因此，如果实体 m 的匹配实体 e 在知识库中不存在（即 $e \notin E$），则实体链接系统应该将 m 标记为 NIL。对于不可链接的实体，有一些研究从知识库中确定了它们的细粒度类型，这超出了实体链接系统的范围。在自然语言处理中，实体链接也被称为命名实体消除歧义。

10.3.1.2　应用领域

1）问答领域。对于基于知识库的问答（knowledge based question answering）系统，需要将问题中的实体链接到知识库对应的实体中，才能查询找回问题的答案。

2）文本分类和聚类。文档分析一般注重主题、思想的分类，而这恰好可以通过知识链接来解决。

3）知识库构建。实体链接被认为是知识库中的一个重要的任务。

4）信息检索。信息抽取所提取的命名实体和实体间关系通常都是模糊的，将它们与知识库链接起来可以解决实体歧义的问题。

10.3.1.3 任务难点

1）实体链接的复杂情况。实体链接存在着十分复杂的处理环境。一方面，实体量巨大（有的是几千万，甚至几百亿）。这不仅对候选实体增加了大量噪声，而且也需要对实体进行相关领域判断。另一方面，在待链接的实体规模扩大以及形式多样时，实体界限会变得很模糊，例如，通用知识库几乎包含了所有词，包括一些平凡的实体，比如"图片""钢"，还有一些成语、俗语，比如"危言耸听""厚德载物"等，但这些实体在实际应用中通常是不希望被识别和链接出来的，这给实体词的判断带来了很大的难度。

2）短文本实体链接的困难。在许多场景下，候选实体并不存在丰富的上下文信息，尤其是在短文本或者超短文本的情况下，有的实体可能就是一个短句。在大多数情况下，输入文本只是输入一个句子，有时候甚至是一个词组。与针对长文本或者文档的实体识别和链接方法不同的是，短文本输入的上下文信息非常缺乏，并且几乎没有共现实体的信息。比如"冰与火之歌有多少卷"，在上下文无其他实体的语境中要识别并将"冰与火之歌"链接到小说而不是电视剧。但是现实生活中，大部分的文本信息都是以短文本的方式存在。

3）中英文实体链接的环境差异。现有的大量实体识别与链接工作是基于英文的，把基于英文的方法应用到中文中是有很大难度的。首先，在特征提取方面，中文实体在字面上缺少很多英文实体具有的明显特征，比如大写、缩写等。其次，中文文本需要处理分词问题。不同的分词结果影响着句子的语义表达结果，而且现在的分词技术也存在着许多缺陷，分词的错误会对实体名边界的确认造成影响。最后，中文实体识别还缺少训练数据，虽然有一些评测集，但规模很小。

10.3.2 通用解决框架

一般来说，一个典型的实体链接系统由候选实体生成、候选实体排序和不可链接的实体预测三个模块组成。下面给出了每个模块的简要描述。

候选实体生成：在这个模块中，对于每个片段 $m \in M$ 的实体，实体链接系统的目的是过滤掉知识库中的不相关的实体，并检索一个候选实体集 E_m，其中包含实体片段的可能引用的实体。为了实现这一目标，一些最先进的实体链接系统已经使用了各种技术，如基于名称字典的技术、来自本地文档的表面形式扩展以及基于搜索引擎的方法。

候选实体排名：根据抽取的特征，做对应的相似性计算，最后对候选实体集中的实体进行评分，排序后取出排名最高的实体，即为链接的内容。在大多数情况下，候选实体集 $|E_m| \geqslant 1$。研究人员利用不同种类的证据对 E_m 中的候选实体进行排序，并试图找到最优选项。

不可链接的实体预测：为了处理预测不可链接实体的问题，一些工作利用这个模块来验证在候选实体排名模块中确定的排名最高的实体是否是实体 m 的目标实体。此模块将验证前一个模块中确定的排名最高的实体是否是给定片段的目标实体。如果不是，那么它会返回NIL。基本上，这个模块处理不可链接的实体。

10.3.2.1 候选实体生成

具体来说，该模块的方法主要有三种类型：**基于名称字典的方法**，**基于表面形式展开的方法**，以及**基于搜索引擎的方法**。

1. 基于名称字典的方法

基于名称字典的方法是生成候选实体的主要方法[12,13]，并被许多实体链接系统所利用。维基百科的结构提供了一组有用的特性，用于生成候选实体，如实体页面、重定向页面、消歧页面、第一段中的粗体短语，以及维基百科文章中的超链接。这些实体链接系统利用这些特性的不同组合来在不同名称和它们可能的映射实体之间构建一个离线名称字典 D，并利用这个构建的名称字典 D 来生成候选实体。这个名称字典 D 包含了关于已命名实体的各种名称的大量信息，如名称变体、缩写、可混淆的名称、拼写变体、昵称等。

具体来说，如表 10.1 所示，名称字典 D 是一个<键，值>映射，其中键列是一个名称列表。假设 k 是键列中的一个名称，其映射值 k。值列中的 value 是一组已命名的实体，可以称为名称 k。字典 D 一般是利用维基百科的以下特性构建的：

1）实体页面。维基百科中的每个实体页面都描述了一个实体，并包含了重点关注该实体的信息。一般来说，每个页面的标题是本页面中描述的实体最常见的名称，例如，总部位于雷德蒙德的大型软件公司的页面标题是"微软"。因此，实体页面的标题被作为名称 k 添加到 D 中的键列中，并且该页面中描述的实体被添加为 k 值。

2）重定向页面。每个替代名称都有一个重定向页面，可用于引用维基百科中的现有实体。例如，一篇名为"微软公司"的文章是微软的全称，其中包含了一个指向实体微软的文章的指针。重定向页面通常指示同义词术语、缩写或指向实体的其他变体。因此，将重定向页面的标题作为名称 k 添加到 D 中的键列中，并将所指向的实体添加为 k. value。

3）第一段中的粗体短语。一般来说，一篇维基百科文章的第一段是对整篇文章的摘要。它有时包含一些用粗体写成的短语。

表 10.1 名称字典示例

实体名称（k）	链接实体（k. value）
微软	微软（科技公司）
微软公司	微软（科技公司）
迈克尔·乔丹	迈克尔·杰弗里·乔丹（NBA 球星） 迈克尔·I·乔丹（美国国家科学院院士） 迈克尔·乔丹·威廉斯（威尔士足球运动员） …
东北大学	东北大学（中国辽宁） 东北大学（美国波士顿） 东北大学（日本仙台）

2. 基于本地文档表面形式展开的方法

由于某些实体是首字母缩写或其全名的一部分，有一类实体链接系统使用基于表面形式展开的方法从出现实体的关联文档中识别其他可能的扩展变体（如全名）。然后，可以利用这些扩展表单使用其他方法生成候选实体集，如上面介绍的基于名称字典的技术。我们将基于表面形式展开的方法分为启发式方法和监督学习方法。

1）启发式方法。这类方法主要通过启发式模式匹配搜索所提及的实体周围的文本上下文来扩展它。最常见的模式是在括号旁边的首字母缩写和在首字母缩写旁边的括号扩展。此外，Varma 等[14]、Gottipati 和 Jiang[15] 使用一个现成的命名实体识别器（NER）从文档中识别命名实体，如果一些识别出的命名实体包含实体 mention 作为子字符串，他们将这个命名实体作为实体 mention 的扩展形式。

2）监督学习方法。以前基于启发式的表面形式展开方法不能识别一些复杂的首字母缩写的扩展形式，如交换或遗漏的首字母缩略词（例如，"DoD"表示"United States Department of Defense"）。因此，一些工作提出了通过监督学习来寻找复杂的首字母缩略词的扩展形式。具体来说，通过一些包括文本标记确定文档和首字母匹配的预定义策略来将一个 SVM（支持向量机）分类器应用于每个候选的首字母缩略词-扩展对，以输出一个置信度分数。对于每个首字母缩略词，都将选择得分最高的候选扩展符。

3. 基于搜索引擎的方法

基于搜索引擎的方法，将候选实体生成的任务交付给 Web 搜索引擎。这些实体链接系统，试图利用整个 Web 信息，通过 Web 搜索引擎（如谷歌）来识别候选实体。具体来说，Han 和 Zhao[16] 将该实体及其简短上下文提交给了谷歌 API，并只获得了维基百科中的网页，将其视为候选实体。Dredze 等[17] 使用实体查询了谷歌搜索引擎，并确定了维基百科页面出现在谷歌搜索前 20 名的候选实体。

此外，维基百科的搜索引擎也被用来检索候选实体，当根据关键字匹配查询它时，它可以返回一个相关的维基百科实体页面的列表。Zhang 等[18] 利用这个特性通过使用实体的实体字符串查询这个搜索引擎来生成很少出现的候选实体。

10.3.2.2 候选实体排序的相关方法

对于实体链接的过程，在大多数情况下，在候选实体识别的过程中，候选实体集 $|E_m|>1$。而实体链接的过程即一个命名实体 m 准确无歧义地链接到知识库中的实体。所以剩下的问题是如何合并不同类型的证据来对 E_m 中的候选实体进行排序，并从 E_m 中选择合适的实体作为实体的 m 的映射实体。候选实体排名模块是实体链接系统的关键组件。候选实体排序的方法可分为非深度神经网络方法和深度神经网络（DNN）方法。

1. 非深度神经网络的消歧方法

一些有监督的方法依赖于带注释的训练数据来"学习"如何对 E_m 中的候选实体进行排序，这些方法包括二分类方法、排序学习方法、基于概率的方法和基于图的方法。另外一些无监督的方法则可以不通过人工标注的语料库来训练模型，这些方法包括基于向量空间模型（VSM）的方法和基于信息检索的方法。

1）二分类方法：给定<实体 mention 项，候选实体>对，用二分类器去判断实体 mention 项能否链接到实体对象上。输出是对每一对<实体 mention 项，候选实体>的标签判断，正向或者负向，每一个<实体 mention 项，候选实体>都是一个特征向量，如果判断出了多个正向标签，则会采用其他方法选择最有可能的一项，如基于置信度的方法、基于向量空间模型（VSM）的方法和基于支持向量机（SVM）的排序模型。二分类虽然可以很简单地通过建模解决实体排序的问题，但是它也有相应的问题，一个是正负样本的极度不均衡，另一个是当多个候选实体被分为正样本，则需要使用其他的技术再去选择出最适合的候选实体。

2）排序学习（Learning to rank）方法：基于上述二分类方法存在的问题，后续提出了基于排序学习框架对候选实体集合进行排序，考虑了候选实体之间存在的一些关系，而不是孤立的。该框架相当于集成了二分类中的方法，比如较常使用的排序-支持向量机框架。

3）基于概率的方法：目前主流的做法是将机器与人工结合，对于机器无法判断的内容，交给人工来进行处理。

4）基于图的方法：图的方式是将一个文档中的所有实体构建成一个图结构，通过上下文文本相似性，以及实体映射一致性作为实体间的关系，并最终采用 PageRank 的方法进行推理。相关论文中的说法是该图就是由实体 mention 项和候选实体构成的，利用 PageRank 算法即可求得重要性的排序，得到最终的候选实体。

5）模型集成的方法：通常将具有显著不同性质和特征的学习算法聚集在一起，以寻求获得比与单个方法更好的预测性能。模型组合变得越来越流行，因为它可以克服单一模型的弱点。

6）基于向量空间模型（VSM）的方法：为了避免人工标注劳动密集型和昂贵的训练数据，一个简单的方法是使用基于无监督向量空间模型（VSM）的方法对候选实体进行排序。它们首先计算实体的向量表示和候选实体的向量表示之间的相似性。然后选择相似度得分最高的候选实体作为该实体所提及的映射实体。

7）基于信息检索的方法：在它们的模型中，每个候选实体都作为一个单独的文档进行索引，对于每个实体，它们从实体 mention 及其上下文文档生成一个搜索查询。最后，对候选实体索引进行搜索查询，检索相关得分最高的候选实体作为所提及实体的映射实体。

2. 深度神经网络的实体消歧方法

早期的研究大多侧重于单独为每个实体 mention 进行消歧，利用实体 mention 的上下文信息为每个 mention 生成每个候选实体与上下文的相关性得分。然而，同一篇文章内被链接的实体之间可能存在制约关系，会影响最终的链接结果，因此应综合考虑多个实体间的语义关联，进行协同的实体链接。根据可利用信息的不同和链接决策之间是否独立，可以将现有的实体消歧模型分为局部模型和全局模型。

局部模型利用实体 mention 周围的局部文本上下文信息，独立地解决每个实体 mention 的歧义问题，仅关注如何将文本中抽取到的实体链接到知识库中，忽视同一文档中不同实体间存在的语义联系。

全局模型鼓励文档中所有 mention 的目标实体在主题上保持一致性，通过计算不同目标实体之间的主题一致性、实体关联度、转移概率和实体流行度特征等进行消歧，通常基于知识库建立实体图，用来捕获文档中所有已标识 mention 的连贯的实体。具体而言，将文档中的实体 mention 及其候选实体构建为图结构，其中节点为实体，边表示其关系，利用实体 mention 间、候选实体间以及实体 mention 与候选实体间的关系进行协同推理。这种图提供局部模型无法使用的高度区分性语义信号。

对于**局部模型**，早期的研究大多侧重于设计有效的人为特征和复杂的相似性度量，以便获得更好的消歧性能。相反，He 等[19]学习实体的分布式表示来测量相似性，不需要人为特征，单词和实体保留在联合语义空间中，可以直接基于向量相似性进行候选实体排名。他们使用自编码器模型，实体表示由上下文文档表示和类别表示组成；基于深度神经网络，学习实体的文档表示；使用卷积神经网络获取类别表示；从使用简单的启发式规则过渡到将单词和实体用连续空间中的低维向量表示，自动从数据中学习实体的表述和实体的特征，最后对候选实体综合排名，链接到对应的实体。随后，Sun 等[20]提出将表述和实体以及上下文进行嵌入式表示，通过卷积神经网络提取特征，最后计算表述与实体的相似度，并进行链接。

对于**全局模型**的集体推理机制，其计算量极大的缺点通过近似优化技术得到缓解。Globerson 等[21]将 Murphy 等[22]的循环信念传播（Loopy Belief Propagation，LBP）用于集体推理。Ganea 等[23]通过截断拟合 LBP，利用不滚动的可区分消息传递解决全局训练问题。为了解决训练数据不足的问题，Gupta 等[24]探索了大量维基百科超链接，使用多种信息源（例如其描述和提及的上下文及细粒度类型），为每个实体学习统一的密集表示，无需任何特定领域的训练数据或人工设计的功能。但是，这些潜在的注释包含很多噪声，可能给简单的消歧模型带来错误。

10.3.2.3 不可链接的实体预测

虽然许多研究假设知识库包含所有实体 mention 对应的实体，但在实际的场景中，一些实体在知识库中没有相应的记录。一个完善的实体链接流程，也需要考虑这样的问题。

大多数实体链接系统采用 NIL 阈值方法来预测不链接的实体。在这些系统中，排名最高的实体 e_{top} 与一个打分 $score_{top}$ 相关联。如果分数停止点小于 NIL 阈值 τ，将为实体 mention m 返回 NIL，并预测 m 是不可链接的。否则，它们返回 e_{top} 作为 m 的正确映射实体。NIL 阈值 τ 通常是自动从训练数据中进行学习的。

大量的实体链接系统利用有监督的机器学习技术来预测不可链接的实体 mention。一些方法利用二元分类技术。给出一对实体 mention 及其排名靠前的候选实体 $<m, e_{top}>$，二元分类器用于确定排名最高的候选实体 e_{top} 是否是该实体 mention m 的正确映射实体，并输出标签。如果对的标签 $\langle <m, e_{top}> \rangle$ 是正的，它们将实体 e_{top} 作为 m 的正确映射实体返回，否则它们返回 NIL 用于 mention m。每个 $<m, e_{top}>$ 对表示为特征向量，此模块中使用的大多数特征与候选实体排名模块中使用的特征相同。此外，Ratinov[25]为不可链接的 mention 预测设计了一些附加功能，例如排名靠前的候选人的得分以及某些命名实体识别器是否将实体 mention 检测为命名实体。对于二元分类器，大多数系统使用 SVM 分类器。

此外，一些方法[26,27]将不可链接的 mention 预测过程纳入实体排名过程，使用学习对框架进行排名以对候选实体进行排名。为了预测不可链接的 mention，他们在候选实体集中添加了一个 NIL 实体，并将 NIL 视为一个独特的候选者。如果排名者输出 NIL 作为排名最高的实体，则该实体 mention 被认为是不可链接的。否则，排名最高的实体将作为正确的映射实体返回。该模型假设对于 mention 某个特定实体的实体 mention，该特定实体模型生成的该实体 mention 的概率应显著高于通用语言模型生成的 mention 概率。它将 NIL 实体添加到知识库中，并假定 NIL 实体根据通用语言模型生成 mention。如果由 NIL 实体生成的某些 mention 的概率大于知识库中任何其他实体生成的 mention 概率，则该 mention 被预测为不可链接。

10.3.3　实体链接数据集

实体链接的数据集主要包括：CCKS、TAC KBP 2010 EL、AIDA CoNLL-YAGO、AIDA-B、MSNBC、AQUAINT、ACE2004、CWEB、WW 等。

1. AIDA-CoNLL 数据集

AIDA-CoNLL 是最大的人工标注的实体消歧的数据集之一，是在 CoNLL 2013 实体识别数据集上标注的，题材是路透社新闻。实体链接模型通常使用 AIDA-CoNLL 数据集中的 AIDA-train 作为训练集，AIDA-A 作为验证集，AIDA-B 作为测试集。测试集还包含 MSNBC、

AQUAINT、ACE2004 和 WNED-WIKI（WW）以及发布的 WNED-CWEB（CWEB）。在上述 6 个测试集中，只有 AIDA-B 为域内数据，另外 5 个测试集为不同领域的数据，这增加了实体链接的难度，容易造成过拟合或地域偏差问题。

2. NLPCC 数据集（NLPCC2013、NLPCC2014）

面向中文知识库的构建与扩充技术，2013 年 CCF 自然语言处理与中文计算会议（NLPCC2013）中文微博实体链接的任务利用网络百科页面中的 InfoBox 自动构建的知识库。本次评测数据全集包括 10 个话题，每个话题采集大约 1000 条微博，共约 10000 条微博，平均每条微博包含 1~2 个待测定字符串。

NLPCC2014 使用的参考知识库包括基于 2013 年中文维基百科转储的 InfoBox 的大约 400000 个实体。此知识库中的每个实体都将包含名称字符串、知识库条目 ID 以及<subject，predicate，object>形式的一组断言。

NLPCC2015 实体链接为面向搜索引擎的实体链接，任务目标是对短询问中的实体进行识别并链接到对应的中文知识库中，其中中文知识库来自于各类中文百科的信息框，包括中文维基百科和百度百科，知识库为每个实体提供了一个相对结构化的描述信息，并将每个实体页面的第一段作为该实体的摘要。

3. CCKS 数据集

CCKS 2019 中文短文本链指比赛，提供了实体链接的任务，对于给定的一个中文短文本（如搜索询问、微博、用户对话内容、文章标题等）识别出其中的实体，并与给定知识库中的对应实体进行关联。该数据集包含 10 万个左右的中文短文本，知识库覆盖 39 万个实体。数据集由百度众包标注生成，知识库实体重复率约 5%，实体上位概念准确率 95.27%，数据集标注准确率 95.32%。

CCKS 2020 在 CCKS 2019 面向中文短文本的实体链指任务的基础上进行了拓展与改进：去掉实体识别，专注于中文短文本场景下的多歧义实体消歧技术；增加对新实体（NIL 实体）的上位概念类型判断；对标注文本数据调整，增加多模任务场景下的文本源，同时调整了多歧义实体比例。知识库包含来自百度百科知识库的约 39 万个实体。

4. KBP 实体链接数据集

KBP 2017 EDL 数据集来源于 TAC-KBP2017 评测任务，任务目标是在英语、汉语、西班牙语三个语种上进行实体发现，并将它们链接到英文知识库。数据源包含 500 个人工标注的篇章数据和 9 万个未标注的篇章数据，使用 freebase 数据库。该评测仅关注人员、地缘政治实体、位置、组织、设施五种主要的粗粒度实体类型。

KBP 2019 EDL 数据集来源于 TAC-KBP2019 评测任务，任务目标是在英文文本中进行实体发现，并预测 mention 类型。KBP 2019 EDL 将类型的数量从五种扩展到数千种。数据源包含 30 万个未标注的篇章数据和 500 个标注的篇章数据。

10.4　关系抽取

10.4.1　关系抽取概述

关系抽取（RE）是信息抽取的一项重要任务，旨在从一段非结构化文本中抽取出两个或者多个实体之间的语义关系。具体来说，对于二元关系抽取，两个实体以及它们的关系可以表示为三元组（entity1，relation，entity2），其中 entity1 和 entity2 表示两个实体，relation 表示两个实体之间的语义关系。关系抽取就是在自然语言文本中抽取出三元组实例。

如图 10.6 所示，可以从文本中看出，实体"关系抽取"是实体"信息抽取"的一个组成部分，因此可以抽取出（关系抽取，组成部分，信息抽取）这样的三元组。

关系抽取又包含了全局关系抽取（global level RE）和实体片段关系抽取（mention level RE）。全局关系抽取的输入是一个大规模的文本语料库，抽取出所有的关系对实例；而实体片段关系抽取的输入是一个实体对以及包含这个实体对的句子，它判断这个实体对在这个句子中是否存在某种关系。

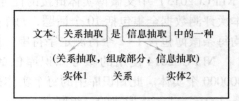

图 10.6　关系抽取的一个实例

传统的关系抽取方法是基于机器学习来进行抽取的，随着深度学习的发展，越来越多的工作转向了利用深度学习中神经网络强大的拟合能力来进行关系抽取。下面将依次介绍各种不同的关系抽取方法。

10.4.2　有监督关系抽取

有监督方法主要关注实体片段关系抽取，需要有大量已经标记了关系实例的数据，它被将关系抽取视为一个多分类问题，将每种关系视为不同的类别。根据关系实例的表示方法，传统的有监督关系抽取方法分为了基于特征向量的方法、基于核函数的方法，以及基于深度学习的方法，下面将分别介绍它们。

1. 基于特征向量的方法

基于特征向量的方法根据数据集中的文本选择合适的特征，根据每个特征的重要程度给每个特征不同的权重，最后把特征的加权和向量作为输入，选择一个合适的分类器进行训练。因此如何提取出更好的具有区分性的特征是基于特征向量方法中最重要的部分。

Kambhatla 等[28]使用实体上下文、实体类型、依存关系和解析树等特征实现了一个最大熵模型，取得了比较好的结果，说明了同时使用多种不同层语义特征是有效的；Zhao 等[29]则将这些特征进行进一步的划分，使用了实体属性、二元属性、依存路径等类别。Zhou 等[30]在 Kambhatla 等的工作的基础上加入了基本词组块特征，使用 SVM 作为分类器，取得了更好的结果，并且研究发现在所有特征中实体类型对于关系抽取的影响最大。Jiang 等[31]系统性地研究了各种特征的效果，将特征空间划分成了序列、句法、依存关系等不同的子特征空间，使用了条件随机场模型取得了一个较好的效果。

可以看出，特征工程（feature engineering）是基于特征向量的方法中最重要的部分，这样的方法非常费时费力，而且很难找到新的更好的可以提升性能的特征。

2. 基于核函数的方法

基于特征向量的方法取决于特征的有效性，而基于核函数的方法不需要构造固有的特征向量，避免了显式的特征工程。对于基于核函数的方法，核函数可以在高维的特征空间中隐式地计算两个实例之间的相似性，而不用使用特征向量的内积计算，之后使用分类器进行分类，从而抽取出关系。

Zelenko 等[32]最先提出了使用核函数的关系抽取，他们定义了树核函数，设计了一个动态规划算法计算树核函数的相似度来训练 SVM，在一个小的新闻语料库中获得了较好的效果。之后，Culotta 等[33]改进了 Zelenko 等的方法，结合了依存树核函数和知识库，得到了更好的结果。Zhang 等[34]提出了对多个核函数进行复合的方法，充分利用各种特征，实验表明，复合多个核函数的模型结果要远好于使用任一单一核函数模型的效果，但是容易产生过拟合。

基于核函数的方法具有高维度的特征空间，比起基于特征向量的方式结果更好，但是因为核函数利用了隐式的方式表达特征，不容易直接判断出特征的好坏，不具有好的可解释性。并且比起基于特征向量的方法，核函数的计算复杂度比较高，需要的时间更多。

3. 基于深度学习的流水线方法

基于流水线的模型就是常规的实体关系抽取，以流水线的方式处理实体识别和关系抽取。对于关系抽取的模块，输入是标注好的实体和包含两个实体的句子，输出是实体-关系三元组。与基于核函数以及特征向量的方法类似，如何提取出一个好的特征向量是方法的关键。

CNN 作为特征提取器在各个领域都有很多作用，因此最早的时候使用了 CNN 结合最大池化来提取文本的特征向量，再将向量作为分类器的输入训练。这种基于 CNN 的方法的性能超过了传统的有监督关系抽取方法。然而，CNN 只能提取局部特征，对于文本中两个实体位置距离较远的情况无法很好地处理。因此，基于 RNN 的方法以及基于 RNN 的改进 LSTM 的方法也被提出，它们可以对长文本进行处理，学习长距离依赖的关系。

然而，RNN 和 LSTM 都还是存在着梯度消失和对之前信息的遗忘，而随着预训练模型的发展，基于 Transformer 架构的各种预训练语言模型（pretrained language model）开始展示出强大的力量，它利用模型中蕴含的大量语义知识，可以将句子编码成具有上下文感知的向量表示。因此，一些利用预训练语言模型代替 CNN 或者 RNN 来做特征抽取的方法被提了出来，这种方法的结果超过了使用传统模型做特征抽取的结果。

10.4.3 远程监督

传统的有监督方法需要进行大量的标注，消耗人力并且十分昂贵，因此远程监督的方法被提出[35]。目前已有的知识库和知识图谱中已经存在了大量的关系三元组，远程监督将文档与外部的知识库对齐，可以自动为大量数据提供标签。它基于一个强假设，即"如果知识库中某个实体对之间存在一种关系，所有包含这个实体对的数据都存在这个关系。"在这个假设下，关系抽取的工作被简化了很多。

图 10.7 展示的就是基于远程监督方法生成标注数据的流程，首先对语料库中的每一条文本进行命名实体识别，将提取出来的实体与知识库中的实体进行实体匹配，得到实体在知识库中的表示。当一个句子中两个实体都能在知识库中匹配到对应的实体时，从知识库中得到这两个实体之间对应的关系，这样就高效地自动生成了训练集。之后的做法比较常规，可以视为基于特征向量的有监督关系抽取方法，首先对语料库中的文本做特征提取，利用 CoreNLP 等工具对文本进行词性标注、命名实体识别、依存分析等处理。将提取出来的这些词法特征、句法特征、实体类型标签等特征作为特征向量，与实体对一起作为输入训练多分类器。

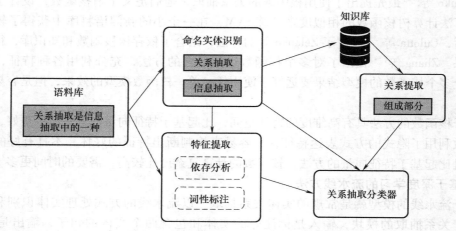

图 10.7　远程监督生成训练集的过程

但是这个假设会导致错误标注问题，因为两个实体之间可以同时存在多种关系，在不同的语境下表达出来的是不同的关系，而机械地依赖外部知识库会将一对实体在每个情况下都标注成同一种关系。此外，利用 CoreNLP 等自然语言处理工具提取文本的特征，也会引入大量的传播误差。针对这些错误标注，一些工作提出了对于远程监督的改进，分为以下几种。

1. 多示例学习

多示例学习（multi-instance-learning）是一种由监督性学习算法演变的方法，定义包（bag）为具有某种相同特征的示例（instance）集合。关系抽取模型不再接收一组单个示例作为输入，而是接受一组带标签的包。下面几个方法都是在多示例学习的基础上提出的。

Riedel[44] 放宽了最初的远程监督假设，提出了 EALO（Expressed-at-least-once）假设，即"如果知识库中某个实体对之间存在一种关系，至少有一组包含这个实体对的数据存在这个关系。"这个假设更符合对关系与实体之间的认知，在这个假设下，我们想要在每个包中挑出正确示例，因此我们在每个包中挑选一个代表示例参与训练。在训练的过程中，模型对于包中的每一个示例与关系列表中的每一个关系算出一个概率，选取概率最大的关系作为这个包的代表示例。

1）卷积神经网络。基于 EALO 假设，Zeng 等[36] 提出分段卷积神经网络（PCNN）来提取特征，认为 CNN 之后的最大池化（max pooling）层对整个卷积层的输出进行操作不够精细，提出了把卷积核的输出结果分为三段分别进行最大池化，同时这篇文章中也使用了多示例学习来缓解数据噪声问题。

图 10.8 为 PCNN 的流程，首先使用预训练的词向量得到每个单词的向量化表示，然后使用 CNN 对文本进行特征提取，其根据两个实体的位置，在两个实体位置处将文本划分为三段，并为每一段进行最大池化，这样可以降低最大池化过程的时间复杂度。另外还将位置信息也引入其中，使得模型可以更好地学习到实体在文本中的位置信息。

然而，PCNN 也存在一些问题，PCNN 是单标签学习，意味着 PCNN 认为每一对实体只有一个标签，这与实际情况不符，因此后续的研究者也提出了用两个不同的损失函数处理多

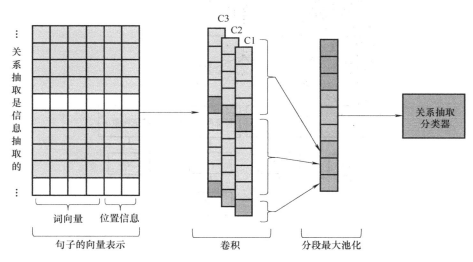

图 10.8　PCNN 的流程

标签分类的问题。

除此之外，根据 EALO 假设，模型只会使用每个包中的代表示例来训练，这样丢失了其他句子的信息，造成了很大的浪费。对于这个问题，一些研究使用跨句最大池化来选择特征，把这些特征聚合成代表示例的特征向量，这样可以利用不同句子的信息。

2）注意力机制。上述的方法都无法在一个包中很好地选出有效的示例，注意力机制可以通过对一个包内的不同句子分配不同的重要度来进行选择，这本质上是一种降噪过程。Lin 等[37]提出了使用句子级的注意力机制来计算每个句子的注意力分数，如果句子是噪声，会得到更低的注意力分数，如果句子比较重要，就会分配更高的注意力分数，用这种方法学习示例的重要度分布，从而选择有效的示例。如图 10.9 所示，对于一个包中的所有句子，先用 PCNN 处理，得到每个句子的特征向量，之后利用一个注意力层算出句子级的注意力分数，对所有句子加权求和获得这个包的特征向量，最后使用这个向量来训练分类器。

与 Lin 不同，Jat 等[38]认为应该从词和实体级来考虑，提出了基于单词和实体级的注意力，对一个句子内每个单词计算注意力分数获得句子的表示，对实体计算出的注意力分数用于不同句子之间，这样同时结合了单词和句子，可以得到更好的表示语义的信息特征向量。

基于 PCNN，Wu 等[39]使用了神经噪声转换器（nerual noise converter）和条件最优选择器（conditional optimal selector）选择权重最大的句子来训练分类器。Ye 和 Yuan[40,41]注意到了除了句子和词之间的相关性以外，包和包之间也存在一些相关性，因此他们使用了包级的注意力。Jia 等[42]提出了一种注意力正则化的方法，来判断句子是否是噪声。Alt 等[43]注意到了预训练语言模型蕴含的大量语义信息，利用 BERT 等预训练语言模型将文本编码到同一语义空间，得到文本的语义表达。

2. 对抗学习和强化学习

多示例学习也存在一些问题：

1）由于多实例学习基于 EALO 假设，所以无法处理一个包里所有句子都是噪声的情况。

2）以包为单位进行预测使一部分错误标注的数据被利用了，而且无法很好对单个句子

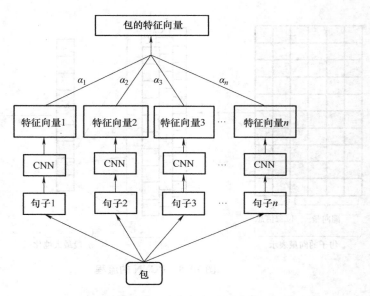

图 10.9　注意力机制融合包中特征向量

进行预测。

　　为了解决这些问题，一些基于对抗学习和强化学习的方法被提出，它们主要关注如何找到一种好的采样（sample）策略只采样出正确标注的数据，以此缓解噪声的问题。下面具体介绍一下基于对抗学习和强化学习的两种方法。

　　1）对抗学习。Qin 等[45]使用生成对抗网络（GAN）来模拟采样过程，尽可能选出正确标注的数据，向生成器（generator）中输入一个由远程监督生成的示例组成的包，根据生成器计算的概率分布在包里进行采样，如果某个示例的概率较高，就把这个示例认为是标注正确的。判别器（discriminator）用来鉴别标注是否正确。在经过了一个这样的对抗训练后，生成器就做出一个较好的采样方式，以达到筛选数据的效果。

　　2）强化学习。Feng 等[46]利用了策略梯度算法学习一个示例选择器，对包中所有的示例执行选择或者不选择的行动，利用 PCNN 对已选择句子进行分类，通过这些选中句子的损失函数作为奖励，这种方式可以有效处理一个包里所有句子全都噪声的情况。

10.4.4　实体关系联合抽取

　　以上介绍的方法都是实体片段关系抽取的一些方法，联合学习方法关注的是全局关系抽取。在实体关系联合抽取中，需要先进行实体的抽取，再进行识别实体之间的关系。因此，之前的模型存在一些问题：

　　1）产生错误传播，由于先抽取实体再识别实体间的关系，如果在实体识别时出现错误，会对关系抽取的性能影响很大。

　　2）忽视了实体和关系之间的紧密联系，以及这两个任务之间的内在关系。

　　3）产生冗余信息，抽取实体的过程和关系抽取是分开的，因此在实体抽取时可能抽取到一些没有关系的实体，影响训练和测试的效果。

　　为了解决这些问题，模型联合学习方法包括了实体识别和关系分类两个任务，模型的输入是文本，输出是实体-关系三元组。具体来说，联合学习方法又包括了以下两种具体的方法：

1. 参数共享的联合模型

Miwa 等[47]提出了一种端到端的模型，利用两个 LSTM 来分别处理序列和依存树。模型主要分为三个部分：嵌入模块、基于序列的实体识别模块和基于依存树的关系抽取模块。

基于序列的实体识别模块将实体识别任务视为序列标注任务，使用双向 LSTM 编码序列预测实体标签。而基于依存树的关系抽取模块和实体识别模块共享用于编码序列的 LSTM 的参数，也就是说依存树中的 LSTM 是堆叠在实体识别 LSTM 上的，利用了它的输出和隐藏层作为输入。关系抽取模块利用实习识别中生成的实体标签等信息根据语义依存分析构建依存树，对关系进行分类。在更新模型参数时，同时利用两个子模块的损失函数来进行更新。

2. 序列标注方法

然而，上面利用参数共享的方法还是把实体识别和关系抽取视为了两个子任务，并且在关系抽取的过程中 LSTM 层只有这个子任务使用了，并完全没有共享。因此，Zheng 等[48]提出了一种新的标注方法，把实体识别和关系抽取都视为了序列标注问题。这个方法包括了三种标注信息：

1）实体词的位置信息，包括实体开始（B）、实体内部（I）、实体结束（E）、单个实体（S）、无关词（O）。

2）实体之间的关系，根据实际情况自行制定需要的编码。

3）实体的前后信息，包括实体 1（1）、实体 2（2）。

这个方法可以直接识别出实体和关系，不需要使用多个子模型复杂的堆叠，并且解决了产生冗余信息的问题。图 10.10 是模型的结构，对于一个输入的序列，先使用双向 LSTM 进行编码，利用一种 LSTM 的改进版本 LSTMd 进行解码，就可以得到实体-关系三元组。

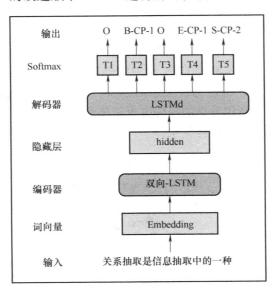

图 10.10　序列标注的关系抽取方法

10.4.5 小样本关系抽取

虽然监督学习和远程监督都取得了比较好的成绩，但是由于标注数据的成本高昂，并且很多情况下标注的数据只能针对一个特定领域，无法通用，因此，小样本学习（few shot learning）十分重要。小样本关系抽取是小样本学习的一个应用，指的是利用少量的标注数据训练关系抽取模型，达到较好的效果。

对此，一些小样本关系抽取的数据集被提出，表10.2为这些数据集的信息。FewRel[49]是第一个被提出来的英文小样本关系抽取数据集，它来自维基百科以及维基数据，这个数据集中有100个关系类别，每种关系有700个实例，这个数据集非常整齐，不存在长尾问题，之后Gao等[50]在FewRel数据集的基础上又提出了FewRel2.0数据集，FewRel2.0数据集相比于FewRel1.0新增了跨领域（cross domain）和"以上都不是"（none of the above）两个挑战。TinyRel-CM[51]数据集一共只有12个关系类别，共计1100条实例。

表10.2 三种小样本关系抽取的数据集

数据集名称	关系类别数量	实例数量
FewRel	100	70000
FewRel2.0	25	2500
TinyRel-CM	12	1100

对于小样本学习，度量学习和元学习是两种最常见的方法，然而在关系抽取任务上，基于复杂的元学习的工作表现都不如基于度量学习的方法，因此，后续的大多数工作都是基于度量学习的。度量学习是把样本嵌入到一个小的空间里，使样本按照相似度聚集，包括了以下两种方法：

1. 原型式关系抽取方法

Snell等[52]提出了原型网络，如图10.11所示，在一个嵌入空间中，每个类别的实例围绕它的关系原型聚集。这个方法利用CNN作为编码器，把样本映射到嵌入空间，利用训练数据中每种关系的所有样本，构造每种关系的原型，并计算出经过映射后原型和关系的距离，再做最近邻分类，最后利用分类的损失来更新模型参数。对于一个新的实例，根据它距离每个原型的距离来判断它属于哪种关系。

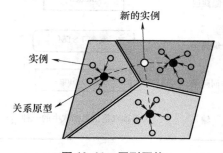

图10.11 原型网络

2. 分布式关系抽取方法

Soares 等[53]受到了 Word2vec 中分布式假设（分布式假设指的有相同上下文的词语具有相似含义）和 BERT 的启发，提出一个关系抽取预训练任务 MTB（Matching the Blanks）。这个方法假设有相同实体的关系具有相似含义，于是在预训练的过程中在损失函数中加入对相同实体关系相似的约束，并且使用类似 BERT 的方式，以一定的概率替换句子中的实体为 [BLANK]，强迫模型学到更好的表达。

10.4.6　开放域关系抽取

上述讲述的关系抽取方法大多都是在所有关系已经预定义的情况下对新样本的关系进行分类，并不能在新样本中发现未预定义的类别，这些都属于限定域的关系抽取。而除了限定域的关系抽取，还存在开放关系抽取（OpenRE），它可以在开放域语料库中提取关系，其中关系类型可以是没有被预定义的，开放域关系抽取分为如下几种方法：

1. 基于规则的方法

基于规则的方法指的是先让人手工制定出一些可以判断实体之间关系的规则，然后对文本进行分析，找到满足这些规则的文本，从而在不需要任何训练数据的情况下得到实体之间的关系。这种基于规则的方法需要对语言学熟悉的专家来构建，并且需要大量的尝试和调整，工作量很大。并且，由于不同类型的文本具有不同的语言特点，在一种类型的文本中构建出较好的规则无法迁移到其他类型的文本中，可移植性很差。

2. 基于序列标注的方法

基于序列标注的方法在前面已经有过一定的介绍，假设关系词一定出现在包含实体的文本中，把关系词作为一种需要预测的标签，就可以把这个方法用在 OpenRE 上。基于序列标记方法一般包含嵌入层、编码器和解码器三个模块。嵌入层会结合词的向量表示和文本中的语义特征，获得感知句法特征和文本信息的向量。此外，由于预训练语言模型可以生成上下文感知的向量表示，因此可以使用它们生成词的向量表示或用作编码器。然而，由于每种关系都有多种不同的表示，基于序列标注的方法关系来源于文本，导致同一关系类型会抽取出多个关系短语。

3. 基于聚类的方法

传统的基于聚类的 OpenRE 方法通过外部语言工具为样本提取丰富的特征，并将文本通过语义模式聚类为几种关系类型。Marcheggiani 等[54]通过未标记的实例为 OpenRE 提出了一种基于重建的模型离散变分自动编码器。Elsahar 等[55]先利用自然语言工具识别出实体对和最短依存路径，结合词向量、依存路径以及实体类型构建特征向量，在利用主成分分析（PCA）对特征向量降维后使用聚合层次聚类（hierarchical agglomerative clustering）算法对特征聚类。

4. 生成式的方法

生成模型将 OpenRE 视为一个序列生成问题，引入了编码器-解码器的架构，把文本作为输入，关系序列作为输出。图 10.12 展示了生成式模型的结构，最简单的生成式模型由一个编码器和一个解码器构成，其中编码器和解码器都可以使用 RNN、LSTM、GRU 等方法，为了避免生成模型中产生的信息冗余，可以将之前生成的结果连接到下一次生成的输入前面。除此之外，还可以引入 GAN 来提高生成的准确度，使用一个生成器来生成尽可能真实的实体关系三元组，利用判别器来鉴别输入的真假，利用策略梯度的方式优化生成器。

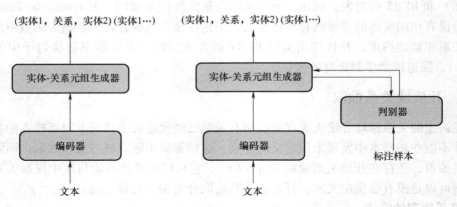

图 10.12　生成式开放关系抽取模型

10.5　事件抽取

10.5.1　事件抽取概述

　　事件抽取是信息抽取技术的一种，想要区分事件抽取与其他信息抽取技术，就需要理解事件的概念。事件指的是发生在某一特定时间、某一特定地点的客观事实。在非结构化数据中抽取出这样的客观事实并转换为结构化数据即是事件抽取。虽然对于不同的领域，彼此的事件各不相同，事件抽取的侧重点也自然而然地各有偏差，但是仍旧可以将事件抽取的目标大致分为 6 类，即什么人、在什么事件、在什么地点、做了什么事、为什么做这件事，以及怎样做的这件事[56]。

　　事件抽取技术在各个领域中都有着重大意义。比如在政府公共事务管理方面，事件抽取技术有助于相关部门进行事件检测监测。政府部门通过事件抽取技术，可以更加及时地了解流行社会事件的爆发和演变，有助于相关部门迅速、准确地进行响应。在生物医学领域，事件抽取也有着重要的应用。通过事件抽取技术，可以在自然语言形式的科学文献中对一些重要信息进行抽取，例如，生物分子之间的相互作用、生物分子的状态改变等信息。利用这些抽取出来的信息，有利于工作人员理解相关生理结构和发病机制。

　　早期的事件抽取往往是使用基于模式匹配的方法，不过随着机器学习的蓬勃发展，越来越多的人开始着力于使用机器学习、深度学习的方法进行事件抽取，在后续章节中也将对这些方法进行更为详细的阐述。

　　事件抽取技术主要由三个部分组成，包括触发词（trigger）、事件论元（event arguments）和论元角色（argument roles）。无论是 ACE（Automatic Content Extraction）测评会议还是 TAC（Text Analysis Conference）KBP（Knowledge Base Population）测评会议都对这几个概念有明确的定义，见表 10.3。

表 10.3　事件抽取关键词的定义[57]

概念	ACE 评测会议	TAC KBP 评测会议
触发词	触发事件的词，通常是一个动词或代表动作的名词和短语	触发事件的核心词
事件论元	与事件相关的实体和实体属性，包括时间、地点、人物等	事件的参与者，主要由实体和时间等信息组成
论元角色	事件论元在事件中充当的角色，即事件论元与事件的关系	实体在事件中扮演的角色的信息

事件抽取的目标可以大致分为两个阶段。第一个阶段是判断非结构化数据中是否存在着事件信息，如果存在，则进入第二个阶段，也就是将存在的事件信息提取出来，转换为结构化数据。根据对于目标结构化数据的确定程度、对于这两个阶段的侧重程度，可以将事件抽取任务分为闭域事件抽取（closed-domain event extraction）和开放域事件抽取（open-domain event extraction）两种类型[1]。

在闭域事件抽取任务中，不但给定了事件类型，还定义了事件抽取之后的结构。因此，闭域事件抽取在检测到事件存在之后，只需要把预先定义好的事件结构中缺失的部分补足，就可以得到对应的结构化数据。

而在开放域事件抽取中，不但不会给定事件类型，事件的结构也没有给出定义。相较于闭域事件抽取任务，开放域事件抽取任务的得到的信息更少，于是对应地，任务的目标也更弱，更侧重于第一个阶段，判断出是否有事件存在于对应的非结构化数据即可。

10.5.2　基于模式匹配的方法

基于模式匹配的抽取方法是早期较为常用的事件抽取方法。如图 10.13 所示，需要利用相关领域的专业知识，得到特定的抽取模式，并将获取的抽取模式放入抽取模式库中。利用抽取模式库中的抽取模式，对原始文本进行模式匹配，得到最终的抽取结果。

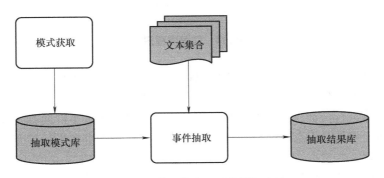

图 10.13　基于模式匹配的抽取方法

从整个抽取流程中可以看到，基于模式匹配的抽取方法关键在于模式的获取，所获取的模式越合理，也就可以得到越好的事件抽取效果。同时，在目前的研究之中，模式获取的主要方式有两种，一种是语义角色标注法，另一种则是事件本体法。

语义角色标注法需要定义好事件元素中的语义角色。通过事件的语义角色是否在非结构化数据中存在，判断事件是否存在。如果能够在文本信息中匹配到相应的语义角色，事件则存在，反之，该文本中则并不存在事件。图 10.14 所示是语义角色标注法的匹配过程。需要得到文本信息的语义标注，并在词法分析之后建立概念图。一旦领域场景得以匹配，就根据规则图库中的内容进行匹配，一旦匹配成功就成功地进行了抽取。

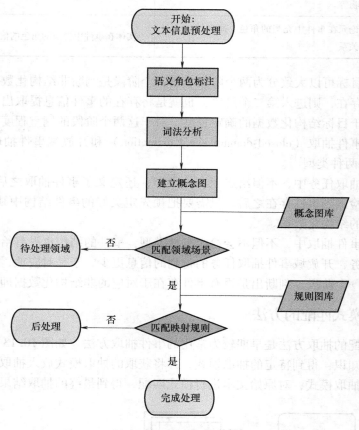

图 10.14　匹配流程图[58]

事件本体法则需要定义有待抽取事件的具体类型，并且对应事件的组成实体元素也需要进行定义。这样才能得到事件的构成特征，从而基于构成特征对事件进行挖掘。事件本体法首先需要基于本体进行特征压缩。在这个过程中，需要将对于该事件而言含义相近的项进行合并，方便判断出事件是否存在。在特征压缩完毕后，再基于本体进行扩充，这样就可以得到事件的具体元素。

但是无论是语义角色标注法，还是事件本体法，基于匹配模式的技术方法中都需要根据领域的不同，获得特定的抽取模式。这样的特征虽然使得匹配模式的方法可以在特定领域中取得较好的效果，但是这个过程对于工作人员有较高的要求，工作人员需要对特定领域有较强的专业素质，因此人工成本很高。同时，模式的获取需要针对特定的领域，因此可移植性较差，一旦文本领域发生了变化，就需要重新进行模式的获取。

10.5.3　基于机器学习的方法

正是由于基于模式匹配的方法具有较差的泛化性，再加上机器学习再度兴起，基于机器学习的事件抽取方法也越来越得到重视。所有基于机器学习的事件抽取方法都具有类似的思想，即将抽取任务转换为分类任务，可以利用训练好的分类器从非结构化数据中抽取事件。

基于机器学习的事件抽取流程图如图 10.15 所示，可以看到在进入分类模型的训练和测试之前，还需要进行特征工程的处理。文本通过特征工程的处理之后，可以得到蕴含文本关键特征的特征向量，这些特征向量会作为后续分类模型的输入。

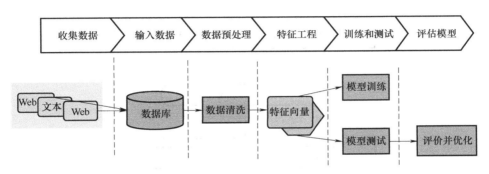

图 10.15　基于机器学习的抽取[59]

表 10.4 中列举了事件抽取特征工程中的常用特征，包括词汇、句法和语义特征，这些特征都可以从一些开源的自然语言处理工具中获得。

表 10.4　常用特征

特征类型	具体内容
词汇特征	将一个词汇与某一种词性对应，如名词、动词、形容词、副词等
句法特征	得到句子中词汇的依存关系结构，往往通过依存解析的手段获取。这种依存关系往往是以树状结构进行存储的
语义特征	常用的语义特征包括：①语言词典中的同义词及其词汇特征；②事件和实体类型特征，这种特征通常用于后续的参数识别

如表 10.5 所示，事件抽取的分类任务大致可以分为两个阶段，每个阶段又各自有两个子任务。

表 10.5　事件抽取的阶段

阶段	子任务	具体内容
第一阶段	触发检测	检测语料中是否有事件存在。如果存在，则继续进行以下的任务
	类型识别	将检测出的事件划分为给定的事件类型之一
第二阶段	论元检测	检测语料中属于参数的实体
	论元角色标识	根据事件类别，对参数进行分类

1. 基于流水线模型的方法

分类的两个阶段、四个子任务可以通过流水线模型的方法执行，即每一个任务都需要训练独立的分类器，并且将前一个任务分类器的输出作为后一个分类器的输入。

如图 10.16 所示，基于流水线模型的分类方式将分类任务拆分为了多个子任务，由于每一个任务只需要实现一个功能，因此流水线模型的最大优点就是实现较为容易。但是由于每一个任务的误差都在所难免，利用流水线模型有可能将误差从上游分类器传递到下游分类器，误差累计之后造成较大损失，影响抽取的效果。同时，下游分类器的分类结果无法影响到上游分类器，因此不能很好地利用子任务之间的依存关系。

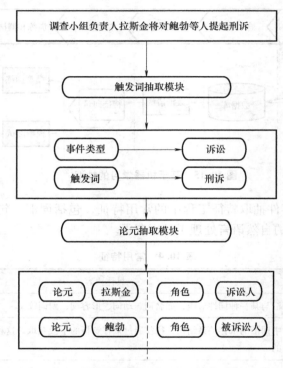

图 10.16　基于流水线的抽取

2. 联合模型的事件抽取方法

为了解决流水线分类模型可能出现的错误传播，同时为了利用子任务之间的依存关系，联合模型已经成为了一个有效的替代方式。如图 10.17 所示，联合模型的触发词抽取模块和论元抽取模块之间可以相互促进，而实际应用中也取得了较好的效果，甚至可以通过论元抽取模块的结果，纠正触发词抽取模块的结果。不过联合模型同样存在缺点，那就是模型的可解释性较差，但瑕不掩瑜，目前仍旧是研究的热点之一。

10.5.4　基于深度学习的方法

特征工程是基于机器学习的事件抽取的主要挑战问题。尽管词汇特征、句法特征、语义特征等特征可以作为分类器的输入，但是这些特征工程的构建不仅对于语言知识有一定的要求，还需要有特定领域的相关专业知识。带有专业知识的特征向量作为分类器的输入固然可

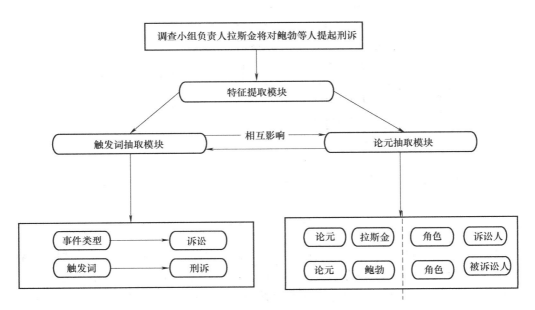

图 10.17　联合模型的抽取

以提高特定领域的效果，但是也限制了分类模型的通用性。同时，特征向量往往是以独热向量的形式进行表示的，也会因此存在数据稀疏的问题。

利用深度学习技术就可以降低特征工程的构建难度。由于深度学习的神经网络往往是由多层人工神经元构成的，因此整个神经网络可以直接将原始数据进行词嵌入的结果作为输入，通过逐层的学习将这些数据逐渐转换为更加抽象、更加综合的形式，一直到最高层输出最后的分类结果。

而对于基于深度学习的事件抽取，问题的关键则在于如何设计一个高效的神经网络体系结构。下面将介绍一些经典的网络结构在事件抽取中的应用。

1. 卷积神经网络

卷积神经网络（Convolutional Neural Network，CNN）是目前最常用的神经网络结构之一，它由多层完全连接的神经元组成。处于较低层的所有神经元能够与上层的神经元连接。根据目前的研究结果，CNN 能够学习基于连续单词和广义单词嵌入的文本隐藏特征，因此已经被运用于获取句子的句法和语义，同时，CNN 结构在事件抽取方面也有着一定的应用。

图 10.18 所示正是利用 CNN 进行事件抽取的一个例子。首先通过词嵌入将单词转换为实值向量，而转换后得到的实值向量也将作为 CNN 输入。同时，在转换的过程中不仅会考虑到每个字词的位置信息，实体的类型也会影响到转换结果，这使得到的向量表示更加合理。

实值向量在进入 CNN 之后，会依次经历卷积层、最大池化层和 softmax 层，最后输出分类的结果。而在 CNN 训练的过程中，可以选择多种经典的技术，例如反向传播（back-propagation）、丢弃正则化（dropout regularization）、随机梯度下降（stochastic gradient descent）、自适应学习率调整 AdaDelta（AdaDelta learning rate adaptive）以及权重优化（weight optimization）。

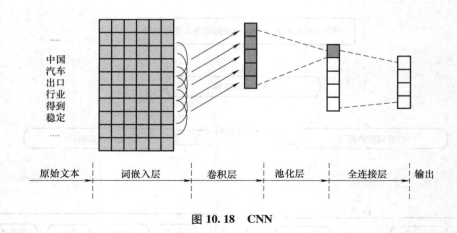

图 10.18　CNN

　　一般的 CNN 通常只使用一个最大池化层，分类的过程则是在一个句子中选取最优。但是对于事件抽取而言，句子中的某一个实体可能会同时在多个事件中扮演不同角色，为了解决这个问题，人们提出了动态多池卷积神经网络（Dynamic Multi-Pooling Convolutional Neural Network，DMCNN）[59]，通过动态多池层来评估句子每一个部分的词汇特征和句子特征。如图 10.19 所示，在 DMCNN 中，特征图会被分为三个部分，其中每一个部分的最大值都将被保留。相较于仅仅使用一个最大池化层，能够得到更多的信息。

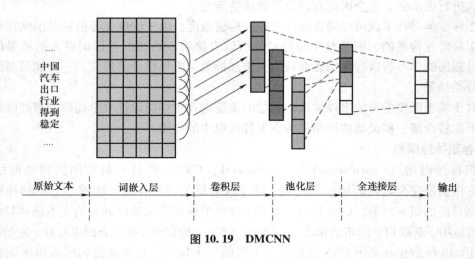

图 10.19　DMCNN

　　不过无论是 CNN 还是 DMCNN，卷积运算都将由向量表示的 k 个连续字符线性映射到特征空间中。但是这样映射得到的是 k 个连续字符的特征，无非利用非连续字符之间的依存关系。为了解决这个问题，Nguyen 和 Grishman 等[60]提出对句子中所有可能的非连续 k 个字符进行卷积运算，同时利用最大池化函数计算卷积分数。

　　除此之外，研究人员还提出了许多对 CNN 进行改进的方法。例如，由 Burel 等[61]设计的双 CNN，该模型在一个典型的 CNN 中添加了一个语义层来捕获上下文信息；Li 等[62]提出的并行多池卷积神经网络（Parallel Multi-pooling Convolutional Neural Network，PMCNN），可以利用这个模型捕获句子的组合语义特征。

2. 循环神经网络

CNN 结构通常以词嵌入之后的串联结果作为输入，并对连续的单词进行卷积操作，以获取当前单词与其相邻单词的上下文关系。尽管有一些改进措施，但 CNN 终究还是不能很好地捕捉到不相邻的单词之间所潜在的相互依存关系，只能将一个句子作为一个整体来联合提取触发器和参数，因此，CNN 是存在其局限性的。

而在语言建模的过程，通常将一个句子视作一系列的字词连接起来，即将句子中出现的字词从头到尾按照次序排列起来。而通过一系列连接的神经元构成的循环神经网络（Recurrent Neural Network，RNN）就可以有效地利用这种顺序输入。

如图 10.20 所示，一个简单的 RNN 由一系列连接的 LSTM 神经元组成。前一个 LSTM 神经元的输出将作为下一个 LSTM 神经元的输入。正是由于这样的结构特征，无论存在依存的字词是否紧邻，RNN 结构都能够获得它们之间的关系，这也使得 RNN 在许多自然语言处理任务中都得到了广泛应用，包括命名实体识别、词性标记、句法解析、序列标注。

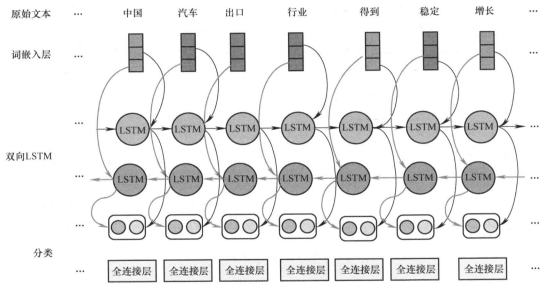

图 10.20 RNN

而针对事件抽取的任务，现目前已经有一些基于 RNN 的模型，通过将字词按照句子中出现的顺序进行顺序或者逆序输入，从而利用字词的相互依存关系。

Nguyen 等[63]设计了一个用于联合事件抽取的双向 RNN 架构。这个模型由两个单独的 RNN 分别从正向和反向两个方向上运行句子，而这两个 RNN 都由一系列门控循环单元（Gated Recurrent Unit，GRU）组成。联合事件抽取包括编码和预测两个阶段。与 CNN 结构不同的是，RNN 模型在编码阶段并不使用位置特征，而是用二进制向量来表示联合预测事件触发器和参数的依存性特性。而在预测阶段，RNN 模型将触发器和参数之间的依存关系分为三类：①触发器子类型之间的依存关系；②参数角色之间的依存关系；③触发器子类型和参数角色之间的依存关系。

与 CNN 类似，研究人员同样使用了各种方式提高 RNN 的效果。如图 10.21 所示，为了利用句法分析增加 RNN 的分析效果，可以将句法分析的结果添加到双向 RNN 中，并将这样的 RNN 结构称为依存桥 RNN（dependency bridge RNN，dbRNN）[63]。而除了依存桥以外，还可以利用语法依存树直接构造树形 RNN。而除了句子级的事件抽取之外，一些研究人员还将 RNN 架构利用到了篇章级的事件抽取中。

　　RNN 结构也有一定的缺陷：上述的 RNN 结构都采用了 GRU 或 LSTM 作为基本的组成单元，这些控制单元都采用了门控策略（gating strategy）来对神经网络中的信息进行处理。但是这些计算无法并行，无法充分利用 GPU 的特性，造成巨大的计算消耗。

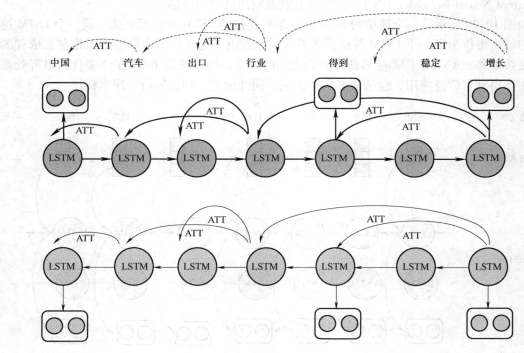

图 10.21　依存桥 RNN

3. 图神经网络

　　在近年来，图神经网络（Graph Neural Network，GNN）越来越得到广泛的应用。一些研究人员已经尝试应用 GNN 模型进行事件抽取[64]。

　　利用 GNN 的核心问题是需要将文本中的单词构造一个图。可以使用语义分析技术来进行构造。例如，使用抽象意义表示（Abstract Meaning Representation，AMR）技术[65]，将文本中的许多词汇和句法变化规范化，并输出一个有向无环图。这个有向无环图包含了多个"谁对谁做了什么"的事件，而这样的话，每一个事件一定是构造出来的 AMR 图的子图。事件抽取任务也将被转化为子图识别问题。

　　还可以通过变化句子的句法分析树来构造图[66]。我们知道，语法分析的结果可以视作一条有向边，边从依存字词指向被依存字词，边的权重则为句法分析的类型。鉴于句法分析的这个特点，如图 10.22 所示，对句法分析树进行改造。首先，对于每个字词，按照句子中出现的先后顺序，构建自环边，自环边从一个单词开始，并且以这个单词为结束，所有的自环边都具有相同的类型。接着将句法分析树得到的边进行反向，就得到了对应的图。

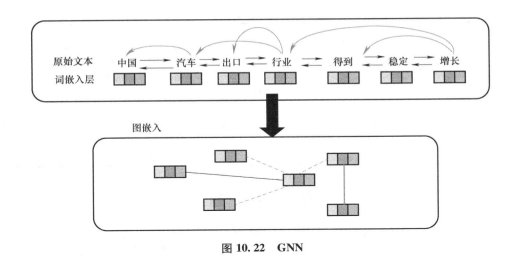

图 10.22 GNN

10.5.5 事件抽取数据集

作为信息抽取中较为困难的任务之一，研究事件抽取往往需要高质量且大规模的数据作为支撑。表 10.6 所列举的都是事件抽取任务中常见的一些数据集。

事件抽取数据集的构建往往有两种方法。其一是人工标注，需要工作人员按照给定的要求，在指定的非结构化数据上进行手工标注，这种由于人工成本较高，难以进行大量的标注，所以得到的数据集不仅在规模上相对有限，也难以将各种领域全部涵盖。也正是由于这些局限性，自动标注的构建方法孕育而生。自动标注的方法通过引入不同领域的事件知识数据库，使用远程监督的方法，自动在非结构化数据上生成大规模的数据集。

事件抽取数据集的类别则主要分为句子级和篇章级。在句子级的数据集中，从一个句子就能够抽取一个完整的事件信息；而对于篇章级的数据集，事件信息往往无法由一个句子所提供，需要搜寻多个句子才能得到准确的事件信息。除此之外，由于网络中的数据种类繁多，多模态的事件抽取数据集也逐步得到了重视。

表 10.6 常用数据集

数据集	年份	标注方式	类别	领域	语言	描述
FewEvent	2020	人工标注	句子	通用	英文	扩展了 ACE2005 和 TAC KBP 2017，从 Freebase 和维基百科中导入了新的事件类型，包含音乐、电影、体育、教育等领域
CN-Fin	2020	人工标注	句子	金融	中文	数据来源于中国主要的金融网站，包含 35000 篇高质量中文金融事件新闻文档
MAVEN	2020	自动标注	句子	通用	英文	包含 4480 个维基百科文档、118732 个事件 mention 实例和 168 个事件类型
CySecED	2020	人工标注	篇章	网络安全	英文	包含 292 篇黑客新闻（THN）文档，30 种重要网络安全事件类型

（续）

数据集	年份	标注方式	类别	领域	语言	描述
RAMS	2020	人工标注	篇章	通用	英文	包含 9124 篇新闻文档、139 种事件类型和 65 种论元角色
Doc2EDAG	2019	人工标注	篇章	金融	中文	数据来源于 2008~2018 年中国金融领域的事件 数据，包含股权冻结、股权回购、股权减持、股权增持和股权质押 5 种重大金融事件类型

思 考 题

1. 远程监督在关系抽取中是如何工作的？这种方法有哪些局限性？

2. 在关系抽取中使用哪些表示句子和文本的方法？各自的优点和缺点是什么？如何将大规模预训练语言模型应用到关系抽取上？

3. 注意力机制如何用于关系抽取？它们与其他方法相比如何？

4. 有哪些方法可以处理关系抽取中的多义表达和长程依存关系？

5. 从机器学习的角度考虑，事件抽取中的特征工程有哪些方法？如何使用深度学习自动学习这些特征？

6. 有哪些方法可以处理事件抽取中的否定和不确定性？这些方法效果如何？

7. 你能解释一下事件共指消解的概念吗？这项任务有哪些挑战，如何解决？除了共指关系之外，事件之间还可能存在哪些关系？

参 考 文 献

[1] Friedman C, Alderson P O, Austin J H M, et al. A general natural-language text processor for clinical radiology [J]. Journal of the American Medical Informatics Association, 1994, 1 (2): 161-174.

[2] Wu S T, Liu H, Li D, et al. FOCUS on clinical research informatics: Unified Medical Language System term occurrences in clinical notes: a large-scale corpus analysis [J]. Journal of the American Medical Informatics Association, 2012, 19 (e1): 149-156.

[3] Kazama J, Makino T, Ohta Y, et al. Tuning support vector machines for biomedical named entity recognition [C]. Workshop on Natural language Processing in the Biomedical Domain-Volume 3, 2002: 1-8.

[4] Zhou G, Zhang J, Su J, et al. Recognizing names in biomedical texts: A machine learning approach [J]. Bioinformatics, 2004, 20 (7): 1178-1190.

[5] Chen L, Friedman C. Extracting phenotypic information from the literature via natural language processing [J]. Studies in Health Technology & Informatics, 2004, 107 (2): 758-762.

[6] Liang L, Wang K, Meng D, et al. Active self-paced learning for cost-effective and progressive face identification [J]. IEEE Transactions on Pattern Analysis & Machine Intelligence, 2017, 40 (1): 7-19.

[7] Z Huang, W Xu, K Yu. Bidirectional LSTM-CRF models for sequence tagging [J]. arXiv preprint arXiv: 1508.01991, 2015.

[8] P Zhou, S Zheng, J Xu, et al. Joint extraction of multiple relations and entities by using a hybrid neural network [C]. CCL-NLP-NABD, 2017: 135-146.

[9] Yan H, Deng B, Li X, et al. TENER: adapting transformer encoder for named entity recognition [J].

arXiv preprint arXiv: 1911. 04474, 2019.

[10] Ye Z, Ling Z H. Hybrid semi-Markov CRF for neural sequence labeling [C]. The 56th Annual Meeting of the Association for Computational Linguistics (Volume 2: Short Papers), 2018: 235-240.

[11] Shen Y, Yun H, Lipton Z C, et al. Deep active learning for named entity recognition [C]. ICLR, 2018.

[12] Guo S, Chang M W, Kiciman E. To link or not to link? a study on end-to-end tweet entity linking [C]. The 2013 conference of the North American chapter of the association for computational linguistics: human language technologies, 2013: 1020-1030.

[13] Gattani A, Lamba D S, Garera N, et al, A. Entity extraction, linking, classification, and tagging for social media: a wikipedia-based approach [C]. The VLDB Endowment, 2013, 6 (11): 1126-1137.

[14] Varma V, Bysani P, Reddy K, et al. IIIT hyderabad in guided summarization and knowledge base population [C]. TAC, 2010.

[15] Gottipati S, Jiang J. Linking entities to a knowledge base with query expansion [C]. EMNLP, 2011.

[16] Han X, Zhao J. NLPR _ KBP in TAC 2009 KBP Track: A two-stage method to entity linking [C]. TAC, 2009.

[17] Dredze M, McNamee P, Rao D, et al. Entity disambiguation for knowledge base population [C]. The 23rd International Conference on Computational Linguistics, 2010.

[18] Zhang W, Su J, Tan C L, et al. Entity linking leveraging automatically generated annotation [C]. The 23rd International Conference on Computational Linguistics (Coling 2010), 2010: 1290-1298.

[19] He Z, Liu S, Li M, et al. Learning entity representation for entity disambiguation [C]. The 51st Annual Meeting of the Association for Computational Linguistics (Volume 2: Short Papers), 2013: 30-34.

[20] Sun Y, Lin L, Tang D, et al. Modeling mention, context and entity with neural networks for entity disambiguation [C]. Twenty-fourth international joint conference on artificial intelligence, 2015.

[21] Globerson A, Lazic N, Chakrabarti S, et al. Collective entity resolution with multi-focal attention [C]. The 54th Annual Meeting of the Association for Computational Linguistics, 2016.

[22] Murphy K P, Weiss Y, Jordan M I. Loopy belief propagation for approximate inference: an empirical study [C]. The Fifteenth Conference on Uncertainty in Artificial Intelligence, 1999: 467-475.

[23] Ganea O E, Hofmann T. Deep joint entity disambiguation with local neural attention [J]. arXiv preprint arXiv: 1704. 04920, 2017.

[24] Gupta N, Singh S, Roth D. Entity linking via joint encoding of types, descriptions, and context [C]. The 2017 Conference on Empirical Methods in Natural Language Processing, 2017: 2681-2690.

[25] Ratinov L, Roth D, Downey D, et al. Local and global algorithms for disambiguation to wikipedia [C]. The 49th annual meeting of the association for computational linguistics: Human language technologies, 2011: 1375-1384.

[26] Han X, Sun L. A generative entity-mention model for linking entities with knowledge base [C]. The 49th Annual Meeting of the Association for Computational Linguistics: Human Language Technologies, 2011: 945-954.

[27] McNamee P. HLTCOE Efforts in Entity Linking at TAC KBP 2010 [C]. TAC, 2010.

[28] Kambhatla N. Combining lexical, syntactic, and semantic features with maximum entropy models for information extraction [C]. The ACL interactive poster and demonstration sessions, 2004: 178-181.

[29] Zhao S, Grishman R. Extracting relations with integrated information using kernel methods [C]. The 43rd annual meeting of the association for computational linguistics (ACL'05), 2005: 419-426.

[30] Zhou G, Su J, Zhang J, et al. Exploring various knowledge in relation extraction [C]. The 43rd annual meeting of the association for computational linguistics (ACL'05), 2005: 427-434.

[31] Jiang J, Zhai C. A systematic exploration of the feature space for relation extraction [C]. Human Language Technologies 2007: The Conference of the North American Chapter of the Association for Computational Linguistics, 2007: 113-120.

[32] Zelenko D, Aone C, Richardella A. Kernel methods for relation extraction [J]. Journal of machine learning research, 2003, 3: 1083-1106.

[33] Culotta A, Sorensen J. Dependency tree kernels for relation extraction [C]. Proceedings of the 42nd annual meeting of the association for computational linguistics (ACL-04), 2004: 423-429.

[34] Zhang X, Gao Z, Zhu M. Kernel methods and its application in relation extraction [C]. 2011 International Conference on Computer Science and Service System (CSSS), 2011: 1362-1365.

[35] Mintz M, Bills S, Snow R, et al. Distant supervision for relation extraction without labeled data [C]. The Joint Conference of the 47th Annual Meeting of the ACL and the 4th International Joint Conference on Natural Language Processing of the AFNLP, 2009: 1003-1011.

[36] Zeng D, Liu K, Chen Y, et al. Distant supervision for relation extraction via piecewise convolutional neural networks [C]. The 2015 conference on empirical methods in natural language processing, 2015: 1753-1762.

[37] Lin Y, Shen S, Liu Z, et al. Neural relation extraction with selective attention over instances [C]. The 54th Annual Meeting of the Association for Computational Linguistics (Volume 1: Long Papers), 2016: 2124-2133.

[38] Jat S, Khandelwal S, Talukdar P. Improving distantly supervised relation extraction using word and entity based attention [J]. arXiv preprint arXiv: 1804.06987, 2018.

[39] Wu S, Fan K, Zhang Q. Improving distantly supervised relation extraction with neural noise converter and conditional optimal selector [C]. The AAAI Conference on Artificial Intelligence, 2019, 33 (1): 7273-7280.

[40] Ye Z X, Ling Z H. Distant supervision relation extraction with intra-bag and inter-bag attentions [J]. arXiv preprint arXiv: 1904.00143, 2019.

[41] Yuan Y, Liu L, Tang S, et al. Cross-relation cross-bag attention for distantly-supervised relation extraction [C]. The AAAI conference on artificial intelligence, 2019, 33 (1): 419-426.

[42] Jia W, Dai D, Xiao X, et al. ARNOR: Attention regularization based noise reduction for distant supervision relation classification [C]. The 57th annual meeting of the association for computational linguistics, 2019: 1399-1408.

[43] Alt C, Hübner M, Hennig L. Fine-tuning pre-trained transformer language models to distantly supervised relation extraction [J]. arXiv preprint arXiv: 1906.08646, 2019.

[44] Riedel S, Yao L, McCallum A. Modeling relations and their mentions without labeled text [C]. Joint European Conference on Machine Learning and Knowledge Discovery in Databases, 2010: 148-163.

[45] Qin P, Xu W, Wang W Y. DSGAN: Generative adversarial training for distant supervision relation extraction [J]. arXiv preprint arXiv: 1805.09929, 2018.

[46] Feng J, Huang M, Zhao L, et al. Reinforcement learning for relation classification from noisy data [C]. The AAAI conference on artificial intelligence, 2018, 32 (1).

[47] Miwa M, Bansal M. End-to-end relation extraction using lstms on sequences and tree structures [J]. arXiv preprint arXiv: 1601.00770, 2016.

[48] Zheng S, Wang F, Bao H, et al. Joint extraction of entities and relations based on a novel tagging scheme [J]. arXiv preprint arXiv: 1706.05075, 2017.

[49] Han X, Zhu H, Yu P, et al. Fewrel: A large-scale supervised few-shot relation classification dataset with

state-of-the-art evaluation ［J］. arXiv preprint arXiv：1810.10147，2018.

［50］ Gao T，Han X，Zhu H，et al. FewRel 2.0：Towards more challenging few-shot relation classification ［J］. arXiv preprint arXiv：1910.07124，2019.

［51］ Geng X，Chen X，Zhu K Q，et al. Mick：A meta-learning framework for few-shot relation classification with small training data ［C］. The 29th ACM International Conference on Information & Knowledge Management，2020：415-424.

［52］ Snell J，Swersky K，Zemel R. Prototypical networks for few-shot learning ［C］. The 31st International Conference on Neural Information Processing Systems，2017：4080-4090.

［53］ Soares L B，FitzGerald N，Ling J，et al. Matching the blanks：Distributional similarity for relation learning ［J］. arXiv preprint arXiv：1906.03158，2019.

［54］ Marcheggiani D，Titov I. Discretestate variational autoencoders for joint discovery and factorization of relations ［J］. Transactions of the Association for Computational Linguistics，2016，4（2）：231-244.

［55］ Elsahar H，Demidova E，Gottschalk S，et al. Unsupervised open relation extraction ［C］. European Semantic Web Conference，2017：12-16.

［56］ Xiang W，Wang B. A survey of event extraction from text ［J］. IEEE Access，2019，7：173111-173137.

［57］ 朱艺娜，曹阳，钟靖越，等. 事件抽取技术研究综述 ［J］. 计算机科学，2022，49（12）：264-273.

［58］ 马春明，李秀红，李哲，等. 事件抽取综述 ［J］. 计算机应用，2022，42（10）：2975-2989.

［59］ Chen Y，Xu L，Liu K，et al. Event extraction via dynamic multi-pooling convolutional neural networks ［C］. The 53rd Annual Meeting of the Association for Computational Linguistics and the 7th International Joint Conference on Natural Language Processing（Volume 1：Long Papers），2015：167-176.

［60］ Nguyen T H，Grishman R. Event detection and domain adaptation with convolutional neural networks ［C］. The 53rd Annual Meeting of the Association for Computational Linguistics and the 7th International Joint Conference on Natural Language Processing（Volume 2：Short Papers），2015：365-371.

［61］ Burel G，Saif H，Fernandez M，et al. On semantics and deep learning for event detection in crisis situations ［C］. Workshop on Semantic Deep Learning（SemDeep），2017.

［62］ Li L，Liu Y，Qin M. Extracting biomedical events with parallel multi-pooling convolutional neural networks ［J］. IEEE/ACM transactions on computational biology and bioinformatics，2018，17（2）：599-607.

［63］ Nguyen T H，Cho K，Grishman R. Joint event extraction via recurrent neural networks ［C］. The 2016 Conference of the North American Chapter of the Association for Computational Linguistics：Human Language Tecnologies，2016：300-309.

［64］ Ahmad W U，Peng N，Chang K W. GATE：graph attention transformer encoder for cross-lingual relation and event extraction ［C］. The AAAI Conference on Artificial Intelligence，2021，35（14）：12462-12470.

［65］ Banarescu L，Bonial C，Cai S，et al. Abstract meaning representation for sembanking ［C］. The 7th linguistic annotation workshop and interoperability with discourse，2013：178-186.

［66］ Kipf T N，Welling M. Semi-supervised classification with graph convolutional networks ［J］. arXiv preprint arXiv：1609.02907，2016.

第 11 章　统计机器翻译和神经机器翻译

11.1　机器翻译概述

随着网络的普遍应用、世界经济一体化进程的加速和国际社会交流的日渐频繁，语言障碍已经成为 21 世纪社会发展的重要瓶颈。人工翻译已经不能满足迅猛增长的翻译需求，人们对机器翻译的需求空前增长。机器翻译具有相当大的市场，目前，许多机器翻译软件产品也已经落地，主要可以分为全文翻译（专业翻译）、在线翻译和电子词典。全文翻译以"中软译星"以及"雅信 CAT2.5"为代表，在线翻译以"百度翻译""谷歌翻译""DeepL"为代表，电子词典以"金山词霸.net 2001"为代表。

11.1.1　机器翻译的发展

1. 机器翻译的出现（1933—1947）

在过去的 50 多年中，机器翻译研究大抵经历了热潮、低潮和发展三个不同的时期。细分下去，又可以将其分为机器翻译的出现、创造、失败、复兴、繁荣等五个时期。

机器翻译的研究历史最早可以追溯到 20 世纪 30 年代。1933 年，苏联科学家 Peter Troyanskii 向苏联科学院提交了一篇《双语翻译时用于选择和打印文字的机器》的论文。这项发明只包括了 4 种语言的卡片、一部打字机以及一部旧式的胶卷照相机。操作人员只需从文本中拿出第一个单词，并找到相应的卡片，然后拍照片，并在打字机上打出其词态。这部打字机的按键就构成了一种特征编码，然后利用胶带和照相机的胶卷制作出了一帧帧的单词与形态特征的组合。尽管当时被认为是无用的发明。但不可否认的是，这就是机器翻译的雏形。

紧接着 1946 年，世界上第一台现代电子计算机 ENIAC 诞生。随后不久，美国科学家 Warren Weaver 于 1947 年提出了利用计算机进行语言自动翻译的想法。1949 年，其发表了《翻译备忘录》，正式提出机器翻译的思想。至此，可以说是机器翻译的伊始。

2. 机器翻译的创造（1947—1964）

在冷战时期，美国乔治敦大学在 IBM 公司协同下，于 1954 年用 IBM 701 启动了 George-town-IBM 实验。IBM701 计算机有史以来第一次自动将 60 个俄语句子翻译成了英语，这是历史上首次的机器翻译。

"一位不懂俄语的女孩在 IBM 的卡片上打出了俄语信息，'电脑'以每秒 2.5 行的惊人速度，在自动打印机上迅速完成了英语的翻译。"——IBM 报道说。然而没有人提到这些翻译得到的样本是经过精心挑选和测试过的，其排除了歧义性。可以说这个系统与一本日常用语翻译手册无过多区别。

在这一时期，美国与苏联出于对军事的需要，投入了大量资金用于机器翻译。翻译的主要对象便是科学和技术上的文件，例如科学期刊的文章，哪怕是古板的翻译也足以了解文章的基本信息。同样，欧洲国家因为经济需要，也给予了机器翻译相当大的重视。甚至可以说，世界各国在这个时期开展了机器翻译的竞争，机器翻译也于这一时期出现了创新热潮的趋势。

3. 机器翻译的低谷（1964—1970）

处在热潮时期的机器翻译发展时代，甚至推动了计算语言学这门新兴学科的发展。正当一切井然有序时，机器翻译的研究却遭当头一棒。于 1964 年成立的美国语言自动处理咨询委员会（ALPAC）经过 2 年的研究，在 1966 年公布了一份名为《语言与机器》的报告。其在报告中全面否定了机器翻译的可行性，宣称机器翻译昂贵、不准确且没有希望，并直言"在近期或可以预见的未来，开发出实用的机器翻译系统是没有指望的。"他们甚至建议应该更注重于词典的开发，并停止对机器翻译项目的资金支持。受此报告的影响，美国各类机器翻译项目锐减，并退出机器翻译竞赛多年。无独有偶，在此期间，中国也停止了对机器翻译项目的投入，世界两大国同时停止了机器翻译的研究。至此，机器翻译的研究便出现了空前的萧条，又或者说如果没有今后计算机的发展与人们的需求，机器翻译已然失败。

4. 机器翻译的复兴（1970—1989）

正是当年无心插柳之举，因机器翻译而诞生的计算机技术在 20 世纪 70 年代的中后期开始空前繁荣，并且随着全球化的趋势，国与国之间的语言障碍显得更加的严重，传统的人工翻译已经无法满足国与国的交流需求。被遗忘的机器翻译这才重新开始复苏并日渐繁荣。同时，计算机技术、语言学的发展以及硬件技术的大幅提升，使得机器翻译技术高速发展。层出不穷的翻译系统出现在人们眼前，例如 Weinder、URPOTRAA、TAUM-METEO 等，又或者中国研制成功的 KY-1 和 MT/EC863 两个英汉机译系统。而在 1976 年由加拿大蒙特利尔大学与加拿大联邦政府翻译局联合开发的 TAUM-METEO 系统，更是机器翻译发展史上的一个里程碑，它标志着机器翻译的复兴。

5. 机器翻译的繁荣（1990—至今）

随着网络的普遍应用，各国各地之间的时空界限开始模糊。世界经济一体化以及国际社会交流的日渐频繁，人们的翻译需求比起机器翻译复兴时代又上了一个台阶。加上各国的研究时间已久，机器翻译再次迎来了一个新的发展高度。

1993 年 IBM 的 Brown 和 Della Pietra 等人提出基于词对齐的翻译模型，标志着现代统计机器翻译方法的诞生[1]。

2003 年 FranzOch 提出对数线性模型及其权重训练的方法以及基于短语的翻译模型和最小错误率训练的方法，标志着统计机器翻译的真正崛起。

2006 年，谷歌翻译作为一个免费服务正式发布，并带来了机器翻译研究的一大波新热潮。

2014 由 Bengio 提出的基于神经网络的序列到序列学习[2]，是基于编码器-解码器架构，其中编码器和解码器都是 RNN 结构，使用的是 LSTM。这个架构也上线到了谷歌的翻译中，而其翻译的质量有些甚至可以超越人工翻译。

同时中国也同样推出了一系列机器翻译软件，例如"译星""雅信""通译"等。这些商用机器翻译系统也迈入了实用化阶段，来到了大众面前。

可以说正是因为一代代科学家们不懈的努力，才让科幻一步步地照进了我们的生活中。通过机器翻译而使得不同语言的人之间的无障碍交流指日可待。

11.1.2　机器翻译方法

机器翻译的两大基本研究方法分别是基于规则（rule-based）和基于语料库（corpus-based）。这两种方法在现在都有所应用。根据实际需求，不同的领域会采取不同的研究方法。

基于规则的方法主要由词典和语法规则构成，该方法实际上是以理性主义研究人的语言知识结构，通过语言所必须遵守的一系列原则来描述语言。基于语料库的方法则以语料为核心，实际上是以经验主义来研究语言结构，通过词句出现的概率来描述语言。

基于语料库的方法还可以细分为基于统计和基于人工神经网络，后者是神经学科和机器翻译之间交叉融合的结果，它解决了前者得到的译文只由局部信息确定、远距离依赖常常被忽略的问题，但也有着词汇量较小、计算复杂度较高等缺陷。

各种方法有着不同的优缺点。基于规则的机器翻译的优点是规则可以描述语言的语法构成，方便计算机识别。缺点是语法规则的得出需要大量人力和物力，其次，语法规则由语法学专家总结得出，不同专家间对语法规则的认识可能相左。而基于语料库的机器翻译的优点是模型可以直接从语料库中获取，无需人工总结，耗时短，效率高。缺点是翻译效果极大地取决于翻译模型和语料库的覆盖程度，也无法解释差异较大的语言之间的内部结构差异。现在较为成熟的翻译软件如谷歌翻译和百度翻译一般会采取多种方法结合的方式，来提高翻译的准确度，从而提升用户体验。具体使用哪种方法，要根据实际情况来决定。对那些语料难以收集的少数民族的语言，采取基于规则的机器翻译会更为妥当。对那些使用广泛的语言，在计算资源充足的条件下，完全可以同时使用多种方法。

1. 基于规则的机器翻译

基于规则的机器翻译于 20 世纪 70 年代第一次出现。当时的科学家们根据对人工翻译的观察，试图令巨大的计算机也能重复翻译行为。当时的系统组成部分包括双语词典，以及针对每种语言制定的一套语言规则。Prompt 和 Systran 是基于规则的机器翻译系统中最有名的例子。

（1）直接翻译法

这种简陋的机器翻译最为直白。它简单地将文本划分成一个一个单独的词语进行翻译，然后进行轻微的形态调整，再加以润色，从而让整句话看起比较正常。但由于是逐词翻译，其输出后的语句通常与输入的句子有一定偏差。

（2）转换翻译法

转换翻译法与直接翻译法完全不同，研究人员先决定被翻译句子的语法结构，然后再调整句子的整体结构。这样的翻译方法可以令被翻译的句子有着比较完整的结构，而不是逐词进行翻译输出。

　　但在实践中，转换翻译法依然依赖逐词翻译。虽然一方面，它引入了简化的语法规则。但在另一方面，词汇结构的数量与对逐个词语进行处理相比大幅度增加，从而导致翻译更加的复杂。

2. 基于实例的机器翻译

　　日本著名学者长尾真（Makoto Nagao）于 20 世纪 80 年代初期提出"使用准备好的短语代替重复翻译"[6]，但这种方法真正的实现是在 80 年代末期。该方法需要对已知的语言进行词法、句法，甚至语法等分析，并需要建立实例库用以存放翻译实例。

　　系统在执行翻译过程时，会先对翻译句子进行适当的预处理，然后将其与实例库中的翻译实例进行相似性的分析，最后，找到相似实例的例文，从而得到翻译句子的翻译文章。但是基于规则的英译日非常复杂。日语的语法结构与英语完全不同，所有的单词必须重新排列，并追加新单词。比方说，需翻译一个简单的句子："I'm going to the cinema。"如果已经翻译过另外一个类似的句子："I'm going to the theater"，而且可以从词典中找到"cinema"这个单词。那么所要做的是找出两个句子的不同之处，然后翻译这个有差异的单词，但不要破坏句子的结构。拥有的例子越多，翻译效果越佳。

　　这个翻译方法说明了，可以通过向机器输入已有的翻译从而实现一种不同的机器翻译手段，无需花费多年的时间来建立规则和例子。虽然这个方法不算是一次彻底的变革，但显然令机器翻译向前迈进了一大步。随后的几年内，革命性的发明——统计机器翻译就出现了。

3. 统计机器翻译

　　统计机器翻译早在 1990 年早期便有了雏形，当时 IBM 研究中心的一台机器翻译系统首次问世，虽然它不了解翻译语言的规则和语言学，但它会分析两种语言中的相似文本，并试图去理解其中的模式。

　　简单地形容这种翻译模式就是在相同的一个句子中用两种语言来将其分割成单词，接着进行相互匹配。然后将这种操作重复数亿次，并对每个单词的匹配结果进行统计，假如统计单词"Das Haus"被翻译成"house""building""construction"的次数中"house"占最多，那么该机器就会采用这个翻译。它所采用的逻辑是根据统计以及"如果大家这么翻译，那我也这么翻译"的想法得出的。于是统计机器翻译诞生了。这种方法比之前的直接翻译法或者是其他的方法更高效且准确，而且只要使用的文本越多，它的翻译效果就越佳。

　　但是统计机器翻译的真正崛起，则是来自于 Franz Och 在 2003 年的两篇文章"Statistical phrase-based translation"[7]和"Minimum error rate training in statistical machine translation"[8]。Franz Och 提出了基于短语的翻译模型和最小错误率训练方法，使得统计机器翻译的准确度进一步提高。Franz Och 随后加入了谷歌，并领导了谷歌翻译的开发。2006 年，谷歌翻译作为一个免费服务正式发布，并带来了统计机器翻译研究的一大波热潮。而这股热潮使得统计机器翻译逐渐成为主流。

4. 神经网络机器翻译

　　随着深度学习技术开始兴起，神经网络机器翻译技术开始出现。虽然现如今神经网络机器翻译技术仍然是一种基于文本语料的翻译技术，但是它采用了完全不同的模型。在神经网络机器翻译技术中，词语被映射到高维向量空间的矢量，并通过神经网络映射到目标语言。这种方法解决了传统方法的许多问题，例如调序模型的长度限制等，其流畅性比起以往的方法有极大的提高。2016 年，百度、谷歌等公司先后将线上机器翻译系统升级到了神经网络机器翻译系统。由于其质量普遍被认为已经跨过许多应用的实用性门槛，也引发了机器翻译的第二股热潮。这也是我们现在正处于的时代。神经网络机器翻译在许多特定的应用领域终于跨越了实用性门槛。

神经网络机器翻译的做法类似利用中间语言。假定原文是一组具体的特征，可以将它进行编码，然后让其他神经网络通过解码将其还原成文本，但是要用另外一种语言。解码器只知道自己的语言，它并不知道原本的特征，但是它可以用英语等其他语言进行表述。一个神经网络只负责将句子编码成具体的一组特征，而由另一个神经网络将这些特征解码还原回文本。两个神经网络之间并没有交流，它们只知道各自的语言。

11.1.3 机器翻译研究现状

机器翻译将人从繁重的翻译工作中解脱出来，通过自动化的识别、解码等过程，能够快速地完成大量文本的翻译。同时，机器翻译不受时间地点约束，成本低廉。市场上已经出现了许多免费的翻译产品，对于一般人而言，这样的产品已经能够满足基本的翻译需求了。尽管如此，机器翻译仍然存在许多问题，包括对复杂句子的处理能力差、对语义的翻译效果差、对情感色彩的辨识能力差、表达生硬等。究其原因是机器没有足够的抽象能力和理解能力。下面以两个翻译软件的翻译结果为例，具体阐述机器翻译的局限性。

1. 误译

误译，是指译者在翻译中因错误理解而出现的错误表达。一般来说，出现误译的多是新兴词汇或者是本土文化气息很强的词汇。此外还有一词多义、专业性术语等也容易出现误译的情况。

例子：刷脸

翻译软件1：

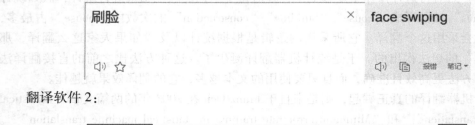

翻译软件2：

刷脸是新兴词汇，是"人脸生物特征识别技术"的通俗叫法，指的是通过人脸识别技术进行身份鉴定的过程。"刷脸"的"刷"不同于"刷牙"的"刷"，它的含义应该是"识别"。由于"刷卡"的过程既包含了"刷"的动作也包含了"识别卡"的过程，而"刷脸"的"刷"则仅仅借用"刷卡"中的"刷"所具有的"识别"这一含义。因此按实际含义来说，不能直接翻译为"brush"。

例子：惭愧

翻译软件 1：

听说你在此次比赛中一举夺魁，恭喜你啊！
惭愧，惭愧！　　　　　　　　　　　　　　×

◁))　☆

I heard that you won the first prize in this competition.
Congratulations!
Shame, shame!

◁))　⧉　报错　笔记▾　　　　　　　　双语

翻译软件 2：

检测到中文　　英语　　中文　　德语　　∨　　　　⇄　　中文(简体)　　英语　　日语　　∨

听说你在此次比赛中一举夺魁，恭喜你啊！
惭愧，惭愧！　　　　　　　　　　　　　　×

Tīng shuō nǐ zài cǐ cì bǐsài zhōng yījǔ duókuí, gōngxǐ nǐ a!
Cánkuì, cánkuì!

◀))　　　　　　　　　　26/5000　　✎

I heard that you won the first prize in this
competition, congratulations!
Ashamed, ashamed!

◀))

在翻译软件 1 和翻译软件 2 中，"惭愧"一词都被误译，这是由于中华文化中人们习惯自谦的特性所造成的。在被夸奖时，被夸奖的一方所说出的"惭愧"和"愧疚"并非近义词。正确的译法应为 Thank you very much。像这种需要联系上下文才能通晓一个词的正确意义时，机器翻译的表现往往不尽如人意。

2. 漏译

漏译，指本该翻译出来的字、词或句被译者所遗漏。

例子：头像

翻译软件 1：

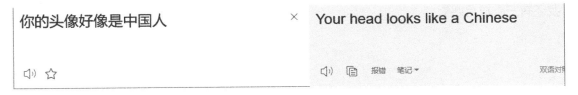

你的头像好像是中国人　　　　　　　　×

◁))　☆

Your head looks like a Chinese

◁))　⧉　报错　笔记▾　　　　　　　　双语对照

翻译软件 2：

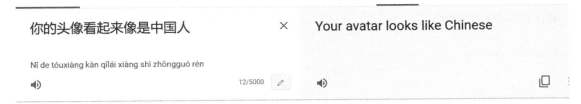

你的头像看起来像是中国人　　　　　　×

Nǐ de tóuxiàng kàn qǐlái xiàng shì zhōngguó rén

◀))　　　　　　　　　　12/5000　　✎　　◀))　　　　　　　　　⧉

很明显，在翻译软件 1 中，"头像"一词被当成了"头"来处理，"像"这个字在翻译过程中丢失了。翻译软件 2 给出的翻译是正确的。

例子：辞宫阙

翻译软件 1：

翻译软件2：

"辞宫阙"是中文里偏晦涩的表达，原意指辞去辅佐帝王的职位，现可以用来指辞职。翻译软件1完全没有理解"辞宫阙"的意思，只是将拼音输出。翻译软件2给出的是正确翻译。

从以上例子可以看出，机器翻译相比人工翻译在精细和灵活方面要稍微逊色。

3. 鲁棒性

鲁棒性，即抗干扰能力。对于人工翻译而言，部分字词顺序错乱不会对译者理解原句产生多大影响，这就是所谓鲁棒性强大。

例子：我还有三个月放寒假→我还有三个放月寒假（对换了"月"和"放"的顺序）

翻译软件1：

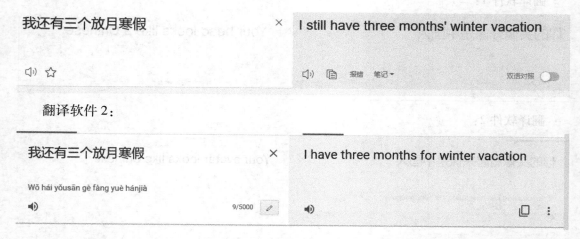

翻译软件2：

显然，翻译软件1和翻译软件2在原句的两个字的顺序发生变化后，给出了错误的翻译。乱序处理前的原句意思是距离放寒假还有三个月，而翻译的结果是还有三个月我的寒假才结束。

当下，机器翻译的发展已经得到了广泛的运用，促进了不同语言之间的交流，拥有着便捷、高效和低成本的优势，尽管相比于人工翻译还有着诸多瑕疵，但它确确实实起到了促进社会发展、改善人民生活的作用。尽管就现在的情况而言，仍不能断定机器翻译会不会在未来某一天完全取代人工翻译，但毫无疑问的是，在翻译这个领域，"人机比"必定会随着机器翻译的进步而降低，机器翻译的表现还可以比现在更好。

11.2　基于 HMM 的词对位模型

1. HMM 的介绍

隐马尔可夫模型（Hidden Markov Model，HMM）是一种关于时序的概率模型，描述由一个隐藏的马尔可夫链随机生成不可直接观察到的状态随机序列，再由每个状态生成一个观测，从而产生观测随机序列的过程[9]。隐藏的马尔可夫链随机生成的状态的序列称为状态序列；每个状态生成一个观测，从而产生的观测的随机序列称为观测序列。序列的每一个位置可以看作一个时刻。在 HMM 中，观测序列通常是可见的，而状态序列往往是隐藏的，因此被称为"隐马尔可夫模型"。

任何一个 HMM 都可以用一个五元组来描述，包括两个状态和三个概率。两个状态即可见状态和隐藏状态，三个概率即初始概率、转换概率和输出概率。最常见的例子是掷不同形状的骰子。设想一个简单的场景，你的朋友拥有两个骰子，其中一个是六面体 D6（可以掷出数字 1,2,3,4,5,6），另外一个是四面体 D4（可以掷出数字 1,2,3,4），如图 11.1 所示。

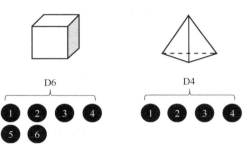

图 11.1　HMM 简述

假设你的朋友告诉你，他掷了 3 次骰子，得到了一串结果（2,5,4），问你这样一个问题，这三个数字分别是用哪一个骰子得到的？显然，第二个数字 5 只能由六面体的骰子 D6 得到，而第一个数字 2 和第三个数字 4 既可能由 D4 得到也可能由 D6 得到。如果假设你的朋友是随机选择骰子的（选择 D4 和 D6 的概率都是 1/2），而且两个骰子 D4 和 D6 是正常的（掷出每个数字的概率分别是 1/4 和 1/6），那么上述问题的答案有 2×1×2＝4 种可能，分别是（D4,D6,D4）、（D4,D6,D6）、（D6,D6,D4）以及（D6,D6,D6）。这四种结果的概率都为 1/2×1×1/2＝1/4。

但实际情况很可能没那么理想，你的朋友可能偏好六面体的骰子 D6，他掷第一个骰子时选择 D6 的概率为 0.9，选择 D4 的概率为 0.1（初始概率）。而且在第一个之后他选择骰子也不是完全随机的，会根据上一次选择的骰子来决定下一次掷哪一个骰子，掷了 D6 之后继续掷 D6 的概率为 0.6，掷 D4 的概率为 0.4；而掷了 D4 之后掷 D6 的概率为 0.7，掷 D4 的概率为 0.3（转换概率）。更复杂一点，骰子的质量可能有问题，清晰起见，假设 D6 是正常的，而 D4 掷出 1 的概率是 0.4，掷出 2、3、4 的概率都是 0.2（输出概率）。整个问题是由点数序列（可见状态）反推骰子序列（隐藏状态）的过程。抽象看待问题，是 HMM 中由已知的四个参数（初始概率，转换概率，输出概率，可见状态）求未知参数（隐藏状态）的过程。在这个例子中，可以建立一个具体的 HMM，简图如图 11.2 所示。

还是那个问题，（2，5，4）的点数序列对应的骰子序列是什么？骰子序列为（D4，D6，D4）且点数序列为(2,5,4)发生的概率为 0.1×0.2×0.7×(1/6)×0.4×0.2≈1.87×10^{-4}。计算过程可用一条曲线示意，如图 11.3 所示。

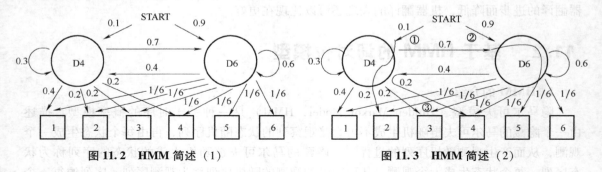

图 11.2　HMM 简述（1）　　　　　　　图 11.3　HMM 简述（2）

同理：

骰子序列为（D4，D6，D6）且点数序列为(2,5,4)发生的概率为 0.1×0.2×0.7×(1/6)×0.6×(1/6)≈2.33×10^{-4}。

骰子序列为（D6，D6，D4）且点数序列为(2,5,4)发生的概率为 0.9×(1/6)×0.6×(1/6)×0.4×0.2=1.2×10^{-3}。

骰子序列为（D6，D6，D6）且点数序列为(2,5,4)发生的概率为 0.9×(1/6)×0.6×(1/6)×0.6×1/6=1.5×10^{-3}。

将这四个概率归一化，可得上述问题的答案：

骰子序列为（D4，D6，D4）的概率约为6.0%。

骰子序列为（D4，D6，D6）的概率约为7.5%。

骰子序列为（D6，D6，D4）的概率约为38.5%。

骰子序列为（D6，D6，D6）的概率约为48.0%。

实际问题远比上述例子要复杂，依靠这样的方式算出各个结果的概率会因为计算量过于庞大而不切实际。但是，人们往往只关心可能性最大的结果，如果只是求可能性最大的结果，计算量会减少至有实用价值的程度。

仍旧以上述例子来说明，对应于点数序列（2，5，4）的第一个点数 2，骰子序列第一个元素为 D4 的概率为 0.1×0.2=0.02，为 D6 的概率为 0.9×(1/6)=0.15，因此可以确定骰子序列第一个元素最可能是 D6。

接下来对应于点数序列（2，5，4）的第二个点数 5，在确定骰子序列第一个元素为 D6 的条件下，骰子序列第二个元素为 D4 的概率为 0.4×0=0，为 D6 的概率为 0.6×(1/6)=0.1，所以可以确定第二个元素为 D6。

然后对应于点数序列（2，5，4）的第三个点数 4，在确定骰子序列第二个元素为 D6 的条件下，骰子序列第三个元素为 D4 的概率为 0.4×0.2=0.08，骰子序列第三个元素为 D6 的概率为 0.6×(1/6)=0.1，由此可以确定第三个元素最可能是 D6。

由此得到骰子序列（D6，D6，D6），这个答案和上面计算出的概率是相符合的。

在这种计算方法中，除了第一个骰子外，每一个骰子是 D4 还是 D6 取决于前一个骰子，而与再往前的骰子没有直接关系，即无记忆性。这种性质是简化算法的关键，在实际应用中，这个算法可起到正面的作用。

2. 基于 HMM 的词对位模型

HMM 的五个参数是可见状态、隐藏状态、初始概率、转换概率、输出概率。在上面的例子中，只讨论了由可见状态、初始概率、转换概率和输出概率求出隐藏状态的情况。显然，只要知道任意四个参数就可以求出剩余的那一个参数。

在机器翻译领域，对位模型是统计翻译方法的关键模型之一。对位模型中，可以应用 HMM 基本模型，整个过程是由其他四个参数求出隐藏状态的过程。

如果认为一个句子内部所有词不是在各个位置上任意分布的，而是有一定倾向的，而且前一个词的对位关系能决定后一个词的对位关系，那么可以用 HMM 基本模型来建立对位模型。在这个对位模型中，源语言句子相当于 HMM 的可见状态，对齐位置相当于隐藏状态，翻译概率相当于输出概率，从前一个词的对位关系转移到后一个词的对位关系的概率相当于转换概率。初始概率、转换概率和输出概率可以通过求解 HMM 学习问题的方法获得，这样就来到了已知可见状态、初始概率、转换概率和输出概率求出隐藏状态的情况，就可以解出隐藏状态，即对齐位置了。

11.3　基于短语的翻译模型

机器翻译一直是自然语言处理领域的核心课题，各种基于统计的机器翻译模型被提出并获得了不错的成果。其中基于短语的机器翻译模型经过多次的演变，因为其简单的结构和良好的表现，获得了广泛的使用和研究。

以出现时间进行排序，基于短语的翻译模型可大致分为：基于结构的模型[10]、对齐模板模型[11]、基于短语联合概率的模型[12]和基本短语模型[7]。

1. 基于结构的模型

最早的基于短语的翻译模型在 1998 年由 Ye-Yi Wang 和 AlexWaibel 在论文"Modeling with Structures in Statistical Machine Translation"[13]中提出。在此之前，绝大多数基于统计的机器翻译系统使用的是基于词的翻译模型。Ye-Yi Wang 和 AlexWaibel 提出这种基于词的翻译模型是机器翻译出现错误的主要原因，并且新建了基于短语（shallow phrase）的翻译结构。

在基于结构的模型中，需首先在翻译语言和被翻语言之间进行短语层面的粗对齐，然后对短语内部的单词进行细对齐。其中的粗对齐模型类似于 IBM 模型 2（IBM Alignment Model 2，一个典型的基于词的对齐模型），细对齐模型可用 IBM 模型 4。在参数估计方面，此模型使用了 EM（Expectation-Maximization，期望最大化）算法，复杂度较高。

图 11.4 是短语短句例子。其中括号中的单词形成一个簇，短语是簇序列，省略号表示聚类的单词数多于此处显示的单词簇。

相较于基于词的翻译模型，由于基于短语的翻译模型可以直

```
[Sunday     Monday ···] [afternoon morning ···]
[Sunday     Monday ···] [at by ···] [one two···]
[Sunday     Monday ···] [the every  each ···] [ first second third ···]
[Sunday     Monday ···] [the every  each ···] [twenty depending remaining ]
[Sunday     Monday ···] [the every  each ···] [eleventh thirteenth···]
[Sunday     Monday ···] [in within  ···]     [January February ··· ]
[January February   ] [ first second third ···] [at  by ···]
[January February   ] [the every  each ···] [ first second third ···]
[I he she  itself ]      [have propose remember hate···]
[eleventh  thirteenth···]    [after before around ] [one two three ···]
```

图 11.4　短语短句例子[13]

接进行短语翻译时的重新排序，所以可以更准确地翻译语言之间不同的词语顺序。与此同时，基于短语的翻译系统的解码器可以使用短语信息和基于现有短语的扩展假设信息，因此它可以加快解码。这种结构可以从平行语料库（parallel corpus）中建立，在口语翻译系统中，表现良好，将错误概率降低了 10%。

2. 对齐模板模型

对齐模板方法作为一种基于短语的翻译方法，考虑了词与词之间广泛存在的多对多关系。因此，在翻译中可以考虑词的语境，并进行词语顺序的局部变化。模型使用了对数线性建模方法，这种方法是通常使用的源-信道（source-channel approach）的一种推广[15]。对齐模板方法学习短语翻译词典分为两个阶段：第一阶段，计算单词之间的对齐；第二阶段，提取对齐短语对。对齐模板具体指短语的通用版本，包括单词对齐和短语对齐。

（1）单词级对齐

对齐模板是一个三元组，它描述了原序列和目标序列之间的对齐。这个对齐可表现为一个二进制的矩阵，矩阵中值为 1 的位置表示对应位置的单词对齐，值为 0 表示单词未对齐。如果有一个原单词没有目标单词与之对齐，那么它将与空词对齐（位于假想位置 $i=0$）。

图 11.5 是一个双语对齐模板，适用于与该模板种类相同的源单词，可以帮助约束目标单词，使其与目标类序列共同对应。

（2）短语级对齐

该方法首先将原句和目标句分解为一系列短语，短语中的对齐应用的是上文描述的基于词的对齐方式，而对于短语级对齐，Franz Josef Och 等人使用了一阶对齐模型。对于一个短语的翻译，Franz Josef Och 等人将对齐模板作为未知变量引入，对齐模板的概率由相对频率估计。图 11.6 所示为一些提取的对齐模板，提取算法并不依据好坏对模板进行选择，而是提取了所有可能的对齐模板。

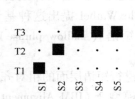

T1:zwei, drei, vier, fünf, …
T2:Uhr
T3:vormittags, nachmittags, abends, …

S1:two, three, four, five, …
S2:o′ clock
S3:in
S4:the
S5:morning, evening, afternoon, …

图 11.5　双语对齐模板[15]

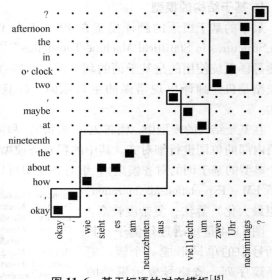

图 11.6　基于短语的对齐模板[15]

以上述的单词对齐矩阵作为输入，可以得到一组双语短语。其中源语言短语中的所有单词仅与目标语言短语的单词对齐，而目标语言短语中的单词仅与源语言短语的单词对齐。其中要求源语言短语中至少有一个单词与目标语言短语中的至少一个单词对齐。因此，没有空的源语言或目标语言短语与基于词的统计对齐模型中的"空词"（empty word）相对应。这些短语可以通过列举一种语言中所有可能的短语，并检查另一种语言中对齐的单词是否是连续的而计算得到。图 11.7 给出了计算短语的短语提取算法。该算法考虑到源语言或目标语言短语边界处可能未对齐的单词。表 11.1 显示了将此算法应用于对齐的结果。

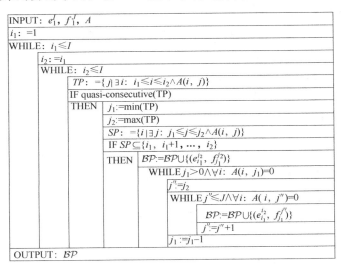

图 11.7　计算短语的短语提取算法

表 11.1　此算法应用于对齐的结果

ja ,	yes ,
ja , ich	yes , I
ja , ich denke mal	yes , I think
ja , ich denke mal ,	yes , I think ,
ja , ich denke mal , also	yes , I think , well
, ich	, I
, ich denke mal	, I think
, ich denke mal ,	, I think ,
, ich denke mal , also	, I think , well
, ich denke mal , also wir	, I think , well we
ich denke mal	I think
ich denke mal ,	I think ,
ich denke mal , also	I think , well
ich denke mal , also wir	I think , well we
ich denke mal , also wir wollten	I think , well we plan to
denke mal	think
denke mal ,	think ,
denke mal , also	think , well
denke mal , also wir	think , well we
denke mal , also wir wollten	think , well we plan to
, also	, well
, also wir	, well we
, also wir wollten	, well we plan to
also wir	well we
also wir wollten	well we plan to
wir wollten	we plan to
in unserer	in our
in unserer Abteilung	in our department
in unserer Abteilung ein neues Netzwerk	a new network in our department
in unserer Abteilung ein neues Netzwerk aufbauen	set up a new network in our department
unserer Abteilung	our department
ein neues	a new
ein neues Netzwerk	a new network
ein neues Netzwerk aufbauen	set up a new network
neues Netzwerk	new network

对齐模板模型方法有几个优点。首先是算法简单，易于实现。其次是不会带来太多的噪声信息。相比其他已有方法，对齐模板模型不再使用 EM 算法进行参数估计，而是依赖经过对齐的双语语料库结合最大似然来进行参数估计，极大降低了复杂度。而且，对齐模板模型使用了柱状搜索（beam search）算法实现解码，有助于使用剪枝进一步降低复杂度，达到效率和准确度的平衡。

（3）其他词语对齐方法

不依赖词对齐的方法有：可以直接计算短语对列表及其概率值的 Marcu[12] 方法；使用了双语框架（bracketing）抽取短语的 Wu[18] 方法；使用建立互信息矩阵的方法得到短语对，有利于得到词对的互信息的 Zhang[19] 方法等。

3. 基于短语联合概率的模型

大规模的双语语料库，其词汇量有几十万那么多，产生了非常大的翻译词典，而调整与这些词典相关的概率十分艰难。同时，用空间要求和效率换取解释能力往往会产生非直观的结果。例如，对于图 11.8 的三个句子对的平行语料库，如果允许任何源单词和任何目标单词对齐，能得出的最佳对齐方式就是图 11.8c 中的句子对（S2, T2），证明了 S 语言中的 b、c 与 T 语言中的 x 是同一意思。在这个证据的基础上，希望系统也从句子对（S1, T1）中学习到 S 语言中的 a 与 T 语言中的 y 是同一意思。如果使用的翻译模型不允许目标词语与一个以上源词对齐，训练过程中就会产生非直观的翻译概率。

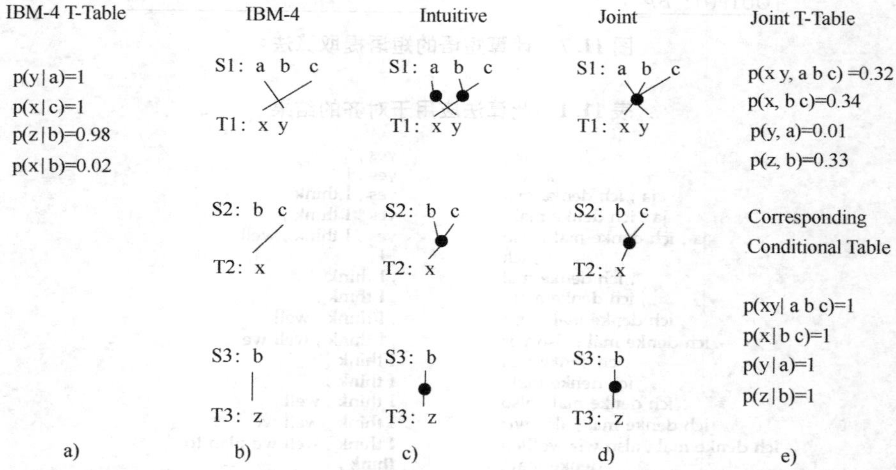

图 11.8 IBM 模型 4 和基于联合短语的模型中的对齐和概率分布[12]

Daniel Marcu 和 William Wong[12] 提出了一种基于短语联合概率的统计机器翻译模型，它能从双语语料库中学习单词和短语的等价。此联合概率模型的句子对生成过程主要为：①生成一套概念（concepts）；②对于每个概念，根据分布生成一对短语，其中每个短语至少包含一个单词；③对每种语言产生的短语进行排序，从而产生两个线性短语序列，这些序列与双语语料库的句子对相对应。图 11.9 所示为该模型的解码器为了找到句子"je vais me arreter la."的翻译而采取的步骤，每个中间译文前面都有它的概率，后面是改变它以产生更高概率的译文的操作。

基于短语联合概率的模型方法假设词汇对应不仅可以在单词层面建立，还可以在短语层

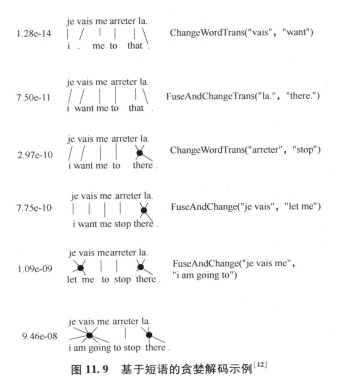

图 11.9　基于短语的贪婪解码示例[12]

面建立，使训练过程更加直观准确。该模型生成了一个源语言到目标语言和目标语言到源语言的条件概率模型，不仅可以用于双语词典的提取，还可以用于未显句子的自动翻译。

11.4　基于最大熵的翻译模型

本章重点介绍了基于最大熵的统计翻译模型，以及基于最大熵的翻译模型中对位模型与最大近似的概念。

1. 信源信道模型

在建立基于对位模板的机器翻译模型过程中，采用基于最大熵框架进行翻译模型的建模方法，该模型可以理解为信源信道模型的一般化。

假设有一个源语言句子（待翻译的语句）f，该语句由 J 个词（这里的词指任意形式的语言单位）组成，则将该语句表示为

$$f_1^J = f_1, \cdots, f_j, \cdots, f_J \tag{11.1}$$

式中，f_1 表示词 1，同理 f_J 表示词 J。类似的，通过统计机器翻译将原语句翻译为目标语言：

$$e = e_1^I = e_1, \cdots, e_i, \cdots, e_I \tag{11.2}$$

将概率 $P(e)$ 称为目标语言的语言模型，则 $\Pr(f \mid e)$ 即在 e 已经给定的情况下，其被翻译为 f 的概率，将其称为翻译模型。

信道源模型即将 e 视为一个噪声信道的输入，而 f 视为 e 经过该噪声信道后的输出，因为目前对 f 已知，故需要根据已知的 f 寻找一个最有可能是 f 所对应的信道输入的语句 $\hat{e}$，

将其作为 e 的近似，也就是作为翻译的结果（或者说目标语言），故一个翻译模型即可视为是一个噪声信道，而统计翻译就是根据已知的信道输出搜寻一个可能性最大的信道输入的过程，即对噪声信道进行解码。最终所要得到的目标语句为 $\hat{e}_1^l = \arg\max_{e_1^l} \{ \Pr(e_1^l \mid f_1^J) \}$。

2. 最大熵的概念

4.4.3 节已介绍过熵的概念。熵实际上代表着一个随机量的不确定程度，而这个变量最不确定时，熵值最大。所以基于最大熵原理的机器翻译的实质，即为假设已知部分知识，那么对于未知部分，如果想要做出最合理的推断，那么这个推断必然是符合已知知识的、最不确定、最具有随机性的推断（熵最大）。这是可证明的，因为如果做出了任何其他的推断，那么这意味着这个推断必定基于某种未知的假设或约束条件。或者可以换一个角度理解：当基于一部分确定的已知知识做出未知的推断时，应当尽可能避免任何主观的假设，并尽可能保留所有的可能空间。这样做会使预测结果概率分布的信息熵是最大的，但预测出来的结果将会是风险最小的，因为它保留了所有的可能性，没有因为猜测的"假设"对任何不确定性做出可能的判断从而丢失一些可能。

匈牙利著名数学家也是信息论最高奖香农奖获得者 I. Csiszar 曾证明过最大熵模型的必然存在性：只要已知信息不是自相矛盾的，那么必然存在并且存在一个唯一的最大熵模型，而目前拥有的所有最大熵模型都是指数形式。下面举例根据前文的两个词语和给定主题预测出下一个词语的最大熵模型，假设 w_3 是目标词，w_1 与 w_2 是它的前两个词，得到下式：

$$P(w_3 \mid w_1, w_2, \text{subject}) = \frac{e^{\left[\lambda_1(w_1, w_2, w_3) + \lambda_2(\text{subject}, w_3) \right]}}{Z(w_1, w_2, \text{subject})} \tag{11.3}$$

显然，在式（11.3）中，一些参数（诸如 λ_1、λ_2 等），是没有被提前给出的，这几个参数就是需要通过数据训练出来的参数。最大熵模型虽然能得到很好的预测结果，但是往往运行起来复杂而耗时，接下来将详细介绍如何构造最大熵模型和如何训练最大熵模型中的多个参数。

最大熵模型最早的训练方法，叫作通用迭代法（Generalized Iterative Scaling，GIS），它的训练过程大致经过以下几个步骤：

1）初始化：设置迭代开始前的模型为等概率的均匀分布模型。

2）开始迭代，每一次迭代后用该模型估计各种信息特征的分布情况，并根据反馈调整模型参数。

3）重复迭代直到模型收敛。

GIS 是由 Darroch 和 Ratcliff 在 20 世纪 70 年代提出的[21]，但是两位科学家仅仅是提出，并没有针对算法做出很好的解释，这个物理解释的工作是数学家 I. Csiszar 完成的。这个算法可以视作三者的共同贡献。GIS 缺陷仍然非常明显，它过于复杂，迭代次数过多，每次迭代时间也很长，从初始化到最后收敛一般要经过很长一段时间，这在实际的实现中是一个很大的问题。而且 GIS 的迭代并非十分稳定。在实际的自然语言处理中，原始的 GIS 很少被用于实际工作，一般用于帮助人们主要是初学者理解。最大熵模型变得实用，主要归功于后来有科学家对 GIS 进行的改进。改进迭代法（Improved Iterative Scaling，IIS）使得最大熵模型的训练时间缩短了 1~2 个数量级。

接下来将详细解释在自然语言处理的统计机器翻译领域最大熵模型的运用。假设在信源信道模型中，一个源语言句子 $f=f_1,\cdots,f_j,\cdots,f_J$，需要从源语言翻译为目标语言（英语翻译为法语），$e=e_1,\cdots,e_i,\cdots,e_I$，现给出以下模型：

$$\hat{e}_1^I = \arg\max_{e_1^I}\{\Pr(e_1^I \mid f_1^J)\} \qquad (11.4)$$

通过贝叶斯公式可以求得

$$\hat{e}_1^I = \arg\max_{e_1^I}\{\Pr(e_1^I) \cdot \Pr(f_1^J \mid e_1^I)\} \qquad (11.5)$$

现在需要分别处理的实际上是翻译模型 $\Pr(e)$ 和 $\Pr(f \mid e)$ 与语言模型两个模型。在机器翻译中，一般采用最大似然法对模型进行训练，先假设前一个模型依赖参数 γ，第二个模型依赖参数 θ，现让参数在平行训练语料 F_1^S 和 E_1^S 求最大似然值：

$$\hat{\theta} = \arg\max_{\theta} \prod_{s=1}^{S} p_{\theta}(F_s \mid E_s)$$

$$\hat{\gamma} = \arg\max_{\gamma} \prod_{s=1}^{S} p_{\gamma}(E_s) \qquad (11.6)$$

$$\hat{e}_1^I = \arg\max_{e_1^I}\{P_{\hat{\gamma}}(e_1^I) \cdot P_{\hat{\theta}}(f_1^J \mid e_1^I)\}$$

在最大熵模型中，先假设有 M 个特征函数 $h_m(e_1^I,f_1^J)$，$m=1,2,\cdots,M$，每一个特征函数都有一个对应模型参数 λ_m，$m=1,2,\cdots,M$。以下是直接翻译的公式：

$$\Pr(e_1^I \mid f_1^J) = p_{\lambda_1^M}^M(e_1^I \mid f_1^J) = \frac{\exp\left[\sum\limits_{m=1}^{M}\lambda_m h_m(e_1^I,f_1^J)\right]}{\sum\limits_{e_1'^I}\left[\sum\limits_{m=1}^{M}\lambda_m h_m(e_1'^I,f_1^J)\right]} \qquad (11.7)$$

根据以上方法的思想，可以得出一个计算最佳目标翻译结果的决策公式：

$$e_1'^I = \arg\max_{e_1^I}\{\Pr(e_1^I \mid f_1^J)\} = \arg\max_{e_1^I}\left\{\sum_{m=1}^{M}\lambda_m h_m(e_1^I,f_1^J)\right\} \qquad (11.8)$$

综上所述，直接翻译的最大熵模型的结构如图 11.10 所示。

自噪声信道模型，尤其是最大熵模型提出以来，机器翻译的一个中心任务是如何在模型中融入更有效的知识（尤其是语言学知识），以进一步提高机器翻译的质量。在自然语言处理中，许多问题都可以当作统计分类问题处理，并将会用到大量机器学习的方法来处理问题。如今，最大熵原理已成功地应用于各种自然语言处理任务中，但基于最大熵的翻译模型具有许多明显的优势。比如，基于最大熵模型的机器翻译往往准确度较高，明显优于其他模型，因为它获得的是所有满足已知知识的条件约束的模型中信息熵最大的模型。同时，基于最大熵模型的翻译，可以灵活设置约束条件，通过调整参数和约束条件，从而调整得到的模型，提高它与未知知识的拟合程度，增强它对未知信息数据的适应性，而且操作者不需要注意如何使用已选特征，只用花费精力选择特征即可。但是，在实际应用中，约束函数的数量受样本数目影响。直接结果就是

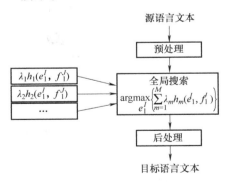

图 11.10　基于直接最大熵模型的翻译系统框架

容易导致多次迭代计算使计算量过大，实际应用中会出现较大的困难。

11.4.1 对位模板与最大近似

对位模板是由 Ochand 和 Ney 在 2004 年论文"The Alignment Template Approach to Statistical Machine Translation"[11]中提出的概念，是指泛化的源语言和目标语言的短语对，则基于对位模板的翻译方法是一种考虑单词之间多对多关系的基于短语的统计机器翻译方法，所以使用该方法的统计机器翻译模型能够在翻译过程中考虑词与词之间的上下文关系，并且能够学习到翻译过程中源语言与目标语言之间的词序的局部变化情况。

在基于对位模板的翻译方法中，研究人员在翻译模型中引入一个隐藏变量 $a = a_1^J$，用于描述从源语言的位置到目标语言的位置的映射。已知 $\Pr(f_1^J \mid e_1^I)$ 会通过新引入的隐藏变量被分解，在统计对位模型 $\Pr(f_1^J, a_1^I \mid e_1^I)$ 中，有以下公式：

$$\Pr(f_1^J \mid e_1^I) = \sum_{a_1^J} \Pr(f_1^J, a_1^I \mid e_1^I) \tag{11.9}$$

在原句子中，位置 j 上的词语与目标句子中 $i = a_j$ 上的词语相对应（对位映射 $j \rightarrow I = a_j$）。完成以上对应词语的搜索，需要通过最大近似的方法：

$$\hat{e}_1^I = \arg \max_{e_1^I} \{ \Pr(e_1^I) \cdot \sum_{a_1^J} \Pr(f_1^J, a_1^I \mid e_1^I) \}$$

$$\approx \arg \max_{e_1^I} \{ \Pr(e_1^I) \cdot \max_{a_1^J} \Pr(f_1^J, a_1^I \mid e_1^I) \} \tag{11.10}$$

此时，整个搜索空间由所有可能结果（即目标语言句子，在本例子中为英语句子）e_1^I 以及全部的对位关系 a_1^I 组成。此时将这种方法运用到直接翻译模型中，需要增加特征函数以适应新引入的隐藏变量。假设现在有 M 个特征函数，使用以上方法，得到以下模型：

$$\Pr(e_1^I, a_1^I \mid f_1^J) = \frac{\exp[\sum_{m=1}^M \lambda_m h_m(e_1^I, f_1^J, a_1^I)]}{\sum_{e'^I_1, a'^I_1} \exp(\sum_{m=1}^M \lambda_m h_m(e'^I_1, f_1^J, a'^I_1))} \tag{11.11}$$

据此，可最终得到源短语的翻译概率。图 11.11 为对位模板的一些示例。

图 11.11　对位模型对位模板示例[11]

11.4.2 特征函数

1. 用途

根据最大熵原理，在构建基于最大熵的翻译框架的模型时，需要保证模型满足所有已知的约束条件，所以需要从训练数据中得到已知的约束条件。于是从已有的训练数据中抽取若干个特征，作为约束条件的提炼。

以短语中某个词的翻译为例说明特征函数，假设训练数据为

{一听可乐} = {a can of coke}

{一听果汁} = {a can of juice}

{一听汽水} = {a can of soda}

{一听饮料} = {a can of drink}

{一听柠檬汁} = {a can of lemon juice}

{听声音} = {listen to the sound}

{听音乐} = {listen to music}

{听演唱会} = {listen to the concert}

{听歌} = {listen to songs}

{听收音机} = {listen to radio}

则在翻译"听"这个字眼时可以根据其词性特征决定翻译为量词"can"还是"listen";这就是根据从训练数据中提取到的特征作为约束条件,同样也可以将"听"前面是否带有数词作为一个特征,或者将"听"字后面是否带有饮料名作为特征,但这显然有一个巨大的缺陷,例如在"听可乐冒气泡的声音"这一语段中,虽然"听"字后面带的是饮料名"可乐",但却应该翻译为"listen",因此,应该尽量选取能够充分反映约束条件的特征函数。

2. 特征函数的表示

依旧以"听"的翻译为例,将"听"的词性特征用特征函数表示:

$$h_1(x) = \begin{cases} 1, & \text{是量词} \\ 0, & \text{不是量词} \end{cases}$$

则可以由此通过特征函数对训练数据中的约束条件进行抽象,使学习到的最大熵模型满足约束条件。这里所给出的例子中所使用的特征函数是 0-1 指示性函数,这种特征函数多用于词性标注中表示某个特征是否出现,其适用范围有限,可以通过对特征函数进行实值化使其能够对一个特征进行量化,比如将给定句对中的词频作为特征函数的值。

3. 特征函数的选择

选择的特征函数除了要能够充分反映约束条件外,不同特征之间的相关性应该尽可能低,如果不同特征的相关性过高,就无法获取新的信息(约束条件),比如所举的例子中的"听"的词性和"听"字前是否带有数词这两个特征高度相关,就无法引入新的信息,甚至可能会导致模型预测性能下降。

基于对位模板的最大熵框架的翻译模型所使用的特征函数有很多选择,比如将训练模型的每一部分概率的对数作为特征函数。同时也考虑其他特征函数,如句子的长度特征(即每个生成的目标词有一个词惩罚)、计数特征(即常用语在给定句对中的出现次数)、词汇特征、语法特征、语义特征等。

11.4.3　参数训练

参数训练问题实际上就是如何获得参数合适的值。作为训练标准,可以使用最大类的后验概率标准,即最大互信息(MMI)标准,这对应着最大化直接翻译模型的似然率问题。训练参数需使用 GIS,也可以使用改进的 IIS。其次在训练中通过参考译文的训练方法具有一定的局限性,所以 F. J. Och 又提出了最小错误率训练方法,实验证明该方法优于 MMI训练标准。

1. IIS

IIS 的目标是，通过极大似然估计学习模型参数，即求对数似然函数的极大值 $\hat{w}$。IIS 的思路是，假设最大熵模型当前的参数向量是 $w=(w_1,w_2,\cdots,w_n)^\mathrm{T}$，目标是找到一个新的参数向量 $w+\delta=(w_1+\delta_1,w_2+\delta_2,\cdots,w_n+\delta_n)^\mathrm{T}$，使得模型的对数似然函数值增大。如果能有这样一种参数向量更新的方法 $\tau:w \rightarrow w+\delta$，那么就可以重复使用这一方法，直至找到对数似然函数的最大值。

2. 最小错误率训练（MERT）方法

MERT 方法主要运用于机器翻译的参数调节过程中。由于目前主流的机器翻译模型多为 log-linear 模型，在 log-linear 模型中，有很多参数权重，对于每一个特征，都有与之对应的权重。如何调节这些权重，才能获取更好的翻译结果呢？Och 提出了用于调节参数的 MERT 方法。其实在 Och 之前就有参数调节的方法，其优化目标多为翻译结果的最大翻译概率，采用的方法多为梯度下降、Powell 搜索等。由于目标函数的特性，这些方法都能够搜索到最优的结果。但是这些方法有一个弱点，优化目标和机器翻译评测的目标不一致，容易出现分歧。虽然有时候能够获取较好的优化目标，但是不一定能获得较好的翻译评测的目标。通常人们多以翻译评测的目标作为翻译质量的评价。因此，Och 直接采用了翻译评价指标作为优化目标函数。

因为模型中间的参数的学习对译文的生成质量没有多少影响，需要使用最小错误率训练在优化集上面调节权重参数。生成译文的打分机制与评价译文的打分机制不同，导致在解码时得分比较好的译文，送去评价发现它们并不是最优的，也就是两种不同的机制导致的不匹配。使得需要在译文生成时添加打分机制监督的训练，使生成的译文一方面在译文生成打分机制上表现不错，另一方面在最终的评价上面得分表现也不错。这就是为什么需要引入最小错误率训练。

最小错误率训练通过在所准备的第二部分数据——优化集（tuning set）上优化特征权重，使得给定的优化准则最优化。一般常见的优化准则包括信息熵、BLEU（双语评估替补）、TER（翻译编辑率）等。这一阶段需要使用解码器对优化集进行多次解码，每次解码产生 N 个得分最高的结果，并调整特征权重。当权重被调整时，N 个结果的排序也会发生变化，而得分最高者，即解码结果，将被用于计算 BLEU 得分或 TER。当得到一组新的权重，使得整个优化集的得分得到改进后，将重新进行下一轮解码。如此往复直至不能观察到新的改进。

11.5　基于层次短语的翻译模型

11.5.1　概述

David Chiang 提出的层次短语模型[39]已成为统计机器翻译中的主流模型之一，它在短语模型的基础上引入了非终结符，使模型具有了泛化能力，突破了短语模型只允许完全子串匹配的局限；它引入了层次短语，使模型具有了较好的远距离调序能力。基于层次短语的翻译模型不仅形式优美，而且取得的性能显著超越了基于短语的翻译模型。

近年来很多工作聚焦于层次短语翻译模型的改善研究。为了推动这一模型的研究，Li 实现了基于层次短语的翻译系统 Joshua，并将其开源发布[22]，不断进行升级和完善。另外，著名的开源翻译系统 Moses. O 当前也涵盖了基于层次短语的翻译模型。除了基于层次短语的翻译模型的实现和开源，对该模型的改善工作更是多种多样。其中，绝大多数改善工作都是在层次短语模型的基础上融入语言学句法知识。

其中一类改进方法是在短语结构树中融合句法知识。Marton 和 Resnik、Chiang 等[23] 和 Huang 等[24] 将源语言端的句法结构知识作为软约束融入层次短语翻译模型；Zollmann 和 Venugopal[25] 为层次短语翻译规则的每个变量赋予目标语言的句法标记，以生成更加符合文法的目标译文；Chiang[26] 将源语言和目标语言的句法结构信息同时融入到层次短语翻译模型，从而充分利用了两种语言的语言学句法知识。

另一类改进方法是关注依存句法知识的融合。Gao 等[27] 和 Li 等[28] 将源语言的依存结构信息融入层次短语翻译模型；Shen 等[29] 将目标语言依存结构赋予层次短语翻译规则的目标语言端，从而形成了串到依存树的翻译模型。

基于短语的翻译将句子分割成许多并集为空的短语真子集，只要这些子串能够被充分观测到，则翻译效果良好，如图 11.12 所示。但是当短语长度扩展到 3 个以上的单词时，翻译系统的性能提高很少，且数据稀疏问题变得严重。

在短语层次上，以前提出的模型一般都需要一个简单的位变模型（distortion model），用以在不考虑短语内容的情况下调整短语的次序，如图 11.13 所示，或不做任何调整。但无论如何，在很多情况下简单的短语翻译模型不能有效地调整短语之间的次序。

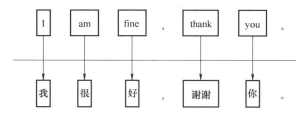

图 11.12　短语长度为 1 的翻译示例

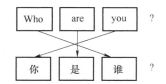

图 11.13　位变模型的功能示例

基于短语的翻译模型能够正确地确定短语的次序，但却不能正确地实现这两个短语之间的次序倒置。词汇化的短语调序模型能够获得稍佳的调整次序，但简单的位变模型却不能很好地处理这一问题。

为此，D. Chiang 在 2005 年提出了基于层次短语的翻译模型试图解决这一问题。其基本思路是，不破坏基于短语的翻译方法的优势，并进一步利用短语有益于实现次序调整的优势。基于层次短语的翻译过程类似于 CYK 算法同步进行双语解析的过程。所使用的同步上下文无关文法是从没有做任何句法信息标注的双语对照语料中自动学习获得的。

例子如下：

原句

Australia is with Japan have diplomatic relations that countries one of

基于短语的翻译模型得到的句子

［Australia］［is］［diplomatic relations］₁［with］［Japan］［is］［one of the countries］

基于层次短语的翻译模型得到的句子

［Australia］［is］［one of［the［countries］₃ that［have［diplomatic relations］₂with［Japan］₁］］］

11.5.2 模型描述和参数训练

1. 模型描述

上下文无关文法（S-CFG）：上下文无关文法的符号表示建立在乔姆斯基文法体系的基础上，任何一个词都可以分作某类，只要这种类别不是"原子类"，即可再分，则称为非终结符，否则为终结符。开始符号是指最大的类别名称。

按照结构（名词 动词 名词）的例子如下：

名词：｛羊，老虎，草，水｝

动词：｛吃，喝｝

句子：羊 吃 草 羊 喝 水 老虎 吃 老虎 草 吃 老虎…

对这个例子，进行形式化分析，其中 S 表示句子，→表示推出，N 表示名词，V 表示动词，则有

S→N V N

N→s(sheep)｜t(tiger)｜g(grass)｜w(water)

V→e(eat)｜d(drink)

大写符号｛S,N,V｝被称为非终结符；小写符号（名词+谓词）｛s,t,g,w,e,d｝被称为终结符；开始符号为 S。

如何理解上下文无关文法呢？简单而言，将一个句子用上下文无关文法分解成各种语法段，然后获取这种句法结构，最后同属性的单词之间可以代换。比方说，"I like apple"这句话可以被分解为<主语><谓语><名词>，此时的<主语>、<谓语>、<名词>都包含有多个元素，称为非终结符。因此可以通过代换主语获得以下句子：

"You like apple"

"I hate homework"

"Birds eat worms"

这种将词语填入空位不需考虑上下文结构，因此称为上下文无关文法。以下是上下文无关文法的推导。推导指的是用于确定符合文法规则所规定的结构的串的集合，并以此确定一个语言。推导从一个结构名字开始，并将得到符号串作为结束，把产生式看成重写规则，把符号串中的非终结符用其产生式右部的串来代替。如：

E→E+E｜E＊E｜(E)｜-E｜id

E→-E→-(E)→-(E+E)→-(id+E)→-(id+id)

上下文无关语言指的是由一个文法推导出来的结果，句型指的是包含非终结符的推导结果，句子指的是全部为终结符的推导结果，即最终结果。

推导就是一个把上下文无关文法转化为句子的过程，在推导的过程中涉及同级别表达式的替换，因此按推导顺序可以分为最左推导和最右推导。最左推导是推导过程中始终最先代换最左侧的文法，最右推导是推导过程中始终最先代换最右侧的文法。至于推导，是在把大属性的词块分解为容量小、更加具体的属性：

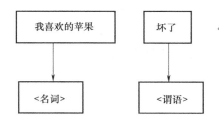

其中<名词>有"我喜欢的苹果",因而有其一推导:<名词>→<形容词><名词>。如此可见,推导中包含着递归,而递归中替换最开始非终结符的位置可分为从左开始或从右开始,也即向左推导或向右推导。

在同步推导上下文无关文法中,基本结构就是类似于产生式的如下重写规则:

$$X \rightarrow \langle \gamma, \alpha, \sim \rangle$$

其中 X 是非终结符,代表句法中可再分割的块;γ 和 α 是字符串,由终结符和非终结符组成,在基于短语的翻译中 γ 和 α 代表双语的语料块;"$\sim$"表示非终结符之间的一一对应关系,链接 γ 和 α 之间的非终结符号,即是将不同语料之间对应的位置链接起来,然后不断递归到终结符。

从一对链接的起始符号开始,每一次通过一条规则改写两个关联的非终结符号,然后进入非终结符号内部重复操作:

1) $X \rightarrow <$ 与 X_1 有 X_2,have X_2 with $X_1>$

2) $X \rightarrow <X_1$ 的 X_2,the X_2 that $X_1>$

3) $X \rightarrow <X_1$ 之一,one of $X_1>$

上述例子中 X_1、X_2 表示被符号"$\sim$"链接且同时归属于 X 中的非终结符号。该方法先利用基于短语的翻译产生每个小块的翻译,然后利用定位模型将这些局部的翻译连接起来,从而自主从没有语料标注的句子中学习句法。

此处使用规则可能会有许多种,且有些规则可能是冲突的,比方说:

我们	在	这里		我们	在	这里
Here	we	are		We	are	here

规则:$X \rightarrow <X_1$ 在 X_2,X_2 in $X_1>$ 　　　规则:$X \rightarrow < X_1$ 在 X_2,X_1verb $X_2>$

其中 $X_2 =$ is、are 等,in 代表相应的介词。例如<"我们在家","we are at home">。虽然可根据英语的倒装句辨别出左边的翻译才是地道的,但是机器难以辨别,因此需要对规则附加权重,给予机器分辨的一个属性。

D. Chiang 基于 Och 等人在 2002 年的观点[30],采用更通用的对数线性模型来定义每条规则的权重:

$$w(X \rightarrow \langle \gamma, \alpha, \sim \rangle) = \prod_i \phi_i (X \rightarrow \langle \gamma, \alpha, \sim \rangle)^{\lambda_i} \tag{11.12}$$

上述 ϕ_i 表示规则的特征。这里使用的特征集类似于 Pharaoh 系统的默认特征集[31],即

- $P(\gamma | \alpha)$ 和 $P(\alpha | \gamma)$。
- 词汇权重 $P_w(\gamma | \alpha)$ 和 $P_w(\alpha | \gamma)$。
- α 中的词对于 γ 中的词的翻译性能。
- 短语惩罚函数 $\exp(l)$,从训练语料中学习时,惩罚长度过长的短语,因此需要一个

与推导长度有关的奖罚因子。

在此基础上，可以通过修改 ϕ_i 和 λ_i 来调整规则的权重，但是规则的特征是相对固定的、不能且难以改变的，因而一般通过调整规则的 λ_i 来控制规则的权重。所以，如果将语法的推导用 D 表示，由 D 生成的两种语料的字符串则分别用 $f(D)$ 和 $e(D)$ 表示，其中 $f(D)$ 是输入翻译串，$e(\ )$ 是输出目的串。如果用一个三元组 $\langle r,i,j \rangle$ 具体表示 D，则每个原组表示根据规则 r 将从 i 到 j 视作一个块 $f(D)_i^j$ 并对其中的非终结符号进行重写的过程。那么，根据概率的推导可以得知，所有使用到的规则与其他因子的权重的乘积值即是 D 的权重，即

$$w(D) = \prod_{\langle r,i,j \rangle} w(r) \cdot p_{lm}(e)^{\lambda_{lm}} \cdot \exp(-\lambda_{wp}|e|) \qquad (11.13)$$

式中，p_{lm} 是语言模型；$\exp(-\lambda_{wp}|e|)$ 是词的惩罚因子，对输出 e 过长的长度 $|e|$ 具有惩罚效果。可以发现，权重的定义的目标在于找出最优规则下性能最好模型的最短翻译，这是"基于短语的翻译"相符合的。

因此，通过 D 的权重可以评判 D 在翻译过程中的性能。每条规则的翻译权重（即可不可以这么翻译）、语言模型的权重（即这么翻译好不好）、输出的长度（即会不会翻译过长，超过"基于短语"这个定义）的好坏都会影响到最后 D 的权重。

2. 参数训练

参数训练的基础是找到双语语料的词对位，即每个词之间的相对位置。按照同步上下文无关文法基本规则假设一个集合 $\langle f,e,\sim \rangle$，其中 f、e 是终结符与非终结符的集合，$\sim$ 是 f 和 e 中的非终结符的对应关系。在翻译模型中，f 和 e 是两种语料集合，$\sim$ 是句子 f 中的位置和句子 e 中的位置之间（多对多）的二进制对应关系。

可以利用 GIZA++ 工具和精练规则，在双向的平行语料上获得词对位结果。其次，利用启发式函数，先假设出概率在每个训练样本所有可能的推导的分布，在这些概率分布的基础上估计短语翻译参数。

如图 11.14 所示，假设原句有三种翻译，认为预测这三种翻译的概率分别是 0.5、0.3、0.2，而翻译用到的规则分别是规则 1 和规则 2、规则 1、规则 3，因此参数估计如下：

规则 1：$P(1) = 0.5 + 0.3 = 0.8$

规则 2：$P(2) = 0.5$

规则 3：$P(3) = 0.2$

为了识别这一过程，给定一个词对位的句对 $<f,e,\sim>$，以及 $<f,e,\sim>$ 的初始短语对规则 $<f_i^j, e_{i'}^{j'}>$，当且仅当 $<f,e,\sim>$ 满足条件（①对于任意 $k \in [i,j]$ 和 $k' \in [i',j']$，有 $f_k \sim e'_{k'}$；②对

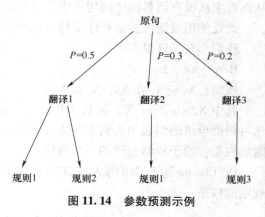

图 11.14 参数预测示例

于所有的 $k \in [i,j]$ 和 $k' \notin [i',j']$，f_k 和 e'_k 不存在对应关系；③对于所有的 $k \notin [i,j]$ 和 $k' \in [i',j']$，f_k 和 e'_k 不存在对应关系），$<f,e,\sim>$ 的规则集是可满足以下条件的最小集合，即

1）如果 $<f_i^j,e_{i'}^{j'}>$ 是一个初始短语对，那么 $X \to <f_i^j,e_{i'}^{j'}>$ 是一条规则。

2）如果 $r = X \to <\gamma,\alpha>$ 是一条规则，并且 $<f_i^j, e_{i'}^{j'}>$ 是一个初始短语对，即满足 $\gamma = \gamma_1 f_i^j \gamma_2$ 和 $\alpha = \alpha_1 e_{i'}^{j'} \alpha_2$，那么 $X \to <\lambda_1 X_k \lambda_2, \alpha_1 X_k \alpha_2>$ 也是一条规则，其中，k 是 r 中没有使用的一个下标。

　　然而上述原则会产生大量的规则，因此过量的规则会使模型更加复杂，需要更大的时间和空间训练和解码。同时，解码器会通过这些规则产生不同的推导，尽管这些推导能够作为最佳候选列表供筛选，但是这些最佳列表之间的差距不大，一方面降低了筛选的价值，另一方面也对构建筛选的模型提出了巨大的要求。综上所述，这样的现象是研究人员不想看到的。

　　减少规则可以显著提高模型的运行速度，但是这对规则的筛选并不是全面的，减少大量规则也会造成准确度下降的后果，也即是对语法规则的选择需要达到一个运行速度和性能的综合最高点。

　　因此，为在开发集上选择语法规模与系统性能的平衡点，D. Chiang 采用如下原则过滤语法规则：

　　1）如果有多个初始短语对含有相同的对位点，将只保留最小的一个。

　　2）根据上文可以知道，研究的目的是找出最优规则下性能最好模型的最短翻译，这条原则是为了保留基于短语翻译的优点。

　　3）界定法语初始短语的长度不超过 10，规则右边的法语串（包括非终结符和终结符）的长度不超过 5。与上一条原则一样，这一条是为了缩短短语长度，差别在于单独第一条原则只能选取最小的对位，却不能保证最大的短语长度不超过一定限额。

　　4）在简约步骤，f_i' 的长度必须大于 1，否则新规则的长度可能反而增加了。这条规则是为了删除重复、无作用的规则。

　　5）为简化解码器的实现过程，规则最多可以有两个非终结符，甚至更进一步可以禁止在法语句子中使用相邻的非终结符，因为这很可能造成法语翻译产生伪歧义，即在向左、向右推导时产生二义性。

　　6）所有规则必须至少有一对对齐的单词，因而翻译决策始终有应用的情景。如果翻译规则没有被使用到，则是无用的，应删除。

　　最后需设定所有的推导权重。由于以上方法可以从一个初始短语对提取出许多规则，因此，D. Chiang 将权重平均分配给初始短语对，然后同样均等分配权重给从每个短语对中学习出来的规则。

　　类似于蚁群算法一般让信息流到每条规则上，更加重要的规则上信息积累得更多，然后通过对这些数据的观察，运用相对频率对概率的估计，可以得到默认特征集中的 $P(\gamma \mid \alpha)$ 和 $P(\alpha \mid \gamma)$。

11.5.3　解码方法

1. CYK 算法

　　CYK 算法通过输入带分析的词序列和概率上下文无关文法规则集便可输出最有可能的句法结构树。CYK 算法优化了使用堆栈和线图的时间、空间复杂度，基本优化原则是动态规划，省去了递归运算中的重复计算。

　　给定一个句子 $s = \omega_1, \omega_2, \cdots, \omega_n$ 和概率上下文无关文法 $G = (T, N, S, R, P)$，定义一个跨越单词 i 到 j 的概率最大的语法成分 $\pi(i, j, X)$（$i, j \in 1, \cdots, n, X \in N$），目标是找到一个属于 $\pi[1, n, S]$ 的所有树中概率最大的那棵。由于它的规则只有两种形式之一，即 A→BC 和 A→a，并且某一个单词只能作为一棵上下文无关文法树的一个叶节点而存在，也即按照如图 11.15 所示，图中叶节点置于最后仅为表现叶节点之后没有节点且叶节点之间没有链接，并不代表内部结构，即叶节点不一定置于最深层。

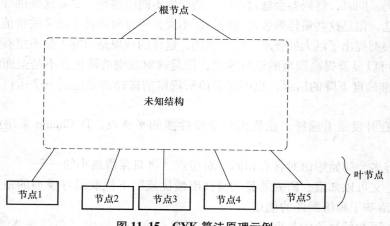

图 11.15　CYK 算法原理示例

因此，可以从叶节点开始自下而上递推，省去了递归产生的重复运算，如图 11.16 所示。

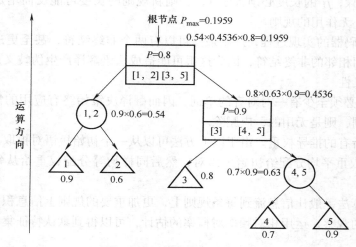

图 11.16　自下而上计算示例

自下而上的算法被证明成功后，可以计算整个节点的组合概率表，如图 11.17 所示。

最后以这个表为基础用动态规划可以找到最优解，即概率最大的树状结构，也就找到了句子句法的结构。

2. 解码方法

解码器是一个运用柱状搜索算法的 CYK 句法分析器，并有一个后处理器对法语到英语推导的映射进行后处理。在使用该模型翻译法语至英语的例子中，假设要翻译的一个法语句子 f，找到最佳推导（或者 n-best 推导，即 n 个最佳候选列表），该推导能够为一些英语句子 e 产生 $\langle f, e \rangle$。值得注意的是，这里求解的是最大概率的单一推导的英语输出，即最大权重的词语结构下的英语输出：

$$e(\arg \max_{D_{s.t.\,f(D)=f}} w(D))$$

(11.14)

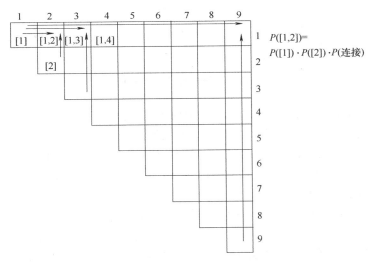

图 11.17　通过叶节点计算根节点示例

而不是输出结果 e 的概率最大，否则在全部推导上进行的求和运算代价过大。鉴于不做优化的情况下解码缓慢，因此只需找到最大权重的句法分布加上短语的翻译，即可找到最佳的英语输出。

3. 优化算法的方法

搜索空间的剪枝方法为，①在同一个单元内，剪掉得分与分值最高的项相差 β 倍的项；②在同一个单元内，剪掉得分比第 b 个最好的项还差的项。这里，每个单元里含有所有跨度为 f_i^j、表示 X 的项。

在整个搜索空间中，每个平面代表着一个单元的所有可能项。由于两种方法的剪枝都是给出了一个圆状的可行域（图 11.18 将最高点视作原点），因而最终即是对平面多次取一个圆状区域，整体上来看即是用一个圆柱截出的空间，因此称为柱状搜索算法。而在两种剪枝的方法中，彼此都是不可以取代对方的，这是因为两种方法所适的情况不同。

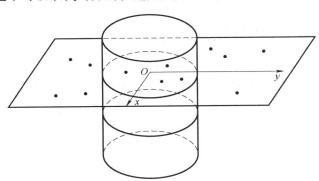

图 11.18　柱状搜索算法示例

如果只运用第二种方法，类似于图 11.19a 的点比较零散的情况下，剪枝后圆状区域仍旧占大部分，剪枝效果差。如果只运用第一种方法，类似于图 11.19b 的情况下，剪枝后圆状区域内仍有大量点，没有起到剪枝的作用。因此这两种方法需要相互结合。

a) 第一种方法适用情况　　　　　　　　　　b) 第二种方法适用情况

图 11.19　两种剪枝方法适用的情况

于是，b 和 β 可用于调整模型在开发集上的解码速度和准确度。当 b 和 β 对点的限制足够大时，就只能找到一个最佳的点，此时解码速度最快。但由于只采用了一个点，无法避免偶然性等因素，结果的准确度与可行性令人怀疑。如果 b 和 β 对点的限制太小，此时相当于没有剪枝，所以解码速度没有提升，但是准确度最大。因此，b 和 β 可用来调整速度和准确度的平衡，达到想要的平衡结果。

基于层次短语的翻译模型中的句法分析器，在法语翻译为英语的情境中，对法语只会处理其语法，而对目标语言英语只通过增加有效的语法规模来影响句法的分析过程。猜测英语应该是通过复合名词这样的方法扩大了单个词块的体积，使得分析规模变大。

由于法语翻译可能有多条规则且输出结果不唯一，同时因为语言模型和英语语法的共同作用，将会使许多法语上的状态引入非终结符号集。于是，解码器的搜索空间将比单语言句法分析器的搜索空间大很多倍，且在法语翻译为英语的情境下，不做优化将产生二义性。

选用柱状搜索算法使用了如下启发式信息：如果一个可能项落在了柱的外边，那么低分值的规则或者低分值的祖先生成的项也被假定落在柱的外面（因为规则中权重和节点的结合都小于 1，因而会使权重下降）。所以使用柱状搜索算法可以剔除许多没有价值的计算开头，删除大多数从一开始就知道没有意义的计算过程。这种柱状的启发式信息不能降低搜索错误，却显著地提高了解码的速度。

最后，通过 11.5.2 节语法过滤原则的第二条可知，对应训练过程中有最大长度的限制。同时，对句子中短语的分割也有对短语长度的惩罚项，这都是为了保留基于短语翻译的优点。因而，一般情况下解码器不会解码长度过长的子串。这样可以使解码的时间复杂度逼近线性 $O(n)$，这样进一步地加快了解码的速度。

4. 小结

基于层次短语的翻译模型保留了基于短语的翻译模型的优点，加上新创、可自主学习的规则定位模型，翻译效果良好，形式优美。同时因为可自主学习性，可以独立于具体语言。而且取得的性能显著超越了基于短语的翻译模型。

目前，层次短语模型仍有诸多挑战，比方说，①层次短语模型的层次规则抽取方法简单，存在大量无用、不合理的层次规则，造成模型规模庞大、解码费时与解码错误。②层次短语模型解码过程中很多不合理规则的使用造成解码空间急剧扩张，在耗费大量解码时间的同时，造成解码错误。③层次短语模型中只含有一个变量，在解码过程中，除词汇化信息外，并无更多的信息来明确层次规则的适用对象，容易造成解码错误。

因此，改进的方向有：①在短语结构树中融合句法知识。从特定语言学习的成果总是有限的，而且学习某种定位规则需要大量的知识储备。适当融合句法知识可以在提升解码速度的同时提高模型性能。②关注依存句法知识的融合。依存树信息是对定位模型的进一步强化，融合了依存信息的优点，基于层次短语的翻译在机器学习时获取依存信息可以提高模型翻译的准确度，但这也要加大训练模型和降低解码速度。

11.6　树翻译模型

树翻译模型是属于基于句法的统计机器翻译模型的一种，它利用语义句法和形式句法。相较于基于短语的统计机器翻译方法，基于句法的统计机器翻译方法的泛化能力以及调序能力更好。

依存树与短语结构树最显著的特征区别在于：依存树中的每个节点对应于句子中的一个单词，而短语结构树中只有叶节点与句子中的单词对应。可以从图 11.20 所示的实例中看到两者的不同。依存树中每一条有向边代表一对单词之间的关系。依存语法天生具有词汇化，且更能体现语义上的关系。

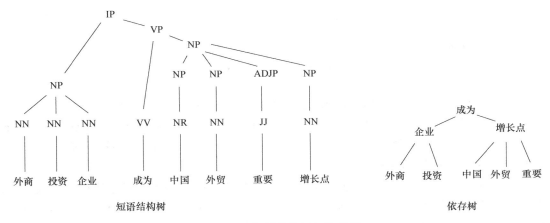

图 11.20　短语结构树与依存树

树翻译模型有树到树以及树到串两种不同的翻译方法。两者之间有共性，其大致翻译过程为

1）调序：输入树形图中的每个子树需要根据它们的概率重新排列，进行顺序的调整。

2）插入：在子树节点的左边或右边随机插入恰当的功能词，插入时，左插入、右插入和不插入的概率取决于父节点和当前节点的标记，所插入的单词的概率只与该单词本身有关，与位置无关。

3）翻译：根据词对词的翻译概率，把树形图的中的每一个叶节点上的单词翻译为目标语言的相应单词。

4）输出：输出译文句子。

与此同时，树到树以及树到串两种翻译方法也有不同之处。下面将详细介绍。

11.6.1　树到串的翻译模型

树到串的翻译方法目前的应用范围最广，在保持基于句法的统计机器翻译的性能上，比树到树的翻译方法结构更简化，相当于一种最优的中介方法。

树到串对齐模板是一个三元组$<T,S,A>$，描述了源语言句法树 T 和目标语言串 S 的对应关系 A。依据词汇化的程度，可以将树到串的对齐模板分类为词汇化对齐模板、部分词汇化对齐模板、非词汇化对齐模板。主要的分类标准是，源语言句法树的叶节点和目标语言符号串是终结符还是非终结符，或者两者兼具。图 11.21 是一个使用图形化的方法表示的三种类型对齐模板的实例。

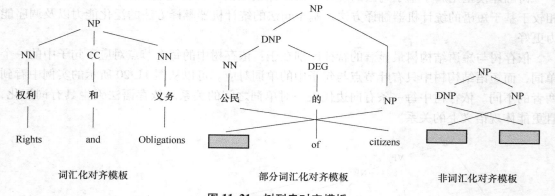

图 11.21　树到串对齐模板

与其他的翻译模型方法类似，树到串对齐模板也有许多统计机器翻译的特征，主要有：目标语言到源语言对齐模板翻译概率、源语言到目标语言对齐模板翻译概率以及目标语言到源语言对齐模板的词汇翻译概率、源语言到目标语言对齐模板的词汇翻译概率等。

1. 树到串对齐模板的建立

源语言经过上述的句法分析得到的句法树，就是树到串对齐模板建立过程的输入之一，除此之外还有对应的目标语言、两者之间的词语对齐。而其对应的输出是树到串对齐模板的规则集。实现的主要过程：在一开始时给句法树的每个节点编号，同时每个节点都设置一个唯一确定的三元组。之后就要开始再次遍历节点，对三元组进行对齐一致性检查，排除不满足对齐一致性的节点。由此将剩余三元组组合构造即可得到最终所需的规则集。上述的过程可以归纳为以下步骤：

1）三元组的确定：每个节点对应的三元组与最终模板的三元组结构不同，这里的三元组结构是<节点覆盖的句法子树，目标语言串，词语对齐>。

2）对齐一致性：在树到串模型中，对齐模板三元组也满足对齐一致性的约束，与短语模型中提出的短语对在对齐一致性方面的约束相似。

3）构造基准树到串对齐模板：在构造基准树到串对齐模板时，短语树中的叶节点与非叶节点的构造过程有所不同，叶节点所能构造的树到串对齐模板只有两个，一个是利用本身有的三元组，另外一个则是将本身的三元组进行泛化，得到的新的树到串对齐模板。而对于非叶节点，构造基准树到串对齐模板由其所有的子节点决定，将能泛化的子节点全部进行泛化，而保留不能泛化的部分。

4）组合构造树到串对齐模板：通过适当的遍历顺序即可将每个节点的基准树到串对齐模板进行组合。

5）树到串对齐模板抽取算法：在进行组合的过程中可能会遇到树到串对齐模板数量组合爆炸的情况，高度越大的节点，其所包含的泛化节点越多。同时句法子树层数过高也会加剧数据稀疏的问题。因此改善树到串对齐模板的抽取算法尤为重要。

2. 基于依存树的翻译方法

基于依存树的主要翻译模型有基于路径的转换模型、基于依存树统计句法的翻译模型和基于同步依存插入语法的翻译模型。

首先是基于路径的转换模型，其翻译过程比较简单：

1）分析源语言句法，得到其依存树。

2）从源语言依存树中抽取所有可能的路径，并搜索与这些路径相匹配的转换规则。

3）找到一个转换规则序列，使得覆盖整棵源语言依存树，其中的目标语言依存树片段可以组装成一棵目标语言依存树。

4）之后从上述的目标语言依存树中挑选概率最大的一棵树作为最终的目标树。

5）最后从目标树中导出最后的目标语言串即可。

之后的基于依存树统计句法的大部分工作，可以看作是在基于路径的转换模型的基础上完成的。首先，源语言不再是路径，而是比路径更复杂的稚树。稚树的限制条件更少、覆盖范围更广。其次，目标语言的依存关系在抽取转换规则之前就已经获得，得到源语言依存结构之后，通过单词对齐关系，将依存结构映射到目标语言上得到目标语言的依存树。再则，构建一个重排序模型，其顺序主要是相对于中心节点而言，得到不同词性的相对概率。其中一些模型由树到串的翻译模型推广而来，思路大致相同。如在树到串翻译方法中的树对齐模板，主要性质是一个转换规则，那么可将其思路推广得到稚树模型。

11.6.2　树到树的翻译模型

在大致了解了树到串的翻译模型之后，本节主要介绍时空复杂度更高的树到树的翻译方法。与树到串的翻译方法不同，树到树的翻译方法研究困难更大，目前能够投入实际使用的模型很少，而且更重要的是，树到树的翻译模型研究大多基于依存树结构的方法。因此侧重于介绍树到树的翻译方法中部分环节的实现过程以及基于依存树结构的一些方法。

在源语言和目标语言中同时建立两棵结构性的语言树，难度较大，尤其是源语言与目标语言之间结构差异性的程度难以确定。因此克服这个结构差异性的问题，也是作为一个衡量树到树的翻译模型性能的评判标准。

基于树到树翻译模型的统计机器翻译解码的过程一般有两种思路。第一种是通过句法分析来得到源语言的树，然后通过树到树的映射规则或者转录机，将源语言的树转化为目标语言的树。第二种是在源语言串上做同步分析，同时得到源语言和目标语言的树。两种思路的解码分别侧重于转换树和分析串的过程。

1. 同步语法

树到树的翻译模型的一个重要环节是同步语法，其中包括同步树粘接语法、同步树替换语法、多文本语法等同步语法理论。其中前两个理论则对应包括初始树和辅助树在内的基本树重要操作。替换或粘接的操作必须同步作用在源语言树与目标语言树的任何一对有链接的节点上。

同步树粘接语法的基本元素为分别定义在源语言串和目标语言串的基本树组成的树对，其中每对对应的非终结符节点之间都有链接，可以是一对一的链接，也可以是多对多的链接。同步树替换语法与同步树粘接语法十分相似，每次选择一个相连接的前段非终结符，将配对的基本树替换到该非终结符对下面，不断循环重复，最后生成完整的树对。

2. 基于同步依存插入语法的统计翻译模型

与串到树翻译相同，基于依存树的方法也可延伸到树到树的翻译方法研究中。除了已经简单介绍过的基于路径的转换模型和基于依存树统计句法的翻译模型，这里将介绍一个基于同步依存插入语法的统计翻译模型。

同步依存插入语法按照命名来看，与同步树粘接语法和同步树替换语法有一定的相似度，同步依存插入语法也有基本树的相关定义，以及替换和粘接的基本操作。但是同步依存插入语法和后两者的性质是不同的，同步树粘接语法和同步树替换语法都属于同步语法，而同步语法是基于短语结构的理论。同步依存插入语法顾名思义是基于依存结构的理论，因此这三者本质有巨大的不同。

除同步依存插入语法中的基本树以及基本操作以外，同步树对上的节点还要保存单词在依存树上的相对位置。

3. 小结

树到树和树到串两种翻译模型各有优缺点。树到树主要使用的是依存树模型方法，更贴合翻译过程的本质，更加符合内部机理，词汇之间的关系更加复杂多样。树到串的翻译方法适用范围更广，只基于源语言建立树结构，因而对目标语言的句法体系要求更低，同时基于短语结构的树到串翻译模型也更加成熟，这主要是由源语言句法和双端句法的特性决定的。

从时间跨度上来看，最早的关于树翻译的理论模型是短语树到短语树的翻译模型，而后转变为依存树到依存树的翻译模型，之后开始出现了树到串的翻译模型以及串到树的翻译模型，因而树到串翻译和串到树翻译的广泛应用再次激发了树到树翻译的研究发展。从研究层次领域来看，科学家们从高层次的领域出发，以应用为主导方向转向略低的树翻译层次，得以验证树翻译理论的成功性，从而更好延伸发展树到树翻译的研究。

11.6.3 串到树的翻译模型

串到树的翻译模型是在词语对齐和目标语言端经过句法分析的双语句对上学习源语言到目标语言的转换规则，这种转换规则会在分析源语言端的同时自底向上地生成一棵句法树，从而得到目标译文。以下为该转换规则的思路和算法。

1. 词语对齐

翻译的转换规则是建立在分析词语对齐的句法分析树的基础上的，因此必须先创建这棵树。这棵树的建立是通过把源语言的词语映射到一棵节点是代表目标语言词语或符号的有根树。符号表示来源于宾州树库（Pennsylvanial Treebank），类似于 VP、NP、VB 的表示方法代表目标语言的词性搭配关系，把要得到的这种树称为目标树。目标树的建立是由一系列派生过程组成的，每个派生过程的源符号来源于上一次的派生字符串。定义派生字符串 S 为一个由有序的元素组成的序列，这些元素可以是源语言片段，也可以是目标子树 T。因此，现在的目标是将 S 的子片段 S' 用一棵子树 T 替换，这些子树有如下性质：任何表示目标子树的 S' 是 T 的子树，任何在 S 中但不在 S' 中的子树不与 T 共享节点。

图 11.22 是标准的人工标注的英语—法语句法树，图 11.23 是符合上述定义的从派生过程得到的句法树。

可以看出，这种替换法可能会导致错误的结果，例如图 11.23 第二个派生过程中，

"pas" 被错误地替换为 "he"。要从派生的结果中区别出好坏，这时要求词语对齐的约束就变得十分有用。

在此之前先要看到如下事实：每个派生过程只能替换 S 中的一个元素，同时生成 T 中的一个节点。因此，对于 S 中的每个元素 s，定义对于派生过程 D 中替换 s 的步骤为 replace(s,D)，同时生成的节点 t 的步骤为 created(t,D)。所谓词的对齐就是源语言的词语 S 与目标语言句法树 T 的叶节点之间的对应关系，因此，把源语言中被替换的词与同时目标语言词语生成且为叶节点对齐，即 replace(s,D) = created(t,D)。因此，把好的派生过程的集合定义为得到的对齐关系集合 A'' 是包含标准对齐关系（训练语料库中的对齐）A 的，即 $A \subseteq A''$。

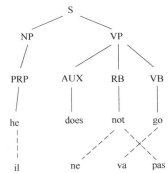

图 11.22　人工标注的英语-法语句法树

因此，对于图 11.23 的派生过程，可以看出只有左侧和右侧的对齐关系是包含于图 11.22 中的。把这种能被 A 承认的生成对齐关系的派生过程集合表示为 $\delta_A(S,T)$。这时就可以从 S，T，A 中推断出翻译的转换规则。

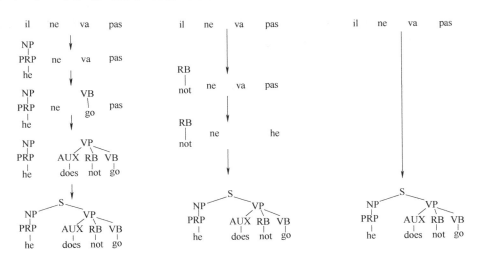

图 11.23　从派生过程得到的句法树

2. 从派生过程推出转换规则

实际上，在派生过程中就已经是在使用转换规则，因此对于任何属于 $\delta_A(S,T)$ 的派生过程，都可以从三元组 (S,T,A) 中抽取出转换规则。图 11.24 展示了派生过程（替换 S）抽取出的规则。规则的输入就是派生字符串 S，规则的输出是一棵句法树，节点可以是符号、词语和对应于输入的变量 x。例如，图 11.24 中的叶节点 x2 意味着当这条规则被应用时，x2 就会被根节点为 VB 的子树替换。

每一个派生过程都会被映射到一条转换规则，因此给定三元组 (S,T,A)，可从任意派生过程 $D \subseteq \delta_A(S,T)$ 抽取出的规则的集合表示为 $\rho_A(S,T)$。

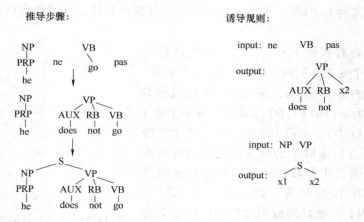

图 11.24　从派生过程推出转换规则

3. 复杂规则的抽取

在上面的过程中只是知道了规则是可以从派生过程而来，但并不清楚规则到底是怎样抽取的。对此，可以从对齐图 G 中获得这些规则。对齐图是一个有根、有方向并且无环的图，抛去一些细节，可以认为已经建立好的三元组 (S, T, A) 就可以看成是对齐图。可以证明对齐图的片段可以直接转换为规则。此时，把这种图片段定义为非单节点的 G 的子图，子图中的叶节点都是有关联的。图 11.25 展示的是对齐图 G，图 11.26 展示的是 G 的图片段。

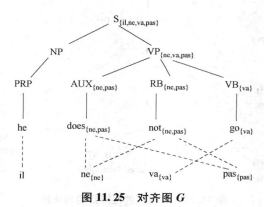

图 11.25　对齐图 G

span(n) 是每个节点的跨度，即是源语言片段中的词能够沿某条路径到达该节点的集合，通常用它们在源语言序列 S 中的最大和最小下标表示。把 span(n) 的闭包 closure(span(n)) 定义为源语言句子中的最小的连续子序列，例如 $\{s_2, s_3, s_5, s_7\}$ 的闭包就是 $\{s_2, s_3, s_4, s_5, s_6, s_7\}$。

先定义边缘节点集合 FS 是 G 中潜在的能够形成树片段的节点 n 构成的集合，它满足约束条件 complementspan(n) $\cap$ closure(span(n)) $= \varnothing$，complementspan(n) 是互补跨度，是 T 中除了节点 n 及其子孙节点、祖宗节点以外的其余节点 n'' 的跨度的并集。

把叶节点按照它的跨度在根节点的跨度的顺序进行排序，形成规则的输入。将叶节点替换为与输入对应的变量 x，然后把在 T 上的树与 S 分离，得到的子树片段形成规则的输出。

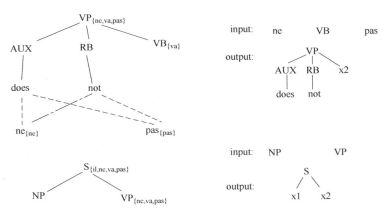

图 11.26　*G* 的图片段

4. 规则抽取算法

目前要得到规则的集合 $\rho_A(S,T)$ 就是要找到所有的边缘图片段，而要找到边缘图片段，首先必须明确边缘节点集合 FS，然后以每一个边缘节点为根节点遍历查找符合条件的边缘图片段。但是这种查找复杂度是随着图的深度增加而呈指数级增长的，因此收敛的速度会很慢。

对于每一个节点，可以找到唯一最小的边缘图片段。这个最小是指它是所有以该节点为根节点的边缘图片段的子集（当然包括它自己）。而两个或两个以上共享边缘节点的最小边缘图片段可以组合成复合边缘图片段，之后所得到的所有边缘图片段所转变的规则集合就是 $\rho_A(S,T)$。可以证明这种抽取最小规则的算法是线性的。图 11.27 展示了所得到的最小边缘图片段。

至此，已明确算法的实施步骤如下：

1）计算对齐图中每个节点的跨度和互补跨度，如果满足 complementspan $(n)\cap$ closure (span (n)) $=\varnothing$，则把该节点标记为边缘节点。鉴于该步骤只是简单的遍历计算，因此是线性的。

2）顺序遍历边缘图中的每个节点，如果该节点为边缘节点，则确定以该节点为根节点的最小边缘图片段，直到到达下一个边缘节点或到达叶节点，然后再拓展下一个边缘节点。注意到每个节点都只会被遍历一次，因此该步骤也是线性的。

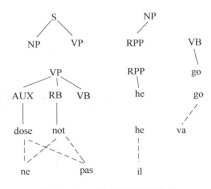

图 11.27　最小边缘图片段

5. 利用规则得到目标语言句法树

图 11.28a 是一棵对齐树，图 11.28b 中 r1~r10 是利用对齐树得到的最小规则集合，r11 是由 r6 和 r9 组合得到的规则。

首先，可利用规则 r2、r3、r5 分析"枪手""被"和"警方"并生成目标语言句法树。

然后，利用规则 r7，"被"和"警方"分别替换规则 r7 中源语言端的 x0 和 x1。IN 子树和 NP 子树分别替换规则中目标语言端的 IN：x0 和 NP：x1，从而完成源语言片段"被警

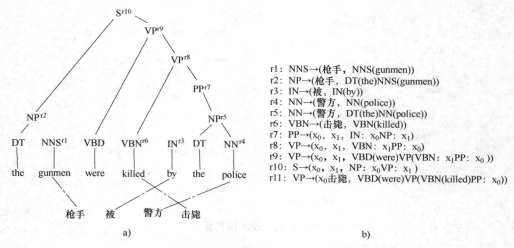

图 11.28 对齐树及利用对齐树获得的最小规则集合

"方"的分析过程，并同时生成以 PP 为根节点的目标语言端的子树。规则 r11 则用于完成对三个词"被警方击毙"的分析。

最后，规则 r10 用于分析整个汉语句子"枪手被警方击毙"，得到最终的英语句法树和目标译文"the gun men were killed by the police"。

6. 非对齐词语的处理

对于汉语中的字或词如"的"不能准确地用英语单词表示，常见的解决办法是把这些词与 T 中的所有边缘节点有序地联系起来，形成派生森林。应注意的是每个派生中"的"只能在那个派生得到的规则集合中出现一次，也就是说有多少个"的"与边缘节点的联系方式就会有多少个不同的派生，然后同样是利用抽取最小规则的算法得到最小规则集合后再计算复合规则。

接着计算转换规则在每个以不同联系方式"的"与 G 组成的 G 的条件概率，从而计算出规则的源语言和目标语言的翻译概率。

11.7 树模型的相关改进

上述串到树翻译模型是以建立目标语言句法树为目标，所得到的也是非常符合目标语言句法结构的较为流畅的翻译串。但是这种翻译方式并没有考虑源语言的句法结构，这就会导致无法处理歧义性规则。比如，中文中的"和"有可能翻译成"and"或"with"，在从训练语料抽取规则的过程中，研究人员会偏向于使用出现频率较高的规则，这就可能导致出现不太理想的翻译情况。比如，"你和我是朋友"可能会翻译成"You are friend with me"而不是较为常用的"You and I are friends"。在这句中"和"是连词，但翻译时却成了介词，这显然是没有利用源语言句法知识。

对于如何充分利用双语句法知识来提高翻译质量，这里介绍一种基于模糊树到精确树的翻译模型，在完全利用目标语言句法知识的基础上充分挖掘并有效利用源语言端的句法知识。下面是对模糊树到精确树翻译模型的描述。

1. 对双语句对进行自动分词，自动对齐和自动句法分析

对汉语进行分词后，得到源语言端和目标语言端的分词结果。可使用 GIZA++ 工具得到汉英词对齐结果，所使用的策略是被证明为最有效的启发式规则 grow-diag-final。得到分词结果之后，可使用 Berkeley 句法分析器对双语句对进行句法分析。

2. 针对所得到的词对齐的双语句法分析树，自动从中抽取出模糊树到精确树翻译规则

模糊树到精确树翻译规则可以看成是串到树翻译规则的句法增强形式，即是在串到树翻译规则的源语言端添加相应的句法结构信息。因此，目的是把串到树翻译规则转换为模糊树到精确树翻译规则：

（1）在词对齐的双语句法树对中抽取串到树翻译规则

这种抽取规则的算法已经在 11.6.3 节中详细地介绍了。图 11.29 展示的是源语言和目标语言对齐的句法分析树对，下面是利用该算法的串到树翻译规则：

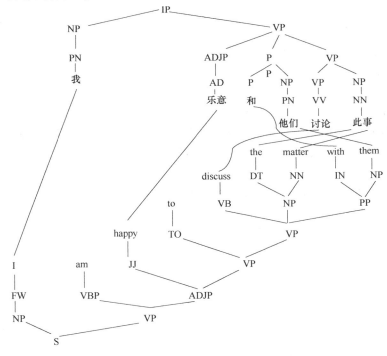

图 11.29　源语言和目标语言对齐的句法分析树对

ra：我→FW(i)

rb：乐意→JJ(happy)

rc：和→IN(with)

rd：他们→NP(them)

re：讨论→VB(discuss)

rf：此事→NP(DT(the)NN(matter))

rg：x0x1→PP（x0:IN x1:NP）

rh：x2x0x1→VP（x0:VB x1:NP x2:PP）

ri：x0→VP（TO（to）x0:VP）

（2）利用范畴语法的形式为每一条目标语言串到树翻译规则在源语言句法树中计算一个句法结构

1）若源语言端正好被某个句法节点 C 覆盖，则用该节点表示这个句法结构信息。

2）否则按顺序计算源语言端的串是否可以由如下虚拟句法节点表示：$C1 * C2$，$C1/C2$，$C2 \backslash C1$。$C1 * C2$ 表示源语言端的串可以由相邻的两个句法节点表示，$C1/C2$ 表示可以由句法节点 $C1$ 去除最右端的子节点 $C2$ 表示，同理 $C2 \backslash C1$ 表示可以由句法节点 $C1$ 去除最左端的子节点 $C2$ 表示。

3）如果 2）失败，再用 $C1 * C2 * C3$ 的联合表示或者 $C1..C2$（表示源语言中的串可以由最左端 $C1$ 和最右端 $C2$ 表示）。

4）若还是失败，则直接用虚拟节点 X 表示。

当每条串到树翻译规则的源语言端被赋予一个句法表示之后，就变成想要的模糊树到精确树翻译规则：

rk：我 {PN}→FW(i)

rl：乐意 {AD}→JJ(happy)

rm：和 {P}→IN(with)

rn：x2x0x1{PP * VP}→VP(x0:VB x1:NP x2:PP)

ro：x0 {PP * VP}→VP(TO(to)x0:VP)

3. 将抽取出的模糊树到精确树翻译规则进行概率估计，并训练目标语言端的语言模型

翻译模型采用最大似然估计方法，其优化目标采用对数线性模型。采用对数线性模型组合的特征有：

（1）模糊树到精确树翻译规则的 5 个翻译特征

1）相对于根节点的条件概率：

$$P(r \mid \mathrm{root}(r)) = \frac{c(r)}{\sum_{r':\mathrm{root}(r')=\mathrm{root}(r)} c(r')} \tag{11.15}$$

2）相对于源语言端的条件概率：

$$P(r \mid \mathrm{root}(r)) = \frac{c(r)}{\sum_{r':\mathrm{lhs}(r')=\mathrm{lhs}(r)} c(r')} \tag{11.16}$$

3）相对于目标语言端的条件概率：

$$P(r \mid \mathrm{root}(r)) = \frac{c(r)}{\sum_{r':\mathrm{rhs}(r')=\mathrm{rhs}(r)} c(r')} \tag{11.17}$$

4）模糊树到精确树规则的源语言端相对于目标语言端的词汇化概率：

$$P_w(f' \mid e',a) = \prod_{i=1}^{n} \frac{1}{|j \mid (i,j) \in a|} \sum_{(i,j) \in a} w(f'_i \mid e'_j) \tag{11.18}$$

5）目标语言端相对于源语言端的词汇化概率：

$$P_w(e' \mid f',a) = \prod_{i=1}^{n} \frac{1}{|j \mid (i,j) \in a|} \sum_{(i,j) \in a} w(e'_j \mid f'_i) \tag{11.19}$$

（2）假设 d 是由单词 w_1，w_2，w_3，$\cdots$，w_n 组成的句子或文档，那么语言模型概率可以表示为

$$p_{LM}(\tau(d)) = p_{LM}(w_1, w_2, w_3, \cdots, w_n) = p_{LM}(w_1) p_{LM}(w_2 \mid w_1) \cdots p_{LM}(w_n \mid w_1, w_2, \cdots, w_{n-1})$$
$$(11.20)$$

（3）在机器翻译中，译文长度的惩罚特征 $|\tau(d)|$ 用于评估翻译质量，$|d|$ 表示目标译文的长度，$|s|$ 表示源语言句子的长度，β 是一个控制惩罚程度的参数，可以根据具体需求进行调整：

$$|\tau(d)| = \exp\left(\beta\left(\frac{|d|}{|s|} - 1\right)\right) \qquad (11.21)$$

（4）在复合特征 $|d|$ 的情况下，基于二值规则对目标译文的长度进行计算和惩罚：

$$|d| = \begin{cases} 1, & |d| > L \\ 0, & |d| < L \end{cases} \qquad (11.22)$$

式中，L 指的是设置的阈值，当目标译文的长度超过 L，则复合特征 $|d|$ 的值为 1，表示要对其进行惩罚。

4. 设计源语言端句法结构与模糊树到精确树翻译规则的匹配准则，并估计匹配概率

匹配准则决定了如何有效恰当地利用源语言句法结构的知识，下面是三种匹配准则。

（1）0-1 匹配准则

对模糊树到精确树翻译规则进行转换，保留源语言端似然度最大的句法结构。这里的一个假设是，任何一个模糊树到精确树翻译规则的源语言端最具信息量的句法结构是出现频率最高的句法结构，例如规则 {P6, CC4}→IN(with) 转换后变为 {P}→IN(with)。

接着考虑源语言串的句法结构与模糊树到精确树规则的源语言端句法结构的匹配情况，若完全一致则赋予奖励，否则施以惩罚。

（2）似然度匹配准则

似然度匹配基于的一个假设是，模糊树到精确树翻译规则的源语言端的句法结构的贡献是由该句法结构的似然度决定的。根据假设，规则源语言端的句法信息通过最大似然估计得到，并通过 m-概率估计进行平滑，然后进行匹配。如果源语言中的串的句法结构与规则的源语言端句法信息匹配，采用该规则的最大似然度表示匹配概率，否则赋予一个平滑概率来表示：

$$\text{likehood}_t = \frac{n_t + mp}{n + m} \qquad (11.23)$$

（3）句法结构相似度匹配准则

将每个源语言端的句法结构都映射在一个 m 维实数向量中，然后在该向量空间计算任意两个句法结构的似然度。采用点积的算法计算任意两个句法结构 t、t' 之间的复杂度：

$$\vec{F}(t) \cdot \vec{F}(t') = \sum_{1 \le i \le m} f_i(t) f_i(t') \qquad (11.24)$$

计算句法结构之间的似然度是为了计算句法结构与模糊树到精确树翻译规则的相似度，先将规则的源语言端的句法结构集合利用似然度加权映射到一个 m 维实数向量中：

$$\vec{F}(\text{RS}) = \sum_{t \in \text{RS}} P_{\text{RS}}(t) \vec{F}(t) \qquad (11.25)$$

然后将对应的源语言串映射到一个实数向量，最后利用点积与某规则向量点积得到匹配概率：

$$\text{DeepSim}(t, \text{RS}) = \vec{F}(t) \cdot \vec{F}(\text{RS}) \qquad (11.26)$$

5. 设计翻译模型的优化目标,并利用模糊树到精确树翻译规则以及目标语言模型搜索测试语句的目标翻译

模糊树到精确树翻译模型的目标就是从待翻译源语言句子 f 翻译成目标语言句法树的所有派生 D 中,搜索一个最佳的推导 d^* ,采用对数线性模型融合所有翻译特征:

$$d^* = \underset{d \in D}{\arg\max} \lambda_1 \log P_{LM}(\tau(d)) + \lambda_2 |\tau(d)| + \lambda_3 |d| + R(d|f) \tag{11.27}$$

式中, $R(d|f)$ 表示翻译概率与句法结构匹配概率:

$$R(d|f) = \sum_{r \in d} \begin{aligned}&\lambda_4 \log p(r|\mathrm{root}(r)) + \lambda_5 \log p(r|\mathrm{lhs}(r)) \\ &+ \lambda_6 \log p(r|\mathrm{rhs}(r)) + \lambda_7 \log p_{\mathrm{lex}}(\mathrm{lhs}(r)|\mathrm{rhs}(r)) \\ &+ \lambda_8 \log p_{\mathrm{lex}}(\mathrm{rhs}(r)|\mathrm{lhs}(r)) + \lambda_9 \delta(\mathrm{is}_{\mathrm{comp}}) \\ &+ \delta(\mathrm{DeepSim}) \lambda_{10} \log(\mathrm{DeepSim}(\mathrm{tag}, r)) \\ &+ \delta(\mathrm{likelihood}) \lambda_{11} \log(\mathrm{likelihood}(\mathrm{tag}, r)) \\ &+ \delta(01) \{\lambda_{12} \delta(\mathrm{match}) + \lambda_{13} \delta(\mathrm{unmatch})\}\end{aligned} \tag{11.28}$$

用 d^* 得到的目标翻译即是运用模糊树到精确树翻译模型的最佳翻译结果。

11.8 基于谓词论元结构转换的翻译模型

基于谓词论元结构转换的模型是一种浅层语义分析技术,以一句话为分析单位,来分析句子的谓词论元结构,而不对句子中所表达的具体意思进行过多的深入分析,从而达到以谓语动词为句子核心,围绕谓语来研究句子中其他词性单词和谓语之间的关系。基于谓词论元结构转换的翻译模型在翻译句子时分为三步(见图 11.30):第一步是对句子标注语义角色,分析单词词性,分析句子的谓词混元结构(源端 PAS);第二步是在 PAS 转换规则下将源端PAS 转换为目标端 PAS;第三步将源端 PAS 各个元素的翻译候选(可能有多个)与目标端PAS 进行匹配合并,形成翻译结果。

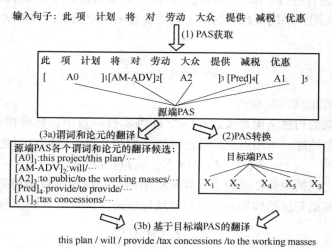

图 11.30 基于谓词论元结构转换的翻译模型实例[36]

下面先分析模型转换的第一步。现如今语义角色标注的性能表现并不是特别优异,所以需要在一个模型中对多种语义角色标注的方法做出综合的考量。在一个句子中，谓语是对主语的说明，是一句话的核心，与谓语匹配的名词称为论元。语义角色是指论元在动词所指事件中担任的角色，主要有施事者、受事者、时间、地点等信息，见表 11.2。以下面的这句话为例：

$$[小明]_{Agent} [昨天]_{Time} [晚上]_{Time} 在[公园]_{Location} [遇到]_{Predicate} 了[小红]_{Patient}$$

"遇到"是谓词，是这一句话的核心内容。"小明"是施事者，"小红"是受事者，"昨天"是事件发生的时间，"公园"是事情发生的地点，最后给各个角色贴上相对应的标签。

表 11.2　角色标签

标签	含义	标签	含义
Arg0	施事	ArgM-DIS	标记语
Arg1	受事	ArgM-DGR	程度
Arg2	范围	ArgM-EXT	范围
Arg3	动作开始	ArgM-FRQ	频率
Arg4	动作结束	ArgM-LOC	地点
Arg5	其他动词相关	ArgM-MNR	方式
ArgM-ADV	状语	ArgM-PRP	目的
ArgM-BNF	受益人	ArgM-TMP	时间
ArgM-CND	条件	ArgM-TPC	主题
ArgM-DIR	方向		

在了解什么是谓词论元结构和如何为各个角色贴上标签后，可更深入地了解双语联合语义角色标注方法，如图 11.31 所示。在单语标注源端和目标端的基础上，先对双语词语进行平行对齐，接着在双语平行对齐的基础上对谓词进行匹配，形成谓词对，然后利用单语标注生成候选论元，最后结合联合推断模型生成标注结果。而联合推断模型采用了线性规划技术，其中的对数线性规划模型依据两个论元之间对齐的概率，同时在两种语言源端和目标端进行语义标注，在一定程度上使得两个匹配的论元之间结构统一。双语联合标注在给出标注结果的同时，也在结构的相对位置上确定了翻译后论元的位置，这正是传统的语义角色所不足的地方。

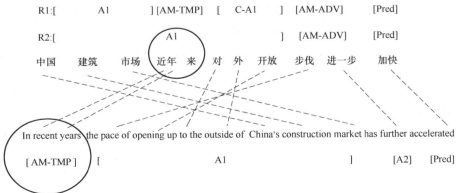

图 11.31　双语联合语义角色标注法样图

模型转换的第二步是将源端 PAS 转换为目标端 PAS。转换的核心是利用一个三元元胞组组进行转换，三元元胞组内放置三个元素，分别为 Pred、SP、TP，其中 Pred 是源端谓词，SP 是源端谓词所附带匹配的谓词源结构，而 TP 是目标端谓词所附带匹配的谓词源结构。

以图 11.32 中的双语联合语义角色标注图为例，其中 Pred 所代表的就是源端的谓词，也就是中文的"提供"这个词，而"提供"所匹配的谓词论元 SP 为一个集合，按照从左往右的顺序排列为［A0］，［AM-ADV］，［A2］，［Pred］，［A1］。由于双语联合语义角色标注法可以在标注完成的同时对目标端的谓词及谓词论元进行定位，由此可以得到 TP 的谓词论元的位置关系，从左往右顺序排列为 X1，X2，X4，X5，X3。要注意的是，要得到目标端谓词论元结构 TP，不可以只匹配源端的谓词（Pred），而且要去匹配其所对应的源端的谓词论元（SP）。这样做的原因是每一个谓词可能与多个论元有匹配关系，要反复比较从而得到与需要翻译的句子最适合的 TP。

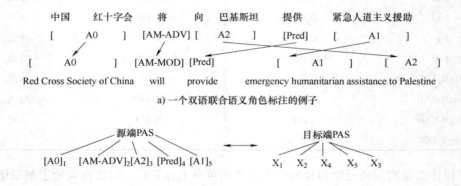

图 11.32　PAS 转换规则示意图

第三步是 PAS 翻译阶段。运用动态规划的思路，先把句子规模进行拆分，逐个获得各个谓词和论元的翻译候选，最后根据 TP 中的谓词论元的对应结构把之前获得的元素翻译候选按照顺序粘合起来，而基于 CYK 模式的解码算法正好满足其需求。

下面简述一下基于 CYK 模式的解码算法。首先利用之前已经获得的谓词论元结构 TP，以源端中的谓词作为核心，按照翻译目标的语言次序排列。比如图 11.33 所示的这个例子：利用 PAS 转换规则把源端的元素进行排列，获得跨度列表（0,2），（3,3），（7,7），（8,9），（4,6）。然后自下而上对这个跨度列表进行整合，形成每个元素在翻译目标语言中的翻译候选，这种方法有别于传统的 CYK 算法，此改进 CYK 算法会搜索所有可能的跨度候选，但是需要检验这个跨度所对应的元素在源端是不是相邻的，假如在源端不相邻，则就算跨度相近也不可以合并，由此它的谓词论元的匹配整合准确度更高。如图 11.35 所示，跨度（3,3）和（7,7）按照距离条件是可以合并的，但是它们在源端并不相邻，所以无法合并。由此改进的翻译模型不仅依靠于谓词论元结构中的跨度，还判断了目标端的 PAS 相邻条件，使得翻译解码时获得了更多的搜索空间，从而提高了翻译目标语言中谓词论元的匹配程度和最终翻译准确度。

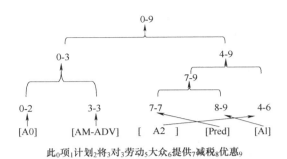

图 11.33　PAS 翻译

11.9　集外词翻译

在文本识别和机器翻译中，总能发现生词的存在，并且对翻译系统的性能结果产生不可预期的影响。研究人员称这些生词为机器翻译训练中的"集外词"，集外词的翻译对于需要大量训练语料的机器翻译系统来说，是一个十分重要且不能回避的评判环节。集外词多数属于姓名、地名和组织名，其余则是各类术语词汇和数字时间表达。

11.9.1　数字和时间表示的识别与翻译

一般所说的集外词识别和翻译的主要问题，其实是识别并且翻译实体、时间和数字。而其中实体又可以分为人名、地名和组织机构名。下面将依次介绍数字时间表达的识别翻译的各类方法和思想。

1. 正则文法

2012 年，Tu 等[38]设计了一种适用于多语言数字和时间识别的方法，称为正则文法，其具体思想是利用正则表达式的规则和翻译规则，在识别的同时还会同时保存目标语句的关键信息。比如，在识别出"2020 年 5 月 1 日"之后，该方法会将其中的年月日信息"2020 年""5 月""1 日"这些信息保存下来，作为变量，通过各自相应的翻译规则转化成对应的语言。翻译时，使用各类操作符对正则表达式截获的关键变量等量替换，获得最终的翻译结果，如图 11.34 所示。

（1）正则表达式

在以上所述的操作模式中，将变量信息通过对应的规则进行翻译，而这个规则包括用于截取变量的正则表达式和其操作组。

正则表达式是对字符串操作的一种工具，是一种逻辑公式，用事先定义好的特定字符组合表示一个规则字符串，对字符串进行一个逻辑上的过滤。比如以

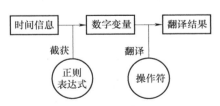

图 11.34　正则文法的识别与翻译模式

下的表达式"（1｜2[0-9]{3}）年（[1-9]｜10｜11｜12）月（[1-3]{0,1}[0-9]）日"就可以用于识别"2020 年 11 月 11 日"或是"1988 年 2 月 28 日"的日期。其中中括号内表示允许出现的数字范围，大括号内为前面数字出现的位数。

以上是日期的识别方法，类似地，也可以归纳出数字的表达"［二-九］{0,1}十［一-九］{0,1}点［一-九］万"用于识别"九十九点七亿"的表达。

（2）操作组

操作组由多个操作元组成，每个操作元是一条可以执行独立操作的最小命令单元，构成方式为

$$@ \text{ subject} + \text{operation} + \text{object}$$

其中，@ 是开始提示符，subject 是要操作的主体，也即数字变量；operation 是要对数字变量进行的操作，在这里可以填入插入、替换等操作符；object 是操作的客体，也是操作主体实施操作符的对象。

如图 11.35 所示，以"2020 年 11 月 11 日"为例，可以用如下的操作组来完成到"11September2020"的转换：

除了以上的规则外，还需要建立主体语言和目标语言的对照表，形式为"<源语言>/<目标语言>"，由于中英文的语言区别，数字在两种语言的表达上也会有区别，比如英文中有序数词和基数词而中文没有。所以在建立翻译表时，也要考虑这一点。

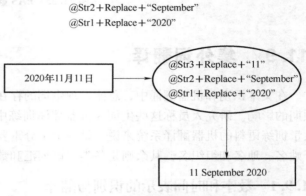

图 11.35　操作组的翻译过程

2. 基于规则的数字命名实体识别

从以上正则文法的处理方式可以看出基于规则的机器学习方法相较于基于统计的学习方法的优势之处，后者需要大量的语料支持，而前者合理利用了时间和数字命名实体的形式简单性和规律性。基于此可以指定识别和翻译的规则。即使是有规律可循的数字命名实体，其中的实体类别也有许多情况，每个类别有不同的识别规则：

1）对于数量与数码的识别，即获取阿拉伯数字串和汉语、英语词串。以左邻词和右邻词为依据区分数量与数码词。

2）对于时间、日期、序数词、星期的识别，即获取对应类别的名词词缀。利用习惯和常用形式对获取的名词和已识别得到的数字表达式进行组合；以左右相邻词或中间连接词作为识别标志。

每个类别也有不同的翻译规则：

1）找到词串中特殊的名词词缀。

2）确定词串中名词词缀和数字表达式的相对位置。

3）利用习惯或常用基准对识别得到的词串进行分解并翻译。

4）对翻译结果进行重排序。

在识别一个命名实体时，通常包括两部分，一是识别实体边界，二是确定实体类别。在这里，英语和汉语的情况又有不同。英语中的每个词虽然有空格为界，但是在时间和数字的表达方式上多变；汉语的识别和翻译则都是基于分词后的文本进行，实体边界识别的主要难点在分词上。

翻译的规则是在识别之后进行，要针对不同的实体类型使用不同的规则进行识别。由于需要在识别后的实体类型进行更细致的划分，此处的规则相较于前面的识别规则更为复杂。根据既有的识别和翻译规则，按照图 11.36 的运行逻辑，可以完成一个基于规则的数字时间命名实体识别翻译系统。

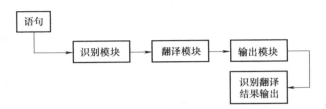

图 11.36 数字时间识别翻译系统运行逻辑示意

事实上，数字和时间的识别翻译相较于其他集外词而言更有可操作性，因为它们在识别时都表现出了较为明显的规律性，可以通过归纳和训练的方法总结出数字时间命名实体的形式规则，来进行相应的实体边界判别等操作。

11.9.2 普通集外词的翻译

1. 未登录词的翻译方法

早期统计机器翻译的方法未能准确地翻译含有未登录词的句子，这里主要介绍保持语义功能的未登录词处理方法[37]。与直接去外部寻找未登录词的翻译不同，该方法重点在于找到与未登录词语义功能最相似的词，然后替换掉未登录词，翻译完成后再用未登录词的翻译替换上去。这一方法的核心目的不在于翻译未登录词，而是尽可能确保上下文或短语的目标译文选择和调序不受未登录词影响，因此可以保持未登录词的语义功能，并且可以使得上下文得到更好的翻译和词序。实现步骤如下：

1）对于测试句子中的任意一个未登录词，在集内词中搜索与该未登录词语义功能最相似的词。

2）翻译之前将未登录词替换为集内词。

3）翻译之后将集内词的译文重新替换为未登录词，以便其他方法学习该未登录词的译文。

例如为百分之六左右，搜索集内词，发现"一半"与"百分之六"具有相似的语义功能，替换"百分之六"为"一半"，翻译为 is about 50%，再转换成 is about 百分之六，然后去找百分之六的翻译，代入，得到 is about 6%。这样就带来了一系列的问题，什么是语义功能？一个词的语义功能是该词在句子中扮演的语法和语义角色，有其本身的意义，也有它应在的位置，有了语义功能才能更好地安排上下文的位置和该未登录词的翻译。既然知道了什么是语义功能，那么如何让机器找到与未登录词语义功能最相似的集内词，这是最关键的一步，下面重点讨论这个方法的实现。目前普遍采用的模型有：分布语义模型和双向语义模型。

（1）分布语义模型

模型构造步骤如下：

1）语言预处理：将训练语料和测试语料的源端句子合并，把每个词分开和词性标注出来得到每个词的语义功能。

2）构建"词-词"矩阵：行数是总词数，每一行代表该词的上下文分布的向量，每一列代表一个词在所有词中上下文的占比。

3）选择上下文：将目标词附近 K 个词窗口内的词选择为目标词的上下文，K 的取值可以自己选择，得到的结果会不一样。

4）选择计算相似度的方法：计算两个词的上下文向量的超平面距离，在向量空间中计算两个词的相似度。

5）构建上下文向量：向量中的第 i 项为第 i 个词成为目标词的上下文的概率分布。可以根据目标词和上下文词的共现频率计算目标词和上下文的相似度大小，逐点互信息计算公式如下：

$$\text{PMI}(\text{tw},\text{cw}) = \log \frac{p(\text{tw},\text{cw})}{p(\text{tw})p(\text{cw})} = \log \frac{f_{\text{aw}}f_{\text{tcw}}}{f_{\text{tw}}f_{\text{cw}}} \qquad (11.29)$$

6）规范化：用二范数对构建的上下文向量进行规范化操作。

7）相似度计算：可以将两个目标词间的相似度转化成超平面中的向量的余弦相似度：

$$\text{Sim}(\text{tw},\text{tw}') = \cos(\text{tw},\text{tw}') = \frac{\langle V_{\text{tw}}^n, V_{\text{tw}'}^n \rangle}{\|V_{\text{tw}}^n\|_2 \|V_{\text{tw}'}^n\|_2} = \langle V_{\text{tw}}^n, V_{\text{tw}'}^n \rangle \qquad (11.30)$$

以上介绍了分布语义模型是如何构建的。可以看出，分布语义模型将一个词的语义信息近似成了该词的上下文总和的向量，将抽象的语义信息转换成了机器可以理解的向量空间模型。但是这种方法的缺陷是将上下文看作一个词袋，忽略了上下文之间的词序和依赖。下面将介绍双向语义模型。

（2）双向语义模型

单向语义模型可以分为前向语义模型和后向语义模型。前向语义模型构建了一个 $n-1$ 阶马尔可夫链，生成一个词时由前面的 $n-1$ 个词决定。在搜索与未登录词语义功能相似度最高的集内词时，可以在集内词中找到使得前 $n-1$ 个词为条件的前向语义模型的概率最大的词。与前向语义模型相类似，可以构建一个后向语义模型，不同的仅仅是生成一个词时由后面的 $n-1$ 个词决定。这里值得一提的是，将词的后向语义模型进行逆序操作之后，又转换成了前向语义模型，可以使用现成的前向语义模型概率估计和计算方法。最后，双向语义模型结合前向语义模型和后向语义模型，使得生成词时既兼顾了上文，又注意到了与下文的衔接性。以下给出示例：

源语言句子：……义演　现场　的　热烈　气氛……

基线系统的译文：…live　义演　and warm atmosphere…

其中，"义演"是未登录词。将"义演"替换为训练语料中与之语义功能最相似的"演习"之后，得到如下译文：

the warm atmosphere of the exercise

"义演"是未登录词，在集内词中找到"演习"可以使得双向语义模型概率最大，然后用"演习"替换"义演"翻译，翻译完成后再用"义演"替换"演习"，实现了较好的翻译。

2. 两种模型的比较

分布语义模型将每个词当作一个点，构建词向量矩阵存储上下文的关系，语义功能隐藏在每一行向量中，比较语义功能相似度用向量的余弦相似度来替换，而这样做不可避免地省去了一些信息，没有考虑到上下文之间的词序和依赖；双向语义模型综合了前向语义模型和后向语义模型，是理想模型的退化，很好地保存了上下文之间的关系和连接性，相比于分布语义模型，双向语言模型具有更好的性能。目前来看，未登录词翻译的算法复杂度很高，需要大量的计算，效率不是很高，还有待开发更优的算法；其次，未登录词的识别是未登录词翻译的前提，未登录词的识别非常抽象，难以评价优劣；最后，未登录词的翻译可望借助大数据和深度学习达到更好的性能和更高的效率。

11.10　统计翻译系统实现

1. 概述

统计翻译是目前不限领域机器翻译中性能较佳的一种翻译方法。统计翻译可以追溯到 1949 年提出的 IBM Model1，发展到现在已经衍生出许多优秀的机器翻译系统。统计机器翻译的核心任务是构造某种合理有效的统计模型，并在这个统计模型的基础上增加模型参数，设计参数估计算法。统计翻译系统已经从早期的基于词的机器翻译（噪声信道模型）过渡到基于短语的翻译，正研究如何融合句法信息，进一步提高翻译的准确性。近年来的基于短语的统计机器翻译通常采用区分性训练方法，需要参考语料进行有监督的训练。

2. 统计翻译系统实现步骤

1）语料预处理：需要借助平行语料，对输入的语料进行预处理，包括汉语的分词处理、英语的符号化处理、数字日期泛化处理、标点符号处理等，涉及大量技术。其中比较难以处理的是中文的日期，因为它的格式有许多种，例如，正月十三、十一月十号、七月既望、午时等。在处理后需要检查泛化的一致性，例如，翻译前的语言和翻译后的语言中数字和日期都要相等。汉语分词处理可以借助 Chinese Segmenter、ICTCLAS 分词系统、Urheen 分词系统等，英语的符号化处理可以借助 EGYPT 工具。得到的语料可以分成三部分，一部分用于词对齐和短语抽取，另一部分用于训练，剩下的用于检测系统的准确度。

2）词对齐：可以借助 GIZA++ 实现词的单向对齐，然后结合两个单向对齐的结果，利用对称算法生成最终的结果。

3）短语抽取：在上一步词对齐生成的矩阵中，1 表示对齐，2 表示不对齐，基本单位是第一步分词后的单个词。然后从矩阵中抽取 1 的短语对，短语对需要满足一致性要求，即短语中包含的词汇的对齐方需要在另一个短语中；短语对至少有一个单词对齐。

4）计算短语翻译概率：计算短语翻译概率即短语特征提取，对短语对的概率进行估计，可以用极大似然估计法，公式如下：

$$p(f \mid e) = \frac{\mathrm{count}(e,f)}{\mathrm{count}(e)} \tag{11.31}$$

这就是短语翻译的概率，其中 $\mathrm{count}(e,f)$ 表示在训练数据中源语言句子 e 和目标语言句子 f 同时出现的次数，$\mathrm{count}(e)$ 表示源语言句子 e 在训练数据中出现的次数。根据语言模型对这个概率进行排序，便于后续训练。

5）语言模型训练：不同语言模型的训练各有不同，这里就不一一赘述了，但值得一提的是，在区分性训练框架下，允许同时使用多个语言模型，因此可以由大语料训练得到的广泛语言模型加上相关特殊领域（如医学、科技等）的语言模型可以达到更好的效果。

6）系统调试：要开发一个全新的系统，系统调试永远是不可或缺的。尤其是翻译系统，不同模型的着重点有着很大的区别，实现时将抽象的语言实体化为向量或者矩阵，对数字、标点符号和字符的处理方法不同，都有可能得到差距悬殊的结果。对系统进行仔细调试，针对性地增加模块，可以很好地提高系统的容错率。

3. 可利用的工具

以下列出一些网上开源的关键算法开发工具及其用途：

1）SRILM 计算工具：SRILM 是一个建立和使用统计语言模型的开源工具包，利用它可以非常方便地训练和应用语言模型。给定一组连续的词，调用 SRILM 提供的接口，可以得到这组词出现的概率。

2）CMU-Cambridge 的语言模型计算工具：用 CMU 工具构建语言模型大致步骤包括：①准备语料库；②用 CMU 工具训练语言模型。常见 CMU 工具有 IRSLM、MITLM、SRILM 和 CMU-CLMTK。

3）语料处理和词对齐工具 EGYPT 及其扩展 GIZA++：GIZA 是 SMT 工具包 EGYPT 的一个重要部分，GIZA++ 可以用来进行平行语料的词对齐、得到概率表等。

4）基于贪心爬山搜索算法的 ReWrite 解码器：这是基于短语的统计机器翻译的解码器。

5）基于柱状搜索的 Pharaoh 解码器：训练过程用来从语料库中获得统计知识。它利用了已有的开源软件 GIZA++ 和 SRILM，GIZA++ 用来训练词语对齐，SRILM 训练语言模型，但解码没有公开源代码。但目前普遍的解码器是 MOSES。

6）最大熵模型的最小错误率参数训练工具：Maxent 库、NLTK 和 Hankcs。

7）GenPar 句法分析工具：GenPar 工具包实现了一个基于句法的统计机器翻译系统。基于句法的方法将句法结构信息引入到统计机器翻译中来，GenPar 的基本原理是利用多文本语法实现多语言句法分析、结构对齐和翻译。

8）BLEU、NIST 等系统评测工具：BLEU 算法是单纯将 n-gram 的数目加起来，而 NIST 是将得到的信息量加起来再除以整个译文的 n-gram 片段数目。NIST 可以看作是 BLEU 的改进，可以更好地凸显重点词。

11. 11 译文质量评估方法

11. 11. 1 概述

1. 简介

在自然语言处理领域，系统测评问题已经成为整个领域研究的重要内容之一。对于机器翻译领域来说，译文质量评估的重要性不言而喻，是机器翻译技术，包括整个翻译行业一直关注的研究点。

在机器翻译系统的译文质量评估中常用的评估标准有两种：一种是主观评估（subjective evaluation），即通过人工主观的判断对系统的输出译文进行打分；另一种是自动评估（automatic evaluation），即评估系统依据一定的数学模型对翻译系统输出的译文自动计算得分。

近年来，随着机器学习、深度学习的发展，自动评估逐渐成为译文质量评估研究的主流，相比于耗费大量人力且主观性强的主观评估，自动评估无疑更加符合预期。但现阶段自动评估系统还存在较多的问题，其很多方面性能都还没有达到要求，针对这方面的研究还有很长的路要走。

2. 译文质量评估的发展历史

1964 年美国国家科学院成立的语言自动处理咨询委员会（ALPAC）是最早的对机器翻译质量评估的组织，当时的评测只通过人工的方式对译文的忠实度和流畅性进行评测。20 世纪 90 年代初期，美国国家自然科学基金会和欧盟资助的国际语言工程标准（ISLE）计划专门设立了 EWG（Evaluation Working Group）机器翻译测评组。1992～1994 年，美国国防部高级研究计划署（DARPA）专门组织了一批专家，从译文的充分性、流畅性和信息量三个角度，对当时的法英、日英和西英的机器翻译系统进行了大规模测评。

国内较早的机器翻译评测系统是北京大学计算语言学研究所的俞士汶教授于 20 世纪 90 年代初研究开发的 MTE 系统，该系统使用分类评估法，通过专家设计的不同试题分别评测系统对相关语言点的处理能力。20 世纪 90 年代，国家 863 计划还专门组织了几次专家测评，对当时我国开发的汉英及英汉机器翻译系统进行了现场测评。

2002 年美国 IBM 研究人员提出 BLEU 评测方法，其基本出发点是，机器译文越接近职业翻译人员的翻译结果，翻译系统的性能越好，后来该评测方法不断被改进并沿用至今。

值得注意的是，在早年的国际机器翻译系统测评中，阿拉伯语是主要的源语言，但在最近几年，汉语毫无疑问已经成为国际机器翻译系统评测中首选的源语言，国际上对汉英机器翻译研究的关注日益增多。

11. 11. 2　技术指标

首先机器翻译的译文质量评估的标准并不唯一，分成主观评测标准和客观评测标准。

主观评测就是人工对机器翻译的结果进行评价打分。在 20 世纪 90 年代，美国的评测标准中，主观评测主要对两个方面进行打分：一个是译文的流畅性，另一个是译文的充分性。每个方面都是 0～5 分打分。2005 年，第二届 IWSLT 评测中加入了语义保持性的评测标准。同时三个方面每个方面的打分变为了 0～4 分。

流畅性是评价译文的通顺度，相当于严复所谓的翻译"信""达""雅"中的"达"。充分性和语义保持性共同来评测了译文的"信"，忠于原文，不删、不改、不增加。充分性重点考虑对原文的复现程度，语义保持性重点考虑的则是原文和译文的异同。可以把"信"作为最后的评价分数，类比机器学习模型的评价。

这样三个角度的测评就把翻译最基础的两个点就都覆盖了。之后就是评价人员的主观影响对评测的影响问题了。为了减少主观评测带来的不太真实的评估结果，可进行多次评测，确保评测的一致性。这种评估方式结果为人类所能接受，但评测的人非常耗时耗力。因此，就有了另一种评测方式和指标——客观评测。客观评测是机器依据设定好的程序对译文进行评测。这个设定好的程序可分成 BLEU、NIST、mWER、mPER、GTM、METEOR 等方法。

1. BLEU 方法

BLEU（Bilingual Evaluation Understudy）方法需要高质量的人工翻译的译文作为一个评

测的参考译文。因为人工译文有不止一种的优秀的表达，所以参考译文通常不会只有一句。机器译文和人工译文的相似度越高，则分数也越高。

为了避免机器译文中的单词是无意义的多次重复，可用 n 元精度值的对数加权平均来平衡这个值。若机器译文较短，那么精度值会比长译文更高，所以又引入了一个长度惩罚因子。当机器译文比参考译文短时就会使用这个长度惩罚因子。以下是 BLEU 的计算公式：

$$\text{BLEU} = \min(1, e^{1-r/c}) + \exp\left(\sum_{n=1}^{N} w_n \log p_n\right) \tag{11.32}$$

式中，r 为机器译文长度，c 为参考译文长度，w_n 为权重，p_n 是修正后 n 元语法的精度值。1 表示质量高，0 表示质量低。

2. ROUGE

ROUGE（Recall-Oriented Understudy for Gisting Evaluation）评价方法于 2004 年提出，该方法被广泛使用。ROUGE 是基于最长公共字串和指定句子内词对的共现统计的评测方法。相对于其他方法，ROUGE 与人工评价方法更加类似，一致性更强。ROUGE 现已成为翻译评价技术的通用标准之一。

假定对于一个文档集，其参考翻译为 r，翻译系统得出的翻译结果为 sum，则 ROUGE-n 的计算公式为

$$\text{ROUGE}_n(\text{sum}, r) = \frac{\sum_{n\_\text{gram} \in \gamma} \text{count}_{\text{match}}(n\_\text{gram}, \text{sum})}{\sum_{n\_\text{gram} \in \gamma} \text{count}(n\_\text{gram})} \tag{11.33}$$

式中，n_gram 代表词组，n 为词组的长度，$\text{count}_{\text{match}}(n\_\text{gram}, \text{sum})$ 表示词组 n_gram 在参考翻译 r 和翻译结果 sum 中共现的最大次数。如果 n_gram 在参考翻译中出现 a 次，在翻译结果中出现 b 次，那么 $\text{count}_{\text{match}}(n\_\text{gram}, \text{sum}) = \min(a, b)$。从以上计算公式中容易知道，$\text{ROUGE}_n$ 是关注召回率的评价指标。

如果该文档集同时有多个参考翻译，那么可将翻译结果与每个参考翻译分别计算 ROUGE-n，并取最大值作为最终结果。

3. NIST 方法

NIST（National Institute of Standards and Technology）方法是对 BLUE 方法的一种改进方法。针对 n 取较大值时出现的问题，NIST 改成算术平均和加权值改进。加权值由前一个 $n-1$ 元语法出现次数除以 n 元语法出现次数得到。NIST 方法的结果会比原本的 BLEU 方法更贴近人工评测的结果。

4. mWER 方法

基于参考译文，mWER 计算机器译文和多个参考译文的编辑距离，并取最短的编辑距离。这一编辑距离又称莱文斯坦距离，是一个字符串转成另一个字符串需要的最少操作。比如 Saturday 到 Sunday 编辑距离是 3。获得最短的编辑距离后需进行归一化处理，使得获得的分数在 0~1 之间。其中接近 0 则编辑距离小，质量好；接近 1 则编辑距离大，质量稍差。

5. mPER 方法

mPER 方法是 mWER 的变种。mWER 是以句子为单位计算每句的最小编辑距离的，而 mPER 是以单词为单位计算每个单词的最小编辑距离。mPER 在计算出分数后归一化，把分数映射到 0~1 的区间上。接近 0 则编辑距离小，质量好；接近 1 则编辑距离大，质量差。

6. GTM 方法

GTM 方法使用一元文法的 F-测度值。所谓的 F-测度值服从以下公式：

$$F = \frac{(a^2+1) \cdot \text{accuracy}}{\text{recall} + a \cdot \text{accuracy}} \quad\quad (11.34)$$

式中，a 是权重，一般取 1。与 BLEU 相同，GTM 也有对连续匹配长度加权的处理，同时也根据参考译文的长度限定计算出的相同单词的量。GTM 的结果判定 0 为最差，1 为最好。

7. METEOR 方法

METEOR 方法需要参考译文，对机器译文和参考译文进行逐个阶段的对位，每个阶段进行匹配以计算词汇词干同义词的匹配数量。METEOR 方法也会计算一元文法的 F-测度值。对长度惩罚因子，用 F-测度值乘以（1-长度惩罚因子）得到最后的分数。

11.11.3　相关评测

1. IWSLT 口语翻译系统评测

2004 年举行的第一届 IWSLT，主要面向翻译语音的评测，包括汉英互译，日语、阿拉伯语、韩语与英语的互译。从 2010 年开始出现了基于 TED 的评测，并且从 2012 年起，基于 TED 的评测数据会发布出来，会与之前最好的评测结果进行对比，观察进步情况。

2. NIST 机器翻译评测

NIST 机器翻译评测属于 DARPA TIDES 项目的一部分。DARPA 在 1999 年启动跨语言信息检测、抽取和摘要（TIDES）项目。NIST 开始于 2001 年，有两项评测任务，翻译语言从最初的阿拉伯语、汉语转英语到之后的英汉互译和阿拉伯语、乌尔都语转英语。测试集包括 NIST 的正确文本和 GALE 的语音识别转化来的文本。之后还分成测试集和进步测试集，进步测试集是把各个单位反馈的参考答案封存，用于之后的评测中。测试的语料包括新闻和网络用语。

3. WMT 机器翻译评测

WMT 机器翻译评测是由国际计算语言学会和欧洲计算语言学会的机器翻译兴趣小组发起的，主要关注欧洲国家之间的语言翻译。WMT 于 2006 年首次举办，其评测任务都会随着当年欧洲发生的比较重大的事件而改变。目前 WMT 是面向全世界的一个比较大型的公开评测。

4. CWMT 机器翻译评测

CWMT 机器翻译评测是我国国内的翻译评测。受国家 863 计划的委托，于 2005 年 7 月 12 日在厦门大学开展第一届全国机器翻译评测，当时被称为统计机器翻译研讨会（2007 年确定英文名为 SSMT）。翻译语言包括了英汉互译、汉日互译和英日互译。评测任务包括对话翻译和篇章翻译。对话翻译的语料涉及多个领域，篇章翻译的语料则主要来自于新闻领域。评测指标包括主观评测和客观评测。

往后每年都有一次统计机器翻译研讨会，2008 年更名为全国机器翻译研讨会。在 2011 年时评测语言除了英汉互译和日汉互译外，增加了更多语言，如藏语、维吾尔语、蒙古语、哈萨克语、柯尔克孜语这样的少数民族语言到汉语的翻译。CWMT 的召开地点大多在我国的各大高校和中科院研究所。

思 考 题

1. 统计机器翻译的局限性是什么？如何使用期望最大化（EM）算法解决这些局限性？

2. 如何训练神经机器翻译（NMT）模型来处理生僻词和集外词（OOV）术语？

3. 翻译惯用语的挑战是什么？如何在机器翻译中解决这些挑战？

4. 如何评估机器翻译系统的准确度和流畅性，以及通常使用哪些指标来达到此目的？这些指标是否本身也具有局限性？

5. 基于规则、统计和神经机器翻译系统在准确度、速度和灵活性方面的权衡是什么？

6. 机器翻译模型如何适应特定领域或类型，例如技术写作或文学文本？

7. 思考如何仅使用单语数据实现无监督机器翻译，这种方法的挑战是什么？

参 考 文 献

［1］ Peter F Brown, Vincent J Della Pietra. The mathematics of statistical machine translation: Parameter estima-tion［J］. Computational Linguistics, 1993, 19 (2): 263-311.

［2］ Ilya Sutskever, Oriol Vinyals, Quoc V Le. Sequence to sequence learning with neural networks［C］. The 27th International Conference on Neural Information Processing Systems, 2014.

［3］ 耿鹏程, 王晓东. 机器翻译的发展与局限［J］. 人工智能与机器人研究, 2020, 9: 211.

［4］ 钟媛媛, 延宏. 基于语料库的机器翻译的现状与前景［J］. 青年与社会, 2019 (21): 216-217.

［5］ 张家俊, 宗成庆. 神经网络语言模型在统计机器翻译中的应用［J］. 情报工程, 2017, 3 (3): 21-28.

［6］ Nagao M. A framework of a mechanical translation between Japanese and English by analogy principle［C］. The International NATO Symposium on Artificial and Human Intelligence, 1984.

［7］ Koehn P, Och F J, Marcu D. Statistical phrase-based translation［C］. NAACL, 2003.

［8］ Och F J. Minimum error rate training in statistical machine translation［C］. The 41st Annual Meeting of the Association for Computational Linguistics, 2003.

［9］ 李航. 统计学习方法［M］. 2版. 北京: 清华大学出版社, 2019.

［10］ John B, Sali A. Comparative protein structure modeling by iterative alignment, model building and model as-sessment［J］. Nucleic Acids Research, 2003, 31 (14): 3982-3992.

［11］ Och F J, Ney H. The alignment template approach to statistical machine translation［J］. Computational Lin-guistics, 2004, 30 (4): 417-449.

［12］ Marcu D, Wong D. A phrase-based, joint probability model for statistical machine translation［C］. The 2002 Conference on Empirical Methods in Natural Language Processing (EMNLP 2002), 2002.

［13］ Wang Y Y, Waibel A. Modeling with structures in statistical machine translation［C］. The 36th Annual Meet-ing of the Association for Computational Linguistics and 17th International Conference on Computational Lin-guistics, 1998.

［14］ Wang Y Y, Waibel A. Decoding algorithm in statistical machine translation［C］. The 35th Annual Meeting of the Association for Computational Linguistics and 8th Conference of the European Chapter of the Association for Computational Linguistics, 1997.

［15］ Och F J, Tillmann C, Ney H. Improved alignment models for statistical machine translation［C］. 1999 Joint SIGDAT Conference on Empirical Methods in Natural Language Processing and Very Large Corpora, 1999.

［16］ Wahlster W. Verbmobil: Translation of face-to-face dialogs［C］. The Fourth Machine Translation Summit, 1993.

［17］ Papineni K, Roukos S, Ward T, et al. Bleu: a method for automatic evaluation of machine translation

［C］. The 40th Annual Meeting of the Association for Computational Linguistics，2002.

［18］ Wu D. Stochastic inversion transduction grammars and bilingual parsing of parallel corpora ［J］. Computational Linguistics，1997，23（3）：377-403.

［19］ Zhang Y，Vogel S，Waibel A. Integrated phrase segmentation and alignment algorithm for statistical machine translation ［C］. International Conference on Natural Language Processing and Knowledge Engineering，2003.

［20］ Zhang Y，Vogel S. Competitive grouping in integrated phrase segmentation and alignment model ［C］. The ACL Workshop on Building and Using Parallel Texts，2005.

［21］ Darroch J N，Ratcliff D. Generalized iterative scaling for log-linear models ［J］. The Annals of Mathematical Statistics，1972，43（5）：1470-1480.

［22］ Li Z，Callison-Burch C，Dyer C，et al. Joshua：An open source toolkit for parsing-based machine translation ［C］. The Fourth Workshop on Statistical Machine Translation，2009.

［23］ Marton Y，Chiang D，Resnik P. Soft syntactic constraints for Arabic-English hierarchical phrase-based translation ［J］. Machine Translation，2012，26（1）：137-157.

［24］ Huang Z，Cmejrek M，Zhou B. Soft syntactic constraints for hierarchical phrase-based translation using latent syntactic distributions ［C］. The 2010 Conference on Empirical Methods in Natural Language Processing，2010.

［25］ Venugopal A，Zollmann A，Smith N A，et al. Preference grammars：Softening syntactic constraints to improve statistical machine translation ［C］. Human Language Technologies：The 2009 Annual Conference of the North American Chapter of the Association for Computational Linguistics，2009.

［26］ Chiang D. Learning to translate with source and target syntax ［C］. The 48th Annual Meeting of the Association for Computational Linguistics，2010.

［27］ Gao Y，Koehn P，Birch A. Soft dependency constraints for reordering in hierarchical phrase-based translation ［C］. The 2011 Conference on Empirical Methods in Natural Language Processing，2011.

［28］ Li J，Tu Z，Zhou G，et al. Head-driven hierarchical phrase-based translation ［C］. The 50th Annual Meeting of the Association for Computational Linguistics，2012.

［29］ Shen L，Xu J，Weischedel R. A new string-to-dependency machine translation algorithm with a target dependency language model ［C］. ACL-08：HLT，2008.

［30］ Och F J，Ney H. Discriminative training and maximum entropy models for statistical machine translation ［C］. The 40th Annual meeting of the Association for Computational Linguistics，2002.

［31］ Koehn P. Pharaoh：a beam search decoder for phrase-based statistical machine translation models ［C］. Conference of the Association for Machine Translation in the Americas，2004.

［32］ Koehn P. Noun phrase translation ［D］. Los Angeles：University of Southern California，2003.

［33］ Zhai F，Zhang J，Zhou Y，et al. Tree-based translation without using parse trees ［C］. COLING 2012，2012.

［34］ Zhai F，Zhang J，Zhou Y，et al. Unsupervised tree induction for tree-based translation ［J］. Transactions of the Association for Computational Linguistics，2013（1）：243-254.

［35］ Dempster A P，Laird N M，Rubin D B. Maximum likelihood from incomplete data via the EM algorithm ［J］. Journal of the Royal Statistical Society：Series B（Methodological），1977，39（1）：1-22.

［36］ 宗成庆. 统计自然语言处理 ［M］. 2 版. 北京：清华大学出版社，2013.

［37］ Zhang J，Zhai F，Zong C. Handling unknown words in statistical machine translation from a new perspective ［C］. CCF International Conference on Natural Language Processing and Chinese Computing，2012.

［38］ Tu M，Zhou Y，Zong C. A universal approach to translating Numerical and Time Expressions ［C］. The 9th International Workshop on Spoken Language Translation，2012.

［39］ Chiang D. A hierarchical phrase-based model for statistical machine translation ［C］. The 43rd Annual Meeting of the Association for Computational Linguistics（ACL'05），2005.

［40］ 高峰. 基于最大熵模型的不良文本识别方法研究［D］. 太原：山西大学，2009.

［41］ 应志野. 基于最大熵的机器翻译研究与实现［D］. 成都：电子科技大学，2016.

［42］ Ratnaparkhi A. A simple introduction to maximum entropy models for natural language processing［R］. IRCS Technical Reports Series，1997.

［43］ Galley M，Hopkins M，Knight K，et al. What's in a translation rule?［C］. HLT-NAACL，2004.

［44］ Galley M，Graehl J，Knight K，et al. Scalable inference and training of context-rich syntactic translation models［C］. The 21st International Conference on Computational Linguistics and 44th Annual Meeting of the Association for Computational Linguistics，2006.

［45］ Zhang J，Zhai F，Zong C. Augmenting string-to-tree translation models with fuzzy use of source-side syntax［C］. The 2011 Conference on Empirical Methods in Natural Language Processing，2011.

［46］ 李宇明. 量词与数词、名词的扭结［J］. 语言教学与研究，2000（3）：50-58.

［47］ 郑宏. 汉英双向时间数字和数量词的识别与翻译技术［D］. 哈尔滨：哈尔滨工业大学，2011.

［48］ 翟飞飞，夏睿，周玉，等. 汉英双向时间和数字命名实体的识别与翻译系统［C］. 第五届全国机器翻译研讨会论文集，2009.

［49］ 张栋，陈文. 基于上下文相关字向量的中文命名实体识别［J］. 计算机科学，2021，48（3）：233-238.

［50］ 陈剑，何涛，闻英友，等. 基于BERT模型的司法文书实体识别方法［J］. 东北大学学报（自然科学版），2020，41（10）：1382-1387.

［51］ 王松，杨沐昀，赵铁军. 基于统计的命名实体翻译［C］. 黑龙江省计算机学会2007年学术交流年会论文集，2007.

［52］ Callison-Burch C，Osborne M，Koehn P. Re-evaluating the role of BLEU in machine translation research［C］. 11th conference of the european chapter of the association for computational linguistics，2006.

［53］ Zhang T，Kishore V，Wu F，et al. Bertscore：Evaluating text generation with bert［J］. arXiv preprint arXiv：1904.09675，2019.

［54］ Moorkens J，Castilho S，Gaspari F，et al. Translation quality assessment：from principles to practice［M］. Cham：Springer，2018.

［55］ Fiederer R，O'Brien S. Quality and machine translation：A realistic objective［J］. The Journal of Specialised Translation，2009，11（11）：52-74.

第 12 章 问答系统与多轮对话

12.1 引言

从最早的图书馆检索系统、专家系统到当下的搜索引擎，快速而又高效地获取信息一直是人们的追求。问答系统则是在搜索引擎的基础上进一步发展而来的，它不仅可以提供搜索结果，还可以对用户的提问进行深度解析，并提供更为精准的答案。智能问答系统通过对输入数据进行一定的处理，通过自然语言处理技术理解用户的需求，在复杂的信息中提取出有用的事实，并为他们生成出所需要的答案。

12.1.1 什么是问答系统

在日常生活中，评价人的"聪明程度"，往往通过一系列测试来实现，这些测试的基础离不开问答的形式。而对于机器，著名的图灵测试也是利用问答的方式来测试机器的智能水平。

问答系统（Question Answering，QA）是一个能回答任意自然语言形式问题的自动机。它的基本工作流程与人进行提问到思考再进行回答的思维过程相近，大致可以分为三个部分：问题理解，答案检索，答案生成。为了对问题做出回答，首先需要理解问题问的是什么。通常采用问题分类、关键词识别、相似问题扩展等技术，更好地理解用户的提问。在理解了提出的问题后，通常会组织成一个计算机可理解的检索式，进行答案检索。检索式的格式需要通过知识库的结构决定。例如，采用神经网络"端到端"（end-to-end）模型，需要将问题理解后得到的矩阵向量与知识库的矩阵向量进行运算，得到的计算结果蕴含了答案信息。检索的具体过程中包括非结构化信息检索、结构化信息检索和推理。最后是答案生成，从检索到的若干相关文档中，提取最核心的知识，选取最佳的答案，采用候选答案定位、答案提取和答案摘要等技术。总的来说，问答系统需要综合运用自然语言处理、机器学习、知识图谱、信息检索等技术，以实现高效、准确的问题回答，大致结构如图 12.1 所示。

智能问答系统的发展历史大约为 70 年，到目前为止已经经历了四代问答系统的更替，图 12.2 展示了问答系统发展的时间轴。

早期问答系统大多数基于符号表征，针对特定领域，不易扩展。这一范式通常只能接受特定形式的自然语言问句，即在事先定义的规则和模板范围内工作。后来出现了基于逻辑推理的方法，但是存在着一个致命的缺陷——答案中至少要包含一个用户问句中所包含的字词。虽然浅层语义理解技术部分地解决了这个难题，不过依旧存在"语义鸿沟"等问题。

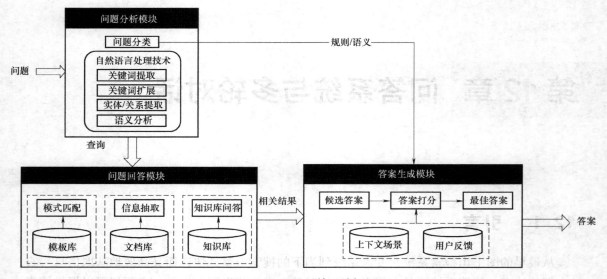

图 12.1　通用问答系统框架

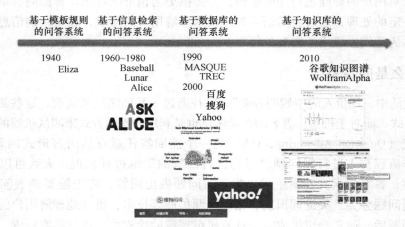

图 12.2　问答系统发展时间轴

再后来随着机器学习技术的发展以及知识库规模的扩大，尤其是深度学习的应用，问答系统得到了更加显著的提升。使用分布式向量的运算替代文本的匹配，可以一定程度上解决过去的语义鸿沟问题。特别是在大数据、云计算和知识图谱的支持下，智能问答系统能够更加准确地理解用户提问，从海量知识库中找到相关信息，并生成准确的答案。

在我们的生活中，问答系统被越来越广泛地应用。我们网购时常可遇见的智能客服、聊天机器人，如图灵机器人、京东客服机器人 jimi 等，这些都是问答系统的应用，为人们的生活提供了极大的便利。相信在未来，会有更多功能、更加专业的问答系统出现，提升工作效率和生活质量。

12.1.2　从问答到对话的扩展

在问答系统"一问一答"的过程中，机器不仅满足了人们寻找知识的需求，还实现了对话交流的过程。近年来，问答的概念逐渐扩展到了人机对话的领域，人们希望利用自然语言与机器进行交流。伴随着语音处理技术的发展，用户和机器的交互可以从晦涩难懂的命令行控制，发展为自然亲切、人人可参与的对话式界面交互。

完整的对话系统主要包括三个步骤：语音识别，文本对话，语音合成。其中，语音识别将语音信号转化为文本，还可以从中提取语气、语调、情绪等信息。语音合成将机器得到的文本对话回复转化语音信号，从而实现和用户的完整交互。这两部分技术不在本章进行重点介绍。而文本对话的处理则与问答系统类似，可以将单轮的对话近似看作一组问答。

与问答相比，对话系统存在新的挑战。首先，对话系统的形式更为复杂多变。日常生活中，人们的随意聊天不仅限于问句，还会出现打招呼、抒发感情之类的句子。体现在闲聊型对话系统中，机器对用户输入的意图更加难以理解，基于模板的方式难以匹配多种多样的用户输入。其次，当对话的轮次逐渐变多时，人们的聊天主题跳跃多变，机器需要理解更多的上下文信息，以及及时转换主题。最后，随着情感计算的发展，人们越来越希望得到更有"温度"的对话系统。如何将情感计算与对话系统结合，实现更理解用户意图，符合用户情感需求的智能对话系统，应用在老年人或留守儿童的陪护，同样是一个充满挑战的领域。

12.2　第一代：基于模板规则的问答系统

对于最早一代的聊天机器人，核心是基于模板规则的问答系统。以代表系统 Eliza 为例，我们分析第一代问答系统的技术要点。

Eliza[1]诞生于美国麻省理工学院人工智能实验室，历时三年开发，贡献者是 Joseph Weizenbaum。它是一个完全基于规则的聊天机器人，模拟了一个心理医生。Eliza 是以 MAD-SLIP 程序语言编写，并且在 36 位元架构的 IBM 7094 大型计算机上运行，所有程序代码约有 200 行。图 12.3 给出了 Eliza 系统与用户的具体对话过程示例，从中我们可以分析出它的三个基本模板规则。

你: 人啊，都一个样
Eliza: 怎么样啦？（万能模板）
你: 他们总会带来一些烦扰
Eliza: 你有具体的例子吗？（万能模板）
你: 我的好朋友使得我来这
Eliza: 你的好朋友使得你来这？（全句重复）
你: 他说最近我大部分时间都很郁闷
Eliza: 噢听见你很郁闷我感到难过（关键词重复）
你: 我最近都失眠了
Eliza: 真的吗？（万能模板）

图 12.3　Eliza 的问答模板示例

基于模板匹配的技术，首先通过人工定义构造问题的模板。在用户输入问句后，通过字符串的技术，匹配到对应的模板，再根据模板中定义的规则问题的关键词，进行后续的处理。

Eliza 系统中，定义了三类基本模板：万能模板，全句重复模板，关键词重复模板。当 Eliza 在提问者的句子中没有匹配到关键词时，它会使用万能模板或全句重复模板来回答。而当匹到关键词时，它会采用关键词匹配或置换的方法，依循提问内容重复说词，或是针对关键字词进行回答。

假设有关键字"me"，句型模板为"xxxxxx you xxxxxxx me"，置换规则为 what makes you think I xxxxx you。那么，当输入"Yesterday you hurt me."时，输出为"What makes you think I hurt you?" 这就完成了一个基于关键词重复模板的回答。

　　基于模板匹配的方式响应速度快，准确率高，Eliza 可以应用在一些较为简单的场景下，例如老年人情感陪护。但缺点也很明显。这种方法前期需要构建复杂而庞大的模板库，当用户提出新的提问方式时，需要添加新的模板。同时，它也不适用于复杂多变的自然语言表达方式。同样意图的句子会存在多种不同的提问形式，且用户的输入中会出现其他口语化表达，这都对模板匹配带来困难。

　　此外，Eliza 虽然可以完成用户的回复，为用户生成一个完整的句子，但它对语义的理解能力有限，生成的内容包含的知识也有限，时常会出现"答非所问"的情况。我们希望问答系统可以拥有更多的知识，给出类型更丰富的回答，因此，第二代问答系统应运而生。

12.3　第二代：基于信息检索的问答系统

　　以 Eliza 为代表的第一代问答系统语义理解的能力有限，能给出的回答也有限。在此基础上，第二代系统利用信息检索，较好地提升了性能。

　　人类思考问题时，通常会理解问题的题意，再思考自己的所学知识，最终给出答案，第二代问答系统的工作流程非常类似。机器通常首先分析问题，理解问题的意思，再将其转化为一个查询（query），然后在结构化数据或网络中进行查询，返回的查询结果即为问题的答案。我们以 Baseball 系统举例，来分析第二代问答系统的工作过程。

12.3.1　问题理解

　　Baseball 系统能回答关于美国棒球联赛的相关问题。对于问题"7 月 7 日红袜队在哪里比赛？"，机器首先需要理解问题的题意，知道用户问的是什么。在这个问题中，我们可以得到问题的规范列表，见表 12.1。

表 12.1　Baseball 问题规范列表示意

Team	Red Sox	Month	July
Day	7	Place	?

　　于是，我们知道用户询问的应该是"Place"，在结构化数据或网络中，就会对地点进行查询。

　　在中文中，也有着同样的问题内容分类体系。哈尔滨工业大学 IR 研究室将中文问题分为 7 个大类，表 12.2 展示了该分类体系的结构。

表 12.2　哈尔滨工业大学 IR 研究室中文问题分类体系

	大类	小类
1	人物（HUM）	特定人物 团体机构 人物描述 人物列举 人物其他
2	地点（LOC）	星球 国家 省 城市 河流 湖泊 山脉 大洋 岛屿 地点列举 地址 地点其他
3	数字（NUM）	号码 数量 价格 百分比 距离 重量 温度 年龄 面积 频率 速度 范围 顺序 数字列举 数字其他
4	时间（TIME）	年 月 日 时间 时间范围 时间列举 时间其他

（续）

	大类	小类
5	实体（OBJ）	动物 植物 食物 颜色 货币 语言文字 物质 机械 交通工具 宗教 娱乐 实体列举 实体其他
6	描述（DES）	简写 意义 方法 原因 定义 描述其他
7	未知（Unknown）	未知

理解问题的过程中，不仅要理解用户问的是什么，还要理解问题的类型。

在英文中，根据句子开头的疑问词类型，很容易判断出问题的类型与关注点。中文中的句型更加多变，但是基本的提问形式与疑问词类型大致相近。

对于问题的种类，我们可以做出下列划分：

事实型问题。这类问题通常询问的是一个确定事实中的基本信息，表 12.3 展示了事实型问题的例子。

表 12.3　事实型问题举例

问题类型	疑问词	例子
询问人	谁	谁发现了北美洲？
询问时间	什么时候/何时/哪年…	人类哪年登陆月球？
询问数量	多少/几/多大/多高…	茉莉花每年能开花几次？
询问地点或位置	哪/哪里/什么地方	黄山在哪个省？

定义型问题。这类问题通常询问一件事物的具体定义。例如，"是什么""什么是"。

复杂性问题。这类问题通常包含较多的知识，需要生成较为复杂的回答。例如，"为什么""如何"。

12.3.2　答案检索

理解问题之后，我们通过在数据库中进行答案检索，来获得最终的答案。数据库既可以由人工整理成结构化的数据，又可以以非结构化的方式存储以便后期检索。知识库直接影响了问答系统回答问题的能力和效率。一个大而全的知识库可以使问答系统更"聪明"，能够回答更多的问题，但可能降低性能，影响用户体验。因此，知识库的组织管理通常与信息检索技术密不可分。对于第二代问答系统，机器通常从非结构化数据（如搜索引擎）或结构化数据中进行检索。

1. 非结构化数据

非结构化的信息，通常是指没有或很少标注的整篇文档组成的集合。在这些文档中，信息蕴含在文本中，并没有组织成实体、属性这样的结构。这时，我们可以借助信息检索技术挖掘与问题相关的信息。

最直观的理解是使用搜索引擎。对于"7 月 7 日红袜队在哪里比赛？"，机器已经提取出了问题需要询问的是地点，它就会在搜索引擎中寻找地点的相关知识，返回的地点答案即为答案候选词，如图 12.4 所示。

在挑选出的多篇文档的多个段落中，也需要找出更可能包含答案的段落或局部文本，因此也要对这些文本块进行排序。在圈定文本范围时，通常只取一个最小的窗口，使得窗口内

在结构化数据或网络中进行查询

图 12.4 在网络（非结构化数据）中进行检索

的文本包含尽可能多的问题关键词。这个局部文本块称为"段落窗口"（paragraph window）。问答系统中的经典做法是采用标准基数排序（standard radix sort）算法。排序指标通常包含以下三个因素。

1）相同顺序的关键词数目：按照问题中各个关键词的先后顺序，统计在段落窗口内具有相同顺序的关键词数目。

2）最远关键词间距：这个段落窗口中相距最远的两个问题关键词之间的单词数目。

3）未命中关键词数：段落窗口未包含的问题关键词数目。

经过这一步骤，检索到的文档被提炼为若干文本块，这便于之后答案生成步骤的答案提取，使问答系统的回答更加精准。

2. 结构化数据

结构化知识，主要侧重于一个实体的各个属性（attribute）及它们之间的关系。主要的结构化知识有如下类别。

1）百科类知识：传统的如百科全书，现在互联网上流行的如维基百科（Wikipedia）、互动百科、百度百科等。这些百科数据是由一个个条目（以实体为主）组成的。每个条目都有其简介、属性及其他相关信息。百科条目的属性通常清晰明了，结构性强，但其他部分均为整篇非结构化文本。例如，维基百科中的"北京市"条目，其结构化属性包括"面积""人口""邮政编码"等，但对其历史、交通的介绍则为非结构化文本。当然，在网络百科中，一个文本中的实体名称往往以超链接的方式标明。这对我们识别主条目引用实体的情况有利，便于定位答案。

2）关系类知识（本体）：在实际数据表示中，通常可以简化为关系类结构：两个事物 E_1、E_2，以及它们之间的关系 R，即三元组 (E_1, R, E_2)。这可以解决问答领域中的一些事实类问题。例如"北京的面积是多少？"这个问题，通过理解问题，我们得知问题是找"北京"这个实体（E）通过"面积"这个关系（R）连接的另一个事物（E），利用关系知识（北京，面积，16410km^2）可得到答案"16410km^2"。比较著名的关系类知识库有 DBpedia 和 YAGO，这些都是从维基百科中抽取并组织形成的关系结构数据库。图 12.5 展示了问题"你知道如何在 Imagen 上打印文件吗？"在结构化数据中检索答案的过程，这种结构化数据也是知识图谱的雏形。

270

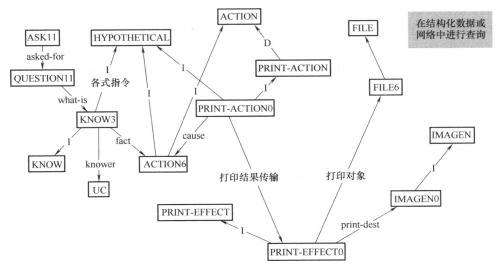

图 12.5　在结构化数据中进行检索

12.4　第三代：基于数据库的问答系统

从第二代问答系统开始，机器逐渐拥有了丰富的知识数据，逐渐增强了理解问题语义和寻找更恰当答案的能力。但是，随着用户越来越丰富的需求，过去的知识已经不能满足日益丰富多变的输入问题，问答系统需要更多的知识，含有专家系统的第三代问答系统应运而生。

专家系统（Expert System，ES）是在某一特定领域中，能够像人类专家一样解决复杂问题的计算机软件系统。专家多年积累的经验和专业知识被存储在专家系统中，作为支撑机器的数据库。通过模拟专家的思维过程，它能解决需要专家才能解决的问题。专家系统需要通过一定的知识获取方法，将专家知识保存在知识库中，然后运用推理机，结合人机交互接口进行工作。

沃森（Watson）是美国 IBM 公司生产的一台超级问答系统。它由 90 台 IBM 服务器、360 个 CPU 组成，每个 CPU 主频可达 4.1GHz。它有 15TB 内存，每秒可进行 80 万亿次运算，存储了大量图书、新闻和电影剧本资料、文选及《世界图书百科全书》（World Book Encyclopedia）、《辞海》等海量的资料。

第三代问答系统同样遵循问句理解、答案检索、答案生成的工作流程。但与第二代问答系统相比，它不再使用简单的模板规则匹配方法，语义理解能力更强，来自领域专家的海量知识也让它能够回答更多的问题。

12.4.1　问题理解

1. 语义分析技术

在此基础上，人们从问题的词法、句法进行分析，进一步解析句子的语义。对于句子中的词语，进行分词、词性标注、命名实体识别，可以确定句子中哪些词语更重要（关键词)。基于依存关系可以解析出句子中的组合成分,通过抽取实体与关系,进一步得到三元组的知识表示,便于利用知识库进行检索。此外,通过构建句子的语法依存树(dependency tree),可以更好地解析句子的句法结构,理解问题,如图 12.6 所示。这些语义分析的处理方法可以更灵活地分析不同的问句及其变体,在大规模语料训练后有较为准确的结果,但是不像模板方法一样直观,在罕见句子上也可能出错。

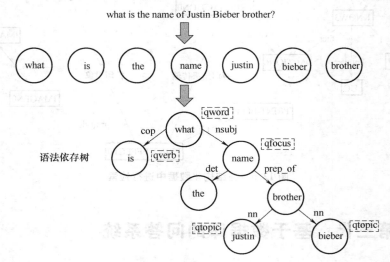

图 12.6 语法依存树举例

2. 问句改写与问句扩展

自然语言的复杂多变性加深了问题理解的困难。首先,问句中存在同义词造成的多样性,给句子理解带来歧义。例如,同义词("土豆"与"马铃薯")、简称("广东"与"粤")、人名("陈奕迅"与"Eason Chan"),从词的角度并不相同,但是却表达了一样的词义。我们需要使用共指消解、实体消歧等技术来将不同的词进行改写,消除句子的词义。可以借助《同义词词林》等同义词词典、知识图谱,或从语料中学习新词的词义。其次,在句子级,同样可以借助句法分析与句子复述技术识别同一含义的不同表达方式,在复述表(paraphrase table)中找到相应的复述短语、模板、固定搭配。例如"我的新班主任老师是谁"与"我的新班主任老师叫什么"是同一含义的。最后,针对长难句子,借助语法树与关键词词典等,可以实现句子的压缩。通过标点或空格分割长句成若干个短句,然后对短句分类,去掉口语化表达等。再基于概率和句法分析的句子压缩方案,只保留主谓宾等核心句子成分,同时配合关键词词典,确保关键词被保留。

3. 基于特征工程的方法

在神经网络出现之前,许多问答系统都基于不同的非神经网络技术进行开发。

TF-IDF 利用候选答案与查询和给定文档之间的词法相关性,预测出所有文档中相似度最高的候选。TF-IDF 被广泛应用于信息检索领域,并在机器阅读理解任务中也占有一席之地。但由于 TF-IDF 往往忽略文档间的信息,难以检测出问题对跨文档推理的依赖程度。

滑动窗口算法[9]基于滑动窗口中的简单词汇信息来预测答案。该算法受 TF-IDF 启发,使用倒排字数作为每个单词的权重,最大化给定段落中答案和滑动窗口之间的词袋相似度。

对数概率回归从候选文本中提取大量的特征，包括长度、二元频度、词频、词法特征、依赖树路径特征等，并根据这些信息预测文本跨度是否是最终答案。

增压法可看作一个排序问题，使得预测答案的得分在所有候选中排名靠前。该算法通过特征工程，选择多个特征模板形成一个代表候选的特征向量，并学习权重向量，使正确答案排名最高。

4. 基于深度学习的方法

随着各种大型基准数据集的发布和深度学习技术的发展，基于神经网络的方法比传统的基于规则和机器学习方法具有优势，并逐渐成为研究界的主流。

在基于深度学习的问答系统中，问题理解成为了深度学习框架中的特征提取模块，通常放置在嵌入层之后，需提取问题的信息。该模块主要应用循环神经网络（RNN）、卷积神经网络（CNN）和 Transformer 等架构，以更好地关注基于嵌入模块编码的各类句法和语言信息，在句子级完成问题理解。

12.4.2 数据库的涌现

第三代问答系统的发展，离不开海量数据的积累与数据集的发展。这里介绍一些经典的数据集。

TREC-QA⊖

TREC-6[2]由 6 个类别的问题组成，TREC-50 由 50 个类别的问题组成。这两个版本，其训练和测试数据集都分别包含 5452 和 500 个问题。

SQuAD

Stanford Question Answering Dataset（SQuAD）[3]是源自维基百科文章的问答对。SQuAD 1.1 包含 536 篇文章中的 107785 个问答对。SQuAD 2.0 是最新版本，在原来基础上增加对抗性问题的同时，也新增了一项任务：判断一个问题能否根据提供的阅读文本作答。

MS MARCO

MS MARCO 由微软发布。与 SQuAD 不一样，SQuAD 所有的问题都是由编辑产生的，MS MARCO 中所有的问题都是在 Bing 搜索引擎中抽取用户的查询和真实网页文章的片段组成。一些回答的答案获取方式是"生成的"，所以这个数据集可以用于开发生成式问答系统。

WikiQA

WikiQA 是源自维基百科文章的问答对。该数据集包括编辑器生成的问题和通过匹配问题中的内容词选择的候选答案句。此外，WikiQA 数据集还包括没有正确句子的问题，使研究人员能够研究答案触发。

Quora⊖

这个数据集可用来查找重复的问题。包含超过 400000 个问题对，每个问题对都有一个二分类标签，来表示这两个问题是否相同。

⊖ https://cogcomp.seas.upenn.edu/Data/QA/QC/

⊖ https://data.quora.com/First-Quora-Dataset-Release-QuestionPairs

12.4.3 FAQ 问答系统

FAQ 即 Frequently Asked Questions（常见问题）[4]，而 FAQ 问答系统是目前应用最广泛的问答系统。常见问题，是业务场景中用户最常问或最有可能问的问题，又称"标准问题"。对这类问题，我们可以提前设置答案，构成问答对。问答对通常简称"QA 对"（Question Answer Pair）。问答系统的知识库中存储的 FAQ 数据集，实际上是标准问题及其答案构成的 QA 对数据集。

FAQ 问答系统的关键模块包括：①频繁问答对数据集，即 FAQ；②检索模块，从 FAQ 中检索可能与用户 query 相似的若干标准问句；③相似问句选择模块，从候选相似问句中，选择与用户 query 最相似的标准问句。

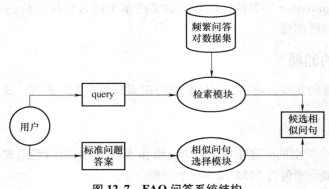

图 12.7　FAQ 问答系统结构

1. 频繁问答对数据集

我们可以把 FAQ 问答系统看作一种基于知识库的 QA 系统。这种系统的知识库，就是频繁问答对数据集。频繁问答对数据集是 FAQ 问答系统的核心。表 12.4 展示了一个电商平台回复用户的频繁问答对数据。

表 12.4　频繁问答对示例

序号	问句	答案
1	下单后多久发货？	下单后 48 小时内发货。
2	可以发什么快递？	普通快递发中通，如需加急请留言。
3	客服什么时候在线？	客服在线时间为 8:00 至 18:00。
4	尺码怎么选择？	店内款式可参考尺码表正码选择。
…	…	…

频繁问答对数据集的建设是一项系统工程。首先，需要根据场景特点，确定问题涉及的范围，比如领域、深度等。然后，从开放获取的数据源、自有数据集中采集问答对数据。常见的数据源有百度知道、悟空问答等，或者基于知识图谱、表格数据、半结构化数据、非结构化数据来自动构建问答对。此外，还可以人工编写问答对，最后，设计一个机制，允许专家或用户持续地对 FAQ 数据集进行优化。常见的优化操作有，增加一个标准问题、删除一个标准问题、为一个标准问题增加同义问句、为一个标准问题删除同义问句等。我们可以在

系统后台直接进行优化操作，也可以在用户"点赞"等行为的统计数据基础上，自动、半自动地对数据进行优化。

2. 计算相似问句

对于一个答案，可以有多个问句。例如，"下单后多久发货？""什么时候发货？""多久能发货啊？"等一系列问句含义基本一致，被称为"相似问句"。相似问句的答案是相同的，这是 FAQ 问答系统的基本思想。如果用户提出的问题与 FAQ 数据集中的某个标准问题是相似问题，那么用户问题的答案就是该标准问题的答案。

用户输入问题后，会将查询的问句与标准问答中的问句进行匹配，选出相似度最高的问句，对应的标准答案即为用户输入问题的答案。问答系统的检索模块的召回能力和相似问句选择模块判断问句对是否相似的能力，是有限的，可能无法处理一些特殊的同义的表达方式（例如方言）。为了提升检索模块的召回率，会在知识库中为每一个标准问句配置若干同义问句。

在相似度计算中，可以计算用户 query 与每一个标准问句的相似度，然后选择相似度最高的作为相似问句，并向用户返回相应的答案。但是，由于问答系统的频繁问答对数据集规模，一般是数百、数千甚至更大，这种方法的耗时非常大、不实用。我们可以将相似标准问题的寻找过程划分为两个阶段：①快速地从频繁问答对数据集中检索到一个较小的子集，保证这个子集以较高的概率包含了 query 的相似问句；②从前面获得的子集中，用一个（速度不一定快）效果较好的相似度模型，找出 query 的相似问句。

大部分检索模块采用倒排索引存储标准问句，并将检索任务划分为两个阶段：①从倒排索引中搜索一定数据量的可能与 query 相似的标准问句；②从阶段①中所得标准问句中，基于一个复杂度较低的文本相似度算法，选择 K 个与 query 相似度最高的作为候选标准问句。以问句中的词语为倒排的关键词，当数据量比较小时，我们可以自己实现一个倒排索引，并缓存在内存中使用。当数据量比较大，或需要支持并发查询时，我们一般会基于 ES（Elasticsearch）把数据存储起来。召回阶段，采用余弦相似度等文本相似度算法，得到候选标准问句。假设检索模块为 N 个 query 分别召回了 K 个候选相似标准问句。我们认为一次成功的召回是这样的：K 个候选相似标准问句中，至少有一个是 query 的相似问句。那么，评价检索模块查询效果的核心指标，召回率的计算方式是

$$召回率 = \frac{成功召回的个数}{N}$$

为了进一步提升检索模块的速度和精度，我们有时候还会对问句进行分类。比如我们按照手机银行用户的查询意图，将问句分为"储蓄卡办理""储蓄卡挂失"等类别。当用户提问"储蓄卡丢了怎么办"时，系统会判定 query 的意图类别为"储蓄卡挂失"，然后使用检索模块从 FAQ 的"储蓄卡挂失"类中检索候选标准问句。

得到候选标准问句后，进一步采用较为准确的文本相似度模型，确定与用户 query 最相似的标准问句。

3. FAQ 的应用

FAQ 问答系统的优势是，以自然语言文本为输入，给用户以非常高的自由度；直接向用户返回答案，以较高的检索精度为用户节省时间资源。同样，它的劣势也很明显：人们的表达方式差异可能非常大，往往导致相似标准问句选择模块效果较差；频繁问答对数据集的

构建成本是比较大的，我们无法为一个或多个知识面非常广的领域构建 FAQ 问答系统。

综上所述，在封闭领域，即知识范围相对有限的情况下，大家在设计问答系统时，会首先考虑基于 FAQ 的策略。

我们生活里常用的购物网站或 App，几乎都有智能客服。这些工具的用户量非常大，而场景相对聚焦、知识量有限，非常适合基于 FAQ 问答系统对用户群体的高频问题进行处理。图 12.8 是一个采用了 FAQ 问答策略的机器人，可以回答银行相关业务中的各种常见问题。

购物网站或 App 等工具对应的场景里，各个问题或知识点被关注的热度分布服从幂律分布。热度较高的问题，比如"储蓄卡怎么挂失"，用户群体会以非常高的频率向人工客服提出咨询请求。在人工客服工作的过程中，我们可以不断地发掘高频问题，并提交给 FAQ 问答系统，这样答疑的工作量就

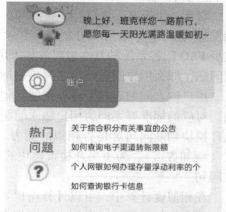

图 12.8　手机银行智能客服 FAQ⊖

逐渐地转移到了机器身上。FAQ 问答系统完成的答疑任务越多，它创造的价值就越大。

12.4.4　特定领域问答系统（任务型）

特定领域问答系统，又被称作任务型领域问答系统，要求在指定场景下，结合某个特定的垂直领域的知识实现问答，其问句与答案都属于这一领域知识。随着人工智能的发展，越来越多领域与问答系统紧密相连，产生了诸如金融问答、医学问答等任务型问答系统。我们以金融问答举例，介绍第三代问答系统在金融场景的使用。

在金融领域，人工智能将与传统金融市场的诸多功能紧密结合进而提高效率，涉及决策、交易以及风险控制，学习模仿专家进行交易、通过用户画像和交易行为分析进行风险控制等。金融问答系统首先需要建立金融领域的知识库，包括常见的金融词表、政府公告、企业研报、经济新闻等，便于理解问句中出现的金融知识关键词。此外，金融问答的主要难点还包括复杂的数值推理和对异质表示的理解。金融问答系统需要学习如何计算股份数量，然后从表格和文本中选择相关数字，生成推理程序得到答案。需要从报告文档中找到问题相关的事实数据，然后生成答案的计算步骤。图 12.9 展示了金融问答数据集 FinQA[5] 的数据示例，与系统的处理步骤。

为了促进分析工作的进展，提出了一个新的大规模数据集 FinQA，其中包括由金融专家撰写的关于财务报告的问题-答案对，还对 gold 推理程序进行了注释，以确保充分的可解释性。在 FinQA 中，研究人员专注于回答财务数据上的深层问题，旨在实现财务文件大型语料库的自动化分析。

12.4.5　阅读理解型问答系统

机器阅读理解是一项任务，旨在使计算机以段落的形式理解上下文并回答相关问题。即

⊖　该图引自中国建设银行手机 App 智能客服界面。

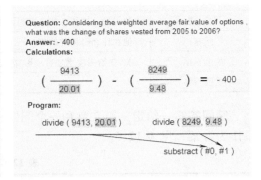

图 12.9　FinQA 数据集示例

给定上下文 C 和问题 Q，机器阅读理解任务要求模型通过学习函数 F，对问题 Q 给出正确答案 A。这样，$A = F(C, Q)$。

如图 12.10 所示，使用机器阅读理解技术的搜索引擎可以直接返回用户以自然语言提出的问题的正确答案，而不是一系列相关的网页。

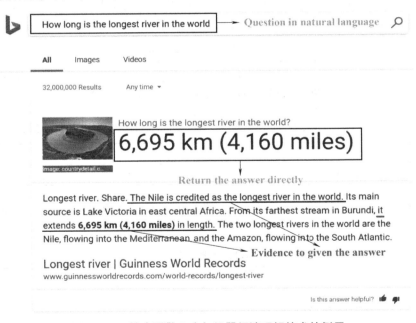

图 12.10　搜索引擎必应与机器阅读理解技术的例子

1. 参考答案类型

机器阅读理解任务大多采用问答的方式，即设计与文章内容相关的自然语言问题，让模型理解问题并根据文章进行回答。为了判断答案的正确性，参考答案一般采用多项选择式、区间答案式、自由回答式和完形填空式。

多项选择：类似选择题，给定一篇文章和一个问题，从给定的多个答案中选择最优的一个作为答案，见表 12.5。

表 12.5　多项选择示例

上下文	我想种一棵树。我去家居园艺商店挑了一棵不错的橡树。然后我把它种在了我的花园里。
问题	他在什么时候种的树？
候选答案	A. 在给树浇水之后　B. 在把树带回家之后
正确答案	B

区间答案：给定一篇文章和一个问题，要求计算机根据问题从文章中找出一个连续的片段作为答案，见表 12.6。

表 12.6　区间答案示例

上下文	目前中信银行信用卡额度一般从 3000 元到 50000 元不等。中信普卡的额度一般为 3000 元到 10000 元之间，中信白金卡额度在 10000 元到 50000 元之间。中信信用卡的取现额度为实际额度的 50%。信用卡批卡之后，持卡者就可以查询信用额度。
问题	中信信用卡白金卡额度是多少？
答案	10000 元到 50000 元。

自由回答：给定一篇文章和一个问题，要求模型基于文章和问题生成一个合适的答案，该答案不局限于文章中已存在的词语，可自由生成，见表 12.7。

表 12.7　自由回答示例

上下文	1. 长出来的智齿，只要是无法自我维持良好的清洁；或是现在、未来可能生病无法挽救；或出去校正、假牙、复形或其他医疗考量，都有可能需要拔智齿。 2. 没长出来的智齿，医生会评估若现在、未来有病变的风险，可能需要拔智齿。 3. 拔智齿只是智齿相关手术中的一种。然而，自我口腔清洁，定期回诊最重要。
问题	智齿要拔吗？
答案	智齿不一定要拔，一般只拔出有症状表现的智齿，比如说经常引起发炎的。

完形填空：类似完形填空（cloze test），即把文档里面的话随机挖空一些词，让模型进行预测，见表 12.8。

表 12.8　完形填空示例

问题	相对论是关于时间和引力的理论，主要由____创立。
答案	爱因斯坦

2. 神经机器阅读理解系统结构

图 12.11 展示的是神经机器阅读理解的研究文章比例，包括完形填空、多项选择题、跨度预测、自由问答、基于知识库的机器阅读理解、无固定答案阅读理解、多段落机器阅读理解、对话式机器阅读理解等不同子研究方向的统计数据。

一个典型的神经机器阅读理解系统以上下文和问题为输入，答案作为输出，主要包含四个关键模块：嵌入、特征提取、上下文-问题交互和答案预测。

如图 12.12 所示，在神经机器阅读理解系统中，主要采取神经网络实现上下文与问题的文本嵌入，分别进行特征提取，并实现上下文特征与问题特征的交互，最后得到答案。

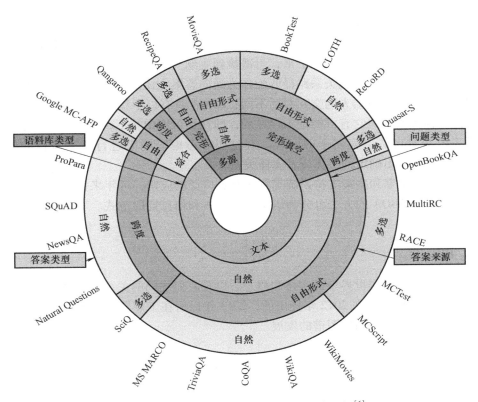

图 12.11　神经机器阅读理解的研究文章比例[6]

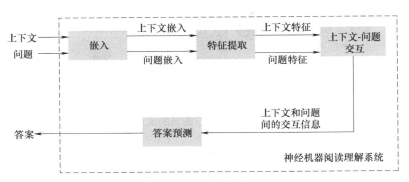

图 12.12　神经机器阅读理解系统框架

12.5　第四代：基于知识库的问答系统

知识库问答（Knowledge Base Question Answering, KBQA）是自然语言处理中的一个重要任务，其主要目标是利用知识图谱中丰富的语义关联信息，对自然语言问题进行语义理解和分析，并通过知识库的查询和推理，得出准确的答案。KBQA 的主要任务是将自然语言问题（Natural Language Question, NLQ）转化为结构化的查询语言，以便于在知识库中进行查询。在这个过程中，需要综合运用自然语言处理、知识表示、语义匹配和推理等多种技术，以实现准确、高效的问题回答。

对于 KBQA，首先，给定一个问题，使用实体链接步骤来查找其中提到的知识库实体。这些实体通常被称为主题实体。接下来，对链接到主题实体的知识库中的关系或关系路径进行排序，以便选择最佳关系或关系路径匹配作为通向答案实体的关系或关系路径匹配。

与对话系统和对话机器人的交互对话不同，KBQA 具有以下特点：首先，答案是知识库中的实体或实体关系，但它有可能是不存在的，即在知识库中找不到该问题的答案。另一方面，对话系统是对自然语言句子的回应，有时还需考虑语境来进行语义风格的处理，而 KBQA 往往只需要输出确定的实体或者实体关系。

KBQA 在搜索引擎和决策支持系统等领域有着广泛的应用，近年来也吸引了学术界和工业界的广泛关注。KBQA 的方法可分为语义分析范式和信息提取范式。下面分别介绍这两种方法并做出对比。

12.5.1　知识库

知识图谱是描述真实世界中的实体和概念，以及它们之间的关系的一种语义图。最早的知识图谱概念是由 Google 在 2012 年提出的，2013 年以后在工业界与学术界出现了许多探索与变体，图 12.13 展示了知识图谱的发展。

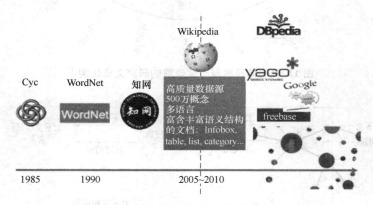

图 12.13　知识图谱的发展

按照功能和应用场景，知识图谱可以分为通用知识图谱与特定领域知识图谱，分别强调知识的广度与深度。特定领域知识图谱有着各式各样的应用，在金融证券、生物医疗、图书情报、农业发展、电商销售等产业领域都有着非常广泛的应用。

1. 知识图谱的基本概念

知识图谱由"实体-关系-实体"三元组组成，同时实体中还存在一些属性。

■ 实体（entity）：现实世界中可区分、可识别的事物或概念。例如，客观对象：人物、地点、机构；抽象事件：电影、奖项、赛事。

■ 关系（relation）：实体和实体之间的语义关联，例如，BornInCity, IsParentOf, AthletePlayForTeam。

■ 事实（fact）：陈述两个实体之间关系的断言，通常表示为（头实体，关系，尾实体）三元组形式。

如图 12.14 所示，狭义的知识图谱指具有图结构的三元组知识库。其中，知识库中的实体作为知识图谱中的节点，知识库中的事实作为知识图谱中的边，边的方向由头实体指向尾实体，边的类型就是两实体间的关系类型。

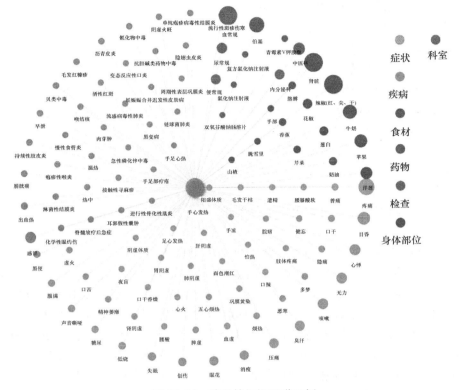

图 12.14　狭义的知识图谱示例

节点通常是知识库中的实体或实例，节点值可以有很多类型，例如：

- **实体（Entity）**（姚明，出生地，上海市）
- **字符串（String）**（北京大学，学术传统，兼容并包、思想自由）
- **数字（Number）**，平方公里：（北京市，面积，1.641 万平方公里）；公斤：（姚明，体重，140 公斤）；米：（姚明，身高，2.29 米）
- **时间（Date）**（姚明，出生年份，1980 年）
- **枚举（Enumerate）**（姚明，性别，男）

边则由关系表示，边的信息包括：

- Type：类型
- Subclass：子类
- Relation：关系
- Property、Attribute：属性

例如，（旺财，IS-A，狗）；（狗，IS-A，哺乳动物）；（旺财，朋友，小白）；（旺财，颜色，黄色）等。

有了节点与边之后，得到的事实就是两个实体关系直接的断言。关系通过三元组或动词

前置的三元组表示。例如，姚明的国籍是中国，使用三元组表示为（姚明，国籍，中国），而使用动词前置的三元组表示为国籍（姚明，中国）。

此外，还存在着高阶关系。例如，（（美国，前总统，特朗普），第一段婚姻开始的时间，1977 年）则表示了更为复杂的高阶三元组。

知识图谱中包含的知识种类繁多。

从知识类型来看，可以分为

- 场景知识，如订机票的步骤，红烧肉的做法。
- 语言知识，如（乔丹，SameAS，Jordan）；（Microsoft，SameAS，MS）。
- 常识知识，如 hasAbility（鸟，飞）；hasShape（球，圆的）；moreHeavy（大象，小狗）。

从知识来源来看，可以分为

- 事实性知识，如（乔布斯，CEO，苹果）；（中国，首都，北京）。
- 主观性知识，如（诺基亚 5800，适合对象，女生）。

2. 知识图谱的构建

知识图谱生命周期中，需要解决以下的关键问题：知识体系（表示），知识抽取，知识集成，知识服务。

首先，需要对领域知识进行建模，才能进一步抽取出想要的知识。针对不同的应用场景，可以输入不同领域的知识，如医疗、金融、农业等，通过本体工程技术，输出领域的知识本体，包括：领域实体类别体系，实体属性，领域语义关系，语义关系之间的关系等。

知识抽取则将输入的领域知识，进一步抽取为知识库所能识别建模的形式。

其中，实体识别需要识别出待处理文本中指定类型的命名实体，通常使用 BERT 结合 BiLSTM 与 CRF 的方法。实体消歧则消除实体的歧义，将实体按语义进行聚类或链接到知识图谱上，通常采用向量计算与相似度计算的方法。关系抽取则通过 LSTM、CNN、BERT 等方法，结合语义特征，获取实体的属性或实体之间的语义关系。事件抽取则抽取用户感兴趣的事件信息，如什么人、在什么时间、做了什么事。

知识集成，即合并多个知识图谱，基本的问题都是研究怎样将来自多个来源的关于同一个实体或概念的描述信息融合起来（见图 12.15）。知识融合有不同的表述方法，如本体对齐、本体匹配、记录链接、实体解析、实体对齐等，但它们的本质工作是一样的。

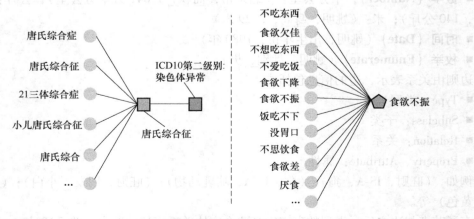

图 12.15 知识融合示例

在知识融合的过程中，需要确认：①等价实例（sameAs），②等价类/子类（subClassOf），③等价属性/子属性（subPropertyOf）。根据这三种关系，实现实体对齐、概念层的知识融合、跨语言知识融合等工作。

此外，随着不断发展，知识库还需要不断更新。从逻辑上看，知识库的更新包括概念层的更新、数据层的更新知识。知识图谱的内容更新有两种方式：

■ 全面更新：以更新后的全部数据为输入，从零开始构建知识图谱。这种方式比较简单，但资源消耗大，而且需要耗费大量人力资源进行系统维护。

■ 增量更新：以当前新增数据为输入，向现有知识图谱中添加新增知识。这种方式资源消耗小，但目前仍需要大量人工干预（定义规则等），因此实施起来十分困难。

3. 常用知识图谱介绍

随着知识图谱的发展，目前已经涌现了许多可用的知识图谱，代表性的知识图谱如下：

■ 人工构建知识图谱
  ➢ WordNet
  ➢ Cyc
■ 基于 Wikipedia 的知识图谱
  ➢ YAGO
  ➢ DBPedia
  ➢ Freebase
■ 文本抽取知识图谱
  ➢ ONELL

表 12.9 展示了更多的通用知识图谱及其获取方式。

表 12.9　典型的通用知识图谱介绍

类别	名称	获取方式
人工构建	Cyc	http://www.cyc.com/platform/researchcyc
	WordNet	wordnet.princeton.edu
基于维基百科	DBPedia	dbpedia.org
	YAGO	yago-knowledge.org
	Freebase	freebase.com
	WikiTaxonomy	http://www.hits.ofg/english/research/nlp/download/wikitaxonomy.php
	BabelNet	babelnet.org
开放知识抽取	KnowltAll	openie.cs.washington.edu
	NELL	rtw.ml.cmu.edu
	Probase	http://research.microsoft.com/enus/projects/probase/
企业知识图谱	百度知心，搜狗知立方	www.baidu.com，www.sougou.com
	Google KG，MS sotori	google.com，bing.com

283

12.5.2 语义分析范式

语义分析范式一般依托深度学习网络，而深度学习网络能够提供具有精确关系或约束的语义分析模型，并且可以支持更加复杂的含义表示和派生功能。

1. STAGG 搜索与剪枝中的语义分析

2015 年，微软研究院的一个研究小组提出了一个新颖的语义解析架构，基于知识库来进行问题的回答[7]。所构建的查询图类似于知识库的子图，并且可以直接映射为逻辑形式。这样一来，可把语义解析简化为查询图生成，还把它表达为分阶段搜索问题。由于在前期使用知识库来不断修建搜索空间，语义匹配问题得到了大大简化。最后，应用高级实体链接系统及匹配问题和谓词序列的深度 CNN 模型。这个系统在多个数据集上优于以前的方法，可谓是语义分析范式的典型。

（1）知识库

首先，需构建一个知识库。这个知识库的形式为 entity-relation-entity（实体-关系-实体）三元组，可表示为 (E_1, R, E_2)。其中，E_1 与 E_2 是实体，例如"哈利波特"和"邓布利多"，而 R 是两个实体之间的关系，例如"饰演"。这种形式的三元组组合在一起往往被称为知识库，其中每一个实体都是一个节点，与之相关的主体又通过关系直接相连，那么包含了大量三元组的知识库就成为了一个庞大的知识图。

（2）查询图

查询图（query graph）往往包含四个节点，即背景实体、存在变量、Lambda 变量和约束变量或函数。其中，背景实体是知识库中的现有实体，存在变量不但可以作为中间节点，也可以作为抽象节点约束条件或函数，可以根据一定的数值属性对一组实体进行过滤。在这样的查询图中，两个节点之间的关系将通过有向边来表示，而且节点将与知识库谓词进行映射。如图 12.16 所示，背景实体用圆角矩形表示，存在变量用圆表示，Lambda 变量用带阴影的圆表示，约束变量或函数用直角矩形表示。

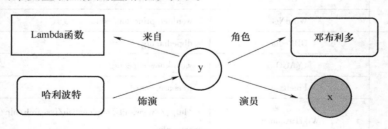

图 12.16 查询图示例

图 12.16 也展示了一个问题——"哈利波特中最早饰演邓布利多的演员是谁？"的其中一种可能的解答思路。其中两个实体"哈利波特""邓布利多"以圆角矩形表示；圆形"y"表示一定存在一些实体，使得这些实体描述的是一些与演员相关的信息，例如饰演的角色，演员的姓名或者是演员开始饰演的时间等。而用灰底圆形表示的"x"往往又被人们称为答案节点，通常用来映射查询图查询到的实体；而直角矩形表示的约束变量或函数，顾名思义就是约束答案的范围的，例如约束演员必须为最早饰演这个角色的演员。

（3）阶段查询图生成

经过上述处理，我们已经将自然语言问题转换为查询图。随后，我们将利用知识库不断修剪搜索空间，从而构建结构化查询。

链接主题实体： 找到主题实体并将其链接到知识库中是 KBQA 关键的一个步骤。给定一个问题，模型将会把所有的已经出现在字典中的连续的单词序列与它们可能的实体配对，并将它们视为可能的被选择项。然后基于在字典中的出现频率，每一对配对关系都将被一个统计模型评分。为了容忍实体链接系统的潜在错误以及探索更多可能的查询图，最多允许 10 个排名最高的实体被视为主题实体。链接实体技术在第 10 章中也有较为详细的介绍。

识别核心推理链： 给定与主题实体 e 相对应的状态 s，扩展该图的有效动作是识别核心推理链，即主题实体和答案之间的关系。例如，图 12.17 展示了三个可能的链，它们扩展了 s_1 中的单节点图。因为给出了主题实体 e，所以只需探索从 e 开始的合法序列。具体来说，为了剪切搜索空间，如果中间的变量是一个抽象节点，那么就搜索长度为 2 的链；如果中间变量为实体节点，那就搜索长度为 1 的路径。如果在训练集中观察过更长的组合，也可以考虑更长的序列。对于问题"哈利波特中最早饰演邓布利多的演员是谁?"，需要估计多个预测序列正确的可能性，使得它们与问题之间具有更高的语义相似度。这一个过程可以通过 CNN 实现。最终，识别核心推理链的过程成为了一个匹配-排序的过程，这样就避免了大规模多类别的分类形式。

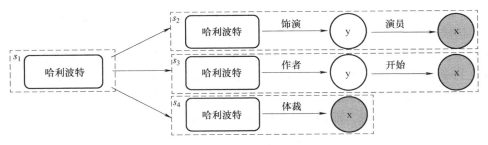

图 12.17　核心推理链

神经网络： 首先可使用一种单词散列技术将一个单词转化为一个三元词法向量，例如单词"who"将被转化为"w-h，w-h-o，h-o"。然后使用一个卷积网络层将上述向量转化为一个上下文特征向量。接着是一个池化层，在池化层中选取最突出的局部特征形成固定长度的全局特征向量。最后这些全局特征向量经过前馈神经网络层，最终输出非线性的语义特征，从而作为推理链的向量表示。

扩展约束和聚合： 为了更进一步约束答案实体的集合，只包含一个核心推理链的查询图将会通过两种形式扩展。第一种形式是扩展将实体链接到变量节点的一系列可能的路径，而且它们的边缘节点标志着其中一个可以将变量与实体链接起来的合理的预测。第二种形式是在变量节点上增加一个聚合节点。这样就把问题中的实体或其他作为约束节点连接到核心推理链，同时还增加了一些特定的函数来进一步过滤答案。

语义分析范式使用了知识库作为问答问题的底层语义支撑，并定义了一种查询图方法以实现语义表示，这些语义表示可被直接映射为逻辑形式。在此过程中，语义解析被简化为查询图生成问题，被表述为分阶段搜索问题。最后，基于实体链接系统，以及一个链接问题与预测序列的深度 CNN，获得答案的输出。如果使用扩展查询图表示更复杂的问题，使用更多的约束函数和聚合方法来限制答案的输出，这个模型也许能应对更加复杂的问题。

除此之外，语义分析范式还有以下其他的典型模型。

2. 改进关系识别

基于知识库的问答系统通常依赖于不足量的带标注的训练数据。基础的自然语言处理方法如关系提取对数据的缺少并不敏感，但相对于深度语义表示方法如语义解析，关系提取的表示能力十分欠缺。因此，Xu 等[8]通过增加来自 Wikipedia 的额外数据的提取关系来简化这个问题。首先使用一种基于神经网络的关系提取器从 Freebase 资料库中检索候选答案，然后通过 Wikipedia 进行推断以验证这些答案，从而使得一些包含多种条件约束或限制的自然语言处理问题性能有所提升。

3. 神经符号机器

Liang 等提出了一种神经符号机器[9]，包括两个组件，其中神经网络组件可以将自然语言表示映射为可执行代码，符号组件可以通过执行代码来修剪搜索空间或找到答案。

12.5.3 信息提取范式

1. 简单向量表示

Bordes 等在 2014 年[10]提出了一个基于 Freebase[11]的模型，依据问题中的主题词，在知识库中筛选候选答案，并构建一个模型来学习问题和候选答案的表示。然后根据这个表示来计算问题和候选答案的相关程度，进而选出正确答案。Bordes 等使用了 WebQuestions[12]数据集以及 Freebase 知识库。但在此基础上剔除了一些出现频率较低的三元组，并且利用自动化的方法基于三元组生成问题答案对。例如，将三元组："subject, type1. type2. predicate, object" 转化为问题答案对，即问题："What is the predicate of the type2 subject?"，答案："object"。

假设存在问题 q 以及候选答案 a，在学到了它们的表示后，则可以通过函数 $s(q, a)$ 计算它们的得分。如果它们是匹配的，则分数高：

$$S(q,a)=f(q)^{\top}g(a),$$

式中，q 和 a 都是由单词或者符号组成的，假设存在矩阵 $W \in \mathbb{R}^{k \times N}$，$k$ 为嵌入的维度大小，$N=N_{\mathrm{w}}+N_{\mathrm{s}}$，$N_{\mathrm{w}}$ 表示单词的个数，N_{s} 表示实体和关系的个数。通过函数 $f(q)=W\phi(q)$ 将问题映射到空间 $\mathbb{R}^{k}$，其中 $\phi(q) \in \mathbb{R}^{N}$ 是一个稀疏向量，表示每个单词在问题 q（通常为 0 或 1）中出现的次数。$g(a)$ 的求法完全类似。然后对于候选答案，根据 Freebase 中候选答案周围的不同子图采取三种表示方法：①用答案在 Freebase 中的独热码表示；②用问题中主题实体与候选答案实体的路径表示；③用知识库子图表示。最后进行训练。

2. CNN 嵌入特征

Yhi 等[13]在 2014 年提出借助 CNN 来处理单一关系问题，并构建出两种不同的映射模型。第一种负责处理问题中的实体识别问题，第二种负责处理关系与知识库的映射问题。这两种模型都是基于 CNN 的语义模型来构建的，从而把知识库中的自然语言问题和关系投影到一个低维的语义空间。同样地，也可以通过 CNN 来捕捉知识库中的实体与问题中的实体之间的关系。最终，这个语义模型可以计算出问题与候选答案（或者说是候选三元组）的相似度，那么显然最终答案将由得分最高的候选项给出。更进一步，在 2015 年 Dong 等[14]发现问题的特征与候选答案的特征不尽相同，对它们分别编码或许能取得更好的性能，于是提出了多列 CNN 模型，分别对答案路径、答案上下文以及答案类型进行捕捉，综合这三个层面对候选答案进行打分。

3. 注意力感知的嵌入特征

从不同答案角度的不同关注点以不同方式来表示一个问题，很可能会得到不同的结果。从问题来看，问题中的某一个或几个单词总能成为问题表示的核心，因而它们也是问题中最为突出的单词；从答案来看，答案的某一个或几个不同角度（实体、类型、上下文等）总能成为答案表示的最重要信息，应当被优先考虑。于是 Hao 等[15]提出了基于交叉注意力的神经网络，该网络考虑了问题和答案之间的相互注意力机制，分别关注基于答案面向问题的注意力部分以及基于问题面向答案的注意力部分。通过基于答案面向问题的注意力，模型能够学习到充分的问题表示；通过基于问题面向答案的注意力，模型可以调整问题-答案的权重。最后模型可以给出问题与多个不同角度的候选答案的相似分数，并根据问题-答案的权重计算总得分，最高分即为最终答案。

12.5.4　对比信息提取范式与语义分析范式

信息提取范式通常使用多种关系提取技术，首先提取问题中的实体，在知识库中查询该实体得到以该实体节点为中心的知识库子图，从知识库中检索出一组候选答案，通过观察问题依据某些规则或模板进行信息提取，得到问题特征向量，然后在压缩的特征空间中将这些答案与问题做对比。

信息提取范式更多汲取了新型神经网络模型和架构的优点，能够更好地在压缩语义空间中表示问题和答案，也可以很容易地在模型架构中合并不同的特征表示。例如，在简单向量表示中使用 $f(q) = W\phi(q)$ 将问题映射到空间 $\mathbb{R}^k$，使用 $g(a) = W\psi(a)$ 将答案映射到空间 $\mathbb{R}^k$。语义分析范式则设法借助新的组件或网络结构，从语句中提取形式或符号表示或者是结构化查询。信息提取范式和语义分析范式的框架流程图如图 12.18 所示。

图 12.18　信息提取范式与语义分析范式的简要对比

12.5.5　数据集

随着 KBQA 技术的发展，相应的数据集由简单的单跳问答变为复杂的多跳问题推理。问答形式也从单轮问答数据集，转变为面向对话的多轮问答数据集，如 HotpotQA[16] 和 CSQA[17]。表 12.10 是常见问答数据集及它们的属性。

表 12.10 KBQA 评测数据集列表

数据集	知识图谱	大小	形式查询	复杂问题
Free917 (Cai and Yates, 2013)[24]	Freebase	917	是	是
WebQuestions (Berant et al., 2013)[16]	Freebase	5810	否	是
WebQuestionsSP (Yih et al., 2016)[26]	Freebase	4737	是	是
ComplexQuestions (Bao et al., 2016)[27]	Freebase	2100	是	是
GraphQuestions (Su et al., 2016)[26]	Freebase	5166	是	是
SimpleQuestions (Bordes et al., 2015)[29]	Freebase	100000	是	否
30M Factoid Questions (Serban et al., 2016)[30]	Freebase	3×10^7	是	否
QALD[31]	DBpedia	50~500	是	是
LC-QUAD (Trivedi et al., 2017)[32]	DBpedia	5000	是	是
LC-QUAD 2 (Dubey et al., 2019)[33]	DBpedia, 维基百科	30000	是	是

下面介绍一些常用的问答系统数据集。

1. WebQuestions 及其衍生数据集

WebQuestions 数据集[12]是为了解决真实问题构造的数据集。它于 2013 年被首次提出，是目前使用最广泛的评测数据集。

首先，该数据集使用 Google Suggest API 来获得以单词（what，who，why，where 等）为开头且只包含一个实体的问题，取一个问题图谱的起始节点，将 Google Suggest API 给出的建议作为一个新问题，通过广度优先搜索得到问题。具体来说，对于队列中的每个问题，通过删除实体、删除实体之前的短语和删除实体之后的短语形成三个新的查询。把这三个新的查询放到 Google Suggest 中。每个查询将生成 5 个候选问题并加入搜索队列，直到访问了 100万个问题，如图 12.19 所示。

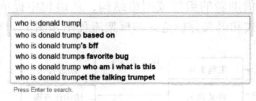

图 12.19 Google Suggest 示例

在获得问题后，随机抽取 100000 个问题，交给工作人员回答问题。通过该方法，最终可得到 5810 对答案对，词汇表包含 4525 个单词。此外，WebQuestions 还为每个答案提供了知识库的主题节点。可以看出，WebQuestions 的问题与 Freebase 不相关，它以自然语言为导向，更加多样化。但是，WebQuestions 数据集中也存在两个需优化的地方：一是数据集中只有问答对，没有逻辑形式；二是简单问题占 84%，缺乏复杂的多跳和推理问题。对于第一类问题，微软基于数据集构建了 WebquestionsSP，并为每个答案添加了 SPARQL 查询语句，删除了一些含糊不清、意图不明确或答案不明确的问题。对于第二类问题，为了增加问题的复杂性，复杂问题引入了类型约束、显式或隐式时间约束、多实体约束、聚合类约束等问题，并以逻辑形式提供查询。

2. QALD（Question Answering over Linked Data）

QALD[23]是一个 CLEF 上的评测子任务。自 2011 年起，QALD 每年举办一次，每次都提供多个训练集和测试集。QALD 的问答评测旨在查询链接数据、实现问题和答案的自然语言处理、实现多语种和相关主题的信息检索等。QALD 的主要目标是对语义 Web 数据大、异质和分布式性质的问题给出可行性解决方案。QALD 中复杂问题约占 38%，不仅包括多个关系和实体，还包括时间、比较、最高级和推理问题。

3. LcQuAD（Large-Scale Complex Question Answering Dataset）

LcQuAD[24]包括 5000 个问题，通过 SPARQL 进行查询，使用自然语言问题生成框架，减少了手动干预的需要。该数据集包括复杂的问题，也就是说，预期的 SPARQL 查询不包含单个三元组模式的问题。

关于 LcQuAD 的构建，首先需将问题生成问题定义为一个转换问题，其中种子实体生成的知识库子图被拟合到一组 SPARQL 模板中。然后这些模板被转换成一个规范化的自然问题模板，它充当一个规范结构，并需手动转换成具有词汇和语法变体的自然语言问题生成框。最后对数据集进行复查以提高数据集的质量。LcQuAD 的构建如图 12.20 所示。具体而言，可使用种子实体的列表，并通过谓词白名单进行过滤，生成 DBpedia 的子图来对 SPARQL 模板进行乱序，从而生成有效的 SPARQL 查询。然后使用这些 SPARQL 查询实例化 NNQT（规范化自然问题模板）并生成问题。这些问题将由审阅者手动更正和解释。

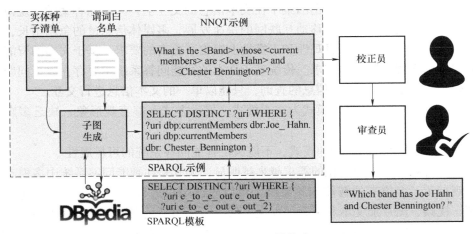

图 12.20　LcQuAD 的构建

4. NLPCC QA

NLPCC 全称是自然语言处理与中文计算会议（The Conference on Natural Language Processing and Chinese Computing），这是由中国计算机学会（CCF）主办的中文信息技术专业委员会年度学术会议，专注于自然语言处理及中文计算领域的学术和应用创新。NLPCC 每年提供了包括多个任务的数据集。

5. SimpleQuestions

SimpleQuestions 数据集的构建基于由标注者用英文自然语言编写的总共 108442 个问题，

以及 FB2M 中提供的答案和解释等相关事实配对而得。

具体而言，第一阶段需从 Freebase 中筛选出一组事实，并用问题加以说明。此处可使用 FB2M 作为背景知识库，删除所有具有未定义关系类型的事实。也可对于所有的客体去除临界值。这个过滤步骤对于删除可能导致琐碎的无信息性问题的事实是至关重要的。

第二阶段取样选定的事实，并交给标注者由他们提出问题。对于抽样，每个事实都有一个概率，这个概率定义为其在知识库中的关系频率的函数。通常而言，关系出现得更频繁的事实被赋予了较低的概率。对于每个采样的事实，标注者都会看到这些事实以及指向的超链接 freebase. com 网站在构思问题时提供一些上下文。有了这些信息，标注者被要求说出一个涉及主题和事实关系的问题，答案是客体。标注者被明确地指示，如果他们遇到具有相似关系的多个事实，尽可能用不同的措辞表达问题。

SimpleQuestions 数据集就是由以上两个阶段所构建的，它如今也成为了一个经典的问答数据集。

12. 6   多模态问答系统

模态（modal）是事情经历和发生的方式[26]，我们生活在一个由多种模态（Multimodal）信息构成的世界，包括视觉信息、听觉信息、文本信息、嗅觉信息等，当研究的问题或者数据集包含多种这样的模态信息时，我们称之为多模态问题，研究多模态问题是推动人工智能更好地了解和认知我们周围世界的关键。

当前，智能问答系统的研究仍旧集中在文本信息的交互上，问题和答案的呈现模式都是文本信息。然而，随着互联网及移动互联网的快速发展，多媒体信息量的急剧增长，对于智能问答系统在信息的多模态、直观性和丰富性上提出了更高的要求，基于文本的智能问答系统无法满足目前多媒体问答的需求。传统基于文本的智能问答系统主要存在以下问题：

1）无法满足用户对多模态信息的查询，只能以单一的文本信息进行交互。

2）问答系统的答案的呈现模式为文本模式，展示方式不够直观形象，缺乏多媒体形式的展示。

3）缺乏多模态处理的流程和模式，不能满足智能问答系统的可扩展性。

因此，问答系统对于智能化的需求越来越明显，尤其是在智能问答系统中多模态信息的查询和直观展示。多模态的智能问答系统，可以允许用户进行多媒体信息的查询，包括图片、音频、视频、图片加文本和视频加本文等信息，从而满足用户多媒体输入的需求，提高用户信息查询的丰富性。同时，它也支持答案的多媒体形式的展示，利用丰富的媒体形式，对用户提出的问题给出一个准确和形象的答案。根据多模态问答系统的输入形式不同，本节介绍视觉问答系统与视频问答系统。

12. 6. 1   多模态任务概述

模态是指某事发生或经历的方式，当一个研究问题包括多个模态时，它被视为多模态问题，图 12. 21 展示了典型的集中人类感知的模态信息。事实上，人们所身处的世界本身就是多模态的，获取信息的方式通常也是多模态的。所以多模态的模型是更符合人类直觉的认知方法，也更大程度上模仿了人类大脑处理信息的智能过程。最初，人们之所以要在单一模态研究基础上引入多模态的研究，是因为多个模态数据之间的互补性与一致性对于各种任务非常重要。利用多模态数据的互补性，可以给单个模态数据引入额外的知识，弥补单个模态下的视角缺失造成的各种歧义问题。而利用一致性，通过不同模态数据的对齐，可以得到更加完整的联合表示。此外，有一些任务天然地需要处理来自不同模态的信息，不同的具体任务又在互补性和一致性上有着不同的侧重。

多模态研究中，通常遵循以下步骤：首先需要考虑对于单个模态的信息的获取与处理，紧接着需要研究如何实现模态间信息的融合、联合表示、共同学习等，最后将得到的信息再对于不同的任务进行后续的处理[27]。多模态的研究是建立在单一模态研究的基础之上的。同时，改进单个模态信息的获取与建模，对多模态任务的改进同样有重要意义。

1. 常见的多模态信息来源

图 12.22 展示了"下雪"场景下的多模态数据，包括图像、音频、文本等，也是多模态学习领域最常见的几种模态信息。

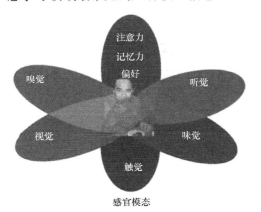

图 12.21　典型的模态类型

图 12.22　"下雪"场景的图像、音频、文本模态数据

我们分别介绍每一种模态信息。

（1）文本信息（Verbal）

文本信息来自人类的自然语言，通常以口头表达或书面文字形式记载。自然语言处理正是一个研究文本信息，使机器理解、生成、应用自然语言的领域[28]。对文本的研究任务首先对待处理自然语料进行分词与编码嵌入，将非结构化的数据信息转化为可以计算的结构化信息，再进行机器翻译、对话理解、词法与句法分析、情感理解等任务。

（2）视觉信息（Visual）

人和动物感知外界物体的大小、明暗、颜色、动静等获得视觉信息，而在计算机中，视觉信息通常来自于人为采集的图片或视频等[29]。运用多种成像系统代替人类视觉器官作为输入，通过研究人脑处理视觉信息的机理，建立可以代替人眼对视觉信息进行感知、识别、跟踪等任务的模型。在机器视觉与计算机视觉中，可以利用这些视觉信息进行图片分类、图像分割、目标检测、人体识别、姿态估计、目标跟踪、图像生成、三维重建等任务。

（3）声音信息（Vocal）

自然中存在着大量的声音信息。其中，人们常常通过对语音信息的各类参数，如共振峰幅度、频率与带宽、音调和噪声等，来提取出语音中的信息[30]。语音信号处理源于对发声器官的模拟，随着数字信号处理技术的发展，对其各类参数的研究加深了人们对语音的认识。语音的研究与文本的研究密不可分。语音识别与语音理解任务有时需要计算机能够理解语音中的文本信息，语音合成则需要将文本转化为语音输出。此外，语音中的频率、音高等参数隐含着说话者的情绪信息，在文本处理中也有着极其重要的作用。

随着单一模态的发展，人们逐渐意识到，引入多个模态的信息来完成一个任务是有必要的。在提取了每个模态的特征之后，如何对模态之间的联系进行建模，从而更好地得到多模态特征，是多模态学习中重点研究的对象。

2. 多模态技术

多模态学习中，需要对不同模态的数据进行处理，再实现多模态的交互，最后完成响应下游任务。图 12.23 展示了一个多模态学习的模型框架。

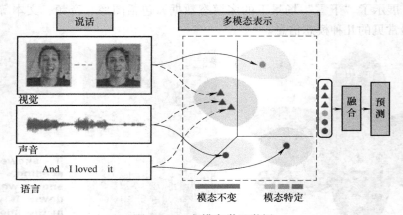

图 12.23　多模态学习举例

多模态学习中首先研究不同模态数据的统一表征问题。不同模态的信息通常有着截然不同的特征，文本信息通常由符号表示，而图像和语音信息通常以物理信号作为载体。如何将拥有不同结构的不同模态信息用同一种方法来表示，甚至达到信息的统一表征，这是多模态的一个基础任务。我们可以通过简单的拼接实现联合表示[26]，利用神经网络表征等方法。

紧接着是多模态数据的对齐与映射任务。为了更好地利用不同模态数据的互补性，来完成更多单一模态难以完成的任务，首先需要对齐来确定不同模态间彼此学习的对象。例如，可以将菜谱的制作流程文本与显示的图片进行对齐，从而更好地学习到不同模态的时序变化信息[31]。在早期机器翻译中，利用无监督的方式直接对齐，后来又利用深度神经网络，尤其是其中的注意力机制或图神经网络[32]作为间接对齐的方式。

多模态融合则在此基础之上，更多地去学习模态间的交互与统一。早期融合在特征级上采用直接拼接或相加的方式，在向量级发展出双线性池化及低秩分解[33]。后来随着注意力机制的发展有了一系列基于注意力的神经网络模型融合。Transformer 的横空出世更是成为多模态融合任务的一大法宝：基于单流模型与双流模型的融合各自占据半壁江山。

最后，当模型已经可以成功学习到不同模态的知识以及彼此的关系时，我们希望可以实现模态之间的知识的转移，达到共同学习的目的。这一点在来自某一相关模态的知识极其有限时非常有帮助。

12.6.2　视觉问答系统

视觉问答（Visual Question Answering，VQA）[35]是典型的多模态问答系统之一，也是整个多模态领域的经典任务之一。一个 VQA 系统以一张图片和一个关于这张图片的形式自由、开放式的自然语言问题作为输入，以生成一条自然语言答案作为输出。简单来说，VQA 就是对给定的图片进行问答。VQA 系统需要结合图片与问题这两部分信息，产生一条人类语言作为输出。针对一张特定的图片，如果想要机器以自然语言来回答关于该图片的某一个特定问题，我们需要让机器同时对图片的内容、问题的含义和意图以及相关的常识有一定的理解。VQA 涉及多方面的 AI 技术：图像细粒度识别（这位女士的皮肤是白色的吗？）、物体识别（图中有几个香蕉？）、行为识别（这位女士在哭吗？）和对问题所包含文本的理解（NLP）。图 12.24 展示了 VQA1.0 数据集中的例子。

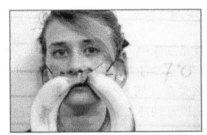

What color are her eyes?　　　　　How many slices of pizza are there?
What is the mustache made of?　　Is this a vegetarian pizza?

图 12.24　视觉问答示例

与文本问答系统不同，视觉问答系统需要四个部分完成：视觉/文本理解，多模态特征交互，答案检索，答案生成。答案检索和答案生成与文本问答系统类似，这里主要介绍视觉/文本理解与多模态特征交互。

1. 视觉/文本理解

几乎所有的 VQA 模型都需要在回答问题之前提取每个模态的特征，这可用于多模态特征融合，来消除模态之间的间隙。随着深度学习和深度神经网络的发展，深度学习模型逐渐取代了传统算法，成为更复杂的特征提取方法的主流，并且已经在 VQA 领域被广泛使用。VQA 任务中涉及的模态主要包括视觉模态（来自图像和视频）和文本。机器需要同时对图片中的视觉信息与问题中的文本信息进行理解。问题理解的方法与单模态的问题理解类似，目前通常使用基于深度学习的文本表示方法。而视觉信息的理解需要对图像的高阶语义信息进行理解。例如，图中的人脸，物体类型与物体数量，以及物体之间的空间关系等。

图像理解（image understanding）是计算机视觉中最基础的技术，也是计算机视觉中最接近底层原理的任务。对于一张图，人类看一眼画面就能够理清整个图片中的故事：任务、地点、事件等，但对于机器来说绝非易事。图像理解可以分为图像分类、目标检测、图像分割三类。而机器理解图像时，通常首先进行目标检测，关注一幅图像中有什么目标。在获取图像中有关目标的信息后，计算机还需要连接这些目标，也就是目标关系连接。

在早期的 VQA 任务中，主要使用 CNN 提取全局图像特征。CNN 在计算机视觉领域有着深远而广泛的应用，在 ImageNet 或 COCO 等大规模数据集上有着良好的预训练，适用于提取图像特征，其中包括代表性网络 LeNet、VGG-Net、ResNet 等。随着 2017 年 Transformer 架构的推出，Transformer 越来越多地被应用到许多深度学习任务。Transformer 中的自注意力机制可以较好地计算整个序列长距离依赖信息。Visual Transformer（ViT）将 Transformer 应用到图像特征提取，并通过每隔一个像素关注一个像素来计算图像的注意力。

使用全局图像特征来执行 VQA 任务削弱了图像中的任务和对象之间的关系，因此，许多模型通过提取基于区域的图像特征来突出任务相关区域。实际上，这类方法可以被视作是提取更细粒度特征的空间注意力机制。首先选择任务感兴趣的区域，输入到 CNN 中提取区域特征。

具体来说，有两种方法来提取基于区域的特征。第一种方法通过将图像划分成均匀采样的网格并输入到 CNN 中，就可以得到每个网格对应的区域特征，以及每个网格的相关性权重特征。另一种方法应用了目标检测技术，为图像生成目标的边界框，然后将它们及其相应的大小和位置信息输入到 CNN 提取区域特征。与基于全局特征的方法相比，这可以更好地识别对象的属性、数量和位置关系。

对于视觉问答任务而言，机器首先关注的就是图像中的目标名称、种类、数量，以及目标间的空间关系。上述的方法已经可以较好地实现这些任务，但是，要进一步地了解目标之间的隐式关系，例如，图像中的两个女人是什么关系（朋友/师生/母女等），就需要使用视觉关系提取、视觉事件检测等技术。这里不对此展开阐述。表 12.11 总结了已有的常用视觉特征提取方法及其对应的视觉问答模型。

表 12.11　视觉特征提取模型

视觉特征提取方法	视觉问答模型
VGG-Net	AMA，DPPNet，SAN，Full-CNN，region-Sel
GoogLeNet	LSTM Q+I，SMem，Multimodal QA
ResNet	MCB，MLB，FVTA，ATP，Pixel-BERT，SOHO
Faster-RCNN	MuKEA，ConceptBert，APN，ViLBERT，LXMERT，UNITER
Transformer	ViLT，ALBEF
C3D	refine-Att，Marioqa

2. 多模态特征交互

在分别对来自两个模态的信息进行理解后，由于不同模态的表现方式不同，所以存在一些交叉（存在信息冗余）、互补（比单模态特征更优秀）的现象。在 VQA 任务中，显然不能仅仅根据"她的眼睛是什么颜色？"这个问题直接得出答案，我们需要借助多模态融合技术，对得到的文本特征与视觉特征进行融合，将它们映射到同一特征空间，才能知道图片中女人的眼睛颜色，最后进行答案的生成。

传统的特征融合方法包括：基于贝叶斯决策理论的算法；基于稀疏表示理论的算法；基于深度学习理论算法。其中的深度学习方法按照融合的层次从下到上每一层都可以融合：像素级，对原始数据最小粒度进行融合；特征级，对抽象的特征进行融合，这也是用得最多的方法，包括早期融合和晚期融合，代表融合发生在特征提取的早期和晚期；决策级，对决策结果进行融合；混合型，混合融合多种融合方法。

其中，特征级的融合是使用最多的方法。最简单的方法是将得到的文本向量表示与图片向量表示进行逐元素相加、相乘或向量拼接，即得到融合后的多模态向量表示。元素相加与相乘的操作，要求视觉向量 v_I 与文本向量 v_Q 在相同的维度，否则，需要借助转换矩阵执行线性投影，将两个向量投影到同一维度，再执行向量运算，得到融合向量 v_F。

$$v_F = v_I \oplus v_Q \text{ 或 } v_F = v_I \odot v_Q$$

式中，$\oplus$ 表示按元素相加，$\odot$ 表示按元素相乘。这种方法非常简单易行，可以自由地应用在融合的各个阶段（早期融合与晚期融合都适用），在视觉问答系统初期可以取得较为理想的结果，但是缺少了不同模态之间特征的充分交互。在此基础上，基于矩阵的张量融合网络（Tensor Fusion Network，TFN）、LMF 等方法，通过对模态向量进行矩阵的内积、外积、低秩分解等运算，得到多模态的表示。TFN 方法采用张量融合方法对模态间动态进行建模，模态内动态则通过三个模态嵌入子网络进行建模。

首先，TFN 设计了三个单模态嵌入子网络，对三个模态的输入特征，输出更丰富的模态嵌入。对于文本模态数据，通过 GloVe 将每个单词转化为 300 维的向量，通过 LSTM 来恢复之前被稀释或丢失的可用信息并输出 h_i。对于视觉模态数据，对每一帧（以 30Hz 采样）检测说话人的面部，并使用 FACET 面部表情分析框架提取七种基本情绪（愤怒、轻蔑、厌恶、恐惧、喜悦、悲伤和惊讶）和两种高级情绪（沮丧和困惑）的指标，还使用 FACET 提取一组 20 个面部动作单元，表示面部详细的肌肉运动。使用 OpenFace 提取头部位置、头部旋转和 68 个面部标志位置的估计值。对于每个意见话语音频，使用 COVAREP 声学分析框架提取一组声学特征。至此，得到了文本嵌入 z^l、视觉嵌入 z^v、语音嵌入 z^a。

在张量融合层，使用三倍笛卡儿积定义以下向量场：

$$(z^l, z^v, z^a) \mid z^l \in \begin{bmatrix} z^l \\ 1 \end{bmatrix}, z^v \in \begin{bmatrix} z^v \\ 1 \end{bmatrix}, z^a \in \begin{bmatrix} z^a \\ 1 \end{bmatrix}$$

式中，值为 1 额外增加常量维度，如图 12.25 所示，这样既保留了原模态的信息，同时计算了两种模态间的相关性。

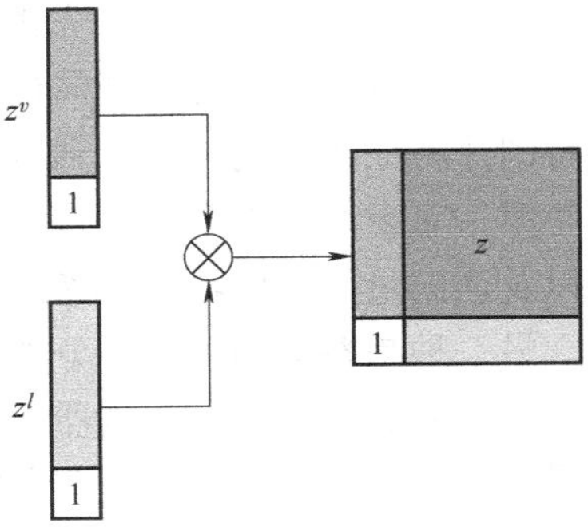

可以知道，针对 z^l、z^v、z^a 存在七个语义不同的子区域。前三个子区域 z^l、z^v、z^a 是在张量融合中形成单模态相互作用的模态嵌入子网络的单模态嵌入。$\otimes$ 表示外积，三个次区域 $z^l \otimes z^v$、$z^l \otimes z^a$ 和 $z^v \otimes z^a$ 捕捉张量融合中的双模态相互作用。最后，$z^l \otimes z^v \otimes z^a$ 捕捉了三模态相互作用，最终的多模态表示 z^m 为

$$z^m = \begin{bmatrix} z^l \\ 1 \end{bmatrix} \otimes \begin{bmatrix} z^v \\ 1 \end{bmatrix} \otimes \begin{bmatrix} z^a \\ 1 \end{bmatrix}$$

图 12.25　向量场定义示意

此外，双线性池化（bilinear pooling）[33] 是另一种广泛应用于细粒度视觉识别领域的方法。双线性池化是对双线性融合后的特征进行池化。双线性池化首先对卷积得到的特征图的每个位置的特征向量进行向量外积计算，再对所有位置外积计算的结果进行求和池化得到特征向量 x。x 经过带符号开方和 L_2 正则化得到最后的特征。该过程可以表示为

$$B(x) = \sum_{s \in S} x_s x_s^\top$$

在线性核的情况下表示为

$$\langle B(x), B(y) \rangle = \left\langle \sum_{s \in S} x_s x_s^\top, \sum_{u \in U} y_u y_u^\top \right\rangle = \sum_{s \in S} \sum_{s \in S} \langle x_s, y_u^\top \rangle^2$$

多模态双线性池化（Multimodal Bilinear Pooling，MBP）[33] 的思想来源于普通的双线性池化，它将原本单模态的两个输入通道，修改为视觉与文本的两个输入通道。然而，双线性池化存在高融合特征维数的问题，这会导致巨大的内存消耗和计算成本。为了解决参数过多的问题，Fukui 等提出多模态紧凑双线性池（MCB）来压缩双线性模型，这可以有效地组合多模态特征。首先两个模态的特征向量分别通过 Count Sketch 映射函数得到特征的 Count Sketch。再经过 FFT 和逆 FFT 得到融合的特征。图 12.26 展示了 MCB 的计算框架。

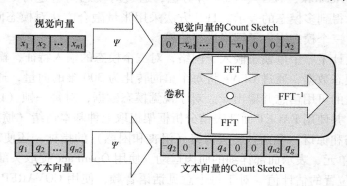

图 12.26　MCB 计算方法

随着深度学习方法的发展，基于 CNN 与 RNN 的模型被大量应用到多模态融合中。Malinowski 等以 CNN 和 LSTM 为基础，以一种新的神经元询问模型（Ask Your Neurons），设计了一个预测结果长度可变的模型。该模型将视觉问答任务视为结合图像信息作为辅助的 sequence to sequence 任务。首先由一个预训练好的深度 CNN 模型抽取出要回答的图片特征，然后将图片特征和转化为词向量的问题词一起送入 LSTM 网络，在每次送入一个问题词的同时将图片特征送入网络，直到所有的问题特征信息抽取完毕。接下来用同一个 LSTM 网络产生答案，直至产生结束符（$）为止。该模型的训练过程是结合图像特征的 LSTM 网络的训练以及词向量的生成器的训练。解码答案可以用两种不同的方式，一种是对不同答案的分类，另一种是答案的生成。分类由全连接层生成输出并传入覆盖所有可能答案的 softmax 函数。另一方面，生成由解码器 LSTM 执行。在每个时间点的 LSTM 将前面生成的词以及问题和图像编码作为输入。下一个词使用覆盖词汇表的 softmax 函数来预测。需要注意的一点是，该模型在编码器和解码器 LSTM 之间共享一些权重。图 12.27 展示了神经元询问模型的框架。

除了基于 RNN 的融合方法，Ma 等[36] 提出了 full-CNN 模型，在图像层级与句子层级分别使用 CNN 提取特征，再将得到的特征输入多模态的 CNN 中，进一步学习到多模态联合表征，挖掘了图像与文本之间的关系。

注意力机制的引入，使得模态融合有了全新的发展。Shih 等[37] 使用边缘框获取图像区域，并选择性地组合图像区域特征和文本特征。这种模式被认为是最早的基于注意力机制的 VQA 深度学习方法。它将每个区域的视觉特征 $V = (v_1, v_2, \cdots, v_m)$ 与文本特征 q 映射到

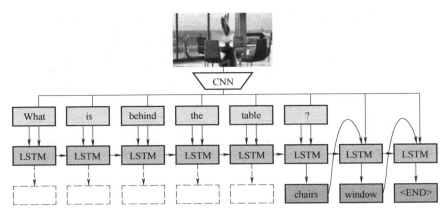

图 12.27　神经元询问模型

同一维度空间中，再对每个区域计算它们的内积，得到相关权重值。第 j 个区域的权重可以计算为

$$w_j = (Av_j + b_I)^\top (Bq + b_Q)$$

式中，A 和 B 是权重值，b_I 和 b_Q 是偏差值，v_j 是第 j 个区域。

　　然而，仅仅关注视觉特征中的局部区域是不够的，问题中需要重点关注哪些词也同样重要。Lu 等[38] 使用共同注意力（co-attention）来共同执行问题引导的视觉注意和图像引导的问题注意。联合注意力的计算如下：

$$C = \tanh(Q^\top W_b V)$$

$$H^v = \tanh(W_v V + (W_q Q) C)$$

$$H^q = \tanh(W_q V + (W_v Q) C^\top)$$

式中，V 是视觉特征，Q 是文本特征，C 是共同注意力，W 是权重参数。

　　在 Transformer 出现前，大多使用双流模型来学习模态间的联系，如交叉注意力、共同注意力等。近年来，大规模预训练模型兴起。预训练模型通过自监督学习，在大规模未标记数据上进行训练，然后针对特定任务进行微调。视觉问答中也出现了基于 Transformer 架构的预训练模型，集成更丰富的语义信息，实现多模态融合。

　　对于基于 Transformer 的模型来说，单流模型和双流模型是有共通之处的。

　　图 12.28a 为基于自注意力的单流框图，图 12.28b 为基于通常的注意力组合而来的共同注意力的双流框图。

　　对于单流模型来说，通常只需要用纯自注意力的框图，其计算复杂度为 $O((M+N)^2)$。对于双流模型来说，通常由两个编码器分别提取两个模态的信息，并且输入到一个特征融合模块中。两个编码器的计算复杂度分别为 $O(M^2)$ 和 $O(N^2)$，共同注意力的计算复杂度为 $O(2MN)$，总和仍然为 $O((M+N)^2)$。

　　基于预训练的多模态融合模型中，主要分为单流模型与双流模型。单流模型统一了文本和图像的语义学习，两者通过相同的学习策略进行训练，如 UNITER[39]、VL-BERT 等模型。双流模型则需要分别对不同模态的数据进行建模，再通过跨模态交互融合模块，完成两个模态的交互训练，如 VilBERT[40]、LXMERT[41] 等模型。

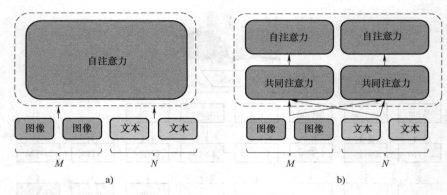

图 12.28　单流与双流对比

3. 数据集介绍

DAQUAR 是第一个被提出的 VQA 任务。它建立在 NYU-Depthv2 数据集上，该数据集包含 1449 张图片和 12468 对问答，其标注生成方法包括合成和人工。合成标注使用 8 个预定义的模板和 NYU-Depthv2 原始标注。人工注释来自 5 名内部参与者。

VQAv1 是使用最广泛的数据集之一，它包含来自 COCO 的 204721 幅真实图像数据集（用于训练的 123287 幅图像和用于测试的 81434 幅图像）。它涵盖了 614163 个自由形式的问题和 7984119 个问题答案，允许是/否、多项选择和开放式问题。

VQAv2 是 VQAv1 数据集的增强版本，它包含 204721 幅图像，这些图像来自 COCO 数据集。它在训练集、验证集和测试集上有 443757、214354 和 447793 个问题注释。VQAv2 共有 1105904 个由人类注释的自由形式问答对，是 VQAv1 的两倍，并且为每个问题提供一个补充图像，以便同一问题可以与两个相似的图像组合产生不同的答案。与 VQAv1 相比，VQAv2 减少了数据集的偏差和不平衡。

KB-VQA 是第一个需要外部知识库的 VQA 数据集，其中包括来自 COCO 的 700 幅图像数据集和 2402 个问答对（每张图片 3~4 个问题）。KB-VQA 有 23 个问题模板，每个问题由 5 名研究者根据其中一个合适的模板提出。提议者给不同的标签不同知识水平的问题。回答"知识库"级的问题需要使用知识库，比如 DBpedia。KB-VQA 中的"KB-knowledge"级问题远远多于同时期的其他 VQA 数据集。

FVQA 有 2190 幅图像和 5826 个问题，分成 5 个训练/测试集（1100/1090 幅图像以及每组用于训练/测试的 2927/2899 个问题）。这些问题总共可以分为 32 类。它的注解不仅包括问答对，还包括额外的知识。FVQA 通过收集知识三元组来构建，知识库来自 WebChild、ConceptNet 和 DBpedia，其中包含 193449 个句子作为与 580 个视觉相关的支持事实概念（234 个对象、205 个场景和 141 个属性）。这个数据集在每个问答对中都包含一个支持事实。

12.6.3　视频问答系统

视频问答（Video Question Answering，Video QA）系统根据输入的一段文本问题与视频，得到文本形式的答案输出。视频问答在深度视觉和语言理解方面起着至关重要的作用，需要理解视频和问题中的语义信息，以及它们的语义关联，以预测给定问题的正确答案。在视频质量检测中应用了多种人工智能技术，包括对象检测和分割、特征提取、内容理解、分类等。通常，视频问答的综合表现的评估指标是答对问题的百分比。

与视觉问答类似，视频问答同样经历单模态理解、多模态特征交互、答案检索、答案生成几个流程。其中，单模态理解需要同时考虑视觉、文本、音频特征。通常，将视频按照一定时间间隔切分成帧，对每一帧的图像信息进行理解，而音频信息将单独提取，对音频的频率、音高、语速等信息进行分析，利用 Wav2Vec 等模型，得到音频的特征信息。在特征交互中，需要对 3 个模态的特征进行融合，通常采用向量拼接或多个注意力网络模块组合，例如 Jin 等提出的多重交互网络（multi-interaction network）[42]。

即使视频问答是图像问答的自然扩展，它们之间仍然有许多不同之处。因此，简单地将图像问答方法扩展到视频是不够的。主要区别在于以下两个方面：

1）视频问答处理具有丰富外观和运动信息的长序列图像，而不是单一的静态图像。

2）由于视频中存在大量的时间线索，视频问答需要更多的时间推理来回答问题，如动作过渡和计数。

因此，视频问答的框架由以下几个模块组成：

1）视频特征提取模块分别使用 Faster-RCNN 提取区域级特征，使用 CNN 提取帧级特征，使用 C3D 提取图像级特征。

2）文本特征提取模块分别使用预先训练的词嵌入模型和句子嵌入模型提取词级特征。

3）集成模块以视觉和文本信息为重要线索，生成具有多模态语义的上下文表示。

4）答案生成模块根据语境表征，通过判别模型生成答案。

与图像相比，视频不仅包含静态的区域（对象）级和帧级特征，还包含动态的片段级特征。区域级视频特征是对局部视觉信息的细粒度表示。提取的局部特征可以表示为区域级的视频特征和预测的检测标签，两者都可以作为集成模块的输入。由于现有的基于区域候选网络（RPN）的工作在许多测试中都取得了很高的精度，大多数工作都使用 Faster-RCNN 检测感兴趣的局部部分，以识别视频的局部属性。

1. 视频特征提取模块

帧级视频特征是对全局视觉信息的粗粒度表示，它比区域级视频特征捕获更多类型的信息（例如，人物和场景）。随着深度神经网络的发展，人们提出了更深入、性能更高的神经网络，如 VGGNet、GoogLeNet 和 ResNet。VGGNet 被广泛用于提取每一帧的帧级特征。每帧大小为 224×224。然后提取第一个全连接层的 4096 维特征向量作为帧级视频特征。类似地，GoogLeNet 被用于提取帧级特征，这些特征来自于 Concat 层的最后一个初始 5b。特征尺寸为 2×7×1024。利用 ResNet，从 pool5 层提取 2048 维的特征向量。

剪辑级视频特征是顺序的和动态的特征表示（例如，行为）。C3D 网络在动作识别任务和捕捉视频动态信息的能力方面显示了很有前途的结果。在 Sport-1 M 数据集[11]上预先训练 C3D，提取剪辑级特征。C3D 的 fc7 层和 C3D 的 conv5b 层的输出特征作为连续 16 帧的剪辑特征。特征大小分别为 4096 和 1024。

2. 文本特征提取模块

在自然语言处理任务中，预先训练好的语言模型是提取文本特征的有效方法。句子级模型通过分析句子的顺序数据来预测句子之间的关系，单词级模型在单词级上实现细粒度表示。视频问答中有大量的文本数据，即字幕、故事、对话和问题，这些文本数据被认为是一个单词序列。因此，文本特征提取可分为单词级和句子级。

采用 Word2Vec 和 GloVe 的词嵌入提取词级特征。词向量是词汇表中所有词的向量表示的特征矩阵。该算法将所有的词转化为低维嵌入空间，计算词间的语义相似度。采用预先训练的 word2vec 模型提取题、答案的语义信息，其维数为 256。预训练的 300 维 GloVe 模型也在许多研究工作中得到应用。该 GloVe 是根据维基百科 2014 和 Gigaword 5（包括 400000 个词汇）训练的。对于不出现在 GloVe 中的词，使用现有词的嵌入值的平均值。

通常使用 Skip-Thought、词袋和 BERT 来提取句子级文本特征。受词向量学习的启发，Skip-Thought 是一种学习高质量句子向量的模型，它将 skip-gram 模型抽象到句子级。在视频问答中，使用 Skip-Thought 学习 RNN 模型中的句子语义和句法属性，以捕获问题语义信息之间的相似性。词袋模型使用一个固定长度的单词计数向量来表示文本。虽然该模型不考虑词级信息，但它已被证明能够成功地捕捉到长距离词汇相关信息和主题信息。BERT 是一种经过微调的基于 Transformer 的语言模型，它捕捉双向上下文信息，以在不同的句子级任务中预测句子。

3. 集成模块

集成模块的目的是建立多模态语义信息之间的相关表示，作为问答的关键线索。为了学习上下文表示，集成模块包括核心处理模型、RNN 编码器和特征融合。这三个子模块协作获得上下文表示。核心处理模型是进行推理和生成答案的核心部分。它由多种模型组成，如编码器-解码器、注意力模型、记忆网络和其他方法。编码器-解码器模型有两个组件：一个编码器和一个解码器。编码器从变长输入序列中提取定长表示，然后解码器从该表示中生成答案。注意力模型有选择地将注意力集中在源中相关度最高的部分，并收集加权表示生成答案。具体来说，它根据问题选择重要的视频，获得问题引导的视频表示。内存网络模型包含一个内存数组。它存储整个视频内容以保存其长期记忆，并结合注意力模型根据问题阅读相关信息，得到问题引导的视频表示用于回答问题。其余的方法大致可以归类为其他方法，例如，使用生成对抗网络（GAN）的思想来解决视频问答任务。此外，RNN 编码器对视频和问题的时间结构进行建模，特征融合融合了多模态特征（视觉和语言），提高了回答性能。

4. 视频问答数据集介绍

常见的数据集包括：

TVQA：TVQA：Localized, Compositional Video Question Answering（基于 6 个受欢迎的电视节目视频，比如医疗剧、情景喜剧等，有 1525000 个问答对，共 21793 个视频片段，从 925 集中抽出了 461 小时。每个视频 60~90 秒，问题类型包括多项选择，5 选 1，答案类型包括 [What/how/where/why] [when/before/after]）。

TVQA+：TVQA+：Spatio-Temporal Grounding for Video Question Answering（提供了时间戳标注信息，而且还有相对应的目标框信息，共 29400 个问答对，310800 个目标框信息，2500 个目标类别）。

MovieQA：Movie Question Answering：Remembering the Textual Cues for Layered Visual Contents（多项选择问题，5 选 1，共 14944 个问题，问题类型有 3 种：直接观察的信息、"Why" 和 "How" 问题，该数据集还包括概要、视频、字幕、DVS 和脚本相关的故事来源，也包含时间戳信息）。

12.7　多轮对话系统与大语言模型

近年来，对话系统以其巨大的潜力和诱人的商业价值吸引了越来越多的关注。目前，对话系统在各个领域越来越引起人们的重视，也取得了迅速的发展，各大公司相继推出了自己的智能对话应用，如苹果公司的 Siri，微软公司的 Cortana，百度公司的度秘等。

多轮对话是指根据上下文内容，进行连续的以达到解决某一类特定任务为目的的对话，是对话系统中的一个重要组成部分。相对于单轮对话，多轮对话的模式通常表现为有问有答的形式。在对话过程中，机器人也会发起询问，而且在多轮对话中，机器人还会涉及"决策"的过程，与单轮对话相比会显得更加的智能，应用场景也更加的丰富多样。通常来说，多轮对话与一件事情的处理相对应，如图 12.29 所示。

```
Q：我要订机票。
A：要订从哪里出发的机票呢？
Q：从深圳，到北京的。
A：好的。希望什么时候出发？
Q：明天上午 10 点左右吧。
A：好的，系统给你找到×××航班，明天 10 点 05 分起飞，预计 13 点到达，请问是否合适？
Q：可以的。
A：已经为您预定×××航班，请点击付款完成最终操作。记得提前办理值机手续哟。
```

图 12.29　多轮对话示例

传统的多轮对话系统通常由三个模块组成：口语理解（Spoken Language Understanding，SLU，包括语音识别与自然语言理解）、对话管理（Dialogue Manager，DM）和自然语言生成（Natural Language Generation，NLG）。在任务导向的对话系统中，用户的输入经过口语理解模块被解析成特殊的语义表示，对话管理模块利用这些表示以及对话的状态来确定系统的下一步动作，自然语言生成模块根据系统的下一步动作生成相应的自然语言。传统的基于流程图的方法将三个模块单独训练，因此很难迁移到新的领域，随着深度学习技术的发展，可训练的端到端的任务导向的多轮对话模型被提出，并取得了显著的效果，成为近几年研究的热点。

12.7.1　多轮对话系统组成

一个较为常见的多轮对话系统的架构如图 12.30 所示。若是以语音作为输入，则一个完整的多轮对话系统主要包括 5 个部分：自动语音识别（Automatic Speech Recognition，ASR）、自然语言理解（Natural Language Understanding，NLU）、对话管理（Dialogue Management，DM）、自然语言生成（Natural Language Generation，NLG）和语音合成（Text to Speech，TTS）。其中对话管理包括对话状态跟踪（Dialogue State Tracking，DST）和对话策略学习（Dialogue Policy Learning，DPL）。其中对话管理模块承担了多轮对话中信息的记录和使用，是多轮对话系统的核心部分，本节将重点阐述这部分。在实际实现对话管理模块时，可以将其拆分成对话状态跟踪和对话策略学习两部分分别设计，即拆分式对话管理，也可以直接通过单个模型同时实现两部分的功能，即端到端式对话管理。

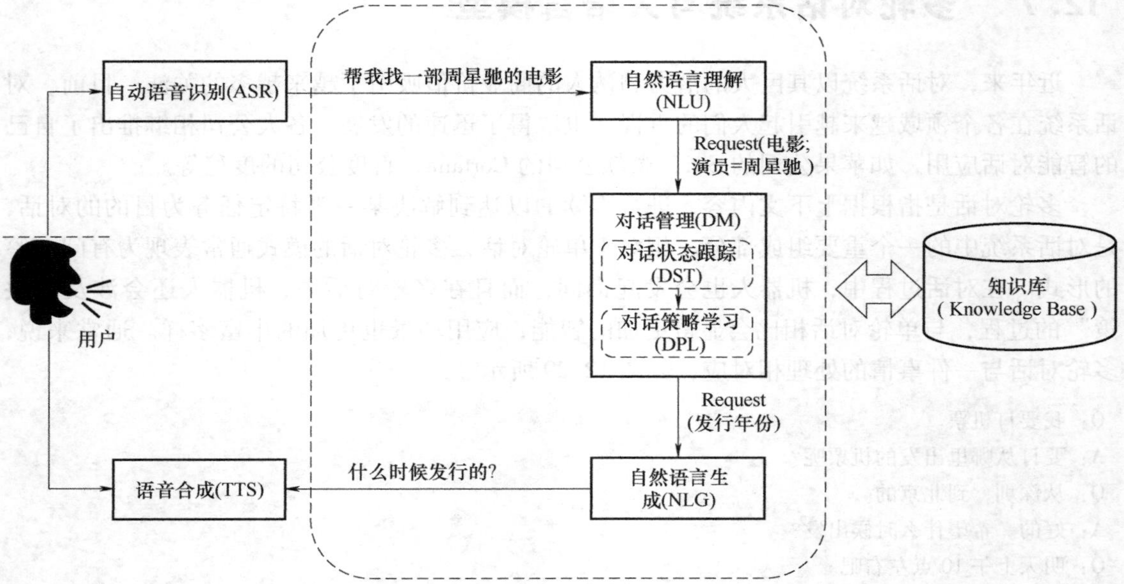

图 12. 30　多轮对话系统结构图

12. 7. 2　对话理解

对话理解模块中，主要由两个部分组成：①**语音识别模块**将原始的语音信号转换成文本信息；②**自然语言理解模块**将识别出来的文本信息转换为机器可以理解的语义表示。对于自然语言理解模块，主要是用于识别用户的话语并生成结构化的语义表示，通常这个特殊的表示被称作对话动作（Dialogue Act，DA）。对话动作由两部分组成，分别表示用户的意图（如陈述、询问、否定等）以及约束条件。表示用户的意图的部分被称为动作类型，使用意图检测（Intent Detection）模块来识别。表示约束条件的部分被称为限制条件，通过填槽（Slot Filling）模块来识别。

意图检测模块用来检测用户的意图，将用户的话语分类为预先定义的动作类型之一[43]。传统的方法使用正则表达式的方式来识别。近几年，深度学习技术已经成功地应用于意图检测模块。特别地，CNN 通常被应用于提取用户话语的特征向量来检测用户的意图。

与通常被定义为分类问题的意图检测模块不同，填槽模块通常被定义为序列标注问题，需要为句子中的每个词添加语义标签。深度置信网络（Deep Belief Network，DBN）[44]比起传统的条件随机场（Conditional Random Field，CRF）算法效果更好。进一步，循环神经网络（Recurrent Neural Network，RNN）[45]应用于该模块。

12. 7. 3　对话管理

将对话管理模块按照功能进行拆分，可以得到对话状态跟踪和对话策略学习两个任务。拆分式在设计上会更简单，而且具有较强的可拓展性，拼装起来可控性也比较高，但泛化能力较差。

1. 对话状态跟踪

对话状态跟踪主要负责对对话过程中的内容进行管理维护，为下一步对话策略进行分析打基础。最简单的方式就是直接用缓存把对话内容记下来，形成可解释的部分，如 {"destination":"北京","originator":"深圳","takeoff_time_date":""}。然后对话策略根据缺失的信息进行追问即可。

然而，随着多轮对话的进行，对话涉及的内容逐渐丰富，场景逐渐复杂，甚至因为轮数增加，部分信息也有了更新和变化，这种固定格式并不一定能够满足实际需求，于是有了更多的改进措施，也逐步向模型、泛化的方式进行。

首先是对话状态的表示，不难看出对话状态数与意图和槽值对的数成指数关系，因此需要考虑构造合理的模式来实现，例如隐含信息状态、贝叶斯更新等。然后是状态的更新和转移，这随着任务逐步复杂，也需要对其进行建模，从条件随机场到 RNN，甚至迁移学习等。从单一任务或者槽位的跟踪逐步升级为多任务多目标的跟踪，对话系统的效果也在不断提升。

2. 对话策略学习

对话策略学习是根据现有的查询理解和对话状态跟踪，制定对话返回策略的部分。这部分一旦敲定，最终反馈给用户的回复也就基本确定了，它在整个对话系统中的重要性可见一斑。

常见的对话策略比较简单，例如上面的多轮对话示例，其实就是简单地用一些规则，根据缺失的信息制定回复策略进行追问即可，不需要很多复杂的操作。然而，对于复杂的任务，进行复杂的策略分析和预测就显得非常必要，对话策略学习应运而生。

由于对话策略学习可以被认为是一个决策问题，甚至是一个多次决策的问题，因此一般使用强化学习的方法解决这个问题。在多轮对话里，状态就可以理解为对话状态跟踪中的信息，动作就是采取的对话策略，奖励就是采取行动会得到的奖励。我们所希望的就是全局，也就是整个对话下来，总奖励最高，这正符合强化学习的模式。

3. 端到端式对话管理

近几年，随着**端到端生成模型**（end-to-end generative model）在开放域聊天领域取得了巨大的成功，越来越多的人尝试构建端到端的可训练的对话管理系统框架。参考文献 [4，5] 提出了一种端到端的可训练的任务导向的对话系统，该系统认为任务导向的多轮对话是从对话历史到系统回复的映射问题，并使用编码器-解码器（Encoder-Decoder）模型来训练整个系统。然而，该系统使用监督学习的方法来进行训练，不仅需要大量的标注好的训练数据，而且可能找不到好的策略。为了解决训练数据不足的问题，可以将任务导向的多轮对话问题看作是**部分可观测马尔可夫决策过程**（Partially Observable Markov Decision Process，POMDP），通过与实际用户或模拟用户交互进行**强化学习**。

学术界一般使用端到端的方法构建对话管理模块，用特定的模型完成多轮信息的整合和对话策略的决策，甚至从输入开始进行串联，从输入直接到输出完成全局的端到端结果回复。通过这种方式构建的模型往往具有很强的泛化能力，但是缺点是模型内可控性比较差，而且对数据质量和数量的依赖性会比较高。

具体来说，与文本摘要技术一样，端到端式对话管理又可以分为检索式和生成式。检索式的本质就是把历史的对话信息和当前的回复都放到模型的输入中，形成端到端的模式，目前关注度较低。与文本摘要不同的是，对话系统对历史信息的复用要求更低，但是对对话生成的灵活性要求更高，而与检索式对应的生成式方法显然具有更高的灵活性。seq2seq[46]就是比较经典的模型，即直接将这些对话信息放入模型，可以直接生成一些基本的多轮回复，但这种方法过于简单，往往效果不稳定。随着深度学习技术的发展，一些大型的预训练语言模型如 GPT[47]、BERT[48]等以及知识库逐渐被引入对话系统，结合对抗生成模型，通过端到端式方法构建出来的多轮对话系统的回复也更加顺滑，同时具有一定的知识性。

12.7.4 基于大语言模型的对话系统

大语言模型（Large Language Model，LLM）是指使用大量文本数据训练的深度学习模型，可以生成自然语言文本或理解语言文本的含义。大语言模型可以处理多种自然语言任务，如文本分类、问答、对话等。大语言模型通过分析大量的文本数据并学习语言使用的模式来工作，能够获取上下文并生成不仅连贯而且感觉像是来自真实人类的回复。

真正引起人们关注的第一个大语言模型是 OpenAI 于 2018 年开发的 GPT[47]（Generative Pre-trained Transformer）模型，其中最引人注目的 ChatGPT 就是基于 GPT-3.5 开发的。GPT 模型之所以如此特殊，是因为它是首批使用 Transformer 架构的语言模型之一。这是一种能够很好地理解文本数据中的长距离依赖关系的神经网络类型，使得该模型能够生成高度连贯和上下文相关的语言输出。拥有 1.17 亿个参数的 GPT 模型对自然语言处理领域产生了重大影响。

1. 大语言模型的类型

有几种不同类型的大语言模型，每种类型都有其自身的优点和缺点。

（1）基于自编码器的模型（Autoencoder-Based Model）

一种类型的大语言模型是基于自编码器的模型，它通过将输入文本编码为较低维度的表示，然后根据该表示生成新的文本。这种类型的模型在文本摘要或内容生成等任务中表现出色。

（2）序列到序列模型（Sequence-to-Sequence Model）

另一种类型的大语言模型是序列到序列模型，它接收一个输入序列（比如一个句子）并生成一个输出序列（比如翻译成另一种语言）。这些模型通常用于机器翻译和文本摘要。

（3）基于 Transformer 的模型（Transformer-Based Model）

基于 Transformer 的模型是另一种常见的大语言模型类型。这些模型使用一种神经网络架构，非常擅长理解文本数据中的长距离依赖关系，使其在生成文本、翻译语言和回答问题等各种语言任务中非常有用。这也是目前最著名、研究最多的大语言模型。

（4）递归神经网络模型（Recursive Neural Network Model）

递归神经网络模型被设计用于处理结构化数据，如句子的句法结构表示。这些模型对情感分析和自然语言推理等任务非常有用。

（5）分层模型（Hierarchical Model）

分层模型被设计用于处理不同粒度级的文本，例如句子、段落和文档。这些模型用于文档分类和主题建模等任务。

2. 基于 Transformer 的模型

高级大语言模型采用了一种称为 Transformer 的特定架构。将 Transformer 层视为传统神经网络层之后的独立层。实际上，Transformer 层通常作为附加层添加到传统神经网络架构中，以提高大语言模型在自然语言文本中建模长距离依赖性的能力。

Transformer 层通过并行处理整个输入序列而不是顺序处理来工作。Transformer 的核心结构如图 5.4 所示，典型的 Transformer 模型在处理输入数据时有四个主要步骤，下面将逐一讨论每个步骤。

（1）词嵌入（Word Embedding）

构建大语言模型时，词嵌入是至关重要的第一步。它将单词表示为高维空间中的向量，使得相似的单词被归为一组。这有助于模型理解单词的含义，并基于此进行预测。一旦创建了词嵌入，它们可以作为输入传递给在特定语言任务上进行训练的更大的神经网络，例如文本分类或机器翻译。通过使用词嵌入，模型能够更好地理解单词的含义，并基于这种理解做出更准确的预测。

（2）位置编码（Positional Encoding）

位置编码是帮助模型确定单词在序列中的位置的技术。它与单词的含义以及它们之间的关系无关，例如"猫"和"狗"之间的相似性。相反，位置编码主要用于跟踪单词的顺序。例如，当将句子"我喜欢猫"输入到模型时，位置编码可以帮助模型区分"我"是在句子的开头，而"猫"是在句子的结尾。这对于模型理解上下文和生成连贯的输出非常重要。

位置编码使用一系列特定模式的向量来表示单词的位置。这些向量与词嵌入的向量相加，以获得包含位置信息的表示。通过这种方式，模型能够将单词的位置作为输入的一部分，并在生成输出时保持一致。

（3）自注意力机制（Self-Attention Mechanism）

自注意力机制是 Transformer 模型的核心组成部分。它允许模型在生成输出时，有效地在输入序列的不同位置进行交互和关注。自注意力机制的关键思想是计算输入序列中每个单词之间的相关性，并将这些相关性用于权衡模型在每个位置的关注程度。

具体来说，自注意力机制计算每个单词与其他单词之间的相似度，然后将这些相似度转化为注意力权重。这些权重决定了模型在生成输出时对不同位置的输入进行关注的程度。这种自注意力机制使得模型能够根据输入序列中的上下文信息灵活地调整输出的生成。

自注意力机制的引入是 Transformer 模型相对于传统的递归神经网络的一个重大突破。传统的递归神经网络在处理长序列时容易出现梯度消失或梯度爆炸问题，而自注意力机制使得 Transformer 模型能够更好地捕捉长距离依赖关系。

（4）前馈神经网络（Feed-forward Neural Network）

前馈神经网络对每个位置的表示进行进一步的处理。前馈神经网络是由多个全连接层组成的，其中每个层都有一组参数，用于将输入进行非线性变换。这个过程可以帮助模型在生成输出时引入更多的复杂性和灵活性。

因此，在自注意力层完成序列处理后，位置逐个前馈层接受输入序列中的每个位置并独立处理它。对于每个位置，全连接层接收该位置上的标记（单词或子词）的向量表示。这个向量表示是前面的自注意力层的输出。这个上下文中的全连接层用于将输入向量表示转换为更适合模型学习单词之间复杂模式和关系的新向量表示。

在训练过程中，Transformer 层的权重被重复更新，以减小预测输出与实际输出之间的差异。这是通过反向传播算法完成的，类似于传统神经网络层的训练过程。

3. 大语言模型的学习

在已有的大模型基础上，我们希望利用大语言模型，让大语言具备特定任务的解决能力。目前我们主要有三种方式：微调，提示学习，上下文学习。

（1）微调（Fine-tuning）

在原有大型模型的基础上进行训练的方式。这种方式首先需要大规模的预训练，然后再对模型进行微调，以适应特定的任务或问题。预训练模型时，模型会在大量的文本数据上进行训练，学习如何理解和生成人类语言。这种训练通常在一个非常大的数据集上进行，模型会学习到语言的各种模式和规则。然后，在微调阶段，模型会在一个更小、更特定的数据集上进行训练。这个数据集通常是针对特定任务或问题的。通过这种方式，模型可以学习到如何更好地解答特定的问题或完成特定的任务。

例如，我们可以把行业，或者企业的专有知识构建出专有的数据集，然后再用数据集对大语言模型进行微调训练。微调方式可以较好地使用在特定领域的知识问答系统中，使用下游特定领域的知识对基础模型进行微调，改变神经网络中参数的权重。

微调方式比较适合特化的任务或风格，但也存在一些问题：

1）消耗的资源量虽然相对大模型预训练减少，但还是不容小觑的。比如 Alpaca 的微调，据作者介绍他们使用 8 个显存 80GB A100，花费了 3 小时。如果领域支持频繁更新，且需要较高的实时性，显然是无法满足要求的。

2）需要构建特定领域微调的训练语料，可以参考 "Dataset Engineering for LLM finetuning"。如果想要获得较好的结果，高质量训练数据集的构建需要精心设计，开销也是不容忽视的。

3）微调的结果不一定符合预期。在 ChatGLM-6B 微调实践中可以发现，使用 ADGEN 数据集微调后，模型对"广告词生成"任务的确变好，但其他任务的回答均不如原始模型。

（2）提示学习（Prompt Learning）

受到 GPT-3 等工作的启发，很多人开始探索在训练数据很少甚至不存在的情况下，通过将下游任务修改为语言生成任务，来获得相对较好的模型。提示学习是这样一类学习方法：在不显著改变预训练语言模型结构和参数的情况下，通过向输入增加"提示信息"，将下游任务改为对应的特定生成任务。它将特定领域的知识作为输入消息提供给模型，类似于短期记忆，容量有限但是清晰。表 12.12 展示了传统监督学习与提示学习的对比。

表 12.12　监督学习与提示学习对比示例

范式	监督学习	提示学习
输入	我是谁?	［CLS］我是谁?［SEP］主题是［MASK］［MASK］［SEP］
输出	［0，0，1］	［CLS］哲学［SEP］

提示学习包括三个步骤：

1）设计预训练语言模型的任务。

2）设计输入模板样式（Prompt Engineering）。

3）设计标签样式及模型的输出映射到标签的方式（Answer Engineering）。

如何定义模板

模板（Template）的功能是在原有输入文本上增加提示语句，从而将原任务转化为掩码语言模型（Masked Language Model）任务（在 BERT 模型中，被遮蔽的部分由两种符号组成：80%的部分会被替换成特殊标记［MASK］，10%的部分会被替换成其他随机的单词，而剩下的 10%部分则不做任何处理），可以分为离散型和连续型两种。模板由不同字段构成，可任意组合。每个字段中的关键字定义了数据文本或者提示文本，即 input_ids，属性可定义该字段是否可截断，以及对应的 position_ids、token_type_ids 等。

　　提示的模板最开始是人工设计的，人工设计一般基于人类的自然语言知识，力求得到语义流畅且高效的模板。人工设计模板的优点是直观，但缺点是需要很多实验、经验以及语言专业知识。自动学习的模板又可以分为离散提示（Discrete Prompt）和连续提示（Continuous Prompt）两大类。

■ 离散型模板

离散型模板是直接将提示语句与原始输入文本拼接起来，两者的词向量矩阵共享，均为预训练模型学到的词向量矩阵。

```
sample={
"text_a":"心里有些生畏,又不知畏惧什么","text_b":"心里特别开心","labels":
"矛盾"
    }
```

"心里有些生畏，又不知畏惧什么"和"心里特别开心"之间的逻辑关系是［MASK］。

它的优势在于正确性和精度高，但是劣势同样明显。一次可以处理的文本量有限制，如果知识库较大，无论从可行性还是效率而言都是不合适的。

硬模板 PET（Pattern Exploiting Training）[49] 是典型的离散型模板，图 12.31 展示它的设计。

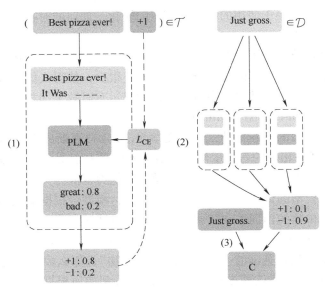

图 12.31　硬模板的结构

1）在少量监督数据上，给每个提示训练一个模型。

2）对于无监督数据，将同一个样本的多个提示预测结果进行集成，采用平均或加权（根据 acc 分配权重）的方式，再归一化得到概率分布，作为无监督数据的软标签。

3）在得到的软标签上微调一个最终模型。

■ 连续型模板

离散型模板的使用难点在于设计一个好的提示语句需要很多经验和语言专业知识，为了解决这一问题，连续型模板尝试使用一组连续性提示向量作为模板，这样模型训练时就无需人工给定提示语句。当然，也支持用人工构造的提示来初始化提示向量。与离散型模板的区别在于连续型提示向量与输入文本的词向量矩阵不共享，两者在训练过程中分别进行参数更新。

1）对于分类任务，推荐的连续型提示长度一般为 10~20。

2）对于随机初始化的连续性提示向量，通常用比预训练模型微调更大的学习率来更新参数。

3）与离散型模板相似，连续型模板对初始化参数也比较敏感。自定义提示语句作为连续性提示向量的初始化参数通常比随机初始化效果好。

如何定义标签词映射

标签词映射（Verbalizer）也是提示学习中可选的重要模块，用于建立预测词和标签之间的映射，将"预训练-微调"模式中预测标签的任务转换为预测模板中掩码位置的词语，从而将下游任务统一为预训练任务的形式。

1）微调：数据集的标签为负向和正向，分别映射为 0 和 1。

2）提示学习：通过下边的标签词映射建立原始标签与预测词之间的映射。

目前使用提示的工作大多集中于分类任务和生成任务，其他任务则较少，因为如何有效地将预训练任务和提示联系起来还是一个值得探讨的问题。另外，模板和答案的联系也亟待解决。模型的表现同时依赖于使用的模板和答案的转化，如何同时搜索或者学习出两者联合的最好效果仍然很具挑战性。

此外，提示的理论分析和可解释性仍然面临挑战。尽管提示方法在很多情况下都取得了成功，但是目前基于提示的学习的理论分析和保证还很少，使得人们很难了解提示为什么能达到好的效果，又为什么在自然语言中意义相近的提示有时效果却相差很大。

（3）上下文学习（In-context Learning）

随着大语言模型能力的不断提升，上下文学习（ICL）逐渐成为自然语言处理领域一个新的范式。ICL 通过任务相关的若干示例或者指令来增强上下文，从而提升语言模型预测效果，通过探索 ICL 的性能来评估和推断大语言模型的能力也成为一种新的趋势。

在这种方式中，模型的训练和应用是同时进行的，模型会根据输入的上下文信息生成输出。这种方式不需要单独的预训练和微调阶段。模型在生成答案时会考虑所有的输入信息，包括问题和问题的上下文。例如，如果一个问题是"谁是美国的第一任总统？"并且上下文信息包括"乔治·华盛顿是美国的一位重要的历史人物"，那么模型可能就能够生成正确的答案"乔治·华盛顿"。通过这种方式，模型可以学习到如何根据上下文信息解答问题，而不仅仅是单独的问题。我们需要做的就是要把问题和答案预先搜索出来输入到大模型进行处理。

ICL 的核心在于从任务相关的类比样本中学习，ICL 要求若干示例以特定形式进行演示，然后将当前输入与上述示例通过提示拼接到一起作为语言模型的输入。本质上，它利用训练有素的语言模型根据演示的示例来估计候选答案的可能性。简单理解，就是通过若干个完整的示例，让语言模型更好地理解当前的任务，从而做出更加准确的预测。可以发现 ICL 与提示学习的差异。提示学习是通过学习合适的提示来鼓励模型预测出更加合适的结果，而提示既可以是离散型，也可以是连续型。严格来讲，ICL 可以视为提示学习中的一小部分，如果将 ICL 中的若干示例的演示视作提示的话。

ICL 可以分为两部分，分为作用于训练与推理阶段。

训练

在推理前，通过持续学习让语言模型的 ICL 能力得到进一步提升，这个过程称之为预热，预热会优化大语言模型对应参数或者新增参数，区别于传统的微调旨在提升大语言模型在特定任务上的表现，预热则是提升模型整体的 ICL 性能。

■ 监督上下文训练

通过构建对应的上下文的监督数据与多任务训练，进行对应的上下文微调，从而缩小预训练与下游 ICL 的差距。除此之外，提示微调通过在指示上训练能提升大语言模型的 ICL 能力。

■ 自监督上下文训练

根据 ICL 的格式将原始数据转换成输入-输出的成对数据后利用四个自监督目标进行训练，包括掩码语言、分类任务等。

监督训练与自监督训练旨在通过引入更加接近于 ICL 的训练目标，从而缩小预训练与 ICL 之间的差距。比起需要示例的上下文微调，只涉及任务描述的指示微调更加简单且受欢迎。另外，在预热这个阶段，大语言模型只需要从少量数据训练就能明显提升 ICL 能力，不断增加相关数据并不能带来 ICL 能力的持续提升。从某种角度上看，这些方法通过增加模型参数可以提升 ICL 能力也表明了原始的大语言模型具备这种潜力。虽然 ICL 不要求预热，但是一般推荐在推理前增加一个预热过程。

推理

很多研究表明大语言模型的 ICL 性能严重依赖于演示示例的格式，以及示例顺序等，在使用目前很多大语言模型时我们也会发现，在推理时，同一个问题如果加上不同的示例，可能会得到不同的模型生成结果。

■ 演示选择

对于 ICL 而言，哪些样本是好的？大语言模型的输入长度是有限制的，如何从众多的样本中挑选其中合适的部分作为示例这个过程非常重要。按照选择的方法主要可以分为无监督和有监督两种。

其中无监督的方法分为以下几种，首先就是根据句向量距离或者互信息等方式选择与当前输入最相似的样本作为演示示例，另外还有利用自使用方法去选择最佳的示例排列，有的方法还会考虑到演示示例的泛化能力，尽可能去提高示例的多样性。除了上述这些从人工撰写的样本中选择示例的方式外，还可以利用大语言模型自身去生成合适的演示示例。至于有监督的方法也有几种，第一种是先利用无监督检索器召回若干相似的样本，再通过监督学习训练的高效提示检索器进行打分，从而筛选出最合适的样本。此外还有基于提示微调与强化学习的方式去选择样本。

■ 演示排序

挑选完演示示例后，如何对其进行排序也非常重要。排序的方法既有不需要训练的，也有根据示例与当前输入距离远近进行排序的，也可以根据自定义的熵指标进行重排。

■ 演示格式

如何设计演示示例的格式？最简单的方式就是将示例的输入-输出对按照顺序直接拼接到一起。但是对于复杂的推理问题，大语言模型很难直接根据输入推理出输出，这种格式就不适用了。另外，有的研究旨在设计更好的任务指示作为演示内容，上述的格式也就不适用了。对于这两类场景，除了人工撰写的方式外，还可以利用语言模型自身去生成对应的演示内容。

4. 典型的大语言模型

（1）BERT

BERT 是谷歌开发的一种预训练深度学习模型，全称为 Transformer 的双向编码器表示。它旨在理解和生成自然语言。BERT 利用双向 Transformer 架构，这意味着它可以正向和反向处理输入文本，以更好地理解单词之间的上下文和关系。BERT 在许多任务中被使用，如问答、情感分析、命名实体识别和文本分类。它在多个基准测试中取得了最先进的结果，包括 SQuAD（斯坦福问答数据集）和 GLUE（通用语言理解评估）基准。作为比较措施，BERT base 有 1.1 亿个参数，而更复杂的 BERT large 有 3.45 亿个参数。

（2）GPT-4

OpenAI 推出了 GPT 系列的最新创新：GPT-4，全称为生成式预训练 Transformer 4。这个突破性的大型语言模型比其前身 GPT-3 的 1750 亿个参数更高，达到了惊人的 1 万亿个参数。GPT-4 的关键优势与 GPT-3 类似，在大量文本数据上进行了广泛的预训练，使其能够学习极其多样的语言特征和关系。因此，可以使用相对较少的示例对 GPT-4 进行特定自然语言处理任务的微调，使其成为一种非常高效和多功能的工具，适用于各种应用。

（3）OPT-175B[⊖]

2022 年 5 月，Facebook 发布了 Open Pretrained Transformer（OPT-175B）。它是一个拥有 1750 亿个参数的语言模型，使用了 5 个公开数据集的 800GB 数据进行训练；旨在刺激大语言模型的使用。Meta AI 仅使用 16 个 NVIDIA V100 GPU 来训练和部署模型的代码库，以提高这些模型专门用于研究目的的可访问性，并为在一个共同的共享模型上分析植根于可量化指标的潜在危害提供基础。

（4）LLaMA

LLaMA（Large Language Model Meta AI）由 Meta 开源，它是一组基础语言模型，参数范围从 7B 到 65B。在数万亿的 tokens 上训练模型，并可以专门使用公开可用的数据集来训练最先进的模型，而无需求助于专有和不可访问的数据集。

12.8 前景与挑战

近几年，维基百科等高质量资源库都在持续更新。但目前建立的资源库中包含的大多是

⊖ 访问 OPT-175B 可使用 GitHub-facebookresearch/metaseq：Repo for external large-scale work。

事实性知识，缺乏常识性知识，而且很多常识性知识难以整理成一个统一的规范化模式。然而，人类在推理的过程中往往依赖常识性知识。如何将常识性的知识融入到问答系统中是一件值得探索的研究工作。除此之外，如何统一整合各个资源库，形成一个形式统一的知识源也是有待解决的问题。

除了知识库，知识推理也是值得关注的方向，因为不是所有的问题都可以利用现存的知识库直接回答。但不难发现，有很多隐含信息是可以利用现有的信息进行推理获得。所以在问答系统中，需要对已有的知识进行学习推理，来获得隐含知识，这就是我们常说的知识推理任务。早期的知识推理大多采用对已有的知识进行学习归纳，从而得出符号逻辑的推理规则。比方说，由美国华盛顿大学开发出的夏洛克-福尔摩斯系统以及由卡内基梅隆大学开发出来的推理系统 PRA，能推理出原知识库中没有的知识，但是由于推理规则的数量会随着关系数量的增长而快速增长，所以很难扩展到大的知识库中。近年来，深度学习被广泛用于问答系统。虽然现在的深度学习技术距离广泛落地还有一定的距离，但是相信在未来，深度学习一定能在这个方面大放异彩，训练出性能更好的问答系统。特别是融合表示学习、符号逻辑和基于内存机制的端到端深度神经网络技术的推理技术，更是一个非常值得深入研究的方向。

思　考　题

1. 机器阅读理解系统如何使用句法解析和语义角色标记等自然语言处理技术来分析和理解给定的文本？

2. 机器阅读理解系统可以回答哪些不同类型的问题，它们在复杂性和难度方面有何不同？

3. 当前的机器阅读理解系统在处理长而复杂的文档或具有多个观点的文本方面的局限性是什么？

4. 从传统的自然语言处理技术考虑，问答系统如何使用语法分析和语义分析等自然语言处理技术来理解输入问题的含义？

5. 当前的问答系统在理解复杂和模棱两可的问题的能力方面有哪些局限性？问答系统如何处理在可用数据中找不到答案或存在多个可能答案的情况？

6. 围绕问答系统的开发和部署有哪些伦理考虑，例如潜在的偏见和隐私问题？

7. 随着 ChatGPT 等通用大规模预训练语言模型的发展，未来的问答和对话系统将如何发展？（提示：可以从问题类型出发，如数学、复杂推理、特定领域等。）

参 考 文 献

[1]　Weizenbaum J. ELIZA—a computer program for the study of natural language communication between man and machine [J]. Communications of the ACM, 1966, 9 (1)：36-45.

[2]　Voorhees E M. The trec-8 question answering track report [C]. The 8th Text Retrieval Conference, 1999.

[3]　Rajpurkar P, Zhang J, Lopyrev K, et al. Squad：100000＋ questions for machine comprehension of text [J]. arXiv preprint arXiv：1606. 05250, 2016.

[4]　毛先领，李晓明. 问答系统研究综述 [J]. 计算机科学与探索，2012，6 (3)：193-207.

［5］ Chen Zhiyu, et al. Finqa: A dataset of numerical reasoning over financial data ［C］. EMNLP, 2021.

［6］ Liu S, Zhang X, Zhang S, et al. Neural machine reading comprehension: Methods and trends ［J］. Applied Sciences, 2019, 9 (18): 3698.

［7］ Yih S W T, Chang M W, He X, et al. Semantic parsing via staged query graph generation: Question answering with knowledge base ［C］. The Joint Conference of the 53rd Annual Meeting of the ACL and the 7th International Joint Conference on Natural Language Processing of the AFNLP, 2015.

［8］ Xu K, Reddy S, Feng Y, et al. Question answering on freebase via relation extraction and textual evidence ［J］. arXiv preprint arXiv: 1603. 00957, 2016.

［9］ Liang C, Berant J, Le Q, et al. Neural symbolic machines: Learning semantic parsers on freebase with weak supervision ［J］. arXiv preprint arXiv: 1611. 00020, 2016.

［10］ Bordes A, Chopra S, Weston J. Question answering with subgraph embeddings ［J］. arXiv preprint arXiv: 1406. 3676, 2014.

［11］ Bollacker K, Evans C, Paritosh P, et al. Freebase: a collaboratively created graph database for structuring human knowledge ［C］. The 2008 ACM SIGMOD International Conference on Management of Data, 2008.

［12］ Chakraborty N, Lukovnikov D, Maheshwari G, et al. Introduction to neural network based approaches for question answering over knowledge graphs ［J］. arXiv preprint arXiv: 1907. 09361, 2019.

［13］ Yih S W T, Chang M W, He X, et al. Semantic parsing via staged query graph generation: Question answering with knowledge base ［C］. The Joint Conference of the 53rd Annual Meeting of the ACL and the 7th International Joint Conference on Natural Language Processing of the AFNLP, 2015.

［14］ Dong L, Wei F, Zhou M, et al. Question answering over freebase with multi-column convolutional neural networks ［C］. The 53rd Annual Meeting of the Association for Computational Linguistics and the 7th International Joint Conference on Natural Language Processing, 2015.

［15］ Hao Y, Zhang Y, Liu K, et al. An end-to-end model for question answering over knowledge base with cross-attention combining global knowledge ［C］. The 55th Annual Meeting of the Association for Computational Linguistics, 2017.

［16］ Yang Z, Qi P, Zhang S, et al. HotpotQA: A dataset for diverse, explainable multi-hop question answering ［J］. arXiv preprint arXiv: 1809. 09600, 2018.

［17］ Talmor A, Herzig J, Lourie N, et al. Commonsenseqa: A question answering challenge targeting commonsense knowledge ［J］. arXiv preprint arXiv: 1811. 00937, 2018.

［18］ Cai Q, Yates A. Large-scale semantic parsing via schema matching and lexicon extension ［C］. The 51st Annual Meeting of the Association for Computational Linguistics, 2013.

［19］ Yih W T, Richardson M, Meek C, et al. The value of semantic parse labeling for knowledge base question answering ［C］. The 54th Annual Meeting of the Association for Computational Linguistics, 2016 .

［20］ Bao J, Duan N, Yan Z, et al. Constraint-based question answering with knowledge graph ［C］. The 26th International Conference on Computational Linguistics, 2016.

［21］ Bordes A, Usunier N, Chopra S, et al. Large-scale simple question answering with memory networks ［J］. arXiv preprint arXiv: 1506. 02075, 2015.

［22］ Serban I V, García-Durán A, Gulcehre C, et al. Generating factoid questions with recurrent neural networks: The 30m factoid question-answer corpus ［J］. arXiv preprint arXiv: 1603. 06807, 2016.

［23］ Lopez V, Unger C, Cimiano P, et al. Evaluating question answering over linked data ［J］. Journal of Web Semantics, 2013, 21: 3-13.

［24］ Trivedi P, Maheshwari G, Dubey M, et al. Lc-quad: A corpus for complex question answering over knowledge graphs ［C］. International Semantic Web Conference，2017.

［25］ Dubey M，Banerjee D，Abdelkawi A，et al. Lc-quad 2.0：A large dataset for complex question answering over wikidata and dbpedia ［C］. International Semantic Web Conference，2019.

［26］ Tadas Baltrušaitis，Chaitanya Ahuja，Louis-Philippe Morency. Multimodal machine learning：A survey and taxonomy ［J］. IEEE Transactions on Pattern Analysis and Machine Intelligence，2018，41（2）：423-443.

［27］ Matthew Turk. Multimodal interaction：A review ［J］. Pattern Recognition Letters，2014，36：189-195.

［28］ Christopher D Manning，et al. The Stanford CoreNLP natural language processing toolkit ［C］. The 52nd Annual Meeting of the Association for Computational Linguistics：System Demonstrations，2014.

［29］ Linda G Shapiro，George C Stockman，et al. Computer vision ［M］. New Jersey：Prentice Hall，2001.

［30］ Athanasios Tsanas，et al. Novel speech signal processing algorithms for high-accuracy classification of Parkinson's disease ［J］. IEEE Transactions on Biomedical Engineering，2012，59（5）：1264-1271.

［31］ Huibin Zhang，et al. Modeling Temporal-Modal Entity Graph for Procedural Multimodal Machine Comprehension ［C］. The 60th Annual Meeting of the Association for Computational Linguistics，2022.

［32］ Damien Teney，Lingqiao Liu，Anton van Den Hengel. Graph-structured representations for visual question answering ［C］. The IEEE Conference on Computer Vision and Pattern Recognition，2017.

［33］ Akira Fukui，et al. Multimodal compact bilinear pooling for visual question answering and visual grounding ［C］. The 2016 Conference on Empirical Methods in Natural Language Processing，2016.

［34］ Ashish Vaswani，et al. Attention is all you need ［C］. NIPS，2017.

［35］ Stanislaw Antol，et al. Vqa：Visual question answering ［C］. The IEEE International Conference on Computer Vision，2015.

［36］ Lin Ma，Zhengdong Lu，Hang Li. Learning to answer questions from image using convolutional neural network ［C］. The 30th AAAI Conference on Artificial Intelligence，2016.

［37］ Kevin J Shih，Saurabh Singh，Derek Hoiem. Where to look：Focus regions for visual question answering ［C］. The IEEE Conference on Computer Vision and Pattern Recognition，2016.

［38］ Jiasen Lu，et al. Hierarchical question-image co-attention for visual question answering ［C］. NIPS，2016.

［39］ Yen-Chun Chen，et al. Uniter：Universal image-text representation learning ［C］. European Conference on Computer Vision，2020.

［40］ Jiasen Lu，et al. Vilbert：Pretraining task-agnostic visiolinguistic representations for vision-and-language tasks ［C］. NIPS，2019.

［41］ Hao Tan，Mohit Bansal. LXMERT：Learning Cross-Modality Encoder Representations from Transformers ［C］. The 2019 Conference on Empirical Methods in Natural Language Processing and the 9th International Joint Conference on Natural Language Processing，2019.

［42］ Jin Weike，et al. Multi-interaction network with object relation for video question answering ［C］. The 27th ACM International Conference on Multimedia，2019.

［43］ Blaise Thomson，Steve J Young. Bayesian update of dialogue state：A POMDP framework for spoken dialogue systems ［J］. Computer Speech & Language，2010，24（4）：562-588.

［44］ Anoop Deoras，Ruhi Sarikaya. Deep belief network based semantic taggers for spoken language understanding ［C］. Interspeech，2013.

［45］ Grégoire Mesnil，Xiaodong He，Li Deng，et al. Investigation of recurrent-neural-network architectures and learning methods for spoken language understanding ［C］. Interspeech，2013.

［46］ Britz D，Goldie A，Luong M T，et al. Massive exploration of neural machine translation architectures ［J］. arXiv preprint arXiv：1703.03906，2017.

［47］ Radford A，Narasimhan K，Salimans T，et al. Improving language understanding by generative pre-training ［ J/OL ］. https://s3-us-west-2. amazonaws. com/openai-assets/research-covers/language-unsupervised/ language_understanding_paper. pdf，2018.

［48］ Devlin J，Chang M W，Lee K，et al. Bert：Pre-training of deep bidirectional transformers for language understanding ［J］. arXiv preprint arXiv：1810. 04805，2018.

［49］ Jiang Zhengbao，et al. How can we know what language models know? ［J］. Transactions of the Association for Computational Linguistics，2020，8：423-438.

第13章 基于深度学习的社会计算

基于深度学习的社会计算，其目的在于运用机器学习算法和人工智能模型将社会问题用户化，对用户画像以及用户提供的信息进行建模，然后通过社会联系模型得出输出结果。所谓社会计算，即首先，需要对用户提供的信息进行深入的语义理解，特别是面向多种用户信息类型且分类杂乱的情况下。为此，需要建立合适的模型，以精确地进行信息处理和挖掘。其次，社交关系的学习与表征也非常重要。因为社交关系最能够体现"人性"的一面，社交关系的复杂性导致计算量巨大，因此需要构建具有强大计算能力的模型来学习和表征社交关系。最后，需要整合用户资源以得到合理的输出。以推荐系统为例，良好的推荐系统可以为目标客户推荐与其兴趣有关的内容，避免垃圾和冗余信息，从而创建一个良好的平台域。

1. 用户内容建模

在自然语言处理的场景下，对用户内容进行建模的重点在于语义表征，如第4章所述，其方法可分为四类：

1）传统语义表征：运用独热向量表征。这种简单的表征方式易将不同的单词同类化。

2）浅层嵌入语义表征：经典模型有 PV-DM 和 PV-DBOW，它们利用一个隐藏层来存储单词进行多次学习，将完全不同的信息或数据一同存入隐藏空间中，然后再从隐藏空间中提取隐藏向量进行一系列复杂计算。最终将学习到的向量连接起来得到输出。

3）神经网络语义表征：可分为循环神经网络和卷积神经网络两大类。循环神经网络可将社交内容都转变为顺序序列结构，如将单词组成句子、句子组成发言稿等。顺序序列在循环神经网络下得到很好的学习效果。卷积神经网络作为应用最广泛的神经网络系统，在社会计算方面也有很大的发挥空间。

4）注意力机制增强语义表征：可用以增强语义表征。

2. 推荐系统

推荐系统是社会计算的重要研究内容。推荐系统能够针对用户的兴趣推荐一些符合的信息，从而提高用户体验。这部分信息就是通过推荐系统处理后对应输出的信息。推荐系统的常见模型有浅层模型如词嵌入、网络嵌入、嵌入正则化等，以及深层模型如多层感知机、自动编码器、序列标注等。其中，基于浅层嵌入的模型有网络嵌入式推荐和词嵌入式推荐，后者往往通过查询词来进行推荐。对关键词物品序列化，从而计算序列相关性。基于深度神经网络的模型则有尽量减少参数数量的受限玻尔兹曼机，非序列与序列信息交融交互特征模型，附加信息整合利用模型等。

3. 社交联系模型

社交联系可分为显性链和隐性链。显性链代表可见的关系链接，如微博热搜的公众信息属性等公共资源，是没有加密的信息。隐性链表示不可见的关系链接，有关隐私，仅对部分人可见。此时需建立一个双向链表，以将隐性链转为显性链，使得信息性质得以转变。社交联系的学习方法将在以下各节展开介绍。

13.1 基于深度学习的社会联系模型

近年来互联网技术快速发展，社交网络如火如荼地发展。通过社会计算，可挖掘用户的数据信息，改进服务质量，为用户提供更优质、人性化的服务。传统的信息统计技术难以处理大数据时代丰富而又庞杂的数据资源，因此需要结合自然语言处理技术和深度学习方法来解决社交网络问题。其中，网络表征学习是一个重要的研究方向。网络表征学习主要可分为基于浅层嵌入的方法和基于深度神经网络的方法。前者[1]使用浅层神经结构进行分布式表征，而后者更倾向于使用标准的神经网络模型。在本节中，我们首先介绍基于浅层嵌入的模型，随后介绍使用神经网络的模型。

13.1.1 基于浅层嵌入的模型

在传统的自然语言处理领域，基于浅层嵌入的模型应用广泛。这一类模型通过学习潜在顶点的表征，计算特征的相似性，进而实现文本分类等任务。至今仍广泛使用的许多算法如word2vec，经过历史的反复检验，证明了其重要的价值。本章以基于浅层嵌入的社会联系模型为例，简要介绍各类社会联系模型，对这种网络表征学习方法进行剖析。

1. 何为网络嵌入

许多复杂的系统，如社会关系网、生物网络、信息网络等，都是以网络的形式工作的。网络中的数据复杂，处理起来非常具有挑战性。网络嵌入（network embedding），早期也称为图嵌入（graph embedding），是目前解决网络表征学习的主要方法。通过网络嵌入，可将向量空间中高维稀疏的向量以低维稠密的向量形式表示，以做进一步的处理。

网络可被表征为一个图向量 $G=<V,E>$，其中 V 是顶点的集合，E 是各个顶点之间关系的边的集合。对于数量庞大且各个点之间关系复杂的网络，传统的图向量嵌入表征方法面临三大挑战：

1）计算复杂度太高。网络中的节点与其他节点有着不同程度的关联。传统图嵌入表示会有许多算法的迭代或者计算步骤的组合，大大增加了计算复杂度。

2）可并行性低。传统图向量嵌入方法使得不同节点分布在不同的碎片或服务器上，导致通信成本增加，处理海量数据的速度降低。

3）不适用于机器学习模式。机器学习需要独立同分布的样本数据，而传统图嵌入数据往往相互依赖。

为解决上述问题，已有研究将网络数据嵌入向量空间中，原先用"边"表示的两点间的关系，变为用"距离"来表示，而图拓扑和结构特征则被编码为二维向量。

2. 基于浅层嵌入的社会联系模型

基于浅层嵌入的社会联系模型主要根据浅层嵌入模型，通过学习潜在顶点的表征，以计算特征的相似性。网络表征学习技术早期有主成分分析（PCA）、拉普拉斯特征映射（Laplacian Eigenmaps）、局部线性表示（LLE）、线性判别分析（LDA）等方法。现阶段采用的技术主要有 DeepWalk[1]、node2vec[2]、Line[3]、GraRep[4] 等。

（1）传统的图嵌入模型

降维和数据表征在机器学习和模式识别的早期研究中是十分重要的研究主题。早期算法如 IsoMap（Balasubramanian and Schwartz，2002）算法[5]、LLE（Roweis and Saul，2000）算法[6] 的实质都是将高维数据通过降维的手段转换为低维表征，从而有助于进一步学习。但这些早期算法计算复杂度较高，难以在大规模数据集上执行。

（2）基于邻域嵌入

1）DeepWalk：基于邻域的嵌入的核心思想是利用某些策略进行随机游动，以建立目标定点与邻域之间的关系模型。DeepWalk[1] 便是首个借鉴词嵌入理念的网络嵌入模型。DeepWalk 利用随机游动建立单词句子和节点之间的连接。如图 13.1 所示，选择某一点为起始点，通过随机游走可获得一个固定长度的节点序列，将该序列作为句子并采用 word2vec 中的 SkipGram 模型进行学习，同时运用 Hierarchical Softmax 模型对训练过程进行加速。DeepWalk 获得的是节点（即自然语言中的单词）的局部上下文关系，因此，两个词向量之间的距离主要体现在节点的邻近程度上。

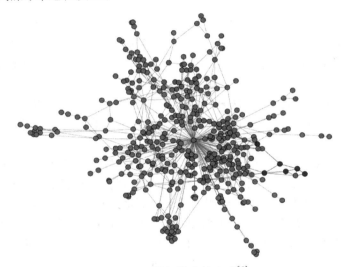

图 13.1　随机游走的生成[1]

DeepWalk 算法的顶点和顶点序列分别视为词嵌入向量（word2vec）中的单词和句子，本质是对 $P(N_v \mid v)$ 的条件概率进行建模。

$$\min_{\Phi} -\log P(N_v \mid \Phi(v)) \tag{13.1}$$

DeepWalk 算法结合了两个不同领域的模型和算法，即随机游走（random walk）和语言模型（language modeling）。

网络嵌入需要提取节点的局部结构，因而随机游走算法是一个不错的选择。随机游走易于并行，可以让不同的线程与机器同时在一个图的不同部分进行运算。与此同时，它也使模型更好地适应变化中的网络，当网络发生微小变化时无需重新计算。语言模型所具有的特性非常适合节点的表示学习问题。因此，随机游走和语言模型结合所产生的 DeepWalk 算法实现了表征目标顶点与邻域的关系模型的建立。以下是 DeepWalk 模型的算法表示：

Algorithm 1 DEEP WALK(G,w,d,γ,t)

Input: graph $G(V,E)$

window size w

embedding size d

walks per vertex γ

walk length t

Output: matrix of vertex representations $\Phi \in \mathbb{R}^{|V| \times d}$

1: Initialization: Sample Φ from $\mathcal{U}^{|V| \times d}$

2: Build a binary Tree T from V

3: **for** $i = 0$ to γ **do**

4:     $\mathcal{O} = $ Shuffle(V)

5:     **for each** $v_i \in \mathcal{O}$ **do**

6:         $\mathcal{W}_{v_i} = $ RandomWalk(G, v_i, t)

7:         SkipGram($\Phi, \mathcal{W}_{v_i}, w$)

8:     **end for**

9: **end for**

如图 13.2 所示，以 Karate 力导向布局图作为输入，生成一个二维表示图作为输出，顶点的颜色代表数据的聚类。同时，输出图的线性分离部分对应于输入图中通过模块最大化所得的簇。

每一个节点（node）都执行一次随机游走，由此可获得一系列有序的节点序列。把这个序列比作一个句子，那么序列中的每一个节点就是一个单词。它们的分布是大体相同的，如图 13.3 所示。

据此，可使用随机游走方法来迁移替代传统的基于每个句子的语言模型，然后使用 word2vec 将各个节点映射为一个低维的向量。如此则可将拓扑信息嵌入到低维的向量中，每个节点都被视为一个可以用于训练的样例，从而更好地进行表征和学习。

在多标签关系分类问题中，特征向量之间往往不是独立同分布的。常用的办法是采用近似推理技术，利用依赖信息改进分类结果。DeepWalk 模型的优势在于面对不大的数据量时，该模型有着很好的表现，能够支持大规模的在线执行预测，可实现并行化操作以及单词句子和顶点随机游动之间的连接。与此同时，DeepWalk 不受标记顶点选择的影响，能够通过随机游走，正确地学习到社交网络的特征，可用于知识图谱和推荐系统中。

2）node2vec：在 DeepWalk 的基础上，node2vec[2] 采用有偏随机游走的方式，通过参数 p 和 q 的调节，实现在广度优先搜索（BFS）和深度优先搜索（DFS）之间的插值[1]。BFS 和 DFS 搜索策略对比如图 13.4 所示。

如图 13.5 所示，假设通过随机游走，经过边 (t,v) 而到达节点 v，那么，对于下一个节点 x，存在概率分布：

$$\alpha_{pq}(t,x) = \begin{cases} \dfrac{1}{p} & ,d_{tx} = 0 \\ 1 & ,d_{tx} = 1 \\ \dfrac{1}{q} & ,d_{tx} = 2 \end{cases} \tag{13.2}$$

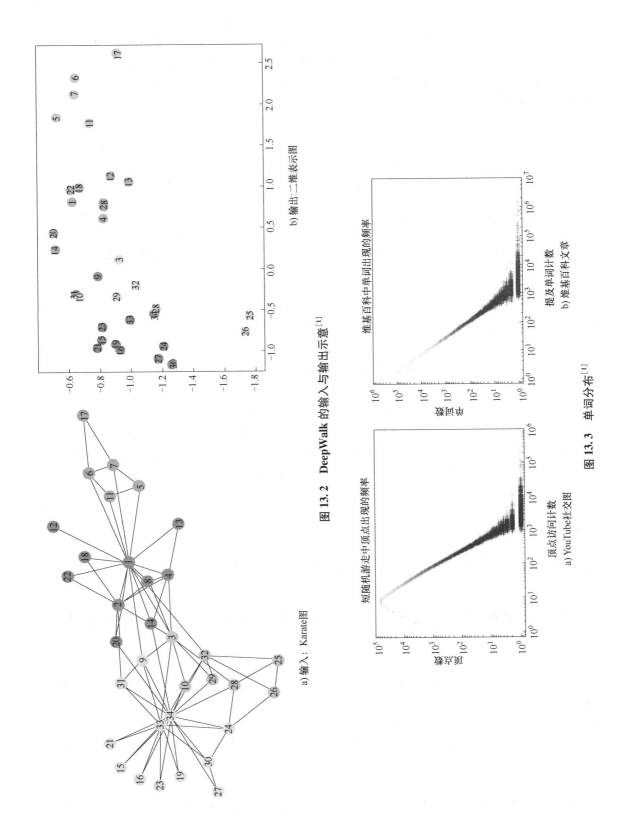

a) 输入：Karate图

b) 输出：二维表示图

图 13.2　DeepWalk 的输入与输出示意[1]

a) YouTube社交图

b) 维基百科文章

图 13.3　单词分布[1]

式中，d_{tx} 为顶点 t 与 x 间的最短路径距离，p 为不重复经过已访问的节点的概率，q 则控制游走的方向，$q>1$ 表明访问与 t 相距较近的节点（侧重于 BFS），反之则表明访问与 t 相距较远的节点（侧重于 DFS）[4]。当 $p=q=1$ 时，node2vec 退化为 DeepWalk。由此可见，node2vec 是 DeepWalk 模型的泛化，对网络嵌入的效果有所提升。

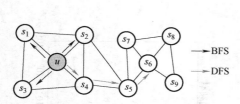

图 13.4　BFS 和 DFS 搜索策略对比[2]

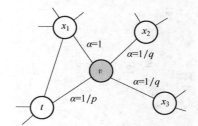

图 13.5　有偏随机游走[2]

（3）基于邻近嵌入

基于邻近的嵌入模型，其目的是利用潜在节点的表征来描述成对顶点的相似性。其中 Line 模型[3]、GraRep 模型[4] 都是基于原始图的 k 阶相似性，量度图中成对顶点相似性的嵌入模型。

1）Line：大多数算法只能处理一阶（one-order）关系，Line[3] 的提出被视为可有效捕捉二阶（second-order）关系。

Line 主要利用潜在节点的特征以描述成对节点的相似性。两个点之间的关系强度不再仅仅由单纯可观察到的连接决定，还由它们是否具有共同邻接决定。即，即便两个节点不直接连接，但若它们的一阶共同节点较多，就可认为这两个节点是邻接的，也被认定是相似的。

对于无向图，可将点 v_i 和 v_j 的共享概率（joint probability）定义为

$$p_1(v_i, v_j) = \frac{1}{1+\exp(-\vec{u}_i^{\mathrm{T}} \cdot \vec{u}_j)} \tag{13.3}$$

式中，$\vec{u}_i \in R^d$ 是顶点 v_i 的低维向量表征形式，$p_1(.,..)$ 描述两个节点之间的相似度的量。再定义，$\hat{p}_1(i,j) = \frac{w_{i,j}}{W}$，其中 $w_{i,j}$ 为连接 i，j 边的权重。目标函数为

$$O_1 = d(\hat{p}_1(.,..), p_1(.,..)) \tag{13.4}$$

故只需让机器学习方法使得这个目标函数取得最小值即可。同理，对于有向的向量，

$$p_2(v_j \mid v_i) = \frac{\exp(\vec{u}_j'^{\mathrm{T}} \cdot \vec{u}_i)}{\sum_{k=1}^{|V|} \exp(\vec{u}_k'^{\mathrm{T}} \cdot \vec{u}_i)} \tag{13.5}$$

Line 模型定义了一个同时保留一阶和二阶邻近性的目标函数，意在对任意类型的信息网络进行建模，并拓展到数百万个节点。为了同时得到一阶和二阶的信息，只需要对上述两个无向和有向的模型进行联合训练即可，从而更新共享概率的定义。

Line 模型采用边缘采样的算法，避免了传统的梯度下降的随机性和局限性，提高了网络表征学习的效率。

2）GraRep：GraRep[4] 模型的思想与 DeepWalk 不同，不采用随机游走和 skip-gram 结合的模型，而是使用了矩阵分解方法来解决网络嵌入问题。其核心思想是利用来自高阶转移矩

阵的转移概率估计节点间的相似性。

（4）社区增强嵌入

相比于上述主要针对局部顶点连接而没有对群体结构进行建模的方法，社区增强嵌入方法旨在描述了社区成员（如全局图中各节点）的关系，在相比局部邻域更广的范围内考虑各顶点关系。

Gene[29]的中心思想是将社区建模为顶点，是一种可以将社区结构融入网络表征的嵌入模型。Gene 结合了 doc2vec 的分布式记忆和分布式词袋两种理念，对邻域用户和群体信息进行了联合建模。面向文本，Gene 往往将文档视为社区，将属于文档的单词视为顶点。网络嵌入算法 M-NMF（模块化非负矩阵分解）可被用于学习顶点表征，它构建三个因素的目标函数，分别对应于相似性矩阵分解、社区成员矩阵分解以及社区保持损失函数。M-NMF 可保持社区结构的模块化非负矩阵分解，从而对上述三个因素进行联合优化。

（5）异构网络嵌入

前面提到的基于近邻的嵌入的模型，主要用于量度图中成对顶点的相似性。然而在实践中，许多信息网络是异构的，这些异构网络刻画了不同类型的对象之间的关系，比如说文献网络、社交媒体网络等。基于元路径的算法适用于异构网络。元路径是指一组对象类型序列，包含着特定关系之间的边缘类型。

Esim[8]是一种基于元路径的算法（见图 13.6），常被用于自然语言推理，稍加改造后可用于短文本匹配的相关任务。以短文本匹配应用为例，Esim 主要分为三部分：输入编码（input encoding）、局部推理建模（local inference modeling）以及推理结合（inference composition）。

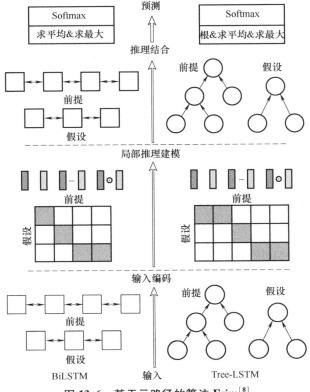

图 13.6　基于元路径的算法 Esim[8]

在输入编码部分，输入为两个句子，在获得其向量后，使用 BiLSTM 学习该句子中的单词及其上下文之间的关系，然后通过当前语境下的重新编码，得到新的嵌入向量。

$$\overline{a}_i = \text{BiLSTM}(a, i), \forall i \in [1, \cdots, l_a] \tag{13.6}$$

$$\overline{b}_j = \text{BiLSTM}(b, j), \forall i \in [1, \cdots, l_b] \tag{13.7}$$

在进行局部推理建模前，需将两个句子排成直线，以计算两个句子间单词的相似度：

$$e_{ij} = \overline{a}_i^{\text{T}} \overline{b}_j \tag{13.8}$$

得到二维的相似度矩阵：

$$\widetilde{a}_i = \sum_{j=1}^{l_b} \frac{\exp(e_{ij})}{\sum_{k=1}^{l_b} \exp(e_{ik})} \overline{b}_j, \forall i \in [1, \cdots, l_a] \tag{13.9}$$

$$\widetilde{b}_j = \sum_{j=1}^{l_b} \frac{\exp(e_{ij})}{\sum_{k=1}^{l_a} \exp(e_{ik})} \overline{a}_i, \forall i \in [1, \cdots, l_b] \tag{13.10}$$

然后，需进行两个句子的局部推理。用之前得到的相似度矩阵，结合两个句子相互生成彼此相似性加权后的句子，维度保持不变，随之进行局部推理信息的增强。

$$m_a = [\overline{a}; \widetilde{a}; \overline{a} - \widetilde{a}; \overline{a} \odot \widetilde{a}] \tag{13.11}$$

$$m_b = [\overline{b}; \widetilde{b}; \overline{b} - \widetilde{b}; \overline{b} \odot \widetilde{b}] \tag{13.12}$$

使用 LSTM 提取特征，得到两个句子因果关系表示。因为拼接操作会使得参数数量成倍增长，为防止参数过多导致的过拟合，把 m_a 和 m_b 经过一个激活函数为 ReLU 的全连接层，将维度从 4×2×隐藏层维度投影到隐藏层维度，然后使用一个 BiLSTM 层作进一步处理，得到

$$v_{a,i} = \text{BiLSTM}(m_{a,i}), \forall i \in [1, \cdots, l_a] \tag{13.13}$$

$$v_{b,j} = \text{BiLSTM}(m_{b,j}), \forall j \in [1, \cdots, l_b] \tag{13.14}$$

最后一步为推理结合。再一次用 BiLSTM 提取上下文的信息，同时进行池化操作，最后使用全连接层获得输出：

$$v_{a,\text{ave}} = \sum_{i=1}^{l_a} \frac{v_{a,i}}{l_a}, \quad v_{a,\max} = \max_{i=1}^{l_a} v_{a,i}$$
$$v_{b,\text{ave}} = \sum_{i=1}^{l_b} \frac{v_{b,i}}{l_b}, \quad v_{b,\max} = \max_{j=1}^{l_b} v_{b,j} \tag{13.15}$$
$$v = [v_{a,\text{ave}}; v_{a,\max}; v_{b,\text{ave}}; v_{b,\max}]$$

Esim 算法通过合并路径特定的嵌入来对基于元路径的相似性进行建模，而不是简单地评估基于元路径的相似性。

13.1.2 基于深度神经网络的模型

在某些情况下，网络中的连接信息非常复杂，需要建模能力更加强大的深度神经网络的辅助。

1. 基于深度邻近的模型

基于深度邻近的模型可分为对低阶邻近的建模和对高阶邻近的建模。

（1）SDNE

SDNE[9]是首个使用深度神经网络描述低阶邻近性的研究，强调高非线性、结构保持性

和抗稀疏性三个网络重建中的重要特性。对于相似度计算，SDNE 认为一阶相似度度量的是两个相邻顶点对之间的相似性，二阶相似度度量的是两个顶点的邻域集合的相似程度。一阶相似度的优化目标是定义好的损失函数如平方损失函数，二阶相似度优化目标是另一个定义好的损失函数。然后整体优化目标函数为正则化项加上带控制一阶损失的参数 α 的损失函数再加上带控制二阶损失的参数 β 的损失函数。SDNE 模型结构可用图 13.7 来描述，其两侧是自动编码器，输入和输出分别是邻接矩阵和重构后的邻接矩阵。

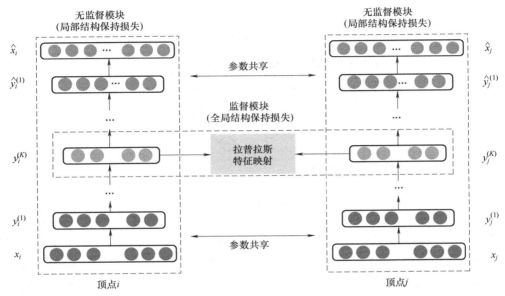

图 13.7　SDNE 模型的框架[9]

（2）DNGR

DNGR[10] 将随机游走与叠加去噪自编码器相结合，利用叠加去噪自编码器提取和生成信息。如图 13.8 所示，DNGR 模型处理信息数据主要分为三个步骤。

首先，模型利用随机游走获得图的结构信息，并生成概率共现矩阵。DeepWalk 在定义参数如随机游走的步数和总的步数时，不够直观。据此，DNGR 使用了一个由 PageRank 驱动的随机浏览模型，随机将图中的节点排序，矩阵 A 则用于指示不同顶点之间的转换概率。随机浏览模型的数学表达式如下：

$$p_k = \alpha \cdot p_{k-1}A + (1-\alpha)p_0 \tag{13.16}$$

式中，p_k 为一个有向行向量，它的第 j 个输入值为在 k 步之后可以到达第 j 个节点的概率，p_0 是一个独热矩阵。

在生成概率共现矩阵后，可以计算得到 PPMI 矩阵，再用叠加去噪自编码器进行降维嵌入。叠加去噪自编码器的使用使得 DNGR 模型即使在噪声环境下依然能保持鲁棒性，并准确地获得图结构。与基于矩阵因子分解方法相比，DNGR 的时间复杂度与顶点数成线性关系，效率更高。

2. 深度异构信息网络融合

异构信息网络[32] 旨在从异构信息中获取有效的表征。异构信息网络可融合不同数据类

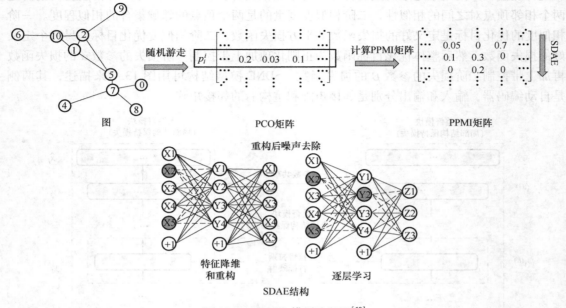

图 13.8　DNGR 模型流程图[10]

型和异构信息。融合的方法为：利用深度神经网络将数据点投影到潜在空间，从而保存每个局部域的数据特征。该模型还需进一步假设，即不同域的局部数据特征可以经过一系列非线性变换后映射到共享空间中。通过保留域内以及跨域的相似性，最终损失函数可以通过深层体系结构共同优化数据嵌入。

13.2　基于深度学习的推荐系统

随着互联网技术的发展和互联网+的快速渗透，人们从信息匮乏时代跨进了信息过载时代。面对扑面而来的信息，人们迫切需要有效的信息分类或筛选系统来找到自己需要或感兴趣的信息，信息也需展示给真正需要它的人。推荐系统正是用以连接用户和信息，从而创造价值的。

比方说，在社交媒体中，一位女性用户想要了解最近的穿衣潮流，门户网络和搜索引擎等信息筛选方式难以个性化地返回她感兴趣的信息，但推荐系统可以通过用户分析和建模她的历史数据，从而预测用户需求并最终返回推荐结果。据此可总结出社交媒体中的推荐系统的两个特点：

1）主动性。推荐系统中无需用户确切描述出所需信息，它可以主动为用户进行内容推荐，从而减少用户寻找信息的时间，提高信息搜寻的速率和精度。

2）个性化。社交媒体中的热门内容是大众的兴趣和统而化之的潮流，而小众冷门的信息往往更能满足一小部分用户的需求。有数据显示，在某些电商平台，一些冷门物品销售的营业额甚至超过了所谓的热门产品。故推荐系统的应用能够更好地挖掘长尾信息，这也是推荐系统的一个重要研究方向。

推荐系统的发展轨迹如下：

1994 年，明尼苏达大学 GroupLens 研究组推出第一个自动化推荐系统 GroupLens[21]，该系统提出了将协同过滤技术用于内容推荐。

1997 年，Pesnick 等[22] 首次提出推荐系统（recommenders system）这一概念。从此，推荐系统开始作为一个独立的学科分类，成为一个独立的研究领域。

2003 年，亚马逊发表论文，公布了基于用品的协同过滤算法[23]，并推出了电子商务推荐系统，将推荐系统的研究推向高潮。

2005 年，Adomavicius 等[24] 把推荐系统分为基于内容的推荐、基于协同过滤的推荐和混合推荐三个大类，为后续的研究奠定了基础。

2006 年，北美洲 Netflix 举办比赛，向把电影推荐算法 Cinematch 的准确度提高 10% 以上的参赛选手提供 100 万美元的奖励，大大推动了算法的革新。

2007 年，ACM 第一届推荐系统大会 RecSys 举行，为推荐系统在不同领域的最新研究成果、系统和方法提供了一个交流学习的国际平台。

2016 年，YouTube 发表论文[25]，提出将深度神经网络应用至推荐系统。

13.2.1 社交媒体中的推荐系统

假设在推荐系统中，用户集 U 和物品集 I 为其核心要素。

1）评分预测。评分预测基于上下文的信息，对用户的历史数据进行评估，据此来推断用户 u 对物品 i 的接受程度 r_{ui}。一般通过均分根误差（RMSE）和平均绝对误差（MAE）进行计算：

$$\text{RMSE} = \sqrt{\frac{\sum_{u,i \in T}(r_{ui} - \hat{r}_{ui})^2}{|T|}} \tag{13.17}$$

$$\text{MAE} = \frac{\sum_{u,i \in T}|r_{ui} - \hat{r}_{ui}|}{|T|} \tag{13.18}$$

2）Top-N 推荐。Top-N 推荐基于上下文信息，生成从 I 到 U 中的包含 N 个条目的个性化推荐排行榜。一般由准确率、召回率以及 F1 值进行度量。假设 $R(u)$ 为用户 u 对应的推荐排行榜，$T(u)$ 为测试集的样例，可得

$$
\begin{aligned}
\text{召回率：}\quad & \text{Recall} = \frac{\sum_{u \in U}|R(u) \cap T(u)|}{\sum_{u \in U}|T(u)|} \\[2mm]
\text{准确率：}\quad & \text{Precision} = \frac{\sum_{u \in U}|R(u) \cap T(u)|}{\sum_{u \in U}|R(u)|} \\[2mm]
\text{F1 值：}\quad & \text{F1} = 2 \cdot \frac{\text{Precision} \cdot \text{Recall}}{\text{Precision} + \text{Recall}}
\end{aligned}
\tag{13.19}
$$

13.2.2 基于浅层嵌入的推荐模型

在深度学习推荐系统中，数据稀疏一直是一件非常棘手的问题。基于浅层嵌入的模型很大程度上借鉴了分布式表征学习思想，通过将用户、物品和相关上下文信息映射到低维空间，把推荐任务转换为潜在嵌入空间中的相似性度量问题。在浅层嵌入模型的应用中，能够

完成高维稀疏特征向量到低维稠密特征向量的转换，有效缓解数据稀疏的问题，同时可以充分捕捉信息。

在互联网场景下，数据对象之间更多呈现的是图结构，比如由用户行为数据生成的物品全局关系图，以及加入更多属性的物品组成的知识图谱。因此，推荐任务也可以被认为是对图的相似性的评估。

图嵌入（graph embedding）是基于 word2vec 嵌入式技术的延伸。一个典型的图嵌入模型是前面所介绍的 DeepWalk。在推荐系统中，DeepWalk 的基本流程可以简单概括为：给定用户和物品（见图 13.9a），对用户行为序列构建物品的关联图（见图 13.9b），然后采用随机游走的方式随机选择起始点重新产生物品序列（见图 13.9c），最后输入 word2vec 模型生成物品嵌入式向量（见图 13.9d）。

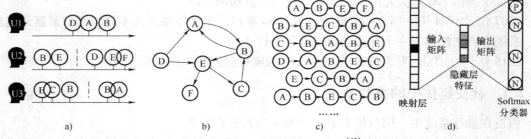

图 13.9　一个典型的图嵌入模型[12]

基于 DeepWalk 的图嵌入算法在多标签分类任务中有着很好的性能和可扩展性。除此以外，它还是一种语言建模的通用方法。基于 DeepWalk 的图嵌入算法有两个主要组成部分，即随机游走的生成器和更新程序。首先，DeepWalk 算法将一组短的随机游走视为语料库，将图顶点视为词汇表。随机游走生成器进行图采样，随机选一个顶点作为根，从最后访问的节点的邻居均匀采样直到达到最大的长度。

如图 13.10 所示，外循环指定次数 γ，从顶点出发开始随机游走，将每次迭代视为对数据进行"传递"，并在此传递过程中对每个节点进行一次步行采样。内循环遍历图的所有节点，对每个节点生成随机游动，然后用 SkipGram 算法对顶点进行处理生成表示向量（见图 13.10a）。为了加速均匀采样，可使用 Hierarchical Softmax 近似概率分布，将顶点分配到二叉树的叶子，将预测问题转为求最大化层次结构中特定路径的可能性（见图 13.10b）。

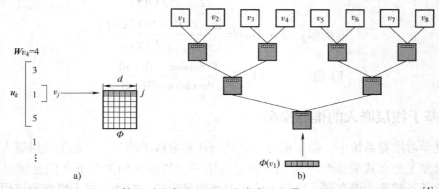

图 13.10　SkipGram 算法对顶点进行处理生成表示向量；Hierarchical Softmax[1]

在国内，阿里巴巴对于淘宝推荐系统所面对的冷启动、扩展性、数据稀疏问题，利用用户历史行为来创建物品图，然后应用图嵌入的方法进行处理，最终通过相似性来排序输出推荐的物品候选集合[12]。

图嵌入算法采用随机游走的方法，可更好地捕捉物品间的高阶相似性，但对于计算关联少的物品之间的相似性仍存在挑战。为解决这个问题，可使用辅助信息来增强嵌入的步骤，引入一个加权机制来梳理淘宝的商品类别（见图 13.11）。即利用 DeepWalk 模型，学习用户-物品有向加权图，以得到每个节点的特征向量；并引入物品和辅助信息产生物品-辅助信息的 n 维向量矩阵，对这些嵌入向量运用加权平均池化来对物品进行聚类；

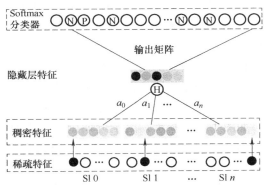

图 13.11　带有辅助信息的增强图嵌入模型[12]

最后使用 Softmax 分类器通过梯度反向传播得到权重，获得性能最优的推荐系统。

13.2.3　基于深度神经网络的推荐模型

社交媒体中推荐系统随处可见，众多平台的"猜你喜欢""相关推荐"的功能便是基于推荐系统的计算结果。在深度学习的推荐系统中，比较传统的推荐算法主要包括协同过滤（Collaborative Filtering，CF）方法、基于内容的推荐（content-based recommendation）方法和混合推荐（hybrid recommendation）方法，如图 13.12 所示。

基于内容的推荐（content-based recommendation）是指给定一个用户，向用户推荐与他们之前喜欢物品相似的物品。这种推荐方法只需得到物品特征的描述和用户过去的喜好物品两类信息。这里的内容相似，可以是建立在物品之间的固有联系，如某个用户对某个美妆博主给予了很高的评价和关注度，那么关于美妆的或者关于该博主的相关物品就会被推荐给用户。这种相似性还可以是根据另外一个用户的喜好学习到的联系，比如 A 用户对 n、m 两种物品表现出了相似的行为，就认为 n、m 是存在相似性的，当用户对物品 n 有某喜好倾向性的行为时，那么物品 m 就会被推荐给用户 B。啤酒-尿布捆绑销售就是这种思路的经典例子。

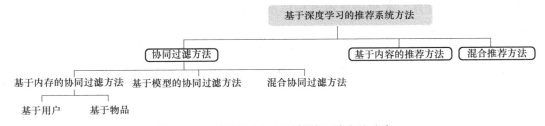

图 13.12　基于深度学习的推荐系统方法分类

然而，基于内容的推荐在实际应用中有两个问题：①推荐给用户的物品和用户了解过的物品太类似，难以发掘该用户不熟悉但有潜在兴趣的物品，推荐效果惊喜度不够高；②对于物品图像、音频、视频等特征的预处理繁杂且容易出错。

基于用户行为的推荐（user behavior-based recommendation）算法也称为协同过滤（collaborative filtering）算法，是推荐系统应用范围最广的算法。这一算法通过用户的历史数据发掘该用户对物品的打分或者收藏、关注、评论、转发等行为。再根据不同用户对同一个物品的偏好程度，计算用户间的关系，进而根据两个用户之间的相似度对物品进行推荐。也就是说，假设用户 A 和用户 B 都对某物品表现出了相似的偏好程度，那么认为用户 A 和 B 是相似的，用户 A 购买过的物品就会被推荐给用户 B。

在一个典型的协同过滤方法应用中，模型将会构建 $m×n$ 的用户-物品矩阵。矩阵的元素为用户对应物品的评价，其中部分评价是用户自己给出的。这些用户给出的评价可能是明确评分，也可能是隐含的用户行为，如在购物平台对商品的点击、收藏、购买等行为。

如图 13.13 所示，由于近期浏览过卫衣、球鞋、化妆刷，因而系统推荐类似商品，部分甚至是同一家浏览店铺的其他相似商品。

协同过滤方法在实际的应用中仍面临许多难题，如数据稀疏、可扩展性低、同义语义、用户群体偏好模糊等方面的问题。为解决以上问题，已有研究对经典协同过滤方法进行了优化，提出了矩阵降维技术（奇异值分解技术）、混合协同过滤方法（内容增强的协同过滤方法）、基于模型的协同过滤方法（TAN-ELR）等。

协同过滤方法大致分为三种：基于内存的协同过滤方法、基于模型的协同过滤方法和混合协同过滤方法。

1. 基于内存的协同过滤方法

基于内存的协同过滤（memory-based collaborative filtering）方法使用整个用户-物品矩阵数据或者不分样例来产生预测结果。其中一种常见的方法是基于近邻的协同过滤方法。它先计算用户或物品的相似度或权重，据此得到预测推荐结果。其中最重要的步骤便是相似度的计算，常使用皮尔逊相似度和余弦相似度的方法[13]。

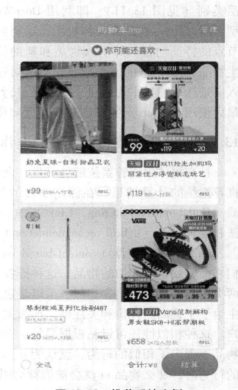

图 13.13　推荐系统实例

皮尔逊相似度的计算可分为基于物品的相似度计算和基于用户的相似度计算。对于物品间相关性的相似度计算，需找出对物品 i 和 j 皆做出评价的用户群体，从而计算皮尔逊相似度：

$$w_{i,j} = \frac{\sum_{u \in U}(r_{u,i} - \hat{r}_i)(r_{u,j} - \hat{r}_j)}{\sqrt{\sum_{u \in U}(r_{u,i} - \hat{r}_i)^2}\sqrt{\sum_{u \in U}(r_{u,j} - \hat{r}_j)^2}} \tag{13.20}$$

式中，$r_{u,i}$ 是用户 u 对物品 i 的评价，$\hat{r}_j$ 是用户群体对物体 i 的平均评价。类似的，对于基于用户间相关性的相似度计算，其皮尔逊相似度为

$$w_{u,v} = \frac{\sum_{i \in I}(r_{u,i} - \hat{r}_u)(r_{v,i} - \hat{r}_v)}{\sqrt{\sum_{i \in I}(r_{u,i} - \hat{r}_u)^2}\sqrt{\sum_{i \in I}(r_{v,i} - \hat{r}_v)^2}} \tag{13.21}$$

式中，物品 i 为用户 u 和 v 皆做出评价的物品集，$\hat{r}_u$ 是用户 u 对物品集做出的平均评价。在获

得用户或者物品向量后，可利用余弦相似度进行计算：

$$w_{i,j} = \cos(\vec{i}, \vec{j}) = \frac{\vec{i} \cdot \vec{j}}{\|\vec{i}\| * \|\vec{j}\|} \tag{13.22}$$

为计算推荐结果，现有研究直接使用了加权平均计算 $P_{u,i} = \frac{\sum_{n \in N} r_{u,n} w_{i,n}}{\sum_{n \in N} |w_{i,n}|}$，其中加和结果是用户 u 对所有物品 n 的评价总和，$w_{i,n}$ 是物品 i 和 n 间的权重。也有研究通过对用户 a 对其他物品的评价进行加权计算得到预测结果 $P_{a,i} = \hat{r}_a + \frac{\sum_{u \in U}(r_{u,i} - \hat{r}_u) w_{a,u}}{\sum_{u \in U} |w_{a,u}|}$，其中 $\hat{r}_a$ 和 $\hat{r}_u$ 是用户对其他评价物品的计算平均，$w_{a,u}$ 是用户 a 和 u 间的权重，加和结果是所有用户 u 对物品 i 的评价总和。

基于内存的协同过滤方法无需考虑物品的特征，完全依赖用户对物品做出的评价进行计算。这就意味着数据稀疏的问题会相对明显，极端情况就是对于一个新进入平台的用户，由于缺乏他对物品评价的初始数据，预测计算结果为 0，无法得出推荐结果。因此也有研究对基于内存的协同过滤方法进行改进，比如启发式协同过滤（imputation-boosted CF）方法[16]。这种方法通过对用户-物品矩阵插值，一定程度改善了数据稀疏问题。

2. 基于模型的协同过滤方法

基于模型的协同过滤（model-based collaborative filtering）方法[13]往往使用机器学习模型或数据挖掘算法等，如贝叶斯模型、聚类模型、依存性网络等。

使用贝叶斯网络的协同过滤方法常被用于分类任务，其中比较典型的方法是使用简单贝叶斯协同过滤方法。该方法使用朴素贝叶斯方法进行预测。它假定特征和分类相互独立，从而计算出给定特征的类别的可能性，最终可能性最大的类别被认定为预测的类别结果：

$$\text{class} = \underset{j \in \text{classSet}}{\text{argmax}} p(\text{class}_j) \prod_o P(X_o = x_o \mid \text{class}_j) \tag{13.23}$$

其中拉普拉斯评估可用于平滑计算以及避免条件可能性为 0 的情况出现：

$$P(X_i = x_i \mid Y = y) = \frac{\#P(X_i = x_i, Y = y) + 1}{\#(Y = y) + |X_i|} \tag{13.24}$$

聚类方法常被用于基于模型的协同过滤方法中。由于自动协同过滤方法难以在面对大型数据集时保持较合理的预测结果，已有研究使用聚类方法来划分数据集[17]。其思想为，将物品空间分割成更小的聚类进行预测计算时，由于各聚类的计算任务是平行的，因而可以减少任务完成的时间。但使用聚类方法预测的精确度不高，因为两个物体间的相关性计算参照的是评价的相似度，而不是物体的内容相似度。

3. 混合协同过滤方法

各推荐方法各有其优缺点。出于进一步优化完善推荐系统的考虑，混合协同过滤方法应运而生。常见的做法有将基于内容的特征应用到协同过滤模型中，或将协同过滤特征运用到基于内容的推荐方法等。以下主要介绍基于内容的推荐方法的混合使用。

基于内容的推荐方法利用物品内容描述来构建训练数据库。对于新加入的物品，该方法通过内容描述进行推荐计算，比起协同过滤方法，其与用户行为之间的关系更加独立。但由于依赖物品的描述，基于内容的推荐方法很难对物品的方方面面都进行分析。而且在实际生活中，用户的兴趣并不只由物品的特征决定。另外，这种推荐方法也容易存在过度专一化的问题，给用户推荐其曾经评分的物品以外的新类别的对象比较困难。比方说，某用户曾经多次在平台浏览与某个话题相关的帖子，之后他每次刷新系统仍然会反复推荐这个话题的相关帖子，即使此时他已经对此话题不感兴趣[17]。

内容增强型协同过滤（content-boosted collaborative filtering）方法[20]考虑了实际用户评价数据和预测计算结果得到的伪用户评价向量形成的完整矩阵，并对这个完整矩阵应用协同过滤方法进行计算，得到最终的推荐结果，如图 13.14 所示。该方法解决了协同过滤方法无法对新物品进行推荐的问题，同时使用了近邻的评价数据使得基于内容的预测结果更加精确。同时由于使用伪用户评价向量，协同过滤方法面对的数据稀疏的问题得到根本性的解决。而且，内容增强型协同过滤方法可以找出那些虽然评价并不近似但兴趣近似的用户，使得推荐系统的计算结果更加完善。

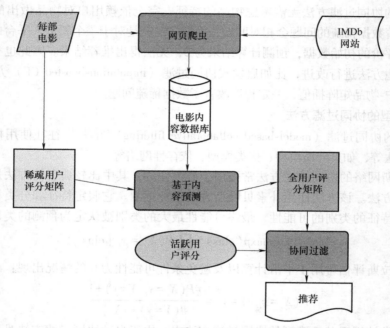

图 13.14　混合协同过滤方法的推荐系统[20]

4. 受限玻尔兹曼机（RBM）

1）受限玻尔兹曼机：受限玻尔兹曼机在推荐系统的构建中起着举足轻重的作用。2007 年，Salakhutdinov 等[7]首次将深度学习应用于推荐系统，他们提出了一类双层无向图形模型，能够将受限玻尔兹曼机泛化到评级数据的建模。

受限玻尔兹曼机具有两层，即可见层（V）和隐藏层（H）。如图 13.15 所示，两层的神经元之间是全连接的，但每一层各自的神经元之间并没有连接，也就是说，受限玻尔兹曼机的图结构是一种二分图。受限玻尔兹曼

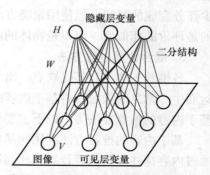

图 13.15　常见的 RBM 示意图

机中的神经元都是二值化的，即只有 0 和 1。受限玻尔兹曼机以这种方式来达到限制的效果。

针对每一位用户，都有着唯一的受限玻尔兹曼机参数，用 h_j，$j=1$，$\cdots$，F 表示隐藏层中的单元。在实践中，可以用 $[0,0,0,1,0]$ 代表用户给一件商品打了 4 分。假设用户已经给 m 件物品进行了评级，那么可见层单元的数量就是 m。令一个大小为 $K \times m$ 的矩阵 X 表示输出是否准确，若用户给出的对物品 i 的评价恰好为 y，那么矩阵中的元素 $x_i^y = 1$，否则为 0。

$$p(v_i^y = 1 \mid h) = \frac{\exp\left(b_i^y + \sum_{j=1}^{F} h_j W_{ij}^y\right)}{\sum_{l=1}^{K} \exp\left(b_i^l + \sum_{j=1}^{F} h_j W_{ij}^l\right)} \tag{13.25}$$

$$p(h_j = 1 \mid X) = \sigma\left(b_j + \sum_{i=1}^{m} \sum_{y=1}^{K} x_i^y W_{ij}^y\right) \tag{13.26}$$

式中，W_{ij}^y 表示对物品 i 的评分 y 和隐藏层单元 j 的连接权重，b_i^y 是对物品 i 的打分 y 的误差，而 b_j 则是隐藏层单元 j 的误差。受限玻尔兹曼机中的参数可以使用对比散度（contrastive divergence）算法去近似参数的对数似然梯度。对比散度能够有效减少参数数量，并且几乎不会影响模型的性能。

2）基于神经自回归分布估计的协同过滤模型：为更好地收敛，神经自回归分布估计（Neural Autoregressive Distribution Estimator，NADE）提供了一种对受限玻尔兹曼机的理想替代。研究人员于 2016 年提出了基于神经自回归分布估计的协同过滤（NADE based Collaborative Filtering，CF-NADE）模型[28]。

3）深度联合卷积神经网络：通常而言，社会计算任务的数据依照时间戳的顺序排列。然而，实证研究表明，数据即使经过随机抽取，模型也能获得很好的表现。卷积神经网络借助卷积和池化，在处理结构凌乱的多媒体数据时展现出来的功能非常强大，卷积神经网络可用来学习多种多样的数据，如图像、文本、视频等，学习的同时也能捕捉到这些数据的特征。深度联合卷积神经网络使用了两套并行的卷积神经网络来拟合用户的行为和文本中的物品。这种方式减缓了矩阵太过稀疏的问题，同时通过利用卷积神经网络从数据中学习到的结构特征来增强模型的可解释性。

4）基于深度学习的附加信息增强与建模：除了以上提到的深度神经网络之外，还有一些方法利用深度学习对附加信息如上下文信息进行建模。深度学习具有卓越的刻画或学习复杂数据特征的能力。许多推荐系统利用物品的内容信息来提高推荐的性能，这些系统根据物品的描述内容进行计算，并构建用户兴趣的概况信息。

2015 年提出的 CDL 模型[26]，就是以利用内容信息改进推荐系统的性能。这种方法针对文本信息的序列进行建模，利用堆叠去噪自编码器来刻画内容信息。最终的物品表征是通过将偏置向量与从堆叠去噪自编码器中学到的中间层编码连接所得。CDL 模型是协同主题回归模型的深度学习实现形式。

除了内容信息，使用结构化的知识图谱也是提高推荐系统性能的方法之一。来自推荐系统的物品可被视为是知识图谱中的实体，知识图谱通过建模实体间的关系，从而提供一种组织和索引实体的有效方法。

推荐系统的关键任务之一是用户画像。在现实世界中，用户常会参与到多种推荐服务中。一般而言，来自不同领域的用户信息会相互补充，从而有助于构建更加全面、更加准确的用户画像。所以，多角度推荐系统成为了提高推荐性能的备受关注的方法[27]。

思 考 题

1. 社会计算中协同过滤的一些常见方法是什么，它们在算法复杂性和有效性方面有何不同？

2. 如何使用自然语言处理技术来增强社会计算应用程序中的协同过滤方法？

3. 与在社会计算中使用协同过滤相关的一些关键挑战是什么？如何使用自然语言处理方法解决这些挑战？如何使用自然语言处理来分析社交计算平台上用户生成的内容，以及在用户行为、偏好和兴趣方面可以从该分析中获得哪些见解？

4. 社会计算平台如何使用自然语言处理自动识别并向用户推荐相关内容，这对用户参与度和满意度有何影响？

5. 不同的社会计算平台以何种方式利用协作过滤技术来个性化内容和用户体验，这些策略在不同领域和上下文中有何不同？

6. 在社会计算中使用协同过滤时应考虑哪些道德因素，以及如何使用自然语言处理来解决潜在的偏见和算法公平性问题？例如，如何使用自然语言处理来检测和减轻虚假或有偏见的评论对依赖协同过滤的社交计算应用程序的影响？

参 考 文 献

［1］ Perozzi B, Al-Rfou R, Skiena S. Deepwalk: Online learning of social representations ［C］. The 20th ACM SIGKDD international conference on Knowledge discovery and data mining, 2014.

［2］ Grover A, Leskovec J. node2vec: Scalable feature learning for networks ［C］. The 22nd ACM SIGKDD international conference on Knowledge discovery and data mining, 2016.

［3］ Tang J, Qu M, Wang M, et al. Line: Large-scale information network embedding ［C］. The 24th international conference on world wide web, 2015.

［4］ Cao S, Lu W, Xu Q. Grarep: Learning graph representations with global structural information ［C］. The 24th ACM international on conference on information and knowledge management, 2015.

［5］ Balasubramanian M, Schwartz E L. The isomap algorithm and topological stability ［J］. Science, 2002, 295 (5552): 7-7.

［6］ Roweis S T, Saul L K. Nonlinear dimensionality reduction by locally linear embedding ［J］. Science, 2000, 290 (5500): 2323-2326.

［7］ Salakhutdinov R, Mnih A, Hinton G. Restricted Boltzmann machines for collaborative filtering ［C］. The 24th international conference on Machine learning, 2007.

［8］ Chen Q, Zhu X, Ling Z, et al. Enhanced LSTM for natural language inference ［J］. arXiv preprint arXiv: 1609.06038, 2016.

［9］ Wang D, Cui P, Zhu W. Structural deep network embedding ［C］. The 22nd ACM SIGKDD international conference on Knowledge discovery and data mining, 2016.

［10］ Cao S, Lu W, Xu Q. Deep neural networks for learning graph representations ［C］. The AAAI conference on artificial intelligence, 2016.

［11］ Barkan O, Koenigstein N. Item2vec: neural item embedding for collaborative filtering ［C］. 2016 IEEE 26th International Workshop on Machine Learning for Signal Processing (MLSP), 2016.

［12］ Wang J, Huang P, Zhao H, et al. Billion-scale commodity embedding for e-commerce recommendation inalibaba ［C］. The 24th ACM SIGKDD international conference on knowledge discovery & data mining, 2018.

［13］ Su X, Khoshgoftaar T M. A survey of collaborative filtering techniques ［J］. Advances in Artificial Intelligence, 2009（1）: 421-425.

［14］ Sarwar B, Karypis G, Konstan J, et al. Item-based collaborative filtering recommendation algorithms ［C］. The 10th international conference on World Wide Web, 2001.

［15］ Resnick P, Iacovou N, Suchak M, et al. Grouplens: An open architecture for collaborative filtering of netnews ［C］. The 1994 ACM conference on Computer supported cooperative work, 1994.

［16］ Su X, Khoshgoftaar T M, Greiner R A Mixture Imputation-Boosted Collaborative Filter ［C］. FLAIRS Conference, 2008.

［17］ O'Connor M, Herlocker J. Clustering items for collaborative filtering ［C］. The ACM SIGIR Workshop on Recommender Systems, 1999.

［18］ Vucetic S, Obradovic Z. Collaborative filtering using a regression-based approach ［J］. Knowledge and Information Systems, 2005, 7（1）: 1-22.

［19］ Lops P, DeGemmis M, Semeraro G. Content-based recommender systems: State of the art and trends ［J］. Recommender systems handbook, 2011: 73-105.

［20］ Melville P, Mooney R J, Nagarajan R. Content-boosted collaborative filtering for improved recommendations ［C］. The 18th National Conference. on Artificial Intelligence, 2002.

［21］ Resnick P, Iacovou N, Suchak M, et al. Grouplens: An open architecture for collaborative filtering of netnews ［C］. The 1994 ACM Conference on Computer Supported Cooperative Work, 1994.

［22］ Resnick P, Varian H R. Recommender systems ［J］. Communications of the ACM, 1997, 40（3）: 56-58.

［23］ Linden G, Smith B, York J. Amazon. com recommendations: item-to-item collaborative filtering ［J］. IEEE Internet Computing, 2003, 7（1）: 76-80.

［24］ Adomavicius G, Tuzhilin A. Toward the next generation of recommender systems: A survey of the state-of-the-art and possible extensions ［J］. IEEE Transactions on Knowledge and Data Engineering, 2005, 17（6）: 734-749.

［25］ Cremonesi P, Tripodi A, & Turrin R. Cross-domain recommender systems ［C］. 2011 IEEE 11th International Conference on Data Mining Workshops, 2011.

［26］ Wang H, Wang N, Yeung D Y. Collaborative deep learning for recommender systems ［C］. The 21th ACM SIGKDD International Conference on Knowledge Discovery and Data Mining, 2015.

［27］ Elkahky A M, Song Y, He X. A multi-view deep learning approach for cross domain user modeling in recommendation systems ［C］. The 24th International Conference on World Wide Web, 2015.

［28］ Zheng Y, Tang B, Ding W, et al. A neural autoregressive approach to collaborative filtering ［C］. International Conference on Machine Learning, 2016.

［29］ Tang J, Qu M, Mei Q. Pte: Predictive text embedding through large-scale heterogeneous text networks ［C］. The 21th ACM SIGKDD International Conference on Knowledge Discovery and Data Mining, 2015.

［30］ Chang S, Han W, Tang J, et al. Heterogeneous network embedding via deep architectures ［C］. The 21th ACM SIGKDD International Conference on Knowledge Discovery and Data Mining, 2015.

第 14 章 自动文摘与信息抽取

在文本数据量激增的今天，人们每天需要处理的文本信息越来越多。自动文摘技术的出现，有效实现了原始文本数据的高效处理，减轻了文本数据过载带来的压力。与此同时，自动文摘技术可充分发掘大数据背后潜藏的巨大价值，使得人们能够快速获取情报信息，辅助行为决策，在多个领域内都有着重要的意义。

14.1 自动文摘技术概要

1. 自动文摘定义

自动文摘（automatic text summarization），也称自动文本摘要。文本摘要是指将一段文本类信息资源或文本集合进行压缩、简化、转化，在保持中心大意不变的情况下，保留重要信息而使信息量变少的信息压缩技术。而自动文摘技术，是指借助计算机，自动地生成文本摘要的一种技术。

通常而言，自动文摘得出的文摘需满足信息量充分而不冗余，对原文覆盖率高，具有良好的可读性以及易理解性等要求。当前自动文摘技术尚有诸多难点需要解决。在技术层面而言，写摘要是一项非常智能的工作，即使是人类，在很多情况下都难以对文本进行言简意赅的概括。相较于机器翻译工作，自动文摘技术受到的约束更小，任务更加困难。在评价层面，同样的文本，不同的人写出的摘要各有不同，无论是主观评判还是客观评判，目前都尚没有统一的标准。

2. 自动文摘技术发展现状

自动文摘技术发展具有合适而广阔的前景。如今我们的时代是一个充满信息的时代，互联网、物联网等技术的飞速发展，使得人类可掌握、接触的数据信息越来越多。而其中的文本信息也逐渐积累增多。文本数量远超个人或集体能够处理的极限，信息的"过载"带给了人类不小的压力。因此，采用计算机技术，辅助人类自动处理文本便是顺理成章的想法。自动文摘技术，是很有前景的一个计算机文本处理的研究方向。我们在教育、新闻、舆情资讯系统、学术研究等领域中经常遇到需要获取一篇长文段或几篇长文段的文摘的问题，后续再利用这些文摘进行资料的筛选、信息的整合等步骤。而文摘这种信息压缩的形式，作为一种前序步骤是必不可少的。利用自动文摘代替人工摘要，省时省力，且能提高整体文本处理分析环节的效率。

自动文摘技术应用领域场景广泛。在新闻、传媒领域，可以利用自动文摘进行新闻网页摘要、新闻标题生成、新闻摘要后实时推送到客户端。在网络舆情资讯系统领域，有学者针对系统中由爬虫爬取的信息存在大量无关冗余信息这一问题，利用改进后的文本过滤技术及节录式自动摘要生成算法提升系统性能。在教育领域，有学者对基于自动文摘的小学语文作文标签提取方法做了研究。此外，在这一领域中，文本量较多的语文、英语、政治等义务教育阶段科目应用该技术的场景更多，能检索到的文献数量也相应更多。在技术的智能综合评价模型领域，也有学者利用自动文摘技术，实现了农业高新技术评价报告的自动生成，提升了技术评价过程的效率。自动文摘技术适用于多种特性不同的语言文字。除英文、中文（汉语）等常见语言外，目前也有关于维吾尔语文本的自动文摘方法研究，对于多种语言文字的自动文摘能适应各类特殊的应用场景，进一步证明该技术的应用广泛性。

3. 自动文摘研究历程

自动文摘的思想在 1958 年由学者 H. P. Luhn 提出[1]，从 20 世纪 50 年代开始兴起。自动文摘最初以统计学为支撑，依靠文章中的词频、位置等信息为文章生成摘要，主要适用于格式较为规范的技术文档。从 20 世纪 90 年代开始，随着机器学习技术在自然语言处理中的应用，自动文摘技术中开始融入人工智能的元素。针对新闻、学术论文等主题明确、结构清晰的文档，一些自动文摘技术使用贝叶斯方法和隐马尔可夫模型抽取文档中的重要句子组成摘要。到了 21 世纪，自动文摘技术开始广泛应用于网页文档。针对网页文档结构较为松散、主题较多的特点，网页文档摘要领域出现了一些较新的自动文摘技术，比如基于图排序的摘要方法等。

深度学习方法在自动文摘方面表现优秀，传统经典方法也能很好地辅助深度学习方法，某些经典的文档特征和理念都被证实在深度学习系统中极为有用。目前性能最优越、最稳定的系统往往是结合了新旧理念的方法。

4. 自动文摘技术分类及单、多文档摘要对比

自动文摘技术分类如图 14.1 所示。按摘要的获取方法进行自动文摘技术划分，可分成抽取式、压缩式及生成式三种技术路线。抽取式是指从原文中原封不动地抽取计算机认为重要的完整句子，拼接在一起形成文摘。压缩式是指在完成抽取式的任务后，对重要的句子进行了信息压缩，破坏了原句的完整性但降低了无效或冗余的信息量。生成式是指将原文段中的内容进行重新编排组织甚至改写，从而获得文摘。

无论是单文档还是多文档摘要，都具有很好的应用前景。在互联网中，文本信息往往并非单独出现，更多的时候是相关性强的多个文本互相连接、成对成群出现。多文档摘要能更好地适应这种模式，对多个文本提取出统一的、精炼的、覆盖性高的摘要，能提高用户收集获取、阅读理解的效率，也能节省信息存储空间，提升信息传输效率。单文档摘要是多文档摘要的特例，近几年来大量的单文档数据集得到公开（如 NLPCC2017 Shared Task3，是手工摘要的新闻文本），支撑了这个领域的研究。单文档摘要研究也是多文档摘要研究的铺垫。目前众多研究认为，单文档摘要技术将最终落实在多文档摘要的研究中。

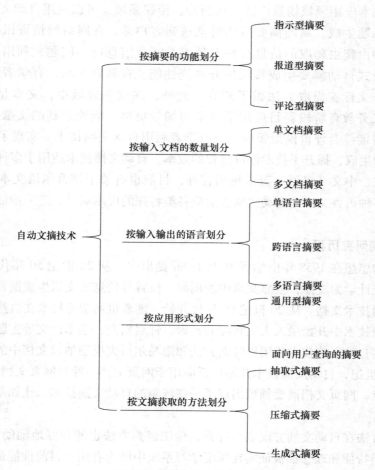

图 14.1　自动文摘技术分类

14.2　抽取式自动文摘

抽取式自动文摘从原文中原封不动地抽取计算机认为重要的完整句子，排序后拼接在一起形成最终的文摘。对于一个文档 $D = \{S_1, S_2, \cdots, S_n\}$，它由 n 个句子按顺序排列组成，需按某种规则选出 k 个句子组成摘要 $\text{SM} = \{S_{a_1}, \cdots, S_{a_k}\}$。要完成该任务，首先找出重要的句子，其次需降低候选句子的冗余性，最终需根据压缩长度、句子顺序的要求和约束生成摘要。这样做能够保证句子的完整性、可读性，操作也相对其他方法更加简单。

本章介绍的"句子重要性评估"方法可用来找出重要的句子，"基于约束的摘要生成算法"则可用于降低候选句子的冗余性和按需求生成摘要。

14.2.1　句子重要性评估

句子重要性评估算法分为无监督的数据驱动算法及有监督的机器学习算法两类，其区别在于是否使用了人工标注的数据集。

14.2.1.1　无监督的数据驱动算法

1. 传统的简单统计方法

要识别一个句子是不是重要句子，首先需要分析它所包含的词。在预处理部分将停用词除去后，文中出现频率越高的词，越有可能是重要词语。可以根据词频来确定权重，从而加权求和求得句子的权重，由此判断句子的重要性。

在简单统计方法中，需首先统计词频，根据经验确定频率区间，将这个区间内的词语视为重要词，其余视为噪声。接着筛选出候选句，如果一个句子包含重要词及小于或等于四个噪声词，则被视为候选句。最后对所有候选句计算权重，计算公式为

$$S = \frac{\text{sign}^2}{n} \tag{14.1}$$

式中，sign 表示候选句中满足"包含重要词及小于或等于四个噪声词"的部分中重要词的数量，n 表示该部分中的总词数。接着将候选句的权重进行排序，选取最高的前 k 句作为摘要。

（1）基于文档结构的改进

利用文档的结构特征可以改进原始的算法。Baxendale 等[2]对句子位置与文本主题进行研究发现，85%的主题句处于段首，7%的主题句处于段尾。句子在文档中的位置和句子长度是两个重要的特征。给定文档中的位置 j 和原文段中的句子数目 n，句子位置重要性的计算公式如下：

$$\text{Score}(S_{i_j}) = \frac{n-j+1}{n} \tag{14.2}$$

（2）基于线索词的改进

已有研究指出，某些特定词可对句子重要性起到提示作用，例如"几乎不（hardly）""不可能（impossible）""显著地（significant）"等，可被称为线索词。带有这些线索词的句子权重可以适当提升，能改善抽取式摘要的效果。

与此同时，词频、句子位置、线索词、句子是否为标题这四个特征是早期抽取式自动文摘所使用的主要特征。但这类方法只对句子或词本身的表层特征进行简单统计，既未充分利用词的相关词、词间关系等，也未充分利用有用的背景语料及其他外部资源。

2. 基于词频的评估算法 TF-IDF

（1）TF-IDF 方法

词频（Term Frequency，TF）指的是某个词出现的次数与文档内词数的比值。逆文档频率（Inverse Document Frequency，IDF）表示词语普遍性的度量，表明有多少文档包含该词语。TF-IDF 可用于摘要自动生成。给定一背景语料库，可由此统计文档中各词的 TF-IDF，再计算每一句的得分，由此排序选取前 k 位作为摘要。计算公式如下：

$$\text{TF}_{w_k} = \frac{\text{count}(w_k)}{\sum_w \text{count}(w)} \tag{14.3}$$

$$\text{IDF\_}\{w\_k\} = \log \frac{|D|}{|\{j \mid w\_k \in D\_j\}|} \tag{14.4}$$

$$\text{Score}(w_k) = \text{TF}_{w_k} \cdot \text{IDF}_{w_k} \tag{14.5}$$

（2）基于词汇链的方法

词汇链是指一个主题下的一系列词义相关的词之间共同组成的词网。词汇链是一种图型

的数据结构，图中的顶点包含词语及其词义信息，边则表示两个顶点间的词义关系。一个文本的词汇链通常有多条，每一条表示文本的子主题，反映了词的集聚性。

基于词汇链的方法主要通过分析生成词汇链实现摘要提取。主要分为 3 个步骤：

1）选择候选词的集合。

2）根据与词汇链里成员的相关程度，为每个候选词选择词汇链。

3）如果发现候选词与某词汇相关度高，则把候选词加入词汇链内。

最后该方法根据长度与一致性给每个链打分，并使用启发式方法挑选部分词汇链生成摘要。词汇链的重要性的得分计算公式如下：

$$Score(chain) = Length \cdot HI \tag{14.6}$$

式中，Length 是词汇链中所有词的词频之和，HI 是均一化指数。给定词汇链中不重复的词的个数 D，均一化指数的计算公式为

$$HI = 1 - \frac{D}{Length} \tag{14.7}$$

选择强词汇链的公式为

$$Score(chain) = Avg(Scores) + 2 \cdot StandardDeviation(Scores) \tag{14.8}$$

选择强词汇链后，可用启发式规则为每个强词汇链抽取句子，得出最后的摘要。无论是 TF-IDF 方法还是其改进方法如基于词汇链的方法，都引入了外部的语料库，使得语义分析不仅仅局限于当前的文段中，比简单统计方法更进一步。

3. 基于图排序的算法

语言网络的方法是一个可行的研究方向。1998 年，小世界网络及随机网络被提出，SoléR V 等表明"语言是一个复杂网络，构成网络的节点可以是词、概念、句子等文本单元，节点之间以句法、语义、语音、拓扑等产生关系"[3]。

基于图排序的文本摘要方法的一般思想是把文章分解为若干单元如句子或段落等，每个单元对应一个图的顶点，单元间的关系作为边，最后通过图排序的算法（如 PageRank、TextRank、流形排序等）计算得出各顶点的得分，并在此基础上生成文本摘要。

图排序相关方法思想来源于用在网页排序中的 PageRank[16] 算法，PageRank 的核心思想是如果一个网页被越多个重要网页链接到，该网页的重要性越高。而当这种思想转而应用到文本数据挖掘之后，就衍生出两种方法：Lexrank[17] 与 Textrank[18]，核心思想也转变为与文本其他句子的关联性越强，该句子的重要性程度越高。上述算法都是通过构造节点间的网络图进行节点权重的衡量，但有别于 PageRank 实行的有向图排序，Lexrank 与 Textrank 算法使用无向图且在由句子构造的网络图中，句子的链接都附带了权重。下面将详细介绍 Lexrank 与 Textrank 两种算法以及相关的拓展。

（1）Lexrank 算法

使用 Lexrank 算法计算句子重要性可以分为两步：计算两个句子间的相关性构建图模型和通过图模型计算重要性得分。首先将每个句子都视为一个节点，构造无向图 $G(V,E)$，其中 V 代表句子的点集。如果两个句子间有相关性，则两个点可以连成边，而 E 代表两个点连成的边构成的集合。每条边都会拥有一个权重，权重的计算公式为

$$W_{i,j} = \frac{\sum_{w \in V_i, V_j} (TFIDF)^2}{\sqrt{\sum_{x \in V_i} (TFIDF_x)^2} \sqrt{\sum_{y \in V_j} (TFIDF_y)^2}} \tag{14.9}$$

式中，$W_{i,j}$ 为权重，$w \in V_i$，V_j 表示词 w 同时出现在两个句子中。通过计算句子间共有的词语的 TF-IDF 的 2 次方除以各自句子词语中的 TF-IDF，以 TF-IDF 作为衡量两个句子相关性的指标，得出连接边的权重，成功构建图模型。然后执行第二步，对于每个句子节点，以下式计算重要性得分：

$$s(V_i) = \frac{1-d}{N} + d \sum_{V_j \in \mathrm{adj}(V_j)} \frac{W_{ij}}{\sum_{V_k \in \mathrm{adj}(V_j)} W_{jk}} S(V_j) \tag{14.10}$$

式中，$s(V_i)$ 表示重要性得分，N 为句子数总和，d 为阻尼系数，一般取 0.85。先将所有句子重要性得分赋值为 1，然后使用式（14.10）迭代更新直至更新前后得分的变化量低于设定的阈值后获得每个句子的重要性得分。

（2）Textrank 算法

对于 Textrank 算法而言，实现的方法与 Lexrank 基本相同，唯一有区别的是计算句子节点之间的权重时使用的公式如下：

$$W_{i,j} = \frac{|w_k| w_k \in V_i \cap w_k \in V_j|}{\log |V_i| + \log |V_j|} \tag{14.11}$$

式中，$w_k \in V_i \cap w_k \in V_j$ 代表两个句子同时出现的词语数。Textrank 算法对两个句子间关联程度衡量标准改为重复出现的词语数量，后续的实现基本与前述类似。

14.2.1.2　有监督的机器学习算法

1. 朴素贝叶斯模型

假设文档 $D = \{S_1, \cdots, S_n\}$，$F_1, \cdots, F_k$ 为文本的 k 个特征。朴素贝叶斯模型假设 k 个特征相互独立，通过全概率公式可以计算得出每个句子是重要句的概率，计算公式如下：

$$P(S \in M \mid F_1, \cdots F_k) = \frac{\prod_{j=1}^k P(F_j \mid S \in M) P(S \in M)}{\prod_{j=1}^k P(F_j)} \tag{14.12}$$

再排序选择概率最高的 k 个句子作为摘要即可。

2. 对数线性模型

对数线性模型与决策树模型一样，并不假设各个特征相互独立，而是综合各种特征对后验概率进行建模。其公式为

$$P(l \mid s) = \frac{\exp(\sum_i \lambda_i f_i(l,s))}{\sum_i \exp(\sum_i \lambda_i f_i(l,s))} \tag{14.13}$$

式中，l 代表标签，取值为 1 或者 0。1 指代"是摘要"，0 指代"不是摘要"。s 代表需要标注的项。为缓解训练集类别不均衡问题，可以进一步添加类别先验 sl^*：

$$sl^* = \mathrm{argmax}_l P(l) \cdot P(l \mid s) = \mathrm{argmax}_l \left(\log P(s) + \sum_i \lambda_i f_i(l,s) \right) \tag{14.14}$$

3. 基于深度学习的方法

深度学习的迅猛发展，为自动文摘领域带来了突破，取得了不错效果。深度学习将不同粒度的语言单位映射到低维连续的向量空间中，避免特征工程。句子的语义表示学习采用 CNN、RNN 等，句子的标签预测视为分类任务和序列标注任务。

《近 70 年文本自动摘要研究综述》中对基于深度学习的抽取式自动文摘进行了介绍。Yan 等设计了一种深度架构用于多文档自动文摘[5]，首次将深度学习用于自动文摘。其中隐藏层是由多个受限玻尔兹曼机构成，隐藏层也有多层，是一种较深的神经

网络。深层架构的初始参数由查询词确定，其他层的参数随机。实验表明，该架构比现有的大多数方法更出色，能够达到当前的最佳水平。这证明了基于深度学习的方法的有效性和实用性。

Nallapati 等在 2017 年的研究使用 CNN 的方法[6]。他们使用卷积算子提取句子的局部信息，使用池化算子抽象全局信息。卷积算子由 L 个过滤器 $W \in R^{h \times k}$ 组成，提取局部信息如下：

$$u_i = \sigma(W X_{w_{i:i+h-1}} + b) \qquad (14.15)$$

式中，σ 为非线性激活函数，b 为残差项。研究使用最大池化：$\tilde{u} = \max(u)$。

与此同时，国内研究人员也提出一种考虑上下文的神经网络模型 CRSum[7]。该方法引入注意力机制，使用注意力池化对句子进行编码，使用句子级的注意力池化创建上下文关系，从而关注到了句间关系。

深度学习的方法也并非毫无缺点。深度学习方法对于缺乏时间戳的多文档摘要任务，如何优化摘要中句子的顺序是个需要解决的问题，目前尚未有较好的解决方法。

14.2.2 基于约束的摘要生成方法

1. 不同文本摘要的特点

被运用得最多的是抽取式摘要方法，它直接从原文中抽取一些句子组成摘要。这种摘要方式本质上是个排序问题，给每个句子打分排序，再考虑冗余性、新颖性、多样性等做一些后处理（比如最大边缘相关），抽取高分的句子作为摘要。这个过程涉及句子重要性评估算法和基于约束的摘要生成算法。

生成式摘要则试图通过理解原文的意思来生成摘要，从某种程度来说就是模仿人类写摘要的方式。而压缩式摘要主要通过对句子进行压缩，保留重要的句子成分，删除无关紧要的成分，使得最终的摘要在固定长度的范围内包含更多的句子，以提升摘要的覆盖度。

按照摘要方法的不同功能，指示型摘要主要提供输入文档或文档集的关键主题，生成标题以帮助用户决定是否需要阅读原文；报道型摘要则提供输入文档或文档集的主要信息，使用户可快速把握核心信息而无需阅读原文；评论型摘要用途较广，不仅提供输入文档或文档集的主要信息，还需要给出关于原文的关键评论。

2. 基于约束的摘要生成方法

基于约束的摘要生成方法可快速便捷地从大量冗余信息中提取出有价值的信息。目前，大部分传统的文本摘要方法，如基于循环神经网络和编码器-解码器（Encoder-Decoder）框架构建的摘要生成模型，在生成文本摘要时都可能存在并行能力不足且长期依赖的性能缺陷，此外，文本摘要生成的准确率和流畅度仍有待进一步提高。对此，文本挖掘领域的专家们针对性地开发出了效率及准确率更高、生成速度更快的基于约束的摘要生成方法。

基于约束的摘要生成方法是由各种相关算法的相互拼凑，取长补短而形成的，被广泛运用于抽取式摘要方法。基于约束的摘要生成方法中主要囊括最大边缘相关法、最小化冗余度算法等。这些算法主要是面对于查询相关的自动文摘任务而被提出的，它们的基本思想是在未选的句子集合里选择一个与输入查询相关程度最高并且与已选句子相似程度最低的句子，不断迭代这个过程，一直到句子数目或单词数目达到提前设置的上限为止。

3. WFST 算法的使用例子

基于约束的摘要生成方法与计算机领域的大多数研究一样，离不开创建最小化、最简化、最优化的算法。如 WFST（加权有限状态转换器）算法就是通过将传入的冗余度较大的文本数据进行冗余度最小化的算法。这个算法实现的基本思路是在初始阶段将所有状态划分为终结状态和非终结状态两个等价类，然后不断地根据分割集合对等价类进行基于约束的分割，将状态集合划分为既不重叠又不为空的状态子集，直到所有等价类都无法继续拆分为止。通过这种方法生成的文本摘要，具有言简意赅、句意清晰明了等优点。

WFST 算法的初始条件如图 14.2 所示。

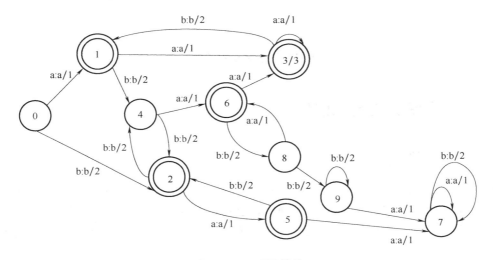

图 14.2　WFST 算法

WFST 算法根据输入、输出、权重三者的出现顺序，查找文本的数据。文本的数据之间的关系以二叉树的关系来表示。如果查找的文本数据已经存在，则返回对应的编号，若未曾出现过，则将其插入到文本的数据表中，并将其编号值加 1。请注意，编号一般都是从 1 开始，文本数据表中第一个"input：output/weight"元组是 1，第二个元组是 2，以此类推。因此，图 14.2 中"a：a/1"编号为 1，"b：b/2"编号为 2，依此类推。同时，图 14.2 中 {0，4，7，8，9} 这些节点是非终止状态集，{1，2，3，5，6} 是终止状态集。但是，状态 3 是一个权重为 3 的终止状态，而状态集 {1，2，5，6} 的权重都为 0。因此，需要将 {3} 和 {1，2，5，6} 作为不同的终止状态集进行处理。

为了算法设计方便，在这个基于约束的摘要生成方法中新增加一个终止状态 10，将状态 1、2、3、5、6 的"终止状态"这个属性都转移到状态 10 上，并将状态 1、2、3、5、6 的权重作为指向终止状态的"边"的权重。这样，通过以上编码方式，可大致得到图 14.3 所示的简洁有效的文本数据状态图。

基于约束的摘要生成方法作为文本数据挖掘这个研究方向的一个分支，在近一段时间以来得到了远远超出预期的发展，其发展速度是着实令人吃惊的。自动摘要生成的飞速发展对于科技与生活来说无疑是一种质的提升。

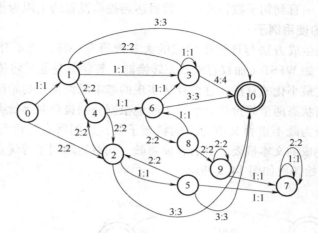

图 14.3　文本数据状态图

14.3　压缩式自动文摘

14.3.1　句子压缩方法

　　文本数据挖掘中，对句子的压缩是非常重要的。通过压缩句子，可以清楚地提炼到句子的基本意思，让读者在最短的时间触碰到作者想要表达的意图。在今天，对于压缩句子，各种各样的方法已经是应有尽有。这些方法相互配合，取长补短，使对句子的压缩效果显著提升。

　　在日常生活中，我们依靠人力脑力自行对文段进行句子压缩时，通常会进行以下几个阶段：筛选信息、删除无用信息、提取关键词、舍偏取正、合并成句等。通过人脑的思考与判断，以及我们对文段的独特理解和对日常用语用句表达的经验，可以轻易地对一些较短的文段完成较理想的句子压缩工作。但当文段变得相当长后，由于人的精力有限，我们便变得有些束手无策，此时便需要机器的帮助了。

　　对于这种处理文本的工具来说，经典的句子压缩工作主要依赖于语法信息来进行判断，其主要思路是使用传统的句法信息，如基于选区的解析树的方法，通过使用语法树解析句子，以此进一步裁剪句子中的单词并重写句子。人为句子压缩的目的一般是指在不改变或尽可能最小改变原句的语义的情况下，将句子缩短，即让句子变得简短，而不丢失主要意思。最简单的方法就是只抽取三重主谓宾，但是对主系表结构、主谓双宾结构的句子还是有些不方便。

　　传统的句子压缩方法主要基于语法解析树。Cohn 等[9]曾使用语法解析树来决定怎样重构句子，Filippova 等通过剪枝依存树删除冗余词进而达到压缩句子的目的。

　　随着神经网络在近年来的飞速发展，使用深度学习解决这个问题变得越来越普遍。神经网络模型拥有非常强大的特征提取能力，这可以节约大量的人力以及物力。通过在大量的数据集上对模型进行训练，可以得到较为理想的效果。Filippova 等首次将循环神经网络引入英文句子的压缩研究中，将句子压缩视为一种删除句子中单词的分类任务[8]。他们将编码器-

解码器框架应用于删除式句子压缩的任务，其核心组成是一个三层单向 LSTM 结构构成的编码器-解码器模型，输出端则通过激活函数来对每个单词进行二分类，判断其是否进行保留来组成压缩句子，这项工作在大规模训练数据集上训练得到的效果相比传统方法有较大的提升。Lai 等则使用双向 LSTM 对句子双向信息进行捕捉，并在输出端使用条件随机场[10]。Tran 等提出适应于句子压缩任务的注意力机制，即 t-attention 模型[11]，将编码器序列每个节点的输出引入到对应的解码器中去。鹿忠磊等尝试增大 t-attention 的捕获范围来扩大信息捕获范围[12]。

如今，句子压缩方法也是日趋多样化，新的更高效的方法层出不穷。这些新颖的方法大多离不开经典的深度学习方法，它们在不同的侧重点下基于语言的学习，使它们有了不同的优势。由此，它们的适用范围不尽相同，对于不同特点的语言，它们进行压缩的结果可能不尽相同。因此，在对文本进行句子压缩时，如希望得到非常准确的结果，就必须先全面而清晰地了解给定的文本的语言特色以及想要用的文本压缩方法的适用类型。

在句子压缩任务中，不同句子包含的单词可能并不相同，但却可能拥有相似的语法逻辑，因此通过在深度学习中加入单词的词性信息，能够协助压缩句子的软件更好地理解句意。除了本身词性序列在排序上具有一定的相似性，由于词向量所需的占用空间巨大，词向量的词典有时只会对常用的高频词进行保留，而将一些低频词进行选择性忽略。然而，特殊的人名、地名、片名等往往是句子中的重要组成成分，统一使用其他信息进行替代，将无疑会损失大量的词义信息。通过使用词性信息能够一定程度缓解这种状况，当句子中出现的特殊的人名、地名或片名被判定为字符时，通过额外补充词性序列，可能会在一定程度上更好地为句子压缩提供一个新的、更好的方向。对于大多数陈述性的句子而言，其核心组成部分往往是主谓结构，而对于新闻数据集类的文章而言，句子中的主语往往是人或物，谓语则是某些动作，通过显性地添加词性信息到机器的学习网络中，能够在一定程度上提高引导的输出结果的准确性。

但是，对句子的压缩，可能会出现误删一些重要的名词或动词等的情况，这往往会导致压缩的句意歪曲或压缩句阅读不通顺的问题。其次，由于不同领域下的常用词汇一般有较大的区别，在使用的训练数据集不够丰富时得到的模型往往难以应对不同领域下得到的有不同意义的句子。对于不同风格和来源的句子，都需要使用到特定领域的训练数据集来进行训练才能达到理想效果，而特定的数据集的获取有着较高的难度，这一点极大地阻碍了这项应用的蓬勃发展。

现在的文本，作为一种结构化或非结构化的数据对象，它的内容和形式都非常多变，没有统一的格式。对于文本中句子的压缩的理想模式是更智能化地压缩成我们脑海中所理解的句子的主题意思，因此，句子压缩这项技术还有可提升的空间。

14.3.2　基于句子压缩的自动文摘

1. 自动文摘代表性系统

美国密歇根大学的 NewsInEssence 是一个采用语句抽取方式实现的自动文摘系统[13]。NewsInEssence 应用于新闻领域，它提供新闻文章的主题群集、即时搜寻、文章摘要及使用者互动（User Interaction）等功能。

美国哥伦比亚大学开发的多文档文摘系统 Newsblaster[14]利用文本聚类作为预处理过程，

将每天发生的重要新闻进行文本聚类信息融合和文本生成等处理之后生成一篇言简意赅的摘要。这个工作可以对句子进行调整，并把任意句子断开后重新组合。但它的结果时有语句不通顺、丢失标点符号等问题。

2. 基于句子压缩的自动文摘方法

压缩式摘要有两种方式：一种是 pipeline，先抽取出句子，再做句子压缩，或者先做句子压缩，再抽取出句子；另一种则是 jointly 的方式，抽取句子和压缩句子两个过程同时进行的。

以句子压缩的经典方法 ILP（整数线性规划）为例。句子中的每个词都对应一个二值变量，表示该词是否保留，并且每个词都有一个打分（比如用 TF-IDF 打分），目标函数就是最大化句子中的词的打分；既然是规划，那当然要给出限制，最简单的限制比如说至少保留一个词，再比如说当形容词被保留时其修饰的词也要保留等。

压缩式摘要与生成式摘要在模式上有些相似，但其目的却不同。压缩式摘要主要目标在于如何对源文档中的冗余信息进行过滤，将原文进行压缩后，得到对应的摘要内容。

单文档摘要和多文档摘要，从任务难度上来看，多文档摘要的难度显然更高。因为对于一个文档集合来说，文档越多，其包含的主题、噪声也越多，因此提取摘要的难度也越大。

14.4 生成式自动文摘

生成式方法应用先进的自然语言处理算法，通过转述、同义替换、句子缩写等技术生成更凝练、简洁的摘要。相比之下，生成式摘要具有更高的灵活性，允许模型有一定概率生成新的词语和短语，因此更接近人类进行摘要的过程。与抽取式方法相比，生成式方法更加灵活，可以根据上下文判断生成的内容是否合适，从而产生更为流畅自然的文本。

伴随深度神经网络的兴起和研究，基于神经网络的生成式文本摘要得到快速发展，并取得了不错的成绩。生成式文本摘要以一种更拟人的方式生成摘要，这就要求生成式模型有更强的表征、理解、生成文本的能力。传统的机器学习模型很难实现这些能力，而近几年来快速发展的深度神经网络因其强大的表征能力，提供了更多的可能性，在图像分类、机器翻译等领域不断推进机器智能的极限。借助深度神经网络，生成式自动文摘也有了令人瞩目的发展，不少生成式神经网络模型在 DUC-2004 测试集上已经超越了最好的抽取式模型。

本章主要介绍基于深度神经网络的生成式自动文摘，着重讨论典型的摘要模型，并介绍如何评价自动生成的摘要。

1. 基于编码-解码的生成式摘要方法基本原理及过程

生成式神经网络模型，其基本结构主要由编码器和解码器组成，编码和解码都由神经网络实现。编码器负责将输入的原文本编码成一个向量 C，而解码器负责从这个向量 C 提取重要信息、加工剪辑、生成文本摘要。这套架构被称作 Sequence-to-Sequence（Seq2Seq），被广泛应用于存在输入序列和输出序列的场景，如机器翻译（一种语言序列到另一种语言序列）、图像描述（图片像素序列到语言序列）、对话机器人（如问题到回答）等。

Seq2Seq 架构中的编码器和解码器通常由递归神经网络（RNN）或卷积神经网络

（CNN）或者 LSTM 实现。RNN 被称为递归，是因为它的输出不仅依赖于输入，还依赖于上一时刻的输出。

　　Seq2Seq 同样也可以通过 CNN 实现。不同于 RNN 可以直观地应用到时序数据，CNN 最初只被用于图像任务。如前文介绍，CNN 通过卷积核从图像中提取特征，间隔地对特征作用最大池化，得到不同粒度的、由简单到复杂的特征，如线、面、复杂图形模式等。CNN 的优势是能提取出层级化的特征（hierarchical feature），并且能并行高效地进行卷积操作，那么是否能将 CNN 应用到文本任务中呢？原生的字符串文本并不能提供这种可能性，然而，一旦将文本表现成分布式向量，即可用一个实数矩阵/向量表示一句话/一个词。这样的分布式向量使我们能够在文本任务中应用 CNN。原文本由一个实数矩阵表示，这个矩阵可以类比成一张图像的像素矩阵，CNN 可以像"阅读"图像一样"阅读"文本，学习并提取特征。虽然 CNN 提取的文本特征并不像图像特征有显然的可解释性并能够被可视化，CNN 抽取的文本特征可以类比自然语言处理中的分析树，代表一句话的语法层级结构。基于 CNN 的自动文摘模型中最具代表性的是由 Facebook 提出的 ConvS2S 模型，它的编码器和解码器都由 CNN 实现，同时也加入了注意力机制。当然，我们不仅可以用同一种神经网络实现编码器和解码器，也可以用不同的网络，如编码器基于 CNN，解码器基于 RNN。

2. 双向模型

　　编码的过程中，已有的研究主要应用双向 RNN 的方式进行处理。要理解一个句子或词语，需对其上下文进行分析，而这就要求所使用的模型具有记忆能力，即不能是简单的单向神经元模型，需要有循环的过程，即需要类似延时器一样的结构来保存上一层的信息输出，而这就是我们所用的 RNN。

　　简单的单向循环网络沿时间的方向传递信息，使得无法获得后方的信息，只能基于前方的信息进行分析，这对理解整篇文章或整段句子是不利的。采用双向 RNN，既有顺时间顺序的信息，也有逆时间顺序的信息，可以同时考量上文和下文。以下面这一句子为例：

飞机将（驶往/驶离）北京

　　当我们读到北京这个地名时，它前面的信息"驶离""驶往"这两个语义完全相反的词语对后面地名的影响是完全不同的。因此，模型必须有之前词语的记忆，否则分析出的语义会有较大的偏差。再举一个例子说明双向的作用：

你好烦啊，你怎么这么了解我啊。

　　前一个句子的情感色彩是倾向于负面的，但是如果分析了后面一句话，情感色彩就会发生巨大的变化。因此，我们需要逆时间顺序的"记忆"，综合上下文分析概括语句。

3. 注意力机制与预训练模型

　　针对长文本生成摘要在文本摘要领域是一项比较困难的任务，即使是过去最好的深度神经网络模型，在处理这项任务时，也会出现生成不通顺、重复词句等问题。

　　为了解决上述问题，研究人员提出了注意力机制和结合预训练模型的训练方法，有效地提升了文本摘要的生成质量。目前效果较好的是使用经典的解码器-编码器注意力机制，以及设计解码器内部的自注意力机制。前者使解码器在生成结果时，能动态地、按需求地获得输入端的信息，后者则使模型能关注到已生成的词，帮助解决生成长句子时容易重复同一词句的问题。

　　目前也有研究人员提出了混合式学习目标，融合监督式学习和强化学习两种学习方法。

首先，该学习目标包含了传统的最大似然估计。最大似然估计（MLE）在语言建模等任务中是一个经典的训练目标，旨在最大化句子中单词的联合概率分布，从而使模型学习到语言的概率分布。但对于文本摘要，仅仅考虑最大似然估计并不够。主要有两个原因。一是监督式训练有参考"答案"，但投入应用、生成摘要时却没有。比如 t 时刻生成的词是"tech"，而参考摘要中是"science"，那么在监督式训练中生成 $t+1$ 时刻的词时，输入的是"science"，因此错误并没有积累。但在实际应用中，由于没有 ground truth，$t+1$ 时刻的输入是错误的"tech"。这样引起的后果是因为没有纠正，错误会积累，这个问题被称为曝光偏差（exposure bias）。另一个原因是，往往在监督式训练中，对一篇文本一般只提供一个参考摘要，基于最大似然估计的监督式训练鼓励模型生成一模一样的摘要，然而在现实中，对于一篇文本，往往可以有不同的摘要，因此监督式学习的要求太过绝对。用于评价生成摘要的 ROUGE 指标则能考虑到这一灵活性，通过比较参考摘要和生成的摘要，给出摘要的评价（见下文评估摘要部分）。因此，一个很自然的想法是，利用强化学习将 ROUGE 指标加入训练目标。

据此，在实际建模中，可先基于前向信息生成摘要样本，用 ROUGE 指标测评打分，得到了对样本的评价/回报后，再根据回报更新模型参数。如果模型生成的样本回报较高，那么鼓励模型输出此类样本；反之，则抑制模型输出此类样本。图 14.4 为以"人生应该允许不成功"作为输入，最终输出"人生容忍失败"的编码器-解码器模型。

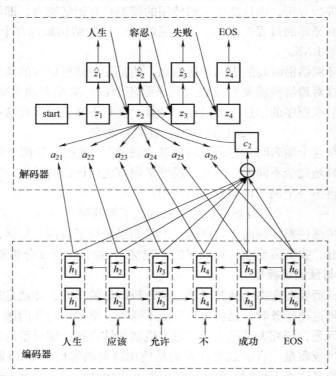

图 14.4 编码器-解码器模型

该方法同样可用于生成文章的标题。但根据整篇文章直接生成精简的概括性题目难度较大，或者说偏差较大。当只抽取诸如各段首句的几个句子时，可更容易得到精简的几个词，却又可能缺失文中的关键信息。目前已有的研究，大多是在输入文章的同时，提供更多辅助的信息如各种词频、词性、TF-IDF 信息等，从而更加精准地生成摘要以及标题。

14.5　基于查询的自动文摘

14.5.1　基于语言模型的相关性计算方法

基于语言模型的相关性计算方法被广泛使用。以对话问题生成任务为例，该任务将可被定义为答案感知型（answer-aware）问题生成任务，即在生成问题前，答案语句要事先给定，其中答案语句是段落中的若干文本片段。

对话问题生成任务可定义为，给定一个段落或文章 P，系统以提问的方式提出一系列相互关联的问题 Q_n，返回当前的答案 A_n，每个问题都与对话历史 $C_{i-1} = \{(Q_1, A_1), \cdots, (Q_{i-1}, A_{i-1})\}$ 相关。生成下一轮对话问题 Q_i 的公式为

$$Q_i = \arg \max_{Q_i} \mathrm{Prob}(Q_i \mid P, A_i, C_{i-1}) \tag{14.16}$$

目前的研究认为，共指对齐有助于提升生成的准确率与召回率。对话问题生成任务的框架可分为四个部分[15]：多源编码器（multi-source encoder）、带注意力机制和拷贝机制的解码器（decoder with attention & copy mechanism）、共指对齐（coreference alignment），以及对话流建模（conversation flow modeling），如图 14.5 所示。

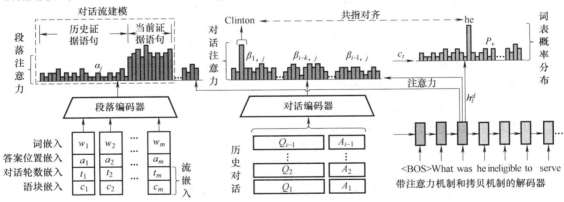

图 14.5　对话问题生成框架[15]

段落编码器： 段落编码器是一个双向 LSTM 模型，对段落中的词嵌入 w 与答案位置嵌入 a 拼接后的特征 $x_i = [w_i; a_i]$ 进行编码。答案位置嵌入 a 可通过传统的 BIO 标记方法对段落中的答案片段与非答案片段进行标记所得。段落特征可表示为 $(x_1^p, \cdots, x_m^p)$，其中 m 为句子长度。

对话编码器： 可将对话历史中的每个问题答案对拼接成 $(<q>, q_1, \cdots, q_m; <a>, a_1, \cdots a_m)$ 形式。首先用词级的双向 LSTM 将每个问题答案对编码为 $(h_{i-k,1}^w, \cdots, h_{i-k,m}^w)$，其中 $i-k$ 是对话轮数，$k \in [1, i)$。为了对对话历史不同轮数的依存关系进行建模，也可采用语境级的双向 LSTM 获得不同轮数间的语境依赖特征 $(h_1^c, \cdots, h_{i-1}^c)$。

带注意力机制和拷贝机制的解码器： 解码器采用另一个 LSTM 预测单词的概率分布。在每个解码时刻 t，解码器读入词嵌入 w_t 和前一时刻的隐藏层特征 h_{t-1}^d 生成当前隐藏层特征

$h_t^d = \text{LSTM}(w_t, h_{t-1}^d)$。之后通过下式计算得到段落注意力 α_j 和对话注意力 $\beta_{i-k,j}$，并由此确定段落特征与各个历史对话特征的相对重要程度：

$$\alpha_j = \frac{e_j^p}{e_{\text{total}}} \tag{14.17}$$

$$\beta_{i-k,j} = \frac{e_{i-k,j}^w \cdot e_{i-k}^c}{e_{\text{total}}} \tag{14.18}$$

$$e_j^p = h_j^{p\text{T}} \cdot W_p \cdot h_t^d \tag{14.19}$$

$$e_{i-k,j}^w = h_{i-k,j}^{w\ \text{T}} \cdot W_w \cdot h_t^d \tag{14.20}$$

$$e_{i-k}^c = h_{i-k}^c \cdot W_c \cdot h_t^d \tag{14.21}$$

式中，$e_{\text{total}} = \sum_j e_j^p + \sum_{j,k} e_{i-k,j}^w \cdot e_{i-k}^c$。语境向量 c_t 和最终单词概率分布 P_V 可表示为

$$c_t = \sum_j \alpha_j h_j^p + \sum_{j,k} \beta_{i-k,j} h_{i-k,j}^w \tag{14.22}$$

$$P_v = \text{softmax}(W_v(\tanh(W_a[h_t^d ; c_t])) + b_v) \tag{14.23}$$

共指对齐：共指对齐建模可以使得解码器在对话注意力分布中关注到正确的非代词共指对象，如 Clinton，以生成对应的代词参考词，如 he。这通常需要两阶段方法：①在预处理阶段，给定对话历史 C_{i-1} 和包含代词参考词（如 he）的问题 Q_i，通过一个共指消解系统找到其在 C_{i-1} 中对应的共指对象 $(w_1^c, \cdots, w_m^c)$，如 Clinton；②在训练阶段，利用一个针对共指对象对话注意力 β_i^c 和其代词参考词概率 $p_{\text{coref}} \in P_V$ 的损失函数，该共指损失 L_{coref} 为

$$L_{\text{coref}} = -\left(\lambda_1 \log \frac{\sum_j \beta_j^c}{\sum_{k,j} \beta_{i-k,j}} + \lambda_2 \log p_{\text{coref}}\right) s_c \tag{14.24}$$

式中，s_c 是在预处理阶段非代词共指对象与其代词参考词之间的置信度得分。

对话流建模：另一个关键的对话问题生成挑战是，在不同轮对话间一定要有平滑的过渡词。随着对话的进行，大部分问题的关注点从段落的开始渐渐地转移到段落的结尾。基于此，可以对对话流建模以学习不同对话轮数间的过渡词。

1）流嵌入（flow embedding）：为段落里面的每个词增加了 2 个嵌入，即轮数嵌入 $[t_1, \cdots, t_n]$ 和相对位置嵌入 $[c_1, \cdots, c_L]$，其中 n 是给定的最大轮数，段落被均匀地划分为 L 组句子。最终的词嵌入特征为单词嵌入、答案位置嵌入和这两个流嵌入的拼接特征，即 $x_i = [w_i ; a_i ; t_i ; c_i]$。此外还引入了门控自注意力机制，先对加入流嵌入的新的段落特征 $H^p = [h_1^p, \cdots, h_m^p]$ 进行自注意力操作：

$$\alpha_j^p = \text{softmax}(H^{p\text{T}} W_s h_j^p) \tag{14.25}$$

$$u_j^p = H^p \alpha_j^p \tag{14.26}$$

$$f_j^p = \tanh(W_f[h_j^p ; u_j^p]) \tag{14.27}$$

之后最终的段落特征 $\tilde{h}_j^p$ 由门控机制得到：

$$\tilde{h}_j^p = g_t^p \odot f_j^p + (1 - g_j^p) \odot h_j^p \tag{14.28}$$

$$g_t^p = \text{sigmoid}(W_g[h_j^p ; u_j^p]) \tag{14.29}$$

2）流损失（flow loss）：流损失用来显式地表征哪些在答案周围的句子含有更多有用信息，对生成当前轮问题更有帮助。如果一个句子对当前问题提供有用信息，可被称为当前依

据句子（CES）；如果一个句子对对话历史提供有用信息，但与当前问题不相关，可被称为历史依据句子（HES）。可设计两者的段落注意力 α_j，从而通过流损失使得模型关注当前依据句子，而忽视历史依据句子。流损失 L_{flow} 可表示为

$$L_{\text{flow}} = -\lambda_3 \log \frac{\sum_{j:w_j \in \text{CES}} \alpha_j}{\sum_j \alpha_j} + \lambda_4 \log \frac{\sum_{j:w \in \text{HES}} \alpha_j}{\sum_j \alpha_j} \tag{14.30}$$

模型总损失 L 为 seq2seq 模型的交叉熵损失 L_{null}、共指损失 L_{coref} 与流损失 L_{flow} 之和：

$$L = L_{\text{null}} + L_{\text{coref}} + L_{\text{flow}} \tag{14.31}$$

$$L_{\text{null}} = -\log\text{Prob}(Q_i \mid P, A_i, C_{i-1}) \tag{14.32}$$

14.5.2 基于关键词重合度的相关性计算方法

根据生成方法，自动文摘方法现阶段主要可以分为两大类：抽取式和生成式。抽取式自动文摘方法主要是通过算法在文本中分析数据的统计特征，选取最具有代表性的句子成为输入文本的摘要。而生成式自动文摘则需要在理解文本语意内容的前提下，重新组织文本中的词语句子根据一定的顺序重构成为摘要。以上两种方法都属于通用型摘要方法，完全依赖于输入的文本内容的表层特征，而在实际需要中，人们往往更倾向于获取具有特定主题偏向性的主题摘要。在这种情况下，基于关键词重合度的自动文摘方法衍生出来。该种方法属于基于查询的自动文摘，通过提取用户提供的查询语句中的特征词语，再结合原始文本中重要性较强的词语构成关键词集找出最具有代表性的语句，从而生成与查询具有相关性的摘要。

1. 基本实现算法与应用

因为用于判断关键词重合度的关键词集的确定需要同时由文本原始数据以及查询语句确定，所以首先需要对文本和查询进行处理找到各自关键的词语。对于查询语句，主要的处理方法是保留其中的名词、形容词、副词和动词这类具有关键特征的词汇，将这些词放入集合 W_1 中。而对于原始文本数据，则寻找具有明显主题特征的词汇。该类词语的确定方法现阶段包括根据似然率、互信息或 TF-IDF 等统计量确定。其中较为广泛使用的是 TF-IDF 值，即通过词频和逆文档频率确定词语的重要性。在一篇文档中一个词语的出现频率中越高，则说明在这篇文档中较为重要，而逆文档频率越低则说明这个词语并非是普遍常见的词语而是具有代表性。通过对所有原始文本计算 TF-IDF 值，定下 TF-IDF 值的阈值，选出其中值比较高的词语放入词集 W_2 中。

然后再根据词集 W_1 和 W_2 赋予每个句子中每个词语频率值 p。若词语在 W_1 和 W_2 均出现了，则词语的 p 值为 1，若均没有出现过，则词语的 p 值为 0，其他情况下 p 值为 0.5。对于每一个句子根据它们所含词语的 p 值进行加权求平均值得到每一个句子的得分，根据句子得分评判句子在文本中的重要性。找到重要性程度高的句子后，可以沿用前面所述的通用型自动文摘方法选取词语或句子组成摘要。

基于关键词重合度相关方法进行自动文摘拥有广阔的使用前景。在直接服务于用户的前端，例如在文本数据的搜索引擎中，虽然是基于用户输入的查询来进行搜索，但是返回的对于搜索内容的摘要都仅仅是根据原文内容而处理得到，得到的对于搜索内容的概述有时难以满足用户的个体性需求，难以展现出搜索结果对于用户而言有用的主题。而如果使用基于关键词重合度相关方法实现自动文摘，则可以增强查询与内容语句的响应，更容易找到合适的内容。而在文本数据处理方面，使用关键词重合度的相关方法可以获取在限定主题范围内与

主题更加匹配的摘要，提高了自动文摘的质量。

2. 优点与不足

因为引入了基于查询的概念，考虑到了给予的关键词与文本内容的联系，对于全文的句子的重要性权重分析有引入特定关键词的影响。引入文本外关键词的判断机制优化了通用的提取摘要机制，使得最终生成的摘要更加具有偏向性，最终实现的功能也更符合实际需求。而对于在文本全局寻找关键词然后对于全篇词汇与关键词进行重合度的比较能够在词语的层面较好地利用文本全局的所有数据。

而不足方面，该方法仅在判断文本中各个句子的重要程度上进行了改进，但在实际应用中进行自动文摘的整体做法与以往的通用型自动文摘方法差别不大，有一定的创新局限性。同时因为关键词的重合度判断需要遍历所有句子的每一个词语，运算量较大。

已有研究人员对该方法提出了多种改进方法。首先可以对用户的查询使用相关反馈（RF）技术进行扩展和完善查询向量。受语言的多义性及表达方式的影响，用户的单一查询语句不一定能够准确地表达查询的目标主题，对此，需要对查询语句组成的词向量进行更新和完善。在接收到用户第一次查询之后得到一系列目标摘要句子的集合，然后交由用户进行判断哪些摘要与需求相关，根据 Rocchio 反馈算法的思想更新查询语句的向量，再次执行查询直至满足相关性的条件。通过对查询组成的关键词不断进行更新和完善，能够提高获得摘要的质量。

对于特殊主题的文档，衡量句子重要性权重时可以加入不同的权重影响因素。例如对于新闻报道，通讯消息类的文本数据，我们可以加入时序权重。在句子维度上寻找句子中可以表示句子时间的标识词语，再引入时间衰减系数 λ，根据句子标识的时间使用线性型或指数型方法计算时间衰减系数 λ，在句子的原有权重上乘以系数得到新的权重 $p_{new} = p\lambda$，根据新的权重判断句子的重要性。类似的影响因素还有许多，对于文体结构固定的文档可以引入位置权重；对于大多数文档还可以引入线索词权重，及赋予带有"因此""总而言之"等线索词的句子更大的权重。通过调整句子的重要程度权重可以使生成的摘要更具有概括性。

基于关键词重合度生成自动文摘的方法能够使用户的查询与摘要之间生成相关关系，使得摘要有更强的主题相关性，是一种有效的文本摘要生成方法，在面向用户的前端应用中有较好的使用前景。同时对于关键词的选取上还有较大的算法优化空间，方法可以继续发展与改善。

14.5.3 基于图模型的相关性计算方法

在文本数据挖掘的抽取式摘要生成技术中，其中重要的一步是判断文本句子在文本中的重要程度。本章介绍的基于图模型的相关性计算方法通过分析计算句子间的相关性强弱构建图模型，从而根据重要性得分公式迭代更新得到各句子的重要性大小。

本章主要介绍的图模型的相关方法属于抽取式摘要中用于衡量文本句子重要程度的指标。图模型通过构建句子之间的联系网络，依据 PageRank 算法的思想，完成文本中各个句子的重要性程度的评估。找出对于文档而言的关键句子，从而在后续中应用基于约束的摘要生成方法实现自动文摘。由于在 14.2.1 节已对 PageRank、Lexrank 和 Textrank 做了介绍，此处便不再赘述。本节将介绍图模型方法基于查询的拓展。

1. 图模型方法基于查询的拓展

目前利用 Pagerank、Textrank 重要性得分的计算都是基于文本本身，对词句的重要性考量也均分到全篇文本中，但在实际生活中人们往往只会对一类主题感兴趣，侧重点往往不会均分到所有主题。通过结合用户提供的查询与文本内在的关键词，调整句子原来的重要性得分，得到更符合需求的摘要。具体实现方式也是在 Lexrank 的基础上对重要性得分的公式进行修改：

$$S(V_i \mid \tau) = (1-d)\frac{S(V_i \mid \tau)}{\sum_{V_k \in \mathrm{adj}(V_i)} S(V_k \mid \tau)} + d \sum_{V_k \in \mathrm{adj}(V_i)} \frac{W_{jk}}{\sum_{V_k \in \mathrm{adj}(V_j)}} S(V_j \mid \tau) \qquad (14.33)$$

式中，τ 代表用户的查询，$S(V_i \mid \tau)$ 代表引入查询后的句子重要性得分。

基于图模型的算法往往不考虑语义。考虑到有些词有相似的含义（即同义词），或者大多数词在不同语境下会有不同的含义（即多义词）时，这种弱点就显而易见了。潜在语义分析（LSA）可协助缓解这一问题。LSA 不仅可以用于生成摘要，还可以用来查找用户查询的词。例如，如果用户搜索"快乐（happiness）"，基于 LSA 的搜索库会返回关于"开心（joy）"的结果。LSA 算法需要建立起单词之间的关联。例如，假设不同的文档都含有"快乐（happiness）"和"开心（joy）"的短语，还有其他"饼干（cookie）"或"巧克力（chocolate）"之类的单词。这些词不在同一个句子中出现，但都出现在同一份文档中。在某一个文件中包含若干诸如"一只小狗创造快乐（a dog creates happiness）""许多狗给孩子们带来欢乐（dogs bring joy to children）"的短语，通过这份文件，LSA 算法就能够借助"狗"与这些单词的相互联系来找到"快乐"与"开心"的关联。

这种关联的建立基于同时出现的单词或所有文档中相关单词的频率，这些相关单词甚至能够与句子或者文档建立关联。所以，如果"快乐"和"开心"经常与"狗"同时出现，LSA 算法会把这份特定文档与这些相关单词（"快乐""开心"）和"狗"关联。

2. 对图模型算法的优化与用法扩展

（1）引入 GloVe 模型

基本的图模型相关性计算方法还有许多可以优化改良的方面。例如对于 Textrank 算法，使用相同词汇的数量衡量句子间的相关性这一做法确实简洁高效，但是却忽略了句子中词语的词性、近义词、表达形式等因素造成的影响。同一个语意可以有若干种表达形式，但如果使用 Textrank 算法可能会无法判断出它们间的强相关关系。对此，有相关的研究结合了 GloVe 模型来弥补这一缺陷。GloVe 是基于全局词频统计的词表征工具，利用语意信息将词表示为向量，每一个句子则可以对其所有词向量相加，同样形成一个句子向量，而对于向量则可以根据余弦相似度判断语意是否相似。

（2）在多文档生成摘要时使用图模型明确主题

以上的做法都是在单文档中使用图模型衡量句子重要度，而在多文档摘要生成中，图模型还可以被扩展用于协助组成文档各自主题摘要。

在传统方法中基于图模型的多文档自动文摘难以考虑到各自主题明确的特征，尤其是对于新闻文稿一类有着确定主题的文本而言，生成的摘要有着冗余、不新颖的缺点。对此有研究结合使用了建立图模型和两次聚类的方法对多个文档进行摘要。图 14.6 为两次聚类与构建图模型的示意图。

首先构建文档级的图模型，类似 Textrank 算法，使用各自特征词同时出现的数量计算文档相似程度构成无向图。然后是构建句子级图模型，考虑到句子长度都相对较短，所以综合使用句子长度和基于句子相同词汇个数的 Jaccard 相似度判断句子相似程度，同样构成无向图。最后利用得到的两份无向加权图进行两次聚类获得每个类别下的主题，通过特征融合的

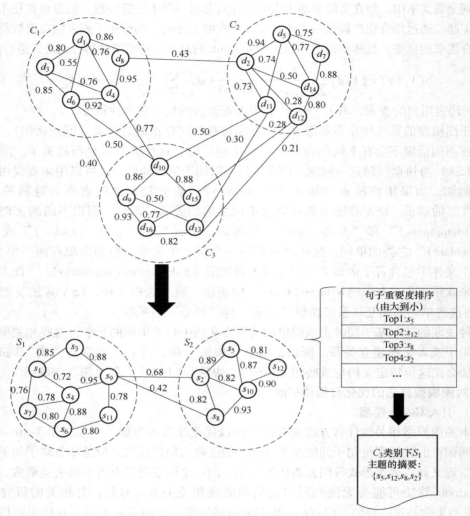

图 14.6　两阶段文本聚类示意图

文本单元提取方法获得各自的摘要，实现了在明确各文档的主题的前提下摘要的生成，提高了摘要质量。

　　基于图模型的相关性计算方法是一种有效便捷、实用性强的句子、文档重要性与联系特点的判断方法，该方法的使用可以有效提高摘要自动生成的质量。现阶段也有不少研究在这个方法上不断改善，从而希望达到更好的摘要效果，未来此方法也会不断完善和进步。

14.6　跨语言和多语言自动文摘

14.6.1　跨语言自动文摘

　　跨语言自动文摘这项技术在实际生活中是非常有用的。例如，在查阅外文文献时，可协助快速获取信息，节约时间成本；在阅读外文新闻时，可协助获取大致内容信息，从而挑选出自己想要精读的部分或是掌握大量信息；也可以帮助那些跨境电商，获取用户的评价等信息的大致内容，从而更好地做出决策；此外，跨语言自动文摘还可以在舆情分析方面，帮助那些分析人员快速获取每一条信息，从而过滤掉多余的信息，提高工作效率。

那么如何实现跨语言自动文摘这项技术呢？可能比较容易想到的是，像用翻译软件帮助写英语作文一样，用翻译软件先翻译一遍原文，然后再用自动文摘技术提取出文本摘要；或者先用自动文摘技术提取出摘要，再用翻译软件翻译一遍，得到我们想要的结果。但实际上，在翻译作文时你可能已经发现，当今的翻译软件并不完善，大多数时候都并不能准确翻译出想要表达的信息，即得到的翻译语句的可读性并不高，这样便容易造成误差传递。以上两种方式总结来说就是早期简单的、不考虑内容质量的跨语言自动文摘方法，前一种是先翻译后摘要，后一种是先摘要后翻译。而使用简单方式的弊端很是明显的。由于目前机器翻译的不足，前者可能会因为翻译错误，使摘要内容有不正确的；后者可能会在翻译中因为语义环境不足，使得摘要句子丢失信息或包含错误。因而，这样的管道式的跨语言自动摘要方式在较高的需求标准下是不可取的。

1. CoRank

基于图的跨语言自动文摘方法（CoRank）[19]使用了源语言与目标语言的双语信息，在一个基于图的算法中将源语言句子与翻译后句子同时排序，联合建模，使源语言句子的重要性得分不仅与相同语言其他句子相关，而且与翻译后语言的句子相关，即综合了两种语言之间的相互影响，从而在一定程度上避免机器翻译出错导致的问题。

以源语言 A 为中文、目标语言 B 为英文举例：先列出中文句子集合和由机器翻译得到的英文句子集合，再得到中文文档集合中任意两个句子之间的关系（中文-中文）、英文文档集合中任意两个句子的关系（英文-英文），以及中文集合与英文集合之间任意两个句子的关系（英文-中文），如图 14.7 所示。

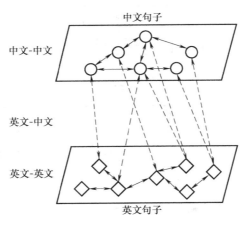

图 14.7　基于图模型的跨语言自动文摘方法中三种句子关系[19]

再计算中文语句关系中边之间的权重矩阵 M^{cn}、英文语句关系中边之间的权重矩阵 M^{en}、与两者关系中边之间的近似权重矩阵 M^{encn}。进一步得到中文与英文句子的重要性得分 $(u(s^{cn})、v(s^{en}))$，迭代运行相关计算方程直到收敛。最终采用基于句子选择的自动文摘方法得到目标语言 B 的摘要句子。权重矩阵 M 的计算与重要性得分 u、v 的计算为

$$M_{ij}^{cn} = \begin{cases} \mathrm{sim}_{cosine}(s_i^{cn}, s_j^{cn}), & i \neq j \\ 0, & \text{其他} \end{cases} \qquad (14.34)$$

$$M_{ij}^{en} = \begin{cases} \mathrm{sim}_{cosine}(s_i^{en}, s_j^{en}), & i \neq j \\ 0, & \text{其他} \end{cases} \qquad (14.35)$$

$$M_{ij}^{encn} = \sqrt{\mathrm{sim}_{cosine}(s_i^{en}, s_j^{en}) \cdot (s_i^{cn}, s_j^{cn})} \qquad (14.36)$$

$$u(s_i^{cn}) = \alpha \sum_j \widetilde{M_{ji}^{cn}} u(s_j^{cn}) + \beta \sum_j \widetilde{M_{ji}^{encn}} v(s_j^{en}) \qquad (14.37)$$

$$u(s_i^{en}) = \alpha \sum_j \widetilde{M_{ji}^{en}} u(s_j^{en}) + \beta \sum_j \widetilde{M_{ji}^{encn}} v(s_j^{cn}) \qquad (14.38)$$

这个方法通过利用两侧语言信息互相补充，有利于提高摘要效果，使得性能更稳定。

2. 融合翻译模式的跨语言自动文摘方法

在第五十八届国际计算语言学年会上，中国科学院自动化研究所自然语言处理团队提出了一种融合翻译模式的跨语言自动文摘方法（见图 14.8）[21]。这个方法将跨语言自动文摘分为了聚焦、翻译、归纳三个步骤。先是利用编码器的注意力机制来关注包含重要内容的词语，然后从概率双语词典中获得翻译候选，再计算翻译概率 P_{trans}。该概率平衡了由神经分布生成单词的概率和从源文本的翻译候选中选择单词的概率。最终概率分布由神经分布 P_N 与翻译加权和（用 P_{trans} 加权）计算得到。依据得到的最终概率分布来生成摘要词汇。

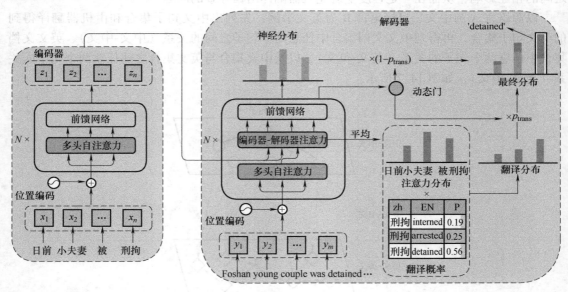

图 14.8　融合翻译模式的跨语言自动文摘方法示意图[21]

这个方法能够有效缓解目前基于深度学习的跨语言自动文摘方法中出现的依赖外部数据、训练时间长等问题。此方法只需要一个额外的概率双语词典，不需要引入其他任务的数据，因此与之前的基于深度学习方法相比较，它对数据的依存性更小，训练效率更高。

时至今日，跨语言自动文摘技术也越来越成熟了，能够达到目的的方法也越来越多，相信随着技术的发展、新技术的产生，未来将会有更多的方法值得期待。

14.6.2 多语言自动文摘

多语言自动文摘是文本的自动文摘的衍生分支，相比于一般的自动文摘，其关注点侧重于对有多种语言不同文本的同一方面内容信息，提取出其对于目标语言的文本摘要。比如，在读取中、英、日、德等不同语言对同一内容主题的文本集时，此时应用多语言自动文摘技术就可以帮助我们获得想要的中文摘要。

多语言自动文摘技术被广发使用。比如全球不同国家、不同语言对同一个大事件新闻进行报道的材料，每个媒体的报道侧重方面可能不同，我们想要从中提取信息，得到一个尽量包含了全部有效信息的中文文摘，此时便可以运用多语言自动文摘技术。这项技术将同一主题的多语种文档以某一目标语言进行总结，提取出文摘，帮助我们在短时间内获得清晰、简短的信息，大量减少了我们阅读大量信息的时间，因而它在这个信息爆炸的时代是非常有用的。

多语言自动文摘有两个主要方法，即经典方法和基于自适应图模型的多语言自动文摘方法。

1. 经典方法

经典方法是借助于机器翻译，采用先翻译后摘要的模式，即先用机器翻译，将其他语言的文本都翻译成目标语言的文本，然后将其与目标语言本身文本混合在一起，将这个混合文本作为一个一般的单语言多文档摘要任务，进而提取出目标语言的摘要。虽然这个方法的操作过程简单易懂，但其缺点也是很明显的：由于目前的机器翻译还不够完善，由机器翻译得到的文本在语言流畅度、信息准确度等方面存在质量不佳的问题，仍欠缺可读性，直接将其放入混合文本中进行摘要会降低最终摘要的质量。

2. 多语言自动文摘技术

自适应图模型的多语言自动文摘技术（GuideRank）[22]与经典方法相比，它将其他语言翻译后的文本与目标语言的文本进行了比较，并对其中一些句子进行了处理，使其有了权重，并将句子进行了重要性得分的计算。因此，虽然它也运用了不够完善的机器翻译，但是其最终摘要的质量确实能够大幅度提高。这项技术的基本思想是，基于某一语言与目标语言的无向图模型，通过自适应的方法自动选择一些连接了两种语言的无向边，将其转化为有向边（即使一边的语言信息无效，增加另一边的权重），这样通过对权重流的控制，可以引导系统从目标语文档中选择更多包含两种语言文档重要共享信息的句子，而不忽略目标语言文档无法涵盖的翻译句子。这样做之后，一方面目标语言与另一语言均提到的信息将会被选作摘要，另一方面目标语言在翻译句子中无法囊括的重要信息也有机会出现在摘要里，从而摘要质量得到提高。

下面以英文为目标语言、中文为其他语言为例介绍 GuideRank 模型的内在机制。GuideRank 模型也采用了图模型的方式，将英文文本与中文文本放在两边，再以边将两者联系。为了将边的重要性进行划分。一个观点是，对于中文机器翻译后的英文（以下称为翻译英文），如果有与它相似的英文原文本，无论从文本的流畅性还是其他方面考虑，我们都会倾向于选择英文原文本而不是翻译英文文本。也就是说，当出现了与翻译英文类似的英文原文时，我们会将无向边转化为单方向的有向边，即将原文通向翻译英文的方向无效化，从而控制权重方向。

这里举一个例子阐释 GuideRank 模型（见图 14.9）。首先，T_1 表示中文文本信息，S_1 表示英文文本信息，T_{1_mt} 表示由中文翻译为英文的翻译句子，以此做出两边文本的图模型。S_1、T_1 均表示了飞机失事地点的信息，但由机器翻译得到的 T_{1_mt} 语句质量令人非常不满意，由此我们将 S_1 与 T_1 之间的强连接边转化为单连接边，即修改了图模型随机游走过程中权重传播的方向。

英文句子(English sentences)

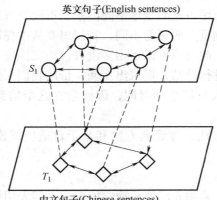

中文句子(Chinese sentences)

S_1: The plane crashed on to the Syria side of the Turkish-Syrian border.
T_1: 俄罗斯一架苏-24战机24日在土耳其和叙利亚边境叙利亚一侧坠毁。
T_{1_mt}: A Russian Su-24 fighter crashed 24 side of the Syrian border in Turkey and Syria.

图 14.9 对 GuideRank 模型的阐释事例

此处用 $M_{ij}^{\text{en}-\text{c2e}}$ 表示由英文句子指向翻译英文句子的权重，用 $M_{ij}^{\text{c2e}-\text{en}}$ 表示由翻译英文句子指向英文句子的权重，那么两种语言句子之间关系的相似矩阵可以如下表示：

$$M_{ij}^{\text{en}-\text{c2e}}=\begin{cases}\text{sim}_{\text{cosine}}\left(s_i^{\text{cn}},s_j^{\text{cn}}\right),&\text{其他}\\ 0,&s_i^{\text{en}}\text{ 与 }s_j^{\text{c2e}}\text{ 相关}\end{cases} \tag{14.39}$$

$$M_{ij}^{\text{c2e}-\text{en}}=\begin{cases}\text{sim}\left(s_i^{\text{cn}},s_j^{\text{cn}}\right),&\text{其他}\\ \text{relevance}\left(s_i^{\text{c2e}},s_j^{\text{en}}\right),&s_i^{\text{c2e}}\text{ 与 }s_j^{\text{en}}\text{ 相关}\end{cases} \tag{14.40}$$

那么，为了得到这个权重，我们需要判断 s_i^{en}、s_i^{c2e} 两者之间是否相似，以及它们的语义相关性（relevance）该如何测量。GuideRank 使用了两个方法：余弦相似度计算、文本蕴涵的方法判断和机器翻译模型判断。第一个方法利用了两个句子的余弦相似度，利用了三种启发式的方法使用相似度评价来寻找 s_i^{c2e} 相关的 s_i^{en}，即

1）最大相似度方法，$s_i^{\text{en}}=\underset{s_i^{\text{en}*}}{\text{argmax}}\,\text{sim}\left(s_i^{\text{en}*},s_j^{\text{c2e}}\right)$

2）五大相似度方法：$s_i^{\text{en}}\in\left\{s_i^{\text{en}*}\;\middle|\;\underset{s_i^{\text{en}*}}{\text{argtop5}}\,\text{sim}\left(s_i^{\text{en}*},s_j^{\text{c2e}}\right)\right\}$

3）高于平均相似度方法：$s_i^{\text{en}}\in\left\{s_i^{\text{en}*}\;\middle|\;\text{sim}\left(s_i^{\text{en}*},s_i^{\text{c2e}}\right)>\dfrac{\sum_k\text{sim}\left(s_k^{\text{en}},s_i^{\text{c2e}}\right)}{N}\right\}$

第二个方法则是用机器翻译模型进行判断。这种方法将对语义相关性的识别看作是一个翻译评价，将一个句子全部或部分翻译成另一个句子的概率作为语义相关性的判断依据。确切地说，语义相关性由确定为翻译关系的句子对之间，用支持向量机分类器获得的相互翻译

的估计概率来表示。

14.7　摘要质量评估方法和相关评测

14.7.1　摘要质量评估方法

顾名思义，自动文摘的质量评估方法就是对自动文摘结果进行评估，判断其结果的好坏。全面的文摘质量评估方法是自动文摘技术发展的重要推动力。与文本分类和机器翻译这些技术的评测不同的是，理论上不存在完美的摘要，一个文档或者文档集往往会因个人的差异性而得出不同的摘要，因此文摘质量评估要更加困难。

广义上，自动文摘的质量评估方法可以分为人工评价和自动评价两种方法。

14.7.1.1　人工评价方法

人工评价方法，即由人按照一定的标准和准则来对自动文摘结果进行评估。通常来说，评估的人都是有一定学识的专家。打分的标准往往包括 5 项，分别为

1）摘要合乎文法性（grammaticality），即对文摘语法上的评估。

2）非冗余性（non-redundancy），即对文摘是否简短准确上的评估。

3）指代清晰程度（referential clarity），即对文摘的内容清楚与否的评估。

4）聚焦情况（focus），即对文摘的内容主旨一致上的评估。

5）结构一致性（structure and coherence），即对文摘结构上的评估。

专家根据以上 5 项标准对文摘进行打分，每项分值从 1 分到 5 分，5 分最好，1 分最差。虽然标准已制定完善并被广泛接受，但在人工评测的过程中，不同专家的意见与看法往往难以一致，这很容易导致结果的不准确。因此，为了克服这一问题，研究者们提出了金字塔方法。

金字塔方法的核心基础概念为摘要内容单元（Summary Content Unit，SCU），它表示一个摘要中子句级的重要语义单元。不同的摘要可能拥有相同的几个 SCU。SCU 可长可短，长可为一个从句，短可为一个词的修饰成分。在对摘要结果进行分析标注时，标注者需要自行描述不同摘要共享的 SCU。

对于一个文档集，首先需要 m 位专家自行写出参考摘要，产生 m 个参考摘要。之后人工分析各个参考摘要，提取 SCU 的集合，并为参考摘要中每个 SCU 赋上权重。如果某个 SCU 被 a 个参考摘要提及，则该 SCU 的权重为 a。由于被 m 个参考摘要全部提及的 SCU 最少，被 $(m-1)$ 个参考摘要同时提及的 SCU 相应增多，仅被 1 个参考摘要所提及的 SCU 最多，因此 SCU 呈金字塔分布，这也是金字塔方法命名的缘由。根据专家的打分情况可以计算出参考摘要的得分。

对于一个文摘系统输出的文摘结果，首先人工分析文摘结果的 SCU，其次计算文摘结果的所有 SCU 在参考摘要中的得分之和，最后计算文摘结果得分与参考摘要的得分的比值，作为文摘结果的质量评价得分。

根据以上金字塔原理可以知道，金字塔方法的确可以在一定程度上降低人工评价的差异性对文摘质量评估的影响。但人工评价方法需要很多人工。为减少文摘质量评估对于人力资源的依赖，越来越多的学者倾向于研究自动评价方法。

14.7.1.2 自动评价方法

文摘自动评价方法可简单分为内部评价方法和外部评价方法两种。内部评价是直接对文摘系统产生的摘要结果的质量进行评测来评估一个文摘系统的性能。外部评价是间接评估摘要结果质量，它通常将摘要结果应用到某个特定的任务中，以摘要结果在该任务中的表现好坏来评估文摘质量进而评估文摘系统的性能。外部评价往往根据不同的任务需求而各有不同，而内部评价方法不仅直观易懂，而且效率较高，因而被广泛使用在文摘评估。

Edmundson 评价方法可以客观地进行评估，即简单地通过比较文摘系统得出的文摘结果与参考文摘的句子重合率来对系统做出评测；也可以主观地进行评估，即由专家来对文摘结果与参考文摘进行比较，然后判断得出一个等级分数。这里的等级往往用于描述文摘结果与参考文摘的相似性。

Edmundson 评价方法通过句子分隔符分隔开文本中的句子，为保证可比性，而不允许专家自行理解成句。它进行比较的基本单元是句子，即比较句子的相似度或重合度。Edmundson 的计算公式如下：

$$重合率\ p = \frac{匹配句子数}{专家文摘句子数} \times 100\% \tag{14.41}$$

而每一文摘结果的重合率为各专家重合率的平均值，即

$$平均重合率 = \sum_{i=1}^{n} \frac{p_i}{n} \times 100\% \tag{14.42}$$

式中，p_i 为第 i 个专家的重合率，n 为专家总数。

文摘自动评价也同样用到 ROUGE、BLEU 和 METEOR 指标，由于已在 11.11.2 节中介绍过，此处就不再赘述。总的来说，人工评价方法更能体现文摘系统的好坏，但是消耗的资源时间过多，而自动评价方法速度快、消耗资源少，却难以完美地体现文摘系统的优劣。因此，选取适合的文摘评价方法对于自动文摘来说仍是不可缺少的一步。未来的文摘评价方法或许会更加偏向于能够与人工评价方法一致的自动评价方法。

14.7.2 相关评测活动

文摘评测活动即对公开面向所有相关领域的学者的自动文摘系统和方法进行评测，它是推动自动文摘技术快速迭代和发展的重要动力。自 21 世纪初开始，几乎每年都会举办面向国内乃至面向全世界的文摘评测活动。常见的、官方且大型的文摘评测活动包括：国际计算语言学学会（ACL）组织的 MSE 和 MultiLing 评测，由美国国家标准与技术研究院（NIST）组织的 DUC 和 TAC 评测，以及国内 NLPCC 组织的自动文摘评测等。

文摘评测活动基本都有着相同的流程：第一步，由组织单位给各个参评单位发放训练集数据，参评单位获得数据以后使用自己的文摘系统与方法进行参数训练和模拟测试。第二步，一段时间以后，组织单位会给参评单位统一发放测试数据，同时为保证公平公正性，组织单位会要求参评单位在规定的时间内提交其文摘系统的运行结果。提交完毕后，组织单位会按照文摘质量评估方法对参评单位所提交的结果进行人工打分和系统打分，打分结束后进行排序。最后，组织单位邀请各参评单位共同参加评测研讨会，表现优秀的参评单位将在研讨会上分别介绍其系统采用的模型和算法的原理，与其他参评单位进行深入交流和探讨。

下面简短介绍几个评测的基本情况。

1. DUC 评测

DUC，全名为 Document Understanding Conference，即文档理解会议，它由美国南加州大学的 Daniel Marcu 等人倡导，在 2001 年，由 NIST 发起的，它是最早的比较正式的文摘评测活动。DUC 的主要任务自然就是对自动文摘技术的发展水平进行评测，并推动该技术的快速发展。从 2001 年到 2007 年，DUC 平均每年吸引了 20 家单位参与评测活动。最初的两年，DUC 主要关注单文档和多文档的新闻摘要评测。NIST 作为组织方，它收集了 60 个新闻文档集，每个文档集对应于一个主题，同时为每篇文档、每个文档集合生成多个人工摘要作为参考。其中一半的文档集作为训练数据，另一半作为测试数据。

2003 年，除新闻摘要评测以外，DUC 增加了新的评测任务，例如，与新闻标题的生成类似的，对单个文档生成极短摘要；面向问题的摘要生成，即希望系统能根据问题生成摘要并回答该问题；基于事件和观点的多文档摘要生成等。2004 年，DUC 也增加了跨语言文摘技术的评测，不过因为组织方提供的数据仅为机器翻译后得出的英文文档，对参评单位来说源语言是未知的，故与其说是跨语言自动文摘技术，不如说是"先翻译再自动文摘"技术。2005 年到 2007 年这三年内，DUC 主要对基于查询的多文档自动文摘技术进行评测。2008 年，NIST 停止举办 DUC，而由其组织的 TAC 来对自动文摘技术进行评测。

2. TAC 评测

TAC，全名为 Text Analysis Conference，即文本分析会议，从名字上便可知道，TAC 进行评测的不止自动文摘技术，还包括文本蕴涵、知识库填充以及自动问答等。

TAC 共组织了 5 次文本摘要评测活动（2008 年到 2011 年以及 2014 年）。其中在 2008 年和 2009 年，TAC 创新性地设计了更新式摘要方法的评测任务，即假设某个用户在早些时候，已经阅读了某个主题的文章，则给定多篇当前时间的同主题文章，希望文摘系统产生一个更新式的摘要结果。2010 年和 2011 年，TAC 开始关注给予指导的摘要任务，即给定同一主题的多篇文档，按照指定的时间类别和要素，希望文摘系统提取并生成包含所有指定要素的摘要结果。2014 年，TAC 专门组织了面向生物医学单一领域的科技文献自动文摘评测活动，即给定一组引用了同一文献的论文，希望文摘系统识别出描述引用的文本块，并为被引文献生成一个结构化的摘要，使其包含各引用文本的相关信息。

3. MSE 评测

2005 年和 2006 年，ACL 组织了多语言文档自动文摘技术评测（Multi-lingual Summarization Evaluation，MSE）的研讨会。组织方提供了阿拉伯语和英语两种语言关于同一主题的文本集合，要求文摘系统提交 100 个单词以内的英文摘要。绝大多数的参评单位采用的方法，都是利用机器翻译将阿拉伯语文档翻译成英语文档，进而将其转换为单一语言的通用型文摘任务。然而从评测结果发现，这种"先翻译再自动文摘"的方法生成的摘要结果，质量甚至还不如仅利用原始英文文档进行训练而生成的摘要。出现这种现象，可能包括两个原因：一方面是当时机器翻译系统水平还比较低，阿拉伯语到英语的翻译质量不高；另一方面是当年的多语言摘要方法并不能有效地利用机器翻译结果。

4. NLPCC 评测

从以上介绍可以看出，DUC 和 TAC 等国际文摘评测关注的语言基本都是英语，而面对汉语文本的文摘技术评测活动几乎没有。由中国计算机学会中文信息处理专委会举办的自然语言处理与中文计算（Natural Language Processing and Chinese Computing，NLPCC）会议从

2015 年起开始组织中文自动文摘测评。2015 年和 2017 年，NLPCC 主要对单文档新闻摘要任务进行了评测，其中 2015 年的评测任务更加面向社交网络，即为新闻文档生成一个可以在微博发布的 140 个汉字以内的摘要。

2016 年，NLPCC 探索了一个全新的体育新闻生成的文摘任务：给定一项体育赛事直播的中文脚本文件，要求参评系统生成该体育赛事的简短报道。从评测任务可以看出，国内在文摘任务评测方面更加关注实际应用。

总的来说，国际上的文摘评测活动丰富多样，形式不一，都对文摘系统提出了不同的任务要求，以期得到相应的结果，国内对于文摘评测也愈发重视，文摘评测活动数量也逐渐增加，并且提出的任务相对于国际上的评测更加注重实际应用。

思 考 题

1. 抽取式自动文摘算法通常如何从较长的文本中识别和抽取重要的句子或短语？你还能想到更多方法吗？

2. 用于评估抽取式文摘算法性能的一些常用指标是什么？它们是如何计算的？

3. 源文本的长度或复杂性会以何种方式影响文摘的质量，以及如何应对这些挑战？

4. 抽取式文摘和生成式文摘之间的主要区别是什么，这种区别是如何影响生成摘要的质量和相关性的？

5. 训练和评估生成式文摘模型相关的挑战有哪些？在实践中如何解决这些挑战？

6. 抽取式和生成式文摘方法在它们所需的输入数据方面有何不同，这对它们在不同上下文中的使用有何影响？在哪些情况下，抽取式文摘可能优于生成式文摘，反之亦然？

7. 抽取式文摘和生成式文摘所需的计算资源有何不同，例如在内存使用、训练时间或推理时间方面，这对它们的实际使用有何影响？

8. 除了无法生成新的内容之外，抽取式文摘方法还有哪些局限性？使用生成式文摘是否可以解决这些限制？

参 考 文 献

[1] Luhn H P. The automatic creation of literature abstracts [J]. IBM Journal of Research and Development, 1958, 2 (2): 159-165.

[2] Baxendale P B. Machine-made index for technical literature—an experiment [J]. IBM Journal of Research and Development, 1958, 2 (4): 354-361.

[3] Solé R V, Corominas-Murtra B, Valverde S, et al. Language networks: Their structure, function, and evolution [J]. Complexity, 2010, 15 (6): 20-26.

[4] Mihalcea R. Graph-based ranking algorithms for sentence extraction, applied to text summarization [C]. The ACL interactive poster and demonstration sessions, 2004: 170-173.

[5] 刘家益，邹益民. 近 70 年文本自动摘要研究综述 [J]. 情报科学，2017，35 (7): 154-161.

[6] Nallapati R, Zhai F, Zhou B. Summarunner: A recurrent neural network based sequence model for extractive summarization of documents [C]. Thirty-first AAAI conference on artificial intelligence, 2017.

[7] 韦福如，周青宇，程骁，等. 文本自动摘要研究进展 [J]. 人工智能，2018 (1): 19-31.

[8] Filippova K, Alfonseca E, Colmenares C A, et al. Sentence compression by deletion with LSTMs [C]. The 2015 Conference on Empirical Methods in Natural Language Processing, 2015: 360-368.

［9］　Cohn T A, Lapata M. Sentence compression as tree transduction ［J］. Journal of Artificial Intelligence Research, 2009, 34: 637-674.

［10］　Lai D-V, Son N T, Le Minh N. Deletion-based sentence compression using bi-enc-dec LSTM ［C］. Computational Linguistics, 2018: 249-260.

［11］　Tran N-T, Luong V-T, Nguyen N L-T, et al. Effective attention-based neural architectures for sentence compression with bidirectional long short-term memory ［C］. The Seventh Symposium on Information and Communication Technology, 2016: 123-130.

［12］　鹿忠磊, 刘文芬, 周艳芳, 等. 基于预读及简单注意力机制的句子压缩方法 ［J］. 计算机应用研究, 2019, 36 (2): 371-375, 394.

［13］　Radev D R, Blair-Goldensohn S, Zhang Z, et al. Newsinessence: A system for domain-independent, real-time news clustering and multi-document summarization ［C］. The First International Conference on Human Language Technology Research, HLT'01, 2001: 1-4.

［14］　McKeown K, Barzilay R, Chen J, et al. Columbia's newsblaster: New features and future directions ［C］. Companion Volume of the Proceedings of HLT-NAACL 2003-Demonstrations, 2003: 15-16.

［15］　Gao Y, Li P, King I, et al. Interconnected question generation with coreference alignment and conversation flow modeling ［C］. The 57th Annual Meeting of the Association for Computational Linguistics. Florence, 2019: 4853-4862.

［16］　Page L, Brin S, Motwani R, et al. The PageRank citation ranking: bringing order to the web ［R］. Technical Report, Stanford InfoLab, 1998.

［17］　Erkan G, Radev D R. Lexrank: Graph-based lexical centrality as salience in text summarization ［J］. Journal of artificial intelligence research, 2004, 22: 457-479.

［18］　Mihalcea R, Tarau P. TextRank: Bringing order into text ［C］. The 2004 Conference on Empirical Methods in Natural Language Processing, 2004: 404-411.

［19］　Wan X. Using bilingual information for cross-language document summarization ［C］. The 49th Annual Meeting of the Association for Computational Linguistics: Human Language Technologies, 2011: 1546-1555.

［20］　Zhang J, Zhou Y, Zong C. Abstractive cross-language summarization via translation model enhanced predicate argument structure fusing ［J］. IEEE/ACM Transactions on Audio, Speech, and Language Processing, 2016, 24 (10): 1842-1853.

［21］　Zhu J, Zhou Y, Zhang J, et al. Attend, translate and summarize: An efficient method for neural cross-lingual summarization ［C］. The 58th Annual Meeting of the Association for Computational Linguistics, 2020: 1309-1321.

［22］　Li H, Zhang J, Zhou Y, et al. Guiderank: A guided ranking graph model for multilingual multi-document summarization ［C］. Natural Language Understanding and Intelligent Applications, 2016: 608-620.

第 15 章 内容生成和跨模态计算

15.1 自然语言生成和图像描述

15.1.1 自然语言生成

我们期望机器能像人类一样,生成高质量的可读信息,自然语言生成(Natural Language Generation, NLG)便成为了实现这一目的的关键技术。根据生成文本的长短,自然语言生成可分为句子生成和篇章生成。而根据输入信息的不同,自然语言生成主要分成以下三个方面:

1)文本到文本的生成(text-to-text generation):在输入文本的基础上进行变换和处理,从而生成一个新的文本(见图 15.1)。具体操作有文本摘要、句子压缩、文本复述等。自动文摘已在第 14 章进行了介绍。

Category: Show

Article (truncated): "they are one of the world's most famous couples- and have quickly gained respect among the fashion elite. and now, one esteemed designer has revealed why kim kardashian and kanye west have the midas touch. olivier rousteing has revealed that he chose kim and kanye to star in balmain's latest campaign because they 'represent a family for the new world'. scroll down for video. fashion's most well-connected designer, olivier rousteing, has revealed why he snapped kim kardashian and kanye west up to front his balmain campaign. (......) olivier-who regularly dresses kim, 34, and her siblings for the red carpet-explained that when kendall jenner and kim wear his clothes, they look like a 'fashion army'. kim and kanye this week made trips to france and armenia with their daughter, north west. the trip to the religious mecca reportedly included north being baptised in the country where her late father's side of the family originated from. kim kardashian , kanye west and north visit the geghard monastery in armenia and take in the sights. kim, kanye and north have become a fashionable family. pictured here with alia wang, aimie wang and nicki minaj at the alexander wang show in february 2014."

Reference summary: "olivier rousteing has revealed why he chose kim and kanye for balmain. designer says the couple are among the most talked-about people. fashionable couple love wearing matching designs by balmain designer."

文章

摘要

图 15.1 文本到文本的生成

2)数据到文本的生成(data-to-text generation):输入为给定的数值数据,输出为生成的相关文本,该文本体现出数值表示的含义和信息(见图 15.2)。数据到文本的生成的应用领域广泛,如天气预报、金融报道和医疗报告等。

3)图像到文本的生成(image-to-text generation):输入给定图像,生成描述该图像内容的自然语言文本(见图 15.3)。在广告设计中,这种图像与文本之间的生成过程非常具有现实意义,如给出一张创意图片即可得到对应的创意标题和内容。同时这种技术在智慧教育领域用作看图说话也有着广泛的应用。

图 15.2　数据到文本的生成

图 15.3　图像到文本的生成

对于复杂的任务，我们一般都会把它分解成若干个子任务，针对每一个子任务给出解决方案。基于这个思想，自然语言生成问题也可拆分成若干个子任务来实现。一般来说，内容生成任务都可以按照图 15.4 中的三层架构进行搭建，因此，自然语言生成的主要流程如下：

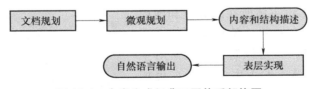

图 15.4　内容生成经典三层体系架构图

1）内容测定：这是自然语言生成的第一步，需要决定生成的文本包含哪些内容。内容测定的实现方法和算法如今发展迅速，比方说利用聚类方法获得文本的中心主题等。

2）构建文本结构：早期的研究工作主观设定信息的优先级，并据此决定内容生成系统信息呈现的顺序。目前的研究工作更多的是使用机器学习的方法进行文本构造，有时候会与内容测定同步进行。

3）句子集成：集成是从构建文本结构阶段所生成的结构树到短语、句子、段落等语言结构的映射，核心目的是生成符合语法且语义流畅的自然语言。已有方法大多使用数据驱动的方法，从语料库中获得集成规则。句子集成可有效缩短文本，其方法有以下四种。总的来说，在语法层面上的集成比信息层面上的集成要难，只能减少部分冗余。

① 句法修饰：对语义进行概念上的有界或无界的合并。

② 经共享结构连接：通过插入连接词对各个不同的成分进行集成。

③ 经共享成分连接：保留句子的相同结构（包括语义上的）并使其仅出现一次，对剩余部分进行集成。

④ 简单连接：根据语义信息线之间的修辞关系选择连接词，或直接连接多个句子。简单连接方法不改变句子的内部语法和词汇。

4）词汇选择：词汇选择指的是在各种语义相同的词汇间做出选择，根据不同的目的，使得生成系统选择不同的内容，从而给出恰当的描述。

5）指代表达生成和语言实现：指代表达生成过程需要避免歧义和指代不当，同时也需尽可能减少信息冗余。最终，决定好相关的单词和短语后，就可结合起来实现语言生成了。

语言实现相对较为简单，用户可以人工定义模板，或从语料库中自动学习模板，然后将信息嵌入到模板的变量中，得到特定的输出。另一种方法是基于语法手工编码系统实现。该方法可以很好地实现词汇之间的对接，但其难点在于如何在相似词汇间做出选择。因此，又引申出了由统计方法得出的概率语法系统，利用统计数据来控制生成器。

15.1.2 图像中的自然语言描述示例

图像描述的定义可以理解为从图像中生成自然语言。这是一种新型的深度学习方面的应用。那什么是自然语言呢？自然语言通常是指一种自然的能够随文化的变化而演变的语言，如英语、汉语等。所以图像描述的自然语言描述也可以理解为从图像中生成一种语言。这种语言可以是每个人自己能理解的语言，如汉语等。以下为几个经典的从图像中生成自然语言描述的例子。

如案例一所示，图15.5中的文本框第一行是机器描述，描述了图片上的主体"妇女"正在做的事，即正在厨房准备食物。文本框的第二行是人工描述，具体描述了该主体所在的方位和她周围的环境及她所做的事——"一位妇女在靠近厨房洗碗池的柜子上切肉"。可以看出，机器所生成的文本更加笼统简洁，人工生成的文本更加具体。

如案例二所示，图15.6中机器描述是"一辆自行车被停在一条河旁边"，人工描述则是"一辆自行车停在一片水域旁边"。两者并没有太大的差异，但是我们还是可以看出，机器描述更通俗易懂，人工描述会加入一些情感。

如案例三所示，图15.7中机器描述为"网球场上拿着网球拍的人"，人工描述为"男子正在球场上打网球"。据此可知，机器直接描述了

Machine-generated (but turker preferred)　　a woman in a kitchen preparing food

Human-annotated (but turker not preferred)　　woman working on counter near kitchen sink preparing a meal

图 15.5 案例一：机器生成和人工
生成的图片描述对比

是一个什么样的人，人工描述了一个人在干什么。

Machine-generated (but turker prefered)　a bicycle is parked next to a river

Human-annotated (but turker not prefered)　a bike sits parked next to a body of water

图 15.6 案例二：机器生成和人工生成的图片描述对比

Machine-generated (but turker prefered)　a man holding a tennis racquet on a tennis court

Human-annotated (but turker not prefered)　the man is on the tennis court playing a game

图 15.7 案例三：机器生成和人工生成的图片描述对比

如案例四所示，图 15.8 中机器描述为"有木制橱柜和水槽的厨房"，人工描述是"华丽的厨房是用质朴的木质部件设计的"。这两者的描述有着很大的不同。机器直观地描述了一个厨房的模样，及其配置的物品。人工在这个基础上增加了华丽的形容词。换言之，机器描述图像不带任何情感，仅描述图像的真实状态。而人工的描述带上了情感，这种情感不论好坏，会在一定程度上影响图像描述的真实性。

如案例五所示，图 15.9 中机器描述为"街中央的钟楼"，人工描述为"一座雕像，上面有一个钟"。可以发现，机器描述的优势是所用的话语更简洁，这意味着当计算机存储图像描述内容时所占内存更少，这与训练的效率息息相关。从人工描述的优势上看，人工描述对图像的描述更为具体、详细，同时也更为动人。

对于图 15.10 所示的图像，不同于上述几个案例中的具体描述，机器分析的是拍摄主体及拍摄到的图像的笼统描述。对于不同的基于深度学习的图像描述框架，图像描述技术不尽相同，描述的风格、详略、重心也各有不同。

15.1.3 图像描述技术

从图像中生成自然语言，也被称为图像描述或视觉描述，是计算机视觉和自然语言处理

Machine-generated (but turker prefered)　a kitchen with wooden cabinets and a sink

Human-annotated (but turker not prefered)　an ornate kitchen is designed with rustic wooden parts

图 15.8 案例四：机器生成和人工生成的图片描述对比

a clock tower in the middle of the street

a statue with a clock on it near a parking lot

图 15.9 案例五：机器生成和人工生成的图片描述对比

我认为这是一张飞机飞过一片雪山时的图片

图 15.10 图像描述结果示例

的交叉研究。近年来，深度学习的发展促进了图像描述领域的发展。传统的图像描述有基于模板和基于检索的方法。基于模板的方法，将检测对象、动作、场景和图像属性填入人工设计的、固定的句子模板中。该方法生成的描述并不总是流畅的，时有言不达意的情况发生。基于检索的方法，则首先从大型数据库中选择一组视觉上相似的图像，然后将检索所得的图像描述转换为对应查询图像的描述。基于查询图像方法的内容修改弹性很小，因为原内容直接依赖于训练图像的描述，难以生成新的描述。在图像描述领域，目前最为广泛使用的数据集是 MSCOCO（Microsoft Common Objects in Context）数据集。该数据集包含超过 82000 张图像和超过 40 万个描述。此外，还有其他数据集，如 Flickr30k 和 Visual Genome 等，也被广泛使用。

随着深度学习的发展，深度卷积神经网络在大规模图像分类等任务中实现较低的错误率。为实现对特定图像类别进行预测，可使用预定义类别组中的类别标签对训练集中的每一张图像进行标注。通过这种完全有监督训练，可以让计算机学会如何对图像进行分类。在图像分类这样的任务中，图像内容通常比较简单，但图像描述任务面对的往往是复杂场景。这为图像描述带来了挑战：一方面，为了生成有语义且流畅的描述，系统需检测图像中突出的语义概念，了解它们之间的关系，对图像的整体内容构成有逻辑且连贯的描述。这涉及物体识别之外的语言和常识性知识建模。另一方面，由于图像中场景的复杂性，难以使用简单的类别属性来表示图像间的细密、微小差别，使得最终生成的描述含糊不清。

传统方法生成的句子结构单一，会出现图像理解的偏差，目前主流的图像描述方法是基于"编码-解码"的方法。在编码-解码的描述框架中，可通过深度卷积神经网络处理全局视觉特征向量，从而对原始图像进行编码，以表示图像的整体语义信息。卷积神经网络由数个卷积层、最大池化层、归一化层和全连接层组成。在通过卷积神经网络提取全局视觉向量后，可使用长短期记忆（Long Short-Term Memory，LSTM）网络生成图像对应的句子。在初始阶段，将代表图像整体语义含义的全局视觉特征向量输入 RNN 中，并对隐藏层进行计算，句始符号作为隐藏层的输入。从隐藏层生成第一个单词后，该生成的单词成为下一步隐藏层的输入，并生成下一个单词，如此往复。LSTM 网络与注意力机制相结合后，把图像中物体的位置信息与描述的内容进行关联，使得在生成单词序列时，更关注图像中显著位置的物体。gLSTM（guiding LSTM）网络模型[26]，是在 LSTM 网络的基础上加入图像的特征信息或者句子的语义信息，作为 LSTM 网络的指导性信息。利用双向循环网络模型构建图像描述模型，可以填补句子中缺失的成分。

在实践中，除了 LSTM 网络以外，人们还会使用门控循环单元（GRU）这样的循环神经网络变形方法。这两个方法在训练和捕捉长跨度语言依存性等方面显得更加有效，并且已经成功应用到动作识别任务中。

从图像或图像描述中生成自然语言是一个新兴的跨学科问题，涉及计算机视觉和自然语言处理领域，这也形成了很多重要应用的技术基础，比如语义视觉搜索、聊天机器人的视觉智能、社交媒体中的视频和图像分享等，以及辅助视觉障碍者感知周围的视觉内容。由于深度学习技术的发展，该任务近年来取得了迅猛发展。

15.2　图像描述的深度学习框架

15.2.1　端到端框架

图像描述的英文原名是 image caption，一般可称为图像标注或者看图说话。其任务是根据输入的图像去生成一段描述性质的语段，这涉及了对图像中物体的感知以及对于不同物体之间关系的把握。这个任务本身存在着比较多的难点，比方说对于模型结果的评判和对于模型结构的设计等。本章主要介绍近年来在该领域中应用的众多模型结构中的端到端框架。

1. 编码器-解码器结构

编码器-解码器（encoder-decoder）结构于 2014 年被提出，主要思想是将输入数据转化为一个固定长度的向量，即编码过程，而后将这个固定向量再转化为需要的输出，即解码过程。编码器-解码器结构被广泛地应用于自然语言处理的各个领域，遍及机器翻译、机器编曲等不同的细分领域，甚至如今的计算机视觉领域也开始广泛采用这一结构，可见其适用性之广。

CVPR 2015 "Show and Tell：A Neural Image Caption Generator"[1]一文提出了采用 CNN 来将输入的图像信息压缩编码成一个向量，然后再采用 RNN 进行解码输出图像的对应描述。其结构示意图如图 15.11 所示。

这应当是图像描述的端到端框架的开端，其后出现了许多基于编码器-解码器结构的端到端网络，都在评价指标上取得了不错的效果。然而，编码器-解码器结构虽然强大，但是依旧存在着局限性：编码器和解码器之间只通过一个固定长度的向量作为特征传递信息，这其中必然存在着一定量的信息丢失，使得解码时无法获得充足的信息，那么最终模型的准确率自然也就受到了限制。为了弥补这一缺陷，这一领域的科研工作者们引入了注意力机制。

2. 注意力机制

所谓的注意力（Attention）机制，实际就是在传递信息的过程中，给不同的元素赋予不一样的权重作为"注意力"，这一改进使得信息传递的过程中可以更高效地利用重点信息，减少

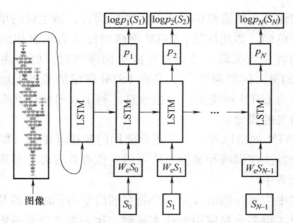

图 15.11 基于编码器-解码器结构的图像描述模型[1]

了整体信息量的丢失。举个例子，在机器翻译领域的模型中加入注意力机制以后，可以让模型不只是关注全局的语义编码向量，同时还关注此时序列中的重要词语，就像在翻译"today is sunny day"的"sunny"时应该给予其更多的关注度，而不是给每个词语一样的权重。

在图像描述领域，也可以加上注意力机制，具体的方法有很多，常见的方法就是给经过 CNN 生成的特征图的每个位置加上权重因子，再去编码成定长的特征向量。

ICML 2015"Show，Attend and Tell：Neural Image Caption Generation with Visual Attention"[2]讲述了注意力机制在图像描述这一任务上的应用，还分析了不同特征图对于最终图像描述结果的贡献。图 15.12 给出了模型结构以及数据处理过程，图 15.13 则是给出了处理一张图并且生成图像描述的过程中特征图与词语的对应关系。通过这种可视化分析，极大地促进了研究人员对于注意力机制的理解，为改进模型提供了方向。

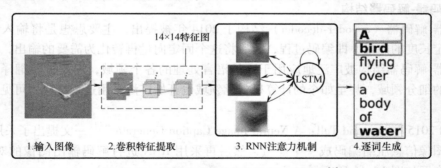

图 15.12 模型的总体结构和数据处理过程[2]

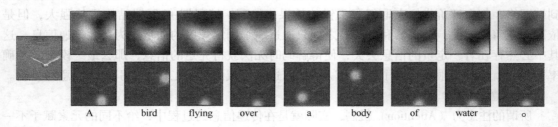

图 15.13 每个生成单词的注意力机制可视化展示[2]

　　之前的结构大多数用的是空间注意力，并且只是在个别卷积层上面应用，这不符合 CNN 的空间、通道和多层形式的特征。据此，CVPR 2017 "SCA-CNN：Spatial and Channel-wise Attention in Convolutional Networks for Image Captioning"[3] 给出了改进的意见：引入了通道注意力来提升网络的表现。图 15.14 是通道注意力结果的展示，图 15.15 是通道注意力和空间注意力实现的具体示意图。

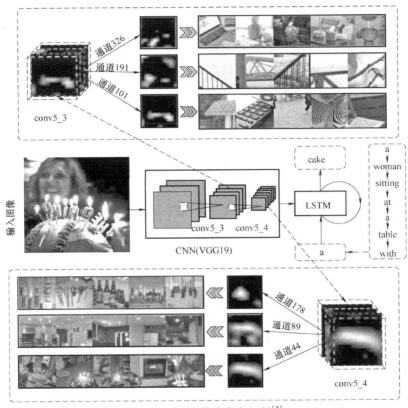

图 15.14　通道注意力机制[3]

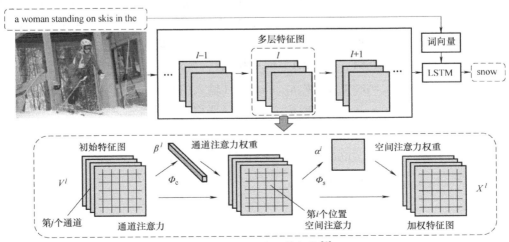

图 15.15　模型的总体架构[3]

3. 强化学习

以上提到的编码器-解码器结构和注意力机制都取得了不错的效果，但常用的评价指标如 BLEU、METEOR、ROUGE 和 CIDER 等都是不可微的，也就是说不能够针对它们直接进行优化，这就无法做到训练和测试同步，模型在训练过程中无法准确地知道自己目前的效果到底如何。

针对这一问题，CVPR 2017 "Self-critical Sequence Training for Image Captioning"[4] 在上面提及的 SCA-CNN 的基础上进行改进，利用强化学习框架来训练解码器。具体而言，将图像和目前已经生成的单词作为状态，动作是即将生成的下一个单词，奖励是评价指标，利用策略梯度进行优化。图 15.16 是对于解码器改进的网络结构图，可以看到加入了强化学习的部分。传统的强化学习在使用策略梯度进行优化时会出现高方差的问题，该研究提出的自我批评序列训练（SCST）则是将网络本身概率最大的词作为奖励的参考，这是对传统强化学习方法的优化。

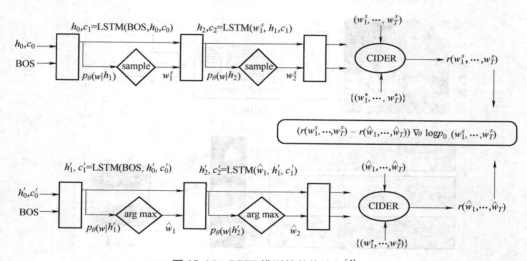

图 15.16　SCST 模型的整体流程[4]

具体而言，在框架中，单词用独热（one-hot）编码表示。每个句子的开头由一个 BOS 标记，结尾由 EOS 标记。将生成的单词输入 LSTM 中，融入注意力机制，只将注意力机制关注的图像特征（I_t）输入 LSTM 单元节点，并将 c_0 和 h_0 初始化为 0。

$$
\begin{aligned}
&x_t = E1_{w_{t-1}} \text{ for } t \geq 1 \quad w_0 = \text{BOS}, \\
&i_t = \sigma(W_{ix}x_t + W_{ih}h_{t-1} + b_i), \quad \text{（输入门）} \\
&f_t = \sigma(W_{fx}x_t + W_{fh}h_{t-1} + b_f), \quad \text{（遗忘门）} \\
&o_t = \sigma(W_{ox}x_t + W_{oh}h_{t-1} + b_o), \quad \text{（输出门）} \\
&c_t = i_t \odot \phi(W_{zx}^{\otimes}x_t + W_{zI}^{\otimes}I_t + W_{zh}^{\otimes}h_{t-1} + b_z^{\otimes}) + f_t \odot c_{t-1}, \\
&h_t = o_t \odot \tanh(c_t), \\
&s_t = W_s h_t, \\
&w_t \sim \text{softmax}(s_t)
\end{aligned}
\tag{15.1}
$$

生成的句子 $w^s = (w_1^s, \cdots, w_T^s)$ 从模型到 t 时刻的 softmax 激励的负奖励梯度为

$$\frac{\partial L(\theta)}{\partial s_t} = (r(w^s) - r(\hat{w}))(p_\theta(w_t \mid h_t) - 1_{w_t^s}) \qquad (15.2)$$

对模型中生成单词的采样，如果得到的奖励高于 $\hat{w}$，则梯度上升，该词的评分增加；反之，若低于 $\hat{w}$，梯度下降。解码时，有

$$\hat{w}_t = \arg\max_{w_t} p(w_t \mid h_t) \qquad (15.3)$$

4. 目标检测

在传统印象中，目标检测是计算机视觉的基本任务，很少与自然语言处理领域产生关联。CVPR 2018 "Bottom-Up and Top-Down Attention for Image Captioning"[5] 颠覆了这一刻板印象，也获得了 2017 VQA 挑战赛的冠军。

该研究提到了两种注意力机制：自下而上注意力和自上而下注意力，前者指的是人类视觉中的显著性物体，即从底层信息到上层语义的过程，后者指的是从任务本身出发，从而关注到的相关区域。

如图 15.17 所示，传统的 CNN 在没有另外附加注意力的情况下可以看成是左图的情况，也就是说模型平等地对待图像中的每个区块，从中平均地抽取信息。而附加了自下而上注意力的模型则如右图所示，能够在目标检测后将注意力分配到显著性物体中去，从而大幅提升模型的效果。

图 15.17　添加附加注意力机制前后模型关注区域的差异[5]

该模型主要分为提取图像特征和生成图像描述两部分，其中提取图像特征部分采用了 Faster R-CNN 作为检测器，并且在另外的数据集上面训练（见图 15.18）。提取出图像中不同区域的特征以后，对这些特征集合进行加权，形成软注意力，然后再经由 Language LSTM 来生成对于图像的描述。

5. 区域卷积神经网络

区域卷积神经网络（R-CNN）[6] 将卷积神经网络（CNN）与区域建议（region proposal）策略相结合，自下而上训练，可以进行目标物定位和图像分割。

图 15.18　使用目标检测模型 Faster R-CNN 提取的输出样例[5]

R-CNN 目标检测算法包括 4 个步骤（见图 15.19）：

图像输入：输入给定图像。

区域建议：对第一步输入的图像进行区域框的选取。常用的方法是选择性搜索边缘计算盒，主要是利用图像的边缘、纹理、色彩、颜色变化等信息在图像中选取多个可能存在包含物体的区域生成预选框，然后自下而上地对不同的块进行合并。值得注意的是，这一步骤只选择可能存在物体的区域，与分类无关。

特征提取：对每个预选框，使用 CNN 模型提取特征。但是，由于上一步区域建议中所提取出来的图像的尺寸大小是不一样的，而 CNN 的输入特征大小必须一致，所以要将区域建议过程中所选取的区域进行一定的缩放处理，统一成 227×227 大小的图像，再送到 CNN 中进行特征提取。一般来说，R-CNN 大多选择在 ImageNet 图像分类数据集上进行预训练后得到的 AlexNet[27] 模型作为其特征提取的 CNN 模型。

目标分类：将提取出来的特征送入 SVM 分类器得到分类结果，在这里每个类别对应一个 SVM 分类器，如果有 10 个类别，则会有 10 个 SVM 分类器。对于每个类别，对应的分类器只需要判断是否为当前类别的目标，如果同时有多个结果为正，则选择置信度最高的类别作为该目标的预测输出。

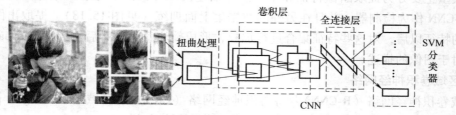

图 15.19　R-CNN 目标检测算法总体流程[6]

6. 连续 skip-gram 模型结构[7]

该方法利用连续 skip-gram 学习单词的分布式表示，结合区域卷积神经网络及循环神经网络产生高质量的词向量，降低了词向量的计算复杂度，从而提高图像描述的准确率及该框架的泛化能力。

词向量的质量由词向量的维度和训练语料库的大小决定，因此，选择合适的词向量维度以及足够的训练语料成为提高图像描述准确率的关键。在大规模的语料库上进行训练的基础上，连续 skip-gram 模型首先利用文本语料库构造词汇表，然后学习词的向量表示。

连续 skip-gram 模型由输入层、映射层以及输出层构成（见图 15.20），其中 W_1、W_2 为输入层与映射层、映射层与输出层之间的权重矩阵。该模型的训练目标是，使向量表示能够预测它的上下文单词。训练中需要使得给定一个单词序列的平均对数概率最大化。平均对数概率为

$$P_{al} = \frac{1}{T} \sum_{t=1}^{T} \sum_{-c \leqslant j \leqslant c, j \neq 0} \log p(w_{t+j} \mid w_t) \quad (15.4)$$

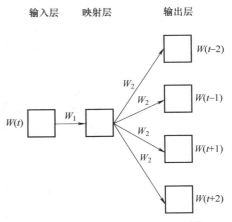

图 15.20　skip-gram 模型结构[7]

式中，w_t 为训练句子中任意单词，即中心词；c 为训练文本窗口的大小；w_{t+j} 为中心词 w_t 的前 j 个单词与后 j 个单词；T 为训练句子中的单词总量。$p(w_{t+j} \mid w_t)$ 的定义为

$$p(w_M \mid w_L) = \frac{\exp(v'^{\mathrm{T}}_{w_M} v_{w_L})}{\sum_{w=1}^{W} \exp(v'^{\mathrm{T}}_{w} v_{w_L})} \quad (15.5)$$

式中，w_L 为当前输入单词；w_M 为当前输出单词；v'^{T}_w 为词汇表中各个单词的词向量的转置；$v'^{\mathrm{T}}_{w_M}$ 为当前输出单词的词向量的转置；v_{w_L} 为当前输入单词的词向量；W 为词汇表中单词总量。

可以看到，尽管图像描述的深度学习端到端框架出现不过短短数年，就已经得到了长足的发展，从最重要也最基本的编码器—解码器结构，到后来的注意力机制，再到强化学习以及对于目标检测算法的引入，可以看到不同研究领域的交融促进了这一方向的发展。

15.2.2　组合框架

图像描述的任务是根据输入的图片去生成一段描述性质的语段，这其中涉及了对图像中物体的感知以及对于不同物体之间关系的把握。这个任务本身存在着比较多的难点，例如对于模型结果的评判和对于模型结构的设计等。在本章中，主要介绍近年来在该领域中应用的众多模型结构中的组合框架。

不同于上面提到的端到端的编码器-解码器结构，存在一类基于图像到文本方法的框架，也就是组合框架。组合框架将整个生成图像描述的过程分为三个部分：首先从图像中检测出对应的目标，然后将检测出的目标组进行各种合成，最后挑选出语句通顺的语段。这个方法受到语音识别中长期存在的体系架构的启发——在语音识别中，整个模型由声波模型、语音模型和语言模型等多个模块组成。

在这一框架结构中，描述生成的第一步是检测图像中所包含的主要语义信息，例如图 15.21 所示的黑头发、蓝裤子和黑轮胎的元素。这些标记可以是任何词性，除了图中所显示的名词以外，还可以是动词、形容词和副词。而为了提取这些信息，需要用到计算机视觉领域的目标检测技术。

图 15.21　对图像中所包含的物体进行目标检测[5]

与图像分类不同的是，传统的有监督学习技术并不能直接用于训练目标检测器，因为给出的数据集只包含了原始的图像和人工注释的整句描述，而与单词对应的边框是不明确的。为了解决这个问题，可以考虑将目标检测模块从整个框架中独立出来进行训练，也就是说不使用图像描述的数据集而是使用目标检测的数据集进行训练。

图 15.22 给出了组合框架如何处理数据的示意图。可以看到，图像数据输入以后首先经过卷积层处理提取出显著信息标签和全局视觉特征向量，然后再经过一系列对于词语的组合排列最终生成了符合人类语言习惯的图像描述。

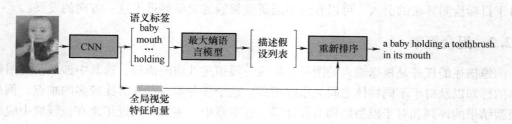

图 15.22　组合框架的数据处理流程

具体而言，被检测出的标签被输入到基于 n-gram 的最大熵语言模型去生成可能的描述假设的列表，每个假设都是一个完整的语句，并且包含了特定的标记，使得在某种程度上的可能性趋于最大，最后结合构建出的语法模型来约束生成的假设，进行合理的规范化。接着，计算整个语句和图像上各种特征的线性组合，如语句长度、语言模型分数和图像与假设描述之间的语义相似度等，根据计算出来的线性组合对所有的假设进行重新排序。

其中，图像和描述的语义相似度可以通过深度多模态相似度模型计算得出，这个模型由一对神经网络模型组成，分别用于将输入的模态、图像和语言映射为通用语义空间中的向量，并将具体的语义相似度定义为向量之间的余弦相似度。在自然语言处理领域中，余弦相似度通常可以通过如下公式进行描述：

$$
\text{similarity} = \cos(\theta) = \frac{A \cdot B}{|A||B|} = \frac{\sum_{i=1}^{n} A_i B_i}{\sqrt{\sum_{i=1}^{n} (A_i)^2} \sqrt{\sum_{i=1}^{n} (B_i)^2}} \tag{15.6}
$$

式中，A 和 B 分别表示语义空间中的向量，A_i 和 B_i 分别表示其各分量。

显然，与先前提到的端到端框架相比，组合框架在系统开发和部署方面具备更好的灵活性，并且容易利用更多的数据来有效地优化不同模块的性能，天然地具备数据增广的途径，不必局限于有限的图像描述数据对。当然，端到端框架也具备其独特的优点——具有更简单的结构，并且可以同时优化系统中的不同组件，从而发挥出更好的性能。

为了更好地说明组合框架的具体应用，下面给出详细讲解。StyleNet 是一个语义组合网络，这个网络基于已检测的语义概念的概率来创建描述。StyleNet 可以对图像和视频给出合乎要求风格的描述，如浪漫型的、幽默型的。并且在模型的训练过程中使用了两种数据集：一个是传统的图像或者视频的带有人工描述的成对数据集，另一个是单语的语言风格文本。

图 15.23 给出了模型工作的示例。通过调整风格，可以让模型根据图像生成不同描述。而这是符合现实世界的情况的——由于信息的缺失，对于图像的描述具有很大的解空间，通过对于语言风格的约束可以得到特定的解空间，从而输出不同的描述。

CaptionBot: **A man on a rocky hillside next to a stone wall.**

Romantic: **A man uses rock climbing to conquer the high.**

Humorous: **A man is climbing the rock like a lizard.**

CaptionBot: **A dog runs in the grass.**

Romantic: **A dog runs through the grass to meet his lover.**

Humorous: **A dog runs through the grass in search of the missing bones.**

图 15.23　输入图像模型依照给定风格输出图像描述[8]

那么，又为什么要采用这种约束来获得限定的描述呢？显然，通过对比可以发现已有预料所给出的描述太过于平平无奇，很难对人有吸引力，不容易给人留下深刻的印象，也不符合真实的人类描述习惯。而携带了风格的描述如浪漫型和幽默型显然更让人有新奇感，这必然具备更广泛的应用。

谈及这个 StyleNet 模型，首先回顾一下传统的 LSTM 是怎么样的。众所周知，LSTM 通常可以用以下公式进行表示：

$$i_t = \text{sigmoid}(W_{ix}x_t + W_{ih}h_{t-1})$$

$$f_t = \text{sigmoid}(W_{fx}x_t + W_{fh}h_{t-1})$$

$$o_t = \text{sigmoid}(W_{ox}x_t + W_{oh}h_{t-1})$$

$$\widetilde{c}_t = \tanh(W_{cx}x_t + W_{ch}h_{t-1}) \tag{15.7}$$

$$c_t = f_t \odot c_{t-1} + i_t \odot \widetilde{c}_t$$

$$h_t = o_t \odot c_t$$

$$p_{t+1} = \text{softmax}(Ch_t)$$

而这个网络中最独特的分解 LSTM 就是基于传统的 LSTM 进行改造的，利用一种类似注意力机制的方法来调整 LSTM 结构，具体的结构如图 15.24 所示。

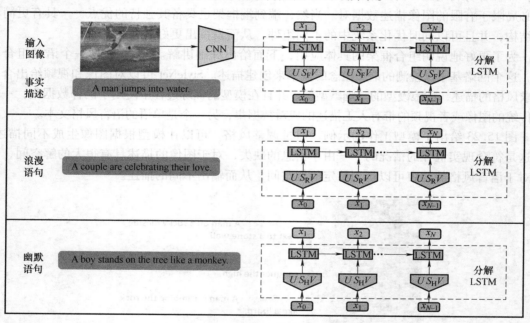

图 15.24　StyleNet 模型结构[8]

经过改造后的分解 LSTM 的核心公式如下：

$$i_t = \text{sigmoid}(U_{ix}S_{ix}V_{ix}x_t + W_{ih}h_{t-1})$$

$$f_t = \text{sigmoid}(U_{fx}S_{fx}V_{fx}x_t + W_{fh}h_{t-1})$$

$$o_t = \text{sigmoid}(U_{ox}S_{ox}V_{ox}x_t + W_{oh}h_{t-1})$$

$$\widetilde{c}_t = \tanh(U_{cx}S_{cx}V_{cx}x_t + W_{ch}h_{t-1}) \tag{15.8}$$

$$c_t = f_t \odot c_{t-1} + i_t \odot \widetilde{c}_t$$

$$h_t = o_t \odot c_t$$

$$p_{t+1} = \text{softmax}(Ch_t)$$

也就是说，原本的 W 利用矩阵 U、S、V 进行表征，实质上是类似 transformer 的结构，通过这样的分解提高了模型变化的灵活度，使得 StyleNet 能够通过改变 S 来调整生成描述的语言风格。

从架构和任务定义的角度看，这类用于图像描述和语音识别的组合框架有着很多相同之处。这些任务都以自然语言语句作为输出，只是在输入数据上面有所不同——图像描述输入的是图像数据，而语言识别输入的是语言频谱信息。图像描述中的目标检测模块和语音识别中的语音识别模块异曲同工。在图像描述中，使用语言模型将目标检测所得到的标签转化为描述假设列表，这是与语音识别后期将声波特性和语音单元转化为一组词法正确的词假设是一致的。

当然，图像描述具有独特的重排序模块。在刚开始的目标检测模块并不具备完整的图像全局信息，然而在最终生成图像描述时却需要这个信息，这一点与语音识别中不需要匹配输入和输出的全局属性是不同的。

虽然在划分上将端到端框架和组合框架分为两个小主题，但是可以看到近年来的发展趋势是两者的结合，并且没有哪一个框架是不含有其他技术的。可以预见的是，在未来不同的技术将会更深层地进行交叉融合，图像描述领域将会有更加长足的发展。

15.2.3　其他框架

1. 单个区域生成密集图像描述

2015 年提出的 FCLN（Fully Convolutional Localization Networks，全卷积定位网络）[9] 完成了在一幅图像中对多个目标进行检测并描述的任务。在 FCLN 模型中，可以在不需要外界建议的情况下，单一有效地前向传递图像信息，并通过单轮优化对模型进行端到端的训练。模型如图 15.25 所示。

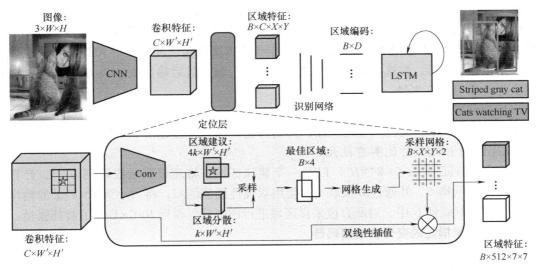

图 15.25　FCLN 模型结构[9]

其中，模型最大的贡献，就是提出了一个新的密集图像定位层（localization layer），该定位层完全可微，并且可以单独插入任何图像处理的网络中进行区域水平的预测与训练。基于 Faster R-CNN 的框架，模型通过使用双线性插值回归代替原来框架中的 RoI 池化层对原来的框架进行了改进，允许模型通过预测区域的坐标将梯度反向传播到输入坐标上，使得定位层能够检测到每一个感兴趣的区域（RoI）并光滑可微地从此区域提取一个固定尺寸的表示；同时，也使得预测仿射或变形区域的可能性增加了。

（1）定位层

首先是输入与输出：将 CNN 中得到的与激活值有关的特征向量输入定位层，从中挑选出 B 个 RoI，并返回三个输出张量，分别给出区域的边界框坐标表示、置信得分与特征表示。如下式所示：

$$C \times W' \times H' \xrightarrow{\text{选择}} B \text{ 个 RoI} \xrightarrow{\text{输出}} \begin{cases} \text{区域坐标}: B \times 4 \\ \text{区域得分}: B \\ \text{区域特征}: B \times C \times X \times Y \end{cases} \quad (15.9)$$

（2）卷积层

通过对一系列平移不变的锚点（anchors）的偏移量进行回归得到候选区域，即将输入特征中的 $W' \times H'$ 网格中的每个点投影回 $W \times H$ 图像平面，并以该投影点为中心考虑多个不同尺寸比例的 k 个锚框。对每个锚框，通过对输入特征图进行包含 256 个滤波器的 3×3 卷积，一个 ReLU 层，以及一个 $5k$ 滤波器的 1×1 卷积计算。最后得到包含置信得分与锚框偏移量（四个标量）的张量 $5k \times W' \times H'$。

（3）边框回归

根据 Faster R-CNN 中的参数，利用锚框的中心坐标、长宽以及上述过程中模型预测的标量进行偏移以及缩放，从锚点回归得到候选区域。最后得到 $4k \times W' \times H'$ 的建议区域张量与 $k \times W' \times H'$ 的区域得分张量。

（4）边框采样

由于上述过程中产生的建议区域过多，对此进行一个二次采样。训练过程中，设定 IoU ≥ 0.7 为积极区域，IoU ≤ 0.3 为消极区域，其中，IoU 为交并比值。采集 B 个区域，其中要求积极区域的个数 B_P 不超过 $B/2$。测试时，根据预测方案的置信度，采用 NMS 算法，去除阈值过小的重叠边框后，挑选出置信度前 300 的可信区域，最后输出大小为 $B \times 4$ 的区域张量与大小为 B 的可信度张量。

（5）双线性插值

采样后得到了不同比例尺寸的图像，为使其能够输入全连接层和 RNN 语言模型中，要从中提取出一个固定尺寸比例的表示。

对输入的特征图 $U(C \times W' \times H')$ 以及一个建议区域，将建议区域投影到 U 上，计算出 $X \times Y \times 2$ 的采样网格 G，并通过 G 关联 U，使用双线性插值回归，将大小为 $C \times X \times Y$ 的输出特征图 V 上的值对应到 U 中。对所有被采样区域进行回归后，得到 $B \times C \times X \times Y$ 的特征张量。

2. 用于图像描述的变分自动编码器

2016 年提出的新的图像变分自动编码器（variational auto encoder）[10] 成功地完成了快速而准确地对输入图像进行建模编码。同时，该框架提供了一种新的基于图像的半监督 CNN 学习，甚至允许无监督 CNN 学习。

变分自动编码器框架由基于 DGDN（Deep Generative Deconvolutional Network，深度生成反卷积网络）的图像解码器和基于 CNN 的图像编码器构成。它展示了一种用于图像的半监督 CNN 学习的新方法：贝叶斯支持向量机利用可用的图像标签，DGDN 对图像进行建模，CNN 则用于快速编码。潜码由整个模型共享，而变分自动编码器共同学习所有的模型参数。

（1）图像解码器 DGDN

与传统的 DGDN 不同，框架中的 DGDN 使用随机上池化，其中，上池化图通过最大化一个变分下限推导得到。对 N 个图像 $\{X^{(n)}\}_{n=1}^N$，考虑 $L=2$，将 $\{S^{(n,k_2,2)}\}_{k_2=1}^{K_2}$ 输入解码器顶层（Layer 2），考虑一个精确度为 α_0 的零均值高斯分布，最后生成 $X^{(n)}$。

$$\text{Layer 2：} \quad \widetilde{S}^{(n,2)} = \sum_{k_2=1}^{K_2} D^{(k_2,2)} * S^{(n,k_2,2)}$$

$$\text{上池化：} \quad S^{(n,1)} \sim \text{unpool}(\widetilde{S}^{(n,2)})$$

$$\text{Layer 1：} \quad \widetilde{S}^{(n,1)} = \sum_{k_1=1}^{K_1} D^{(k_1,1)} * S^{(n,k_1,1)} \tag{15.10}$$

$$\text{数据生成：} \quad X^{(n)} \sim \mathcal{N}(\widetilde{S}^{(n,1)}, \alpha_0^{-1}I)$$

（2）图像编码器深度 CNN

与解码器相适应，编码器选定 $L=2$。与解码器的自上而下相反，解码器的输入输出是自下而上的。

$$\text{Layer 1：} \quad \widetilde{C}^{(n,k_1,1)} = X^{(n)} *_s F^{(k_1,1)}, \quad k_1 = 1, \cdots, K_1$$

$$\text{池化：} \quad C^{(n,1)} \sim \text{pool}(\widetilde{C}^{(n,1)}) \tag{15.11}$$

$$\text{Layer 2：} \quad \widetilde{C}^{(n,k_2,2)} = C^{(n,1)} *_s F^{(k_2,2)}, \quad k_2 = 1, \cdots, K_2$$

$$\text{数据生成：} \quad s_n \sim \mathcal{N}(\boldsymbol{\mu}_\phi(\widetilde{C}^{(n,2)}), \text{diag}(\sigma_\phi^2(\widetilde{C}^{(n,2)})))$$

3. 嵌入奖励机制的"Actor-Critic"框架

2017 年，提出了嵌入奖励机制的"Actor-Critic"深度强化学习框架[11]。该框架中，使用视觉-语义奖励机制嵌入的深度强化学习策略网络（policy network）和价值网络（value network），生成描述语言，对图像和句子进行相似度衡量（见图 15.26）。框架可以衡量生成描述的正确性，并以视觉-语义奖励作为一个合理的全局优化目标。

$$L_e = \sum_v \sum_{S^-} \max(0, \beta - f_e(v) \cdot \boldsymbol{h}_T'(S) + f_e(v) \cdot \boldsymbol{h}_T'(S^-)) +$$
$$\sum_S \sum_{v^-} \max(0, \beta - \boldsymbol{h}_T'(S) \cdot f_e(v) + \boldsymbol{h}_T'(S) \cdot f_e(v^-)) \tag{15.12}$$

$$r = \frac{f_e(v^*) \cdot \boldsymbol{h}_T'(\hat{S})}{\|f_e(v^*)\| \|\boldsymbol{h}_T'(\hat{S})\|} \tag{15.13}$$

框架中，策略网络和价值网络共同决定下一个最好的单词。其中，作为局部引导的策略网络预测当前状态下的下一个单词的置信度，作为全局前向引导的价值网络估计当前状态下所有可能的扩展。使用嵌入奖励机制的深度强化学习策略网络和价值网络，使得模型目标改变为生成与真实字幕相似的字幕，同时，能够生成可能性低但较好的单词。

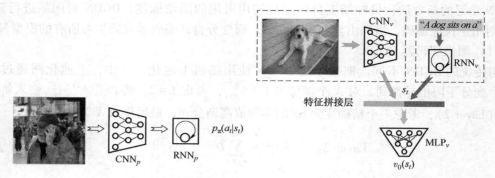

图 15.26　价值网络（左）以及策略网络（右）[11]

对给定的图像 I，最后生成句子 $S = \{\omega_1, \cdots, \omega_T\}$，其中 ω_i 表示一个单词，T 表示句子的长度。对每个预测下一个单词 ω_{t+1} 的动作 $a_t \in \gamma$（γ 是提供单词的字典），其状态为 $s_t = I + \{\omega_1, \cdots, \omega_t\}$。将图像 I 输入策略网络（CNN_p 和 RNN_p）计算 $p_\pi(a_t | s_t)$。并将图像 I 与已经生成的句子 $\{\omega_1, \cdots, \omega_t\}$ 输入价值网络（CNN_v，RNN_v，MLP_v）得到 $v_\theta(s)$。奖励机制的嵌入由 CNN_e、RNN_e、f_e 组成。I 输入 CNN_e 得到特征向量 v，$f_e(\cdot)$ 是从图像特征向量到嵌入空间的一个线性投影。在模型中，固定 CNN_e 的权重，并在计算使用双向排序损失 L_e 的 $f_e(\cdot)$ 时学习 RNN_e 的权重。最后，计算特征向量 v^* 和生成的句子 $\hat{S}$ 之间的余弦相似度。

4. SeqGAN

基于生成对抗网络（Generative Adversarial Network，GAN）框架在用于文本输出时的固有缺点，Yu 等[12]提出了 SeqGAN 通过强化学习（RL）对其进行改进，如图 15.27 所示。

针对文本的离散输出导致的区分器梯度难以传递问题，SeqGAN 框架使用强化学习中的随机策略直接进行更新；针对区分器无法衡量当前生成句子的一部分与未来整个句子的得分的问题，框架通过蒙特卡洛搜索（Monte Carlo search）传回奖励信号的中间状态，其中，奖励信号来自完整的序列。

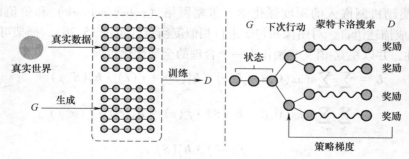

图 15.27　SeqGAN 的模型结构[12]

给定一个真实结构的序列数据集，训练生成器 G_θ 和区分器 D_ϕ。过程中，状态 $s = (y_1, \cdots, y_t) + a$，其中，$a$ 表示选择下一个单词 y_{t+1} 的动作。生成器使用 RNN 结合 LSTM 作为生成模型；区分器使用 CNN 作为分类模型，并在池化的基础上添加了 highway 结构提升分类效果。随机化两个模型的权重 θ 和 ϕ。对 G_θ 使用最大似然估计（maximum likelihood estimate）进行预训练，并将 G_β 与 G_θ 同步。利用 G_θ 生成的序列作为负面例子训练 D_ϕ，这里的损失函数使用交叉熵。接下来开始对抗的过程。G_θ 生成一个序列 $Y_{1:T} = (y_1, \cdots, y_t, \cdots, y_T)$，$y_t \in \gamma$，其中，$\gamma$ 表示词语的源字典。在每个时刻，由 G_β 计算此时的奖励 Q。利用梯度更新生成器参数。由 G_θ 生成序列与真实序列结合起来，使用 D_ϕ 训练，辨别序列是否来自真实序列。最后，完成 seqGAN 的训练。

5. RankGAN

Lin 等[13]在 RankGAN 里提出了基于排序损失的鉴别器，将分类问题转化为优化排序的问题。这使得分类器能够更好地评估样本的质量，从而促进生成器更好地学习，得到的文本质量更高。

RankGAN 框架由两部分组成：一部分是传统的生成器 G，另一部分是能够对给定序列进行相对排序的排序器 R，如图 15.28 所示。

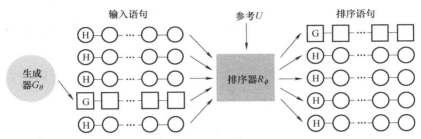

图 15.28　RankGAN 的模型结构[13]

目标函数可以视为对 G 和 R 进行一个极大极小的策略。生成器 G 使用了 LSTM。

$$\min_\theta \max \mathcal{L}(G_\theta, R_\phi) = \mathbb{E}_{s \sim \mathcal{P}_h}[\log R_\phi(s \mid U, C^-)] + \mathbb{E}_{s \sim G_\theta}[\log(1 - R_\phi(s \mid U, C^+))] \quad (15.14)$$

式中，U 表示参考数据的集合，用来得到相对排序。C^+ 和 C^- 是对比数据，当 s 来自真实数据时 C^- 从生成数据中采样；当 s 来自生成数据时 C^+ 从真实数据中采样。输入 s 和参考 u 之间的余弦相似度如下（y_s、y_u 分别为其特征向量）：

$$\alpha(s \mid u) = \text{cosine}(y_s, y_u) = \frac{y_s \cdot y_u}{\|y_s\| \|y_u\|} \quad (15.15)$$

给定比较集合 C，使用类似 softmax 的形式计算 s 的排名分数：

$$P(s \mid u, C) = \frac{\exp(\gamma\alpha(s \mid u))}{\sum_{s' \in C'} \exp(\gamma\alpha(s' \mid u))} \quad (15.16)$$

式中，参数 γ 通过实验中的经验确定，$C' = C \cup \{s\}$。因此，输入句子 s 的对数期望得分如下：

$$\log R_\phi(s \mid U, C) = \mathbb{E}_{u \in U} \log(P(s \mid u, C)) \quad (15.17)$$

15.3　评估指标和基准

1. 评估指标

对于自动生成的图像描述，需要给出一些能够量化的自动化评估标准。在研究中，对句子的评估主要在量化描述得是否充分准确和是否流畅。本章将介绍常用评估指标。

（1）BLEU

Papineni 等[14]提出了应用于机器翻译评估的 BLEU 算法。尽管如此，它同时也可以用于评估其他内容生成任务中生成的文本。

BLEU 算法评估的核心理念是，如果机器翻译的结果与人工翻译的结果越接近，则模型的效果就越好。因此，它需要衡量机器翻译与一个或多个人工参考翻译是否符合量化的接近程度。即这个模型有两个需求：一是量化的相似性度量；二是有一个优质的参考人工翻译语料库。

量化相似性的主要思想是对于长度可变的短语对参考翻译的匹配程度进行加权平均。算法中，以单词错误率度量为基础设计，并结合多个参考翻译进行修改，允许出现单词的选择和顺序上的差异。

在 BLEU 算法中，程序可以通过简单地比较每个候选翻译和参考翻译之间的 n-gram 匹配来对候选进行排名。由于旧的 n-gram 算法的使用可能会出现程序由于一味追求匹配度而生成的不合理结果，论文作者采用了一种改进后的 n-gram 算法来进行候选翻译与参考翻译的匹配。

n-gram 对给定的 n 值计算 p_n 的值，并为其分配一个权重 ω_n，最后，做一个加权平均。

$$p_n = \frac{\sum_{C \in \{\text{Candidates}\}} \sum_{n\text{-gram} \in C} \text{Count}_{\text{clip}}(n\text{-gram})}{\sum_{C' \in \{\text{Candidates}\}} \sum_{n\text{-gram}' \in C'} \text{Count}(n\text{-gram}')} \tag{15.18}$$

式中，$\text{Count}_{\text{clip}}$ 是截断计数，其计数方式为：将一个 n-gram 在候选翻译中出现的次数，与在各个参考翻译中出现次数的最大值进行比较，取较小的那一个。

在实际应用中，一般使 n 的值从 1 取到 4，并且取各个 n 的权重相等。这样做的好处就是，unigram（$n=1$）的准确率可以用于度量单个词语翻译的准确性，而当 n 的值增加，n-gram 的准确率则可以用来度量整个句子的流畅性。

同时，如果仅以 n-gram 的匹配度为标准，容易出现译文的长度越短、得分越高的情况。可将 BP（Brevity Penalty，短句惩罚）作为惩罚因子，结合惩罚因子来对译文做出评估。

$$BP = \begin{cases} 1, & c > r \\ e^{(1-\frac{r}{c})}, & c \leq r \end{cases} \tag{15.19}$$

式中，c 是候选翻译的长度，r 是最短参考翻译的长度。最后，得到 BLEU 的值，取值范围是 $[0,1]$，数值的大小与翻译结果成正相关。

$$\text{BLEU} = BP \cdot \exp\left(\sum_{n=1}^{N} w_n \log(p_n)\right) \tag{15.20}$$

BLEU 算法基于准确率，能够快速地对机器翻译的效果做出评价，并且不依赖于特定的语种。然而，也正是因为 BLEU 算法本身并不考虑召回率，建议在测试集里为每个句子配备四条参考翻译，以减小语言多样性带来的影响。另外，由于 BP 的效果还是较弱，现在依旧普遍认为 BLEU 指标倾向于较短翻译。

（2）METEOR

Denkowski 和 Lavie[15]提出了用于机器翻译评估的 METEOR 算法。METEOR 算法对 BLEU 中的一些缺陷做出了优化。

METEOR 算法通过自动结合从 MT 系统训练数据中学习到的语言资源和通用的跨语言度

量参数，能够为其他语言提供一个针对语种的特异性评估。它使用一个从几种语言的汇集判断中学习到的单一参数集，给出人类评估跨语言度量的一般首选项。针对不同的语言，只要给出用于构建标准的基于短语的翻译系统的双语语料，METEOR 算法会自动学习语言的释义表和功能词列表（两个始终有用的语言特定资源），并根据 WordNet 提取计算同义词匹配。

基于单精度的加权调和平均数（P）和单字召回率（R），分别对应最佳候选翻译和参考翻译之间的准确率和召回率，接着，计算两者的调和平均值。

针对给出的功能词列表，候选翻译 (h_c, h_f) 和参考翻译 (r_c, r_f) 可以识别文本内容与功能词。针对不同的匹配器 m_i，根据匹配器权重 ω_i 和内容功能词权重 δ 计算加权精度和召回率。

同时，算法希望判别出足够流畅的句子，引入惩罚因子考虑参考翻译和候选翻译的语序。chunk 表示能够对齐的连续单词块数量，chunk 的数目（ch）越少，则生成的句子越连续。

$$P = \frac{\sum_i w_i \cdot (\delta \cdot m_i(h_c) + (1-\delta) \cdot m_i(h_f))}{\delta \cdot |h_c| + (1-\delta) \cdot |h_f|}$$

$$R = \frac{\sum_i w_i \cdot (\delta \cdot m_i(r_c) + (1-\delta) \cdot m_i(r_f))}{\delta \cdot |r_c| + (1-\delta) \cdot |r_f|}$$

(15.21)

$$F_{\text{mean}} = \frac{P \cdot R}{\alpha \cdot P + (1-\alpha) \cdot R}$$

(15.22)

$$\text{Pen} = \gamma \cdot \left(\frac{\text{ch}}{m}\right)^{\beta}$$

(15.23)

$$\text{Score} = (1 - \text{Pen}) \cdot F_{\text{mean}}$$

(15.24)

最后，计算出最终得分。其中，α、β、γ、δ 都是需要人工输入的参数。

METEOR 算法基于准确率和召回率共同评估翻译效果，实现了不同语种的特异性翻译评估。当然，它的缺陷也很明显，算法需要外部输入的知识源，即 WorldNet 中的相关语言资源。另外，由于匹配中引入了词向量，METEOR 算法实际运行速度偏慢。

（3）CIDEr

Vedantam 等[16] 提出了专门为了解决图像生成描述的评估问题的 CIDEr（Consensus-based Image Description Evaluation，基于共识的图像描述评价）。CIDEr 的理念是基于人类共识对生成句子进行评估。算法通过衡量一个生成的句子与由人类写出的句子之间的相似度给出评估。为此，CIDEr 基于一种基于三元组的衡量相似度的方法。同样基于 n-gram 匹配，CIDEr 引入了 TP-IDF 对不同的 n-gram 进行加权。

首先，算法将所有的词变成词根，并利用 TP-IDF 计算每个 n-gram 匹配的权重 g_k。其中，TP-IDF 对候选句中出现频次较高的 n-gram 赋予了较高的权重的同时降低了数据集中所有图像出现频次较高的 n-gram 的权重。

接着，针对不同的 n-gram，分别计算它们的得分 CIDEr_n，该得分同时考虑了准确率和召回率，由参考句子和候选句子之间的余弦相似度得出。

最后，对所有得分进行加权求和，得到 CIDEr 的值。

$$g_k(s_{ij}) = \frac{h_k(s_{ij})}{\sum_{w_l \in \Omega} h_l(s_{ij})} \log\left(\frac{|I|}{\sum_{I_p \in I} \min(1, \sum_q h_k(s_{pq}))}\right)$$

(15.25)

对第 i 幅图的第 j 个参考句子 s_{ij}，h_k 表示 ω_i 在 c_i 中出现的次数。Ω 表示所有 n-gram 的词汇；I 表示所有图片的集合。

$$\text{CIDEr}_n(c_i, S_i) = \frac{1}{m} \sum_j \frac{\boldsymbol{g}^n(c_i) \cdot \boldsymbol{g}^n(s_{ij})}{\|\boldsymbol{g}^n(c_i)\| \|\boldsymbol{g}^n(s_{ij})\|} \tag{15.26}$$

$$\text{CIDEr}(c_i, S_i) = \sum_{n=1}^{N} w_n \text{CIDEr}_n(c_i, S_i) \tag{15.27}$$

$$\text{CIDEr-D}_n(c_i, S_i) = \frac{10}{m} \sum_j e^{\frac{-(l(c_i) - l(s_{ij}))^2}{2\sigma^2}} * \frac{\min(\boldsymbol{g}^n(c_i), \boldsymbol{g}^n(s_{ij})) \cdot \boldsymbol{g}^n(s_{ij})}{\|\boldsymbol{g}^n(c_i)\| \|\boldsymbol{g}^n(s_{ij})\|} \tag{15.28}$$

式中，$\boldsymbol{g}^n$ 是某个 n 值下所有 g_k 形成的向量。然而，CIDEr 算法存在着两个较大的问题。第一，将所有词汇转变成词根会使一些动词原形和名词匹配成功；第二，高置信度的词汇出现得较多的长句也会得分较高。据此，CIDEr-D 被提出以对算法进行改进。首先，CIDEr-D 取消了将所有词变成词根的操作，保证了正确形式的词汇的使用。另外，引入了基于候选句子和参考句子的不同长度的高斯惩罚因子，并且将候选句子中 n-gram 出现次数高于参考句子中的最高次数进行截断。最后，将所有的得分进行加权求和即可。

CIDEr 算法提出了基于共识的自动评估准则，基于 n-gram 匹配，并通过 TP-IDF 的加权做出了改进，加入高斯惩罚因子提高算法的鲁棒性。但是，也正是由于 TF-IDF 的引入，算法结构会受到整个数据集规模的影响。

（4）SPICE

Anderson 等[17] 提出了用于图像生成描述评估的 SPICE（Semantic Propositional Image Caption Evaluation，语义命题图像标题评估）。SPICE 认为，针对两个句子能否表达相同意思的命题，n-gram 匹配其实是既不充分也不必要条件。因此，SPICE 算法通过比较语义命题内容的相似度来作为评价指标。它使用了斯坦福解析器的一个变体将标题转化为一幅表达了字幕语义表征的场景图，并对这些编码了图像信息的场景图进行 F-score 得分计算，其中，F-score 由场景图中表示语义命题的逻辑元组的结合定义，如图 15.29 所示。

"two women are sitting at a white table"

"two women sit at a table in a small store"

"two women sit across each other at a table smile for the photograph"

"two women sitting in a small store like business"

"two woman are sitting at a table"

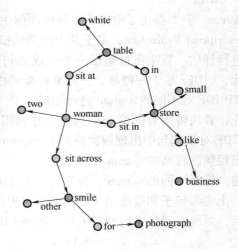

图 15.29　从一组参考图像描述文字（左）中解析的场景图实例（右）[17]

SPICE 提出了斯坦福场景解析器的一个变种，对候选标题和参考标题使用 PCFG（Probabilistic Context-Free Grammer，概率上下文无关语法）依赖解析器，将其分别解析成语法依存关系树。根据语法依存关系树，基于一些规则，从中提取对象、属性和关系等信息，并投影到场景图中，生成一个编码表达语义命题内容的场景图。

其中，算法去掉了原有的复数名词转换，反而将对象计数表示为对象的属性，用于简化场景图对齐，并确保每个不正确的数值修改器只被计数为一个错误。另外，增加了一个新的语言规则，保证每个名词在场景图中始终作为对象。

$$G(c) = \langle O(c), E(c), K(c) \rangle \tag{15.29}$$

式中，$O(c) \subseteq C$，表示 c 中被提及的对象的集合；$E(c) \subseteq O(c) \times R \times O(c)$，表示对象之间的关系集合；$K(c) \subseteq O(c) \times A$，表示对象的属性集合

$$T(G(c)) \overset{\triangle}{=} O(c) \cup E(c) \cup K(c) \tag{15.30}$$

$$P(c, S) = \frac{|T(G(c)) \otimes T(G(S))|}{|T(G(c))|} \tag{15.31}$$

$$R(c, S) = \frac{|T(G(c)) \otimes T(G(S))|}{|T(G(S))|} \tag{15.32}$$

$$SPICE(c, S) = F_1(c, S) = \frac{2 \cdot P(c, S) \cdot R(c, S)}{P(c, S) + R(c, S)} \tag{15.33}$$

对给定的图像，给定候选字幕 c 和一个参考字幕的集合 $S = \{s_1, \cdots, s_m\}$。C 表示对象类集合，R 表示关系集合，A 表示属性种类集合。接着，将场景图转化为逻辑元组 T，并定义一个 $\otimes$ 操作符，基于类似 METEOR 中的操作匹配两个元组之间的交集。最后，得出 F-score。F-score 的值与 CIDEr 相似，取值范围为 $[0,1]$。

SPICE 不依赖于 n-gram 匹配，更加注重语义一致性，这既是它的优点，也是它的缺点。这使得算法失去了 n-gram 来衡量语言的流畅性。此外，评估的准确性也受到语义解析器的约束。另外，与 CIDEr 不同的是，SPICE 不使用跨数据集的统计数据，可以适用于小型和大型数据集。

（5）其他常用的评估指标

由于篇幅局限，在此简要介绍一下 Lin 提出的 ROUGE（Recall-Oriented Understudy for Gisting Evaluation，面向召回率的摘要评估研究）[18]。在基于召回率的四种 ROUGE 算法中，主要用于图像生成描述评估的是 ROUGE-L（Longest Common Subsequence，最长公共子序列）。ROUGE-L 基于最长公共子序列进行配对，使得句子的结构特点能被算法捕捉到。同时，为了使算法能够靠近基于语义的对应，需要增加参考摘要的数量。

2. 数据集

图像描述的研究同样需要大量的数据集进行支撑。下面简要介绍图像描述领域的几个常用数据集。

Flickr30k[19] 数据集包含 31783 幅关于日常活动、事件和场景的图像，以及 158915 个相关描述。其中，图像全部来自 Flickr；图像的标注则由 AMT（Amazon Mechanical Turk）服务完成。

PASCAL1k[20] 数据集为 9000 幅图像提供了超过 40000 个描述。该数据集的图像包括从

VOC2008 中获取的 1000 幅图像，根据图像中不同的对象分类，从 20 个类别中每个类别随机选择 50 幅图像。每幅图像关联五个描述。其中，数据集同样使用了 AMT（Amazon Mechanical Turk）框架，由大量匿名非专业用户完成图像标注。

Microsoft COCO[21] 数据集由关联五个描述的大量图像构成。图像的类别依赖于 PASCAL VOC 的分类以及根据 4~8 岁儿童对事物的认知分类，最终选出 91 个类别。最后，依然基础 AMT（Amazon Mechanical Turk）进行图像标注。Microsoft COCO 目前也依然在被扩展着，如 Antol 等[22] 提出了在数据集中增加问题和答案等。

另外，还有许多其他的数据集。ImageNet[23] 收集了标注物体类别的图片。SUN[24] 则标注了场景的类型以及相关常见物体。抽象场景数据集[25] 提供了包含剪切画图像物体及其多个方面的描述。

数据集的图像来源常常是 CV 社区现有的 PASCAL 挑战、Flickr 等。而对于图像描述的来源，主要有两种：第一种是众包形式，也就是上文所提及的 AMT 类型，研究人员将任务通过社区网络发布，由其他匿名非专业人员进行图像标注；第二种是通过网络直接提取相关的图像描述得到。

思　考　题

1. 多模态神经网络如何用于融合文本和图像特征以获得更好的自然语言处理性能，以及在设计此类模型时需要解决哪些挑战？

2. 注意力机制如何用于整合自然语言处理中的多种模态，它们与传统融合方法相比如何？

3. 迁移学习在自然语言处理的跨模型技术中的作用是什么？如何利用大规模多模态数据集的预训练来改进下游自然语言处理任务？

4. 如何使用跨模型技术来发展更具交互性和吸引力的对话模型（例如带有视觉输入和输出的 ChatGPT），以及在设计此类系统时的需要考虑的技术和道德因素是什么？

5. 在自然语言处理中使用多种模态与仅依赖文本之间的权衡是什么？在实际应用中如何平衡这些？

6. 如何使用跨模型技术来解决低资源语言问题，这一领域的主要挑战是什么？

7. 现有多模态数据集有哪些局限性？如何改进它们才能更有效地训练和评估自然语言处理的跨模型技术？

参 考 文 献

[1] Vinyals O, Toshev A, Bengio S, et al. Show and tell: A neural image caption generator [C]. The IEEE Conference on Computer Vision and Pattern Recognition, 2015.

[2] Xu K, Ba J, Kiros R, et al. Show, attend and tell: Neural image caption generation with visual attention [C]. International Conference on Machine Learning, 2015.

[3] Chen L, Zhang H, Xiao J, et al. Sca-cnn: Spatial and channel-wise attention in convolutional networks for image captioning [C]. The IEEE Conference on Computer Vision and Pattern Recognition, 2017.

[4] Rennie S J, Marcheret E, Mroueh Y, et al. Self-critical sequence training for image captioning [C]. The IEEE Conference on Computer Vision and Pattern Recognition, 2017.

［5］　Anderson P，He X，Buehler C，et al. Bottom-up and top-down attention for image captioning and visual question answering ［C］. The IEEE Conference on Computer Vision and Pattern Recognition，2018.

［6］　Girshick R，Donahue J，Darrell T，et al. Rich feature hierarchies for accurate object detection and semantic segmentation ［C］. The IEEE Conference on Computer Vision and Pattern Recognition，2014.

［7］　Mikolov T，Sutskever I，Chen K，et al. Distributed representations of words and phrases and their compositionality ［C］. The 26th International Conference on Neural Information Processing Systems，2013.

［8］　Gan C，Gan Z，He X，et al. Stylenet：Generating attractive visual captions with styles ［C］. The IEEE Conference on Computer Vision and Pattern Recognition，2017.

［9］　Johnson J，Karpathy A，Fei-Fei L. Densecap：Fully convolutional localization networks for dense captioning ［C］. The IEEE Conference on Computer Vision and Pattern Recognition，2016.

［10］　Pu Y，Gan Z，Henao R，et al. Variational auto encoder for deep learning of images，labels and captions ［C］. The 30th International Conference on Neural Information Processing Systems，2016.

［11］　Ren Z，Wang X，Zhang N，et al. Deep reinforcement learning-based imagecaptioning with embedding reward ［C］. The IEEE Conference on Computer Vision and Pattern Recognition，2017.

［12］　Yu L，Zhang W，Wang J，et al. Seqgan：Sequence generative adversarial nets with policy gradient ［C］. The AAAI Conference on Artificial Intelligence，2017.

［13］　Lin K，Li D，He X，et al. Adversarial ranking for language generation ［J］. The 31th International Conference on Neural Information Processing Systems，2017.

［14］　Papineni K，Roukos S，Ward T，et al. Bleu：a method for automatic evaluation of machine translation ［C］. The 40th Annual Meeting of The Association for Computational Linguistics，2002.

［15］　Denkowski M，Lavie A. Meteor universal：Language specific translation evaluation for any target language ［C］. The Ninth Workshop on Statistical Machine Translation，2014.

［16］　Vedantam R，Lawrence Zitnick C，Parikh D. Cider：Consensus-based image description evaluation ［C］. The IEEE Conference on Computer Vision and Pattern Recognition，2015.

［17］　Anderson P，Fernando B，Johnson M，et al. Spice：Semantic propositional image caption evaluation ［C］. Computer Vision-ECCV 2016：14th European Conference，2016.

［18］　Lin C Y. Rouge：A package for automatic evaluation of summaries ［C］. Text Summarization Branches Out，2004.

［19］　Young P，Lai A，Hodosh M，et al. From image descriptions to visual denotations：New similarity metrics for semantic inference over event descriptions ［J］. Transactions of the Association for Computational Linguistics，2014，2：67-78.

［20］　Rashtchian C，Young P，Hodosh M，et al. Collecting image annotations using amazon's mechanical turk ［C］. The NAACL HLT 2010 Workshop on Creating Speech and Language Data with Amazon's Mechanical Turk,2010.

［21］　Lin T Y，Maire M，Belongie S，et al. Microsoft coco：Common objects in context ［C］. Computer Vision-ECCV 2014：13th European Conference，2014.

［22］　Antol S，Agrawal A，Lu J，et al. VQA：Visual question answering ［C］. The IEEE International Conference on Computer Vision，2015.

［23］　Deng J，Dong W，Socher R，et al. Imagenet：A large-scale hierarchical image database ［C］. 2009 IEEE Conference on Computer Vision and Pattern Recognition，2009.

［24］　Xiao J，Hays J，Ehinger K A，et al. Sun database：Large-scale scene recognition from abbey to zoo ［C］. 2010 IEEE Computer Society Conference on Computer Vision and Pattern Recognition，2010.

［25］ Zitnick C L，Parikh D. Bringing semantics into focus using visual abstraction ［C］. The IEEE Conference on Computer Vision and Pattern Recognition，2013.

［26］ Jia X，Gavves E，Fernando B，et al. Guiding the long-short term memory model for image caption generation ［C］. The IEEE International Conference on Computer Vision，2015.

［27］ Krizhevsky A，Sutskever I，Hinton G E. Imagenet classification with deep convolutional neural networks ［J］. Communications of the ACM，2017，60（6）：84-90.

第 16 章 深度学习时代下自然语言处理的前沿研究

随着卷积神经网络、循环神经网络，以及如今最流行的预训练语言模型的出现，基于深度学习的自然语言处理方法得到了越来越多的关注，相比于之前的基于机器学习的方法也取得了显著的性能提升。但即使深度学习使得自然语言处理（NLP）任务取得了优秀的效果，仍面临着诸多亟待解决的问题和挑战。例如，深度学习方法普遍需要依赖大量标注数据进行训练，而这样的数据在实际中往往难以获取，需要消耗大量人力进行标注。同时，深度学习方法也普遍存在着对输入数据变化敏感、泛化性不佳等问题。面对这些挑战，本章提出了若干值得研究的和进一步探索的前沿方向，包括组合型泛化、无监督学习、强化学习、元学习，以及模型可解释性等方向。

16.1 组合型泛化

"深度学习在计算机视觉领域的瓶颈已至。"计算机视觉的创始人之一——Alan Yuille 教授提出深度学习目前有三大瓶颈[1]：其一，它需要大量带标注的训练数据；其二，它对基准数据过度拟合；其三，它对图像变化过度敏感。

自然语言处理有几个基础性的任务，即分类、匹配、翻译、结构化预测和顺序决策。目前而言，大多数深度学习的性能超越了传统机器学习方法，其中机器翻译的进展尤为明显。但在现有监督设定下，深度学习的模型存在一个普遍问题，这也是 Alan Yuille 教授提及的一点——它需要大量带标注的训练数据。数据资源丰富是深度学习能够实现的一个大前提，这一前提也"令部分视觉研究人员的焦点过度集中于容易标注的任务，而不是重要的任务"。诚然，有一些方法是可以减少学习模型对数据的依赖的。但考虑到效率和性能，这些方法至今仍远远无法与监督学习相比，监督学习无可替代。

1. 幂律分布

自然语言数据普遍遵循幂律分布。幂律法则，指的是在所有事物中，存在极少数可以带来绝大多数收益的关键事物，而其他大多数的普通事物，只能带来剩余的少量收益。将这些符合幂律法则的事物呈现在图上，就是幂律分布，如图 16.1 所示。

从幂律分布图容易看出，能对一件事情起到关键作用的，往往是少数某几个因素，无关紧要的因素占据了大部分。

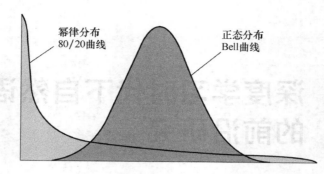

图 16.1　幂律分布与正态分布示意图

由于自然语言数据都普遍地遵循幂律分布，因此，在自然语言处理上下文中，深度学习方法在处理长尾现象时也陷入了相同的困境——任意规模的自然语言训练数据总会出现训练数据无法覆盖的情况，换种通俗的说法，即信息不足。

2. 长尾问题—样本不均衡

长尾问题中，标签数据集中的部分标签与很多的文本样本都具有关联，但依然有一些标签，与文本样本关联甚少，甚至没有关联。

如果从补充信息的角度去思考如何解决长尾问题，以文本分类问题为例，可以试着将标签集的更多信息放入模型中，让模型可以在拥有更多的信息后去学习，从而弥补了信息不足这一问题。与该思考方式相类似的，还有过采样、欠采样等方式可以用来平衡数据集的分布。

也有学者提到，可以科学地构建分类标签体系——长尾标签。因为某些分类标签下的样本原本就比较少，可以把这一类标签设置为"其他"，然后在下一层级对这些长尾标签进一步单独处理。

训练数据无法覆盖在任何学习系统的符号表示中，都是一个本身固有的问题。然而，基于分布式表征的学习方法，原则上是不存在数据覆盖问题的。

Yuille 教授也给出了三大瓶颈的两条应对之道，即用组合模型培养泛化能力和用组合数据测试潜在的故障。

（1）分布式表征典型模型

设计新的深度学习模型和算法是当前深度学习研究的主要热点，即"组合性泛化"[2]，值得一提的是，这些框架和算法可以有效利用分布式表征的组合属性。

比如，分布式表征典型模型之一的 skip-gram 模型，由它学习到的单词和短语表示具有线性结构，这使得利用简单的向量算术进行精确的类比推理成为可能。而 skip-gram 模型的表示形式呈现出另一种线性结构，这种结构使得通过添加向量表示的元素来有意义地组合单词成为可能。这个现象呈现了向量的可加性。

（2）自然语言处理中的泛化问题

自然语言处理中的泛化问题无疑是比较难解决的。最近许多的研究表明，"最先进的自然语言处理系统既脆弱（鲁棒性差）又虚假（并未学到真正的语言规律）。"

比如，斯坦福大学的 Jia 和 Liang[3] 发现，阅读理解模型在涉及噪声数据时具有不稳定的性能，如图 16.2 所示。

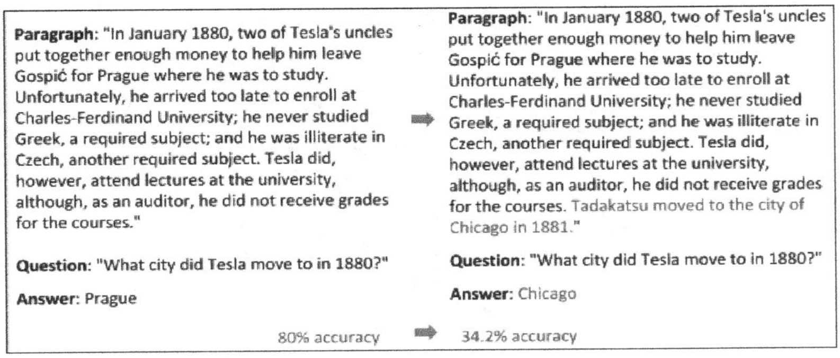

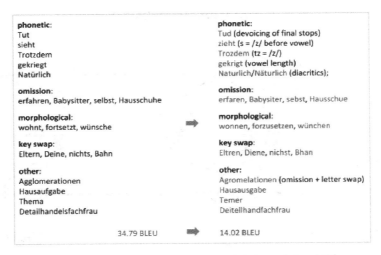

图 16.2　阅读理解模型涉及噪声数据不稳定示例[3]

麻省理工学院的 Belinkov 和华盛顿大学的 Bisk[4]，发现基于角色的神经机器翻译（NMT）模型在遇到噪声数据时，性能很不稳定，如图 16.3 所示。

图 16.3　神经机器翻译模型涉及噪声数据不稳定示例[4]

本书的第 9 章中提到了语句级情感分类、文档级情感分类和细粒度情感分析，目前的深度学习可以做到较为精确的分类，但仍然难以归因缺乏可解释性。但近期，又有研究表明，即使没有大量的自然语言数据支持，仍可解决泛化问题。新近开发出的解耦表征，在保留自然语言语义的同时，可以有效控制情感表达。

（3）解耦表征算法

解耦表征（MixNMatch）[5]是一个条件生成模型，可以分离（去耦）背景、姿态、形状、纹理，经过分解，混合生成新的图像。该算法对第 1~4 行的真实图像进行解耦学习，得到相应的形状、姿态、纹理、背景等，然后重新组合生成图像的第 5 行，如图 16.4 所示。这是一种改进以适用于条件式的图像转换任务。它的基本框架是 FineGAN[6]，如图 16.5 所示。

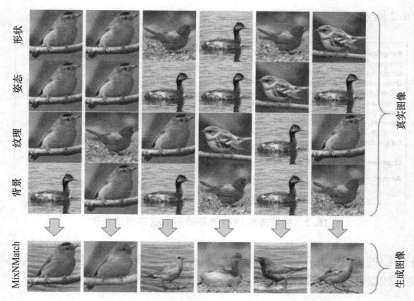

图 16.4　MixNMatch 模型的解耦学习示例[5]

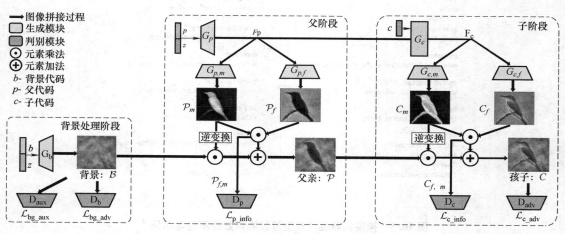

图 16.5　FineGAN 模型架构图[6]

16.2　自然语言处理中的无监督学习

1. 无监督学习

自然语言处理是一个极其复杂的问题，虽然人类在成长过程中耳濡目染地、很好地掌握了一两门或更多的语言，并能通过人类的思维快速响应，但在人脑的机制尚在探索阶段的当下，想要依靠计算机这一目前最智能但远不及人脑智能的对象来实现自然语言处理自动化，仍受到技术发展的限制。

如何建立模型，建立怎样的模型使计算机这个与人脑仅有一点类似的对象较好地完成自然语言处理任务是个复杂的难题。传统编程具有一定的确定性，需要人工输入公式（即计算方法，解题方法）来指挥计算机按部就班地解题，面对复杂的自然语言处理，公式计算并不一定能胜任。于是，人们提出用机器学习来处理自然语言处理。机器学习可分为三大类：无监督学习，有监督学习，强化学习。无监督学习是机器学习中的一种，区别于有监督学习，它无需预先标注好各种样例，而是在无指标的情况下让机器决定自己学什么，人类学习也有类似经历。这种机器学习方法主要用于解决聚类问题。

2. 无监督学习在自然语言处理中的应用

（1）利用无监督学习进行中文词性标注

自然语言处理的重要研究内容之一是词性标注。词性标注也是自然语言处理工作的一个十分有用的预处理过程，其准确度将直接影响到后续一系列分析处理任务的效果。

基于条件随机场（Conditional Random Field，CRF）的无监督的中文词性标注，其流程是先利用词典对未标注的文本进行粗标注，做一个预处理，并将文本分词后利用 CRF 循环训练和标注，逐渐优化结果。循环的过程具体描述为利用 CRF 训练模块和分好词的、粗标注好的文本（称作初始标注预料）训练得到 CRF 模型，利用模型对文本重新标注，然后将重新标注后的文本再次作为训练素材训练 CRF 模型，以此迭代多次训练出最终模型。

但基于 CRF 的无监督的中文词性标注，往往难以避免遇到词典中未出现的词，这是词性标注继一词多词性和分词后的又一难题。这种词被称为未登陆词。在对本次样例中的语料库 CTB[7] 的观察后，发现其所处理语料全为新闻语料，大部分未登录词为人名、地名、时间词、单纯数字、单纯字母串等，由此，可以借用统计得出的规律进行标注[8]，也可以用统计数据训练出一个机器来对统计得出的规律进行泛化。

（2）利用非平行语料构建双语词典

词性标记中的歧义模型（即一词多词性）存在着语言上的差异。例如，在一种语言中具有多性的词语，在另一种语言中对应的词语可能无歧义，以词语“开发”为例，它具有动词和名词两种词性，它对应的英语单词可以是“development”，也可以是“develop”，但英文的两个对象的词性却无歧义。通过两种语言的联合对比，可以大大减少词性的歧义性[9]。

对词典的研究有很久的历史，一些大语种间的词典也趋于完善，但是一些小语种却没能有这样的待遇，甚至一些小语种最终文字无法流传而消失，十分可惜。另外，不同的语言对于不同的具有多词性的词语的歧义的消除性是十分不同的。因此建立更多的双语词典不仅能维护灿烂的语言文化，还能更好地助力词性分析等自然语言处理领域。

于是可以考虑用无监督的学习方法再加上非平行语料这一训练集学习出合格的双语词典。首先，对词语建模，为适应计算机的需要，选择用词向量这个常用模型。词典实际是映射关系，怎么建立这个映射关系呢，灵感来自于对抗游戏。有一个生成器 G 用来学习词语之间的映射，同时有一个鉴别器 D 来鉴别词向量是 G 生成的还是真正的另一种语言的词向量（未经任何处理），希望 G 生成的向量要尽可能地映射准确，D 鉴别要尽可能精准。这样，G 和 D 就形成了对抗关系。两个模型相互促进，最终得到了理想的 G 模型，这样的模型的泛化能力更高，不容易过拟合。虽然在这个问题中这种无监督学习得到的结果比带有两种语言对应词语的准确标注的有监督学习更有可能欠拟合或更离散，但是鉴于不是所有语言间都有对应词语的标注，利用对抗游戏使无监督学习也能较好地完成这样的任务已经是一个不错的创新了。这是无监督学习又一次在自然语言处理上的应用突破。

16.3　自然语言处理中的强化学习

强化学习是机器学习中的一种，区别于监督学习，它无需预先标注好各种样例，它的反馈样例是在无指标的情况下让机器依据环境自我调节。这种机器学习方法主要用于解决复杂的最优化问题。强化学习的重要特征是其决策能力。

1. 利用强化学习进行序列到序列学习

很多现实问题都能够用序列到序列（sequence to sequence）方式来学习，其中包括自然语言处理的重要任务——机器翻译和文本生成等。

在机器翻译的应用中，LSTM 的核心思想是先对输入序列编码，在这个过程中得到的编码（向量）是固定维度的，随后将编码输入到另一个 LSTM 进行解码，结果就是最终的输出序列。

有人提出一种使用强化学习进行解码优化的策略——深度 Q 网络。简要流程如下：利用编码器生成固定维度的向量时，自动生成文本特征信息以表示深度 Q 网络的潜在操作列表与内部状态。然后在解码时，由深度 Q 网络从操作列表中选择一个单词作为输出序列，进行下一步迭代的输入。利用深度 Q 网络的强化学习的优点就在于机器能在迭代过程中受到结果的反馈，不断优化选择，最后导致序列到序列的映射建立越来越准确[10]。

另一方面，强化学习与无监督学习有相似性，即都不需要人工标注的数据，可以节省人力成本。在序列到序列的学习任务中，以单词翻译为例，一词多义的现象是常见的，运用强化学习的不断试错可以提升其"决策力"，能够有效地挖掘文本语言中的那些难以被穷举的单词意义。在某种程度上，强化学习得出的一些结果不排除存在谬误的可能，但也能给予人类灵感，从一定的程度上促进了语言学的发展，这是强化学习的广度带来的"意外收获"。

2. 文本摘要中的强化学习

文本摘要是自然语言处理中的一项核心任务，它是将长文本提取关键信息形成摘要式的短文本，就像人工生成的摘要一样。随着数据的膨胀，人们对文本自动摘要的需要越来越迫切。

文本摘要的两种方法是提取法（extractive method）和抽象法（abstractive method），前者将文本中重要句子提取出来结合形成摘要，而抽象法是将文本总结成为文本中原本不存在的单词后形成摘要。对比两者，各有优缺点，前者虽然将文本的意思提取得较为详尽，但是句间容易出现语义不连贯；后者语义较连贯，却常常出现漏掉信息点的情况。近年有人提出将两者结合起来，并运用神经网络进行训练，得到了很好的文本自动摘要效果。

强化学习训练文本摘要模型可基于 BERT 词嵌入技术进行探索。BERT 的主要作用就是扩充数据集，BERT 词嵌入技术在对文本预处理的过程中标记更多的词向量特征、句向量特征等。训练模型的框架为：预处理→分别用两种摘要方法单独训练两个模型（使用神经网络）→将成果作为强化学习模型训练的输入，如图 16.6 所示。

在训练过程中强化模型是两种方法的桥梁，它接受两种模型的结果，然后逐句检查，若结果中的句子出现在了提取法的结果中，则得到正反馈，否则若抽象的句子在提取的句子中无相近意义的句子则得到负反馈。这其中包含了端对端学习（end-to-end learning）方法。实际上图 16.6 中除 BERT 外的三个矩形模块是合为一体的，即用强化学习方法连

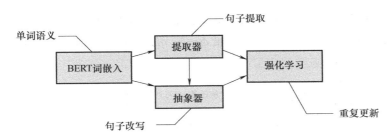

图 16.6　自动摘要与手工摘要示意图[11]

接两种文本摘要方法的模型，从环境中（提取法的输出结果）不断得到反馈，优化两种方法的模型。实际上这是对两种方法的折中互补，得到能产生信息量全（提取法的优点）且句意连贯、句型多变（抽象法的优点）的模型。研究表明，使用这样的模型，能够得到比单一某种方法更好的文本抽象摘要效果。这便是强化学习在自然语言处理的文本摘要中的应用。

16.4　自然语言处理中的元学习

　　元学习（meta-learning）也叫学会如何学习，是未来自然语言处理的主要发展方向。元学习的目的是根据以前学习的经验来学习如何快速地学习新任务，也即是让机器学会如何去学习。这意味着，人们能在学习任务中使用少量的训练数据集来训练模型，并使用这个模型来解决新的学习任务。在自然语言处理过程中，可以根据元学习设计出更优化的模型，这个模型可以自动改进生成新的学习算法。这样，只需要使用少量的训练数据就能解决新的自然语言处理任务。

　　近年来，随着深度学习的发展，元学习在自然语言处理中的巨大作用逐渐凸显出来。元学习已经在很多领域初步应用，如导航和移动、机器人技能、改进的主动学习及一次性图像识别。下面将介绍元学习在自然语言处理中的几种具体应用。

1. MAML 算法

Chelsea Finn 和他的团队在 "Model-Agnostic Meta-learning for Fast Adaptation of Deep Networks"[12] 一文中提出了一种元学习算法——与模型无关的元学习（Model-Agnostic Meta-learning，MAML）。这种算法与模型无关，并通过梯度下降算法来训练。这意味着，这种算法适用于很多学习问题，例如分类问题、回归问题等。

　　MAML 算法的核心是依据元学习的学习机制来学习一个好的初始化参数，这个参数需要具有对新任务快速适应的性质。那么，如何使初始化参数具有这样的性质呢？

　　假设现在有一系列的任务，每一个任务都有自己的训练集和数据集。机器先前学习的任务称为元训练任务，遇到的新的任务称为元测试任务。现在定义一个损失函数 $L(\phi) = \sum_{n=1}^{N} L^n(\hat{\theta}^n)$，其中给定 ϕ 为初始化参数。对于这个初始化参数 ϕ，在每一个元训练任务中根据任务中的训练数据集更新、修正这个参数，最终得到在第 n 个任务中，以 ϕ 为初始化参数训练得到的新参数 $\hat{\theta}^n$。然后，利用任务中的测试集测试这个参数 $\hat{\theta}^n$，得到在第 n 个任务中

的损失 $L^n(\hat{\theta}^n)$。对所有任务上的损失求和得到以 ϕ 为初始化的损失 $L(\phi)$。接下来要做的是最小化这个损失。利用梯度下降方法，按照 $\phi \Leftarrow \phi - \eta \Delta \varphi L(\phi)$ 原则便可以得到最优化的初始化参数 ϕ，如图 16.7 所示。

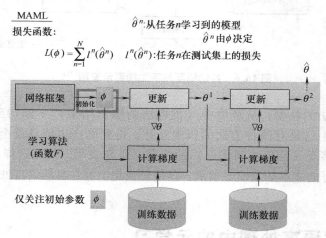

图 16.7　MAML 算法初始化参数学习过程[12]

基于 MAML 算法特点，该算法具有许多优点：MAML 适用于小样本学习，且不对模型有任何限制。MAML 可以用于大量的损失函数，如可微的监督损失，不可微的强化学习目标等。

2. 一次性视觉模仿学习

如何让机器人在执行任务时具有通用性，能够在各种环境下执行任务，是当前机器人相关领域面临的重大挑战。先前基于学习的方法需要大量的监督数据以及任务经验来实现这一功能，并且这一方法不能使机器具备根据先前任务的经验来快速学习新任务的能力。针对这一问题，Chelsea Finn 及他的团队在 "One-Shot Visual Imitation Learning via Meta-Learning"[13] 一文中提出了将元学习与模仿相结合的元模仿学习方法。该方法使得机器人能够重用过去任务中获得的经验，只需一次演示就能学习到新的技能。

在这项应用中，Chelsea Finn 等结合了 MAML 方法，根据元学习学习了一个策略参数，当他们对演示进行微小的调整时，这些参数能够适应新的任务，使得机器人能够通过基于梯度的策略快速学习新任务。

3. 非稳态和不利环境中的持续适应

非稳态条件下的学习因其具备很大的复杂性，需要机器模型在训练和执行学习过程时不断适应动态的变化才能成功。Al-Shedivat 等在 "Continuous Adaptation via Meta-Learning in Nonstationary and Competitive Environments"[14] 一文中基于元学习的方法，研究如何在非稳态和不利的环境下持续适应的问题。该方法将非稳态环境下的任务视作一系列稳态环境下的任务，将原本的问题转变为多任务学习问题，通过利用任务之间相互联系的特性，在一定程度上解决了非稳态的问题。在该方法中，环境每发生一次变化，就运用元学习相关方法更新策略，最终依据期望损失最小化的原则得到最优化策略。

4. 视觉问答

视觉问题回答需要模型依据权重表示出回答任何图像任何问题所需的所有的信息。显然，这些信息难以从训练过程中学习以及用合理的权重来表示。为解决这一问题，Teney 等在 "Visual Question Answering as a Meta Learning Task"[15] 一文中提出了将元学习应用到视觉问题回答中的方法。该方法将视觉问题回答视作元学习的一个任务，利用元学习中原型网络与元网络两种技术，从而将问题回答的方法从所需要的信息中分离出来。

基于元学习方法构建的模型能够在测试时动态地识别和利用相关的示例，为模型提供更多的信息，大大提高了模型的能力与实用性。Teney 等将视觉问题回答模型应用于元学习场景，生成了一个深层神经网络模型。这个模型具备学会学习的能力，能够生成训练中没有出现过的答案。也就是说，该模型能够在不需要重新训练的情况下，动态地生成后续的数据。实验证明，该模型对罕见的答案有着更高的召回率。

总的来说，元学习作为当下深度学习中一种强大的方法，能够解决自然语言处理中诸多困难与挑战。元学习具有光明的前景，同时也能运用于各个领域，有望成为未来自然语言处理的发展方向。

16.5　弱可解释性与强可解释性

深度学习模型在非常多的前沿领域有着广泛的应用，如图像分类、人脸识别、情绪分析、自然语言处理、语音理解等。但由于神经网络的连续性表征和层次非线性，深度学习模型的可解释性往往较差。也就是说，深度学习模型得出的结果往往难以解释，人们难以了解模型究竟从数据中学到了什么知识，以及模型最终是怎么决策的。

在深度学习中，常有人提出"端到端"学习方法。"端到端"学习方法指的是，对模型输入原始的数据，模型直接能输出目标结果。例如在图像识别中，给模型输入一张图片原始的像素数据，输出的便是对该图片的判断。深度学习神经网络的这种类似"黑箱"的特性使得模型难以控制，以至于深度学习在很多领域的应用受到非常大的限制，人们更倾向于在应用中使用可解释的机器学习。

因此，研究如何加强深度学习的可解释性是非常有必要的，它可以让人们了解到每一个决策背后的逻辑。目前，学术界和工业界已提出了很多关于加强深度学习中可解释性的方法并开展了相关研究。本章将对现有可解释性研究方向进行归纳，并举例具体研究成果。

1. 深度学习可解释性研究方向

通常来说，深度学习只能得到输出结果而不能获得对于决策的依据。因此，若是能够对神经网络内部结构进行剖析，就能够非常清楚地了解到模型进行决策的逻辑依据，这样就能实现具有可解释性的深度学习模型了。

（1）基于可视化的模型研究

为了实现深度学习模型的可解释性，Zeiler 等[16] 进行了一项研究，提出了一项卷积神经网络反卷积可视化方法。Zeiler 等提出的网络模型如图 16.8 所示，其基本流程是输入图片—卷积—通过激活函数—池化—得到结果特征图—反池化—通过激活函数—反卷积。

一般认为，池化是一个不可逆的过程。但 Zeiler 等通过记录池化过程中最大激活值的坐标位置，并在反池化的过程中仅仅将最大激活坐标的位置激活，并置其他位置的值为零，实现了近似的反池化过程，如图 16.9 所示。

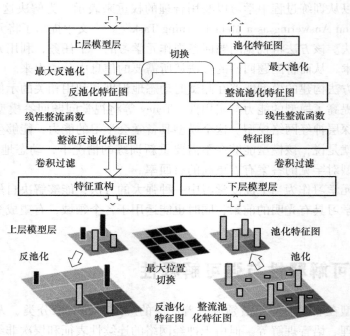

图16.8 卷积神经网络反卷积可视化方法[16]

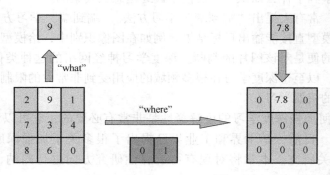

图16.9 反池化过程[16]

该方法通过特征可视化,得到不同层中图像重构的图像,这些图像的特征间都具有很强的关联性。同时,这些图片具有遮蔽敏感性。当需要研究哪些部分对决策结果影响最大时,只需要对图片不同部分进行遮挡,找出决策性能影响最大的部分即可。

(2)基于鲁棒性扰动的测试的研究

虽然目前深度学习模型无法对结果做出解释,但是可以通过对模型的输入数据人为添加一些扰动元素,评估模型输出结果的鲁棒性,测试添加的这些扰动因素的特征是否是主要的特征,这就是基于鲁棒性扰动测试的可解释性研究方法。Koh 等[17]曾做过一项研究:建立一个影响函数,测试在对样本 z 增加一些扰动时,模型的参数会有什么样的变化以及模型在测试样本上的损失函数会增大多少。这样就可以得到使得模型参数与损失函数变化最大的扰动的方向。研究实验证明,这种方法能够帮助人们理解模型的决策逻辑。

（3）基于敏感性分析的研究

基于敏感性分析是指令输入变量的每一个属性能够在给定的一个范围内变化，并研究这些可能的属性的变化对模型输出结果的影响程度。目前基于敏感性的分析方法有三种：基于连接权的分析方法[18]、基于统计的分析方法[19]，以及基于扰动的分析方法[20]。

2. 加强可解释性的研究成果

2017 年，科研人员第一次训练得到了具有弱可解释性的模型，该模型能够从训练完成的神经网络模型中得到一些见解，这些见解能够解释该模型是如何完成预期的自然语言处理任务的。

以往传统的神经机器翻译采用的是"端对端"的方法。对于这种方法来说，如何将神经网络中的隐藏状态与可解释语言结构联系起来是一项巨大的挑战。因此，缺乏可解释性使得理解翻译过程和调试神经网络机器翻译系统变得非常困难。在最近的一项研究中，Yanzhou Ding 等[21]为了解释神经机器翻译内部的工作原理，采用分层关联传播方法来可视化和解释神经机器翻译。分层关联传播方法通过基于注意力机制的编解码框架来计算某一隐藏层特定神经元对其他隐藏层特定神经元的贡献程度，展现了神经元之间的影响程度，间接地反映了神经模型的内部工作原理。

例如在一个神经网络模型中，可通过下式计算神经元 v_1 与神经元 z_1 和 z_2 之间的相关性（见图 16.10）：

$$r_{z_1 \leftarrow v_1} = \frac{W_{1,1}^{(2)} z_1}{W_{1,1}^{(2)} z_1 + W_{2,1}^{(2)} z_2} v_1 \qquad (16.1)$$

$$r_{z_2 \leftarrow v_1} = \frac{W_{2,1}^{(2)} z_2}{W_{1,1}^{(2)} z_1 + W_{2,1}^{(2)} z_2} v_1$$

如果要计算神经元 v_1 与神经元 u_1 之间的相关性，首先需要计算 v_1 与 z_1 和 z_2 之间的相关性，再将 v_1 与 z_1 和 z_2 的相关性传递到 u_1，从而实现 v_1 与 u_1 之间的相关性（见图 16.11），如下式所示：

$$r_{u_1 \leftarrow v_1} = \frac{W_{1,1}^{(1)} u_1}{W_{1,1}^{(1)} u_1 + W_{2,1}^{(1)} u_2} r_{z_1 \leftarrow v_1} + \frac{W_{1,2}^{(1)} u_1}{W_{1,2}^{(1)} u_1 + W_{2,2}^{(1)} u_2} r_{z_2 \leftarrow v_1} \qquad (16.2)$$

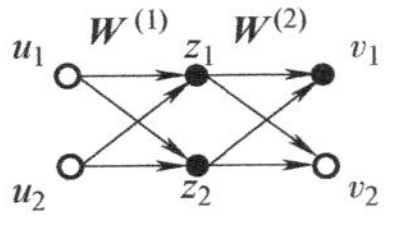

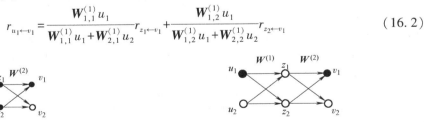

图 16.10　神经元 v_1、z_1 与
v_1、z_2 间相关性计算过程

图 16.11　神经元 u_1、v_1
间相关性计算过程

总体来说，深度学习相关技术还不够成熟，深度学习中可解释性的研究才刚刚起步，可解释性差使得人们难以分辨深度学习模型是如何预测、决策的，这也使得深度学习模型难以取得较大的作用。但同时，在解决了可解释性较差的问题后，深度学习在各领域内的广泛应用是可以预见的。例如，深度神经网络在恶意软件聚类，逆向工程，以及网络入侵检测中具备优秀的表现。所以，构建可解释性的深度学习模型将成为未来该领域一个重要的研究方向。

思 考 题

1. 思考当前人工智能的高速发展可能带来的影响。比方说，自动写作、舆情分析、推荐系统、问答系统等技术，如何与已有商业模式、工作模式相结合；更高效的数据采集与处理，是否有利于打破数据壁垒；在某些业务如反诈骗、保险等，能否做得更好；会不会带来数据安全问题等。

2. 根据行业的发展趋势、人口结构的变化、消费观的变化，未来人工智能将在哪些具体的工作或者拟推广的业务中做出突破？

参 考 文 献

［1］ Yuille A. You only annotate once, and maybe never［C］. The 2nd Learning from Imperfect Data（LID）Workshop in conjunction with CVPR，2020.

［2］ Yuille A，Liu C. Deep nets：what have they ever done for vision?［J］. International Journal of Computer Vision，2021，129（3）：781-802.

［3］ Jia R，Liang P. Adversarial examples for evaluating reading comprehension systems［C］. The 2017 Conference on Empirical Methods in Natural Language Processing，2017.

［4］ Belinkov Y，Bisk Y. Synthetic and natural noise both break neural machine translation［C］. International Conference on Learning Representations，2018.

［5］ Li Y，Singh K，Ojha U，et al. MixNMatch：Multifactor disentanglement and encoding for conditional image generation［C］. The IEEE/CVF Conference on Computer Vision and Pattern Recognition，2020.

［6］ Singh K，Ojha U，Lee Y. FineGAN：Unsupervised hierarchical disentanglement for fine-grained object generation and discovery［C］. The IEEE/CVF Conference on Computer Vision and Pattern Recognition，2019.

［7］ Xue N，Xia F，Chiou F，et al. The Penn Chinese TreeBank：Phrase structure annotation of a large corpus［J］. Natural Language Engineering，2005，11（2）：207-238.

［8］ 孙静. 基于平行语料库的无监督中文词性标注研究［D］. 苏州：苏州大学，2010.

［9］ 张檬，刘洋，孙茂松. 基于非平行语料的双语词典构建［J］. 中国科学：信息科学，2018，48（5）：564-573.

［10］ 冯少迪. 基于强化学习的自然语言处理技术［J］. 数码世界，2020（3）：9-10.

［11］ Wang Q，Liu P，Zhu Z. A text abstraction summary model based on BERT word embedding and reinforcement learning［J］. Applied Sciences，2019，9（21），4701.

［12］ Finn C，Abbeel P，Levine S. Model-agnostic meta-learning for fast adaptation of deep networks［C］. The 34th International Conference on Machine Learning，2017.

［13］ Finn C，Yu T，Zhang T，et al. One-shot visual imitation learning via meta-learning［C］. The 1st Annual Conference on Robot Learning，2017.

［14］ Al-Shedivat M，Bansal T，Buida Y，et al. Continuous adaptation via meta-learning in nonstationary and competitive environments［C］. International Conference on Learning Representations，2018.

［15］ Teney D，Hengel A. Visual question answering as a meta learning task［C］. European Conference on Computer Vision，2018.

［16］ Zeiler M，Fergus R. Visualizing and understanding convolutional networks［C］. European Conference on Computer Vision，2014.

［17］ Koh P，Liang P. Understanding black-box predictions via influence functions［C］. The 34th International Conference on Machine Learning，2017.

［18］ Huang M，Pimentel S. Variance-based sensitivity analysis for weighting estimators result in more informative bounds ［J］. arXiv preprint arXiv：2208.01691，2022.

［19］ Veiga S. Global sensitivity analysis with dependence measures ［J］. Journal of Statistical Computation and Simulation，2013，85（7）：1283-1305.

［20］ George J，Crassidis J. Sensitivity analysis of disturbance accommodating control with Kalman filter estimation ［C］. AIAA Guidance，Navigation，and Control Conference and Exhibit，2012.

［21］ Ding Y，Liu Y，Luan H，et al. Visualizing and understanding neural machine translation ［C］. The 55th Annual Meeting of the Association for Computational Linguistics，2017.